Betriebsverhalten der Synchronmaschine

Bedeutung der Kenngrößen für Planung und Betrieb elektrischer Anlagen und Antriebe

Von

Dipl.-Ing. K. Bonfert
Berlin

Mit 109 Abbildungen

Springer-Verlag Berlin
Heidelberg GmbH 1962

ISBN 978-3-662-11246-5   ISBN 978-3-662-11245-8 (eBook)
DOI 10.1007/978-3-662-11245-8

Alle Rechte, insbesondere das der Übersetzung in fremde Sprachen, vorbehalten
Ohne ausdrückliche Genehmigung des Verlages ist es auch nicht gestattet,
dieses Buch oder Teile daraus auf photomechanischem Wege
(Photokopie, Mikrokopie) oder auf andere Art zu vervielfältigen
© by Springer-Verlag Berlin Heidelberg 1962
Ursprünglich erschienen bei Springer-Verlag OHG., Berlin/Göttingen/Heidelberg 1962.
Softcover reprint of the hardcover 1st edition 1962
Library of Congress Catalog Card Number: 62—16300

Die Wiedergabe von Gebrauchsnamen, Handelsnamen, Warenbezeichnungen usw. in diesem Buche berechtigt auch ohne besondere Kennzeichnung nicht zu der Annahme, daß solche Namen im Sinne der Warenzeichen- und Markenschutz-Gesetzgebung als frei zu betrachten wären und daher von jedermann benutzt werden dürften

Vorwort

Die anschauliche Darstellung und eingehende Begründung des Betriebsverhaltens der Synchronmaschine im Normalbetrieb und bei Störungen ist der Zweck des vorliegenden Buches. Es richtet sich in erster Linie an den mit der Planung, mit dem Bau und mit dem Betrieb elektrischer Anlagen und Antriebe beauftragten Ingenieur, ist also auf die Praxis abgestimmt. Durch den Anhang, der auch als Teil 2 bezeichnet werden könnte und der mehr theoretischer Natur ist, erweitert sich der Interessentenkreis auch auf Leser, die an einer exakteren Herleitung der Zusammenhänge interessiert sind.

Im *Hauptteil* wird das Betriebsverhalten der Synchronmaschine mit Hilfe physikalischer Überlegungen anhand des Zeigerdiagramms ohne nennenswerten mathematischen Aufwand bei für große Maschinen zulässigen Vernachlässigungen hergeleitet. Dabei wird für plötzliche Laständerungen zunächst Flußkonstanz angenommen, und erst hinterher werden Überlegungen über das Abklingen der Ausgleichsvorgänge angestellt. Der Hauptteil ist entsprechend der Aufgabenstellung vollkommen auf die Überlegungen abgestimmt, die der Ingenieur bei der Planung von Energieerzeugungsanlagen und elektrischen Antrieben in bezug auf die Festlegung der Eigenschaften der Synchronmaschine anzustellen hat. Er beinhaltet dementsprechend die Darstellung des Verhaltens der Synchronmaschine im stationären und nichtstationären Betrieb, oder nach einem mehr betrieblichen Gesichtspunkt im Normalbetrieb und bei Störungen, und zeigt die Beeinflussungsmöglichkeiten der Betriebseigenschaften durch Änderung der Maschinendaten (Leistung, Leistungsfaktor, Spannung, Drehzahl) und Konstanten (Reaktanzen und Zeitkonstanten). Er gibt dem Planungs- und Betriebsingenieur damit auch die Möglichkeit, Maschinen mit unterschiedlichen Nenndaten und Konstanten bezüglich ihrer Vor- und Nachteile für eine bestimmte Betriebsforderung zu beurteilen und zu vergleichen. Die Konstanten (Reaktanzen und Zeitkonstanten), ihr meßtechnischer Nachweis und ihre zweckmäßige Wahl werden in diesem Zusammenhang eingehend behandelt. Die Herleitung und Begründung des Betriebsverhaltens im Normalbetrieb und bei Störungen aus dem jeweiligen Zeigerdiagramm zeigt dem Ingenieur Wege und Verfahren, um graphisch rasch einen bestimmten Betriebszustand auf seine Zulässigkeit untersuchen bzw. auf seine Folgen hin beurteilen zu können.

Dem Ziel des Buches entsprechend sind die Hauptabschnitte 2, 3, 6, 7 und 8, die sich mit dem Betriebsverhalten befassen, von besonderer Bedeutung und beanspruchen einen breiten Teil des Inhaltes, während die Abschnitte 4 und 5, die auf die Bemessung (Wasserkraftgenerator als Beispiel) und Spannungswahl eingehen, also für den Planungs-

und Betriebsingenieur mehr informativen Charakter haben, etwas kürzer gehalten wurden. Die Hauptabschnitte 9 und 10 schließlich ergänzen die Abhandlung durch Erläuterung des Verbundbetriebes und der Aufgaben der Spannungsregelung.

Praktisch der gesamte Hauptteil und Abschnitt 5 des Anhanges erschienen erstmalig im Jahre 1955 als Planungsunterlage der Technischen Stammabteilung „Energieversorgung" der Siemens-Schuckertwerke [5]. Die Anregung dazu ging von Herrn Dipl.-Ing. H. WILHELMS, Vorstandsmitglied der Siemens-Schuckertwerke AG, aus. Hierfür möchte ich an dieser Stelle meinen Dank aussprechen.

Der *Anhang*, der, wie schon gesagt, auch als Teil 2 bezeichnet werden könnte, behandelt das Betriebsverhalten der „idealisierten" Synchronmaschine (vgl. Anhang 2.1) mit Hilfe der Zweiachsentheorie in der PARKschen Darstellung. Als mathematisches Hilfsmittel zur Lösung der Differentialgleichungen wird die Operatorenrechnung eingesetzt. Nach Herleitung der allgemeinen, das Betriebsverhalten der Synchronmaschine beschreibenden Gleichungen (Spannungsgleichungen und Bewegungsgleichung) werden Kurzschlußfälle, der asynchrone Anlauf und Betrieb und das Pendeln der Synchronmaschine bei pulsierendem Gegenmomentenverlauf behandelt.

Der Anhang soll den mehr an der theoretischen Klärung bestimmter Betriebs- oder Störungsfälle interessierten Lesern, also z. B. auch den Studierenden der technischen Hoch- und Fachschulen, die Möglichkeit geben, etwas tiefer in die Materie einzudringen und auch Wege zur Verfolgung nicht ausgeführter Untersuchungen weisen. Er bildet außerdem die theoretische Grundlage für eine zweckmäßige Darstellung der Synchronmaschine auf dem Analog- und Digitalrechner. Durch Verwendung der Operatorenrechnung wird das Eindringen in die Theorie der Synchronmaschine erleichtert, so daß es bei einigem Interesse für jeden Ingenieur bei verhältnismäßig geringem Zeitaufwand möglich sein müßte, eigene physikalische Vorstellungen und praktische Erfahrungen anhand der Darstellung theoretisch zu untermauern.

In der gesamten Abhandlung werden die inzwischen international eingeführten Bezeichnungen für die Konstanten der Synchronmaschine und das System mit bezogenen Größen (p.u.) verwendet.

Zum Schluß möchte ich nicht versäumen, allen Ingenieuren der Siemens-Schuckertwerke, die mir wertvolle Anregungen und ergänzende Hinweise gaben, zu danken. Besonderer Dank gebührt hier Herrn Dr.-Ing. E. h. J. TITTEL.

Für die Unterstützung beim Anfertigen der Abbildungsvorlagen und beim Lesen der Korrektur danke ich Fräulein E. MAUL, Herrn Dipl.-Ing. K. BURGER und Herrn G. KRIEG.

Dem Verlag danke ich für die gute Ausstattung des Buches und die angenehme Zusammenarbeit während der Drucklegung.

Berlin-Siemensstadt, den 15. Juni 1962

Kurt Bonfert

Inhaltsverzeichnis

Seite

Erläuterung zu den Rechengrößen und Formelzeichen IX

Hauptteil

1. **Das „per-unit-System"** (Das System mit bezogenen, dimensionslosen Größen) 1

2. **Elektrisches Verhalten von Synchronmaschinen** 6

   2.1 Spannungs- und Stromdiagramme der ungesättigten Synchronmaschine 6
   2.2 Natürliches Leistungs-Grenzkurven-Diagramm der ungesättigten Maschine 12
      2.21 Einfluß einer Änderung der Klemmenspannung 21
      2.22 Einfluß einer Änderung der Netzfrequenz 29
      2.23 Motorbetrieb der Synchronmaschine 31
      2.24 Betrieb der Synchronmaschine als reiner Blindleistungserzeuger 31
      2.25 Berücksichtigung der Sättigung bei der Ermittlung der Leistungsgrenzkurven 32
   2.3 Die Synchronmaschine im Alleinbetrieb — Bestimmung der Erregung bei Belastung 35
   2.4 Verhalten der Synchronmaschine bei plötzlichen Laständerungen . . 40
      2.41 Der Kurzschluß der Synchronmaschine 40
         2.41.1 Der Dauerkurzschluß 40
         2.41.2 Der dreipolige, symmetrische Stoßkurzschluß 42
            2.41.21 Gleichstromkomponente des Ständerkurzschlußstromes 46
            2.41.22 Wechselstromkomponente 47
            2.41.23 Der Stromverlauf in der Erregerwicklung . . . 50
         2.41.3 Der unsymmetrische Stoßkurzschluß 54
            2.41.31 Der Ständerstromverlauf 54
            2.41.32 Der Stromverlauf im Feldkreis beim unsymmetrischen Stoßkurzschluß 56
         2.41.4 Kurzschlußfestigkeit und Kurzschlußbeanspruchung . . 58
      2.42 Zeigerdiagramm der Synchronmaschine bei plötzlichen Laständerungen 62
      2.43 Die synchronisierende Leistung 70

3. **Konstanten und Reaktanzen der Synchronmaschine** 72

   3.1 Physikalische Deutung der Reaktanzen und Konstanten 72
      3.11 Die Ständerstreureaktanz $x_{a\sigma}$ 72
      3.12 Die Synchronreaktanzen x_d und x_q 73
      3.13 Die Transientreaktanzen x_d' und x_q' 81

Inhaltsverzeichnis

		Seite
3.14	Die Subtransientreaktanzen x_d'' und x_q''	82
3.15	Gegen- oder Inversreaktanz x_2 und Nullreaktanz x_0	84
3.16	Die Dämpfungskonstante C_D	87
3.17	Die Anlaufzeitkonstante	89

3.2 Die Wahl der Reaktanzen und der Dämpfungskonstante und die Festlegung der Anlaufzeitkonstante, betrachtet am Beispiel der Wasserkraftgeneratoren 92

    3.21 Die Wahl der Synchronreaktanzen x_d und x_q 92
    3.22 Die Wahl der Transientreaktanz x_d' 93
    3.23 Wahl der Subtransientreaktanzen x_d'' und x_q'' und der Inversreaktanz x_2 96
    3.24 Anforderungen an die Dämpfungskonstante C_D 97
    3.25 Die Festlegung der Anlaufzeitkonstante 98

4. Die elektrische Bemessung von Synchronmaschinen, betrachtet am Beispiel der Wasserkraftgeneratoren 102

5. Wahl der Maschinenspannung und Ausführung der Ständerwicklung 111

    5.1 Die Stabwicklung 114
        5.11 Zweistabwicklungen 114
        5.12 Teilparallelgeschaltete Stabwicklungen 115
    5.2 Die Spulenwicklung 116

6. Kurvenform der Spannungskurve und Fernsprechformfaktor 117

7. Die Erwärmung der Synchronmaschine 120

8. Die unsymmetrische Belastung von Synchronmaschinen 124

9. Verbundbetrieb 131

    9.1 Statische Stabilität beim Betrieb über Fernleitungen auf ein starres Netz 131
        9.11 Verlustlose Leitung und Fehlen von örtlichen Belastungen . . 131
        9.12 Statische Stabilität beim Betrieb einer Maschine auf ein starres Netz über eine verlustbehaftete Leitung mit beliebigen örtlichen Belastungen 140
    9.2 Statische Stabilität beim Zwei- und Mehrmaschinenproblem 142
        9.21 Parallelbetrieb von 2 Kraftwerken über eine reine Reaktanz 143
        9.22 Parallelbetrieb von 2 Kraftwerken über eine Kupplungsimpedanz 145
        9.23 Parallelbetrieb von 2 Kraftwerken mit gemeinsamer induktiver Belastung 148
        9.24 Zusammenarbeiten von 2 Kraftwerken auf eine gemeinsame Belastung 149
        9.25 Das Mehrmaschinenproblem 151
    9.3 Dynamische Stabilität 153

10. Aufgaben der Spannungsregelung 164

    10.1 Grundsätzliches 164
    10.2 Aufgaben einer schnellen Erregung im ungestörten Lastbetrieb . . 165
        10.21 Begrenzung der Spannungsschwankungen auf kleine Werte 166

Inhaltsverzeichnis VII
Seite
    10.22 Stabile Blindlastverteilung 169
    10.23 Erweiterung des statischen Stabilitätsbereiches 170
    10.24 Betrieb leer laufender Hochspannungsleitungen und Kabelnetze 174
10.3 Aufgaben bei Störungen des Parallelbetriebes 175
    10.31 Physikalische Kennzeichnung der Erregungsgeschwindigkeit 175
    10.32 Dynamische Stabilität 181
    10.33 Stabilität bei Pendelungen 185
10.4 Bestimmung der erforderlichen Erregungsgeschwindigkeit 186

Anhang

1. Spannungs- und Stromgleichungen der Synchronmaschine 194

    1.1 Zeigerdarstellung und komplexe Rechnung 194
    1.2 Spannungs- und Stromgleichungen. 195

2. Die allgemeinen Gleichungen der Synchronmaschine 197

    2.1 Transformationsgleichungen für die Synchronmaschine 197
    2.2 Die allgemeinen Spannungsgleichungen 202
    2.3 Die Operatorenkoeffizienten 207
    2.4 Leistungs- und Drehmomentengleichungen 214
    2.5 Die Bewegungsgleichung der Synchronmaschine 215
    2.6 Zusammenstellung des gesamten Gleichungssystems 216
    2.7 Die Konstanten der Synchronmaschine 217
        2.71 Ersatzschaltbilder für die Zeitkonstanten und Versuchsanordnungen zu ihrer Messung 220

3. Der dreipolige (dreisträngige), symmetrische Stoßkurzschluß der Synchronmaschine 225

    3.1 Der dreipolige Klemmenkurzschluß aus vorhergehendem Leerlauf. . 225
        3.11 Der Kurzschlußstromverlauf 225
        3.12 Das Kurzschlußdrehmoment „im Luftspalt". 231
        3.13 Feldstromverlauf beim Kurzschluß 233
    3.2 Berücksichtigung der Vorbelastung beim Kurzschluß 236
    3.3 Plötzliche Änderung der Klemmenspannung 242

4. Der unsymmetrische Kurzschluß der Synchronmaschine 243

    4.1 Der zweipolige (zweisträngig-einphasige) Kurzschluß aus vorhergehendem Leerlauf 243
        4.11 Der Kurzschlußstromverlauf 244
        4.12 Die Spannung an dem offenen Strang 249
        4.13 Das Kurzschlußdrehmoment „im Luftspalt". 251
        4.14 Feldstromverlauf beim Kurzschluß 252
    4.2 Der einpolige (einsträngig-einphasige) Kurzschluß 254
    4.3 Vergleich der Maximalamplituden der Kurzschlußdrehmomente „im Luftspalt" und der maximalen Wickelkopfbeanspruchungen 256
    4.4 Der Doppelerdkurzschluß bei geerdetem Maschinensternpunkt . . . 256

Inhaltsverzeichnis

5. **Die unsymmetrische Belastung von Synchronmaschinen durch Netzkurzschlüsse in Behandlung mit der „Methode der Symmetrischen Komponentenrechnung"** ... 257

    5.1 Netzkurzschlüsse als Sonderfälle der unsymmetrischen Belastung . . 258
    5.2 Der zweipolige Kurzschluß im Netz ... 262
        5.21 Die einseitige Speisung ... 262
        5.22 Der zweipolige Kurzschluß auf einer Verbindungsleitung (zweiseitige Speisung) ... 264
        5.23 Der zweipolige Kurzschluß über die Kurzschlußimpedanz z_F auf einer Verbindungsleitung ... 266
    5.3 Der einpolige Erdschluß im geerdeten Netz ... 267
        5.31 Die einseitige Speisung ... 267
        5.32 Der einpolige Erdschluß im Netz mit geerdeten Transformatoren (zweiseitige Speisung) ... 268
        5.33 Der einpolige Erdschluß im geerdeten Netz über die Fehlerimpedanz z_F ... 270
    5.4 Der zweipolige Kurzschluß mit Erdberührung im geerdeten Netz 271
        5.41 Die einseitige Speisung ... 271
        5.42 Der zweipolige Kurzschluß mit Erdberührung im Netz mit geerdeten Transformatoren (zweiseitige Speisung) ... 273
        5.43 Der zweipolige Kurzschluß mit Erdberührung im geerdeten Netz über die Fehlerimpedanz z_F ... 274

6. **Die Synchronmaschine im asynchronen Betrieb** ... 276

    6.1 Der asynchrone Anlauf von Synchronmaschinen ... 276
    6.2 Asynchroner Lauf der Synchronmaschine bei erregtem Polrad . . 284
    6.3 Der sehr rasche Anlauf ... 287

7. **Kleine Schwingungen der Synchronmaschine** ... 288

    7.1 Allgemeines: Die Differentialgleichung der pendelnden Synchronmaschine ... 288
    7.2 Die „komplexe Synchronisierziffer" ... 293
    7.3 Drehmoment-, Leistungs- und Stromschwankungen ... 305
    7.4 Selbsterregte Schwingungen ... 308

Literaturverzeichnis ... 311

Tabellen ... 315

Sachverzeichnis ... 318

Erläuterung zu den Rechengrößen und Formelzeichen

Lateinische Buchstaben: Beträge der Größen
Durch Fettdruck hervorgehobene Buchstaben: Komplexe Größen, in der GAUSSschen Zahlenebene als Zeiger dargestellt
Punkt über den Buchstaben: Ableitung der Größen

Die Momentanwerte der Ströme, Spannungen und Flußverkettungen — sowie alle Wirk- und Blindwiderstände — werden mit kleinen, die Effektivwerte mit großen Buchstaben bezeichnet.

Zahlenangaben in eckigen Klammern im Textteil bedeuten Hinweise auf das Literaturverzeichnis am Schluß des Buches. Ist vor den Zahlen noch ein „A", so handelt es sich um Literaturangaben zum Anhang.

A	in Klammern: Stromgröße in Ampere
A	in Abschn. 10 als Formelzeichen: Anstiegsgeschwindigkeit der Erregerspannung
a	Erregungsgeschwindigkeit [s^{-1}]
A_a	Ständerstrombelag in A/cm
b	Polbreite [m]
B_1	Grundfeldinduktion in Gauß (Amplitude)
C	Maschinenkonstante
C_d	Minderungsfaktor der Reaktanz der Ankerrückwirkung x_h in der Längsrichtung
C_D	Dämpfungskonstante
C_q	Minderungsfaktor der Reaktanz der Ankerrückwirkung x_h in der Querrichtung
D	Bohrungsdurchmesser [m]
E	Polradspannung ($=$ Erregung)
e	EULERsche Zahl ($= 2,7183$)
E'	„Transiente" Polradspannung
E'_o	„Treibende" EMK bei transienten Vorgängen (Spannung hinter Transientreaktanz); Hauptfeldspannung für Vollpolmaschine mit Massivrotor (Näherung)
E''_o	„Treibende" EMK bei subtransienten Vorgängen (z. B. Kurzschluß bei Vorbelastung)
$E_1, E_2, \ldots$	in Abschn. 9: Polradspannungen der Maschinen 1, 2, ...
$E'_1, E'_2, \ldots$	in Abschn. 9: Transiente Polradspannungen der Maschinen 1, 2, ...
E'_d	Hauptfeldspannung für die Schenkelpolmaschine
E_L	Innere EMK (Spannung hinter der Ständerstreureaktanz $x_{a\sigma}$), Luftspaltspannung
E_{Ld}	Komponente der inneren EMK E_L in der Längsrichtung
E_{Lq}	Komponente der inneren EMK E_L in der Querrichtung
E_p	Spannung hinter der POTIER-Reaktanz (POTIER-Spannung)
G	Gewicht [kp]

Erläuterung zu den Rechengrößen und Formelzeichen

g	Umrechnungsfaktor: Ständerstrom auf äquivalenten fiktiven Läuferstromeffektivwert im Kennliniendiagramm (Leerlauf- und Kurzschlußkennlinie)
GD^2	Schwungmoment (in kpm² oder Mpm²)
H	Trägheitskonstante ($H = T_A/2$ in kWs/kVA)
I, i_a, i_b, i_c	Ständer- (Anker-) Scheinstrom (Stränge a, b, c)
i	Augenblickswert des jeweiligen Stromes
$\hat{\imath}$	Scheitelwert des jeweiligen Stromes
I_0, i_0	Nullkomponente des Ständerstromes
I_1	Mitkomponente des Ständerstromes; in Abschn. 9: Scheinstrom der Maschine 1
I_2	Invers- = Gegenkomponente des Ständerstromes; in Abschn. 9: Scheinstrom der Maschine 2
I_b	Blindkomponente von I
I_d, i_d	Längskomponente des Stromes
$I_e = \dfrac{i_e}{i_{eo}}$	Verhältnis des Erregerstromes zum Leerlauferregerstrom (vgl. Abschnitt 1), ohne Sättigung
i_e	Erregerstrom (vgl. Abschn. 1)
$I_{e(\sim)} = \dfrac{i_e}{\sqrt{2}}$	p.u.-Wert des fiktiven Erregerwechselstrom-Effektivwertes (vgl. Abschn. 1)
i_g	Stoßkurzschlußgleichstrom
I'_k	Übergangskurzschluß-Wechselstrom (transienter Kurzschlußwechselstrom)
I''_k	Stoßkurzschluß-Wechselstrom (subtransienter Kurzschlußwechselstrom)
I_{ko}	Kurzschlußstrom bei Leerlauferregung (Dauer-)
I_{kL}	Kurzschlußstrom bei Lasterregung (Dauer-)
I_{ko}/I_N	Leerlaufkurzschlußverhältnis $= I_{ko}$ in p. u. (gesättigt)
I_{kL}/I_N	Lastkurzschlußverhältnis $= I_{kL}$ in p. u.
$\hat{\imath}_p$	Stoßkurzschlußstrom
I_q, i_q	Querkomponente des Stromes
I_w	Wirkkomponente von I
I_{We}	Wechselstromkomponente des Ständerstromes
i_z	in Abschn. 10: Zusatzerregerstrom durch Regelung
j	$\sqrt{-1}$ = imaginäre Einheit
k_{sb}, k_{sw}	Sättigungsfaktoren für die Hauptfeldreaktanz (vgl. Abschn. 3.12)
L	Eisenlänge einer Maschine einschließlich Luftschlitze [m]
l	mit Index d, q, hd, e usw.: Induktivität (vgl. Reaktanzen)
l	ohne Index: Leitungslänge [km]
l_i	effektive Eisenlänge [m]
M, m	Drehmoment
M_A, m_A	Antriebsdrehmoment, z. B. Turbinendrehmoment
M_{As}	asynchrones Drehmoment (nicht bezogen)
M_D, m_D	Dämpfungsdrehmoment
M_E, m_E	elektrisches Drehmoment
$M_{p\max}, m_{p\max}$	Stoßmoment beim Klemmenkurzschluß
n	Drehzahl [U/min]
n_s	synchrone Drehzahl [U/min]
p	Polpaarzahl ($2p$ = Polzahl)
P_A	Antriebsleistung, z. B. Turbinenleistung
P_b	Blindleistung
P_D	Dämpfungsleistung

Erläuterung zu den Rechengrößen und Formelzeichen XI

P_K	Kippleistung
P_{nat}	natürliche Leistung einer Leitung
$p_{p\,\text{max}}$	Stoßleistung bei Klemmenkurzschluß
P_s	Scheinleistung
P_w	Wirkleistung
P'_w	Wirkleistung bei plötzlichen Laständerungen (transiente)
P_{ws}	synchronisierende Leistung [p.u./Radian]
P'_{ws}	synchronisierende Leistung bei plötzlichen Laständerungen [p.u./Radian]
P_Θ	Beschleunigungsleistung
r_a	Ständerwiderstand
r_e	Läuferwiderstand
r_2	Inversirkwiderstand
s	Schlupf
t	Zeit [s]
T_A	Anlaufzeitkonstante [s]
T_a	Zeitkonstante des Gleichstromgliedes beim Klemmenkurzschluß (Gleichstromzeitkonstante in s)
T'_d	Transient-Kurzschlußzeitkonstante [s]
T''_d	Subtransient-Kurzschlußzeitkonstante [s]
$T'_{d\,o}$	Leerlaufzeitkonstante [s]
T'_{dL}	Transientlastzeitkonstante [s]
U	Strangspannung
u	Augenblickswert der Strangspannung
$U_1, U_2, \ldots$	in Abschn. 9: Spannungen der Maschinen 1, 2, ... (auch Generator- und Netzspannung)
V	in Klammern: Spannung in V
w	Windungszahl
x	Reaktanz
x_0	Nullreaktanz
x_2	Inversreaktanz
$x_{a\,\sigma}$	Streureaktanz der Ständerwicklung
x_d	Synchronlängsreaktanz
x'_d	Transientlängsreaktanz
x''_d	Subtransientlängsreaktanz
$x_{D\,\sigma}$	Streureaktanz der Dämpferwicklung
x_e	fiktive Reaktanz der Feldwicklung: $x_e = x_{h\,d} + x_{e\,\sigma}$
$x_{e\,\sigma}$	Streureaktanz der Feldwicklung
x_h	Hauptfeldreaktanz (Reaktanz der Ankerrückwirkung) der Vollpolmaschine
$x_{h\,d}$	$x_h\,C_d$ Hauptfeldreaktanz der Schenkelpolmaschine in der Längsrichtung
$x_{h\,q}$	$x_h\,C_q$ Hauptfeldreaktanz der Schenkelpolmaschine in der Querrichtung
x_{Ltg}	Leitungsreaktanz
$x_{L\,\sigma}$	Läuferstreureaktanz bei Maschinen mit Dämpferwicklung (Parallelschaltung von $x_{D\,\sigma}$ mit $x_{e\,\sigma}$)
x_p	POTIER-Reaktanz
x_q	Synchronquerreaktanz
x'_q	Transientquerreaktanz
x''_q	Subtransientquerreaktanz
x_T	Transformatorreaktanz (Kurzschlußreaktanz)
x_v	in Abschn. 9: Vorreaktanz = Reaktanz zwischen Generator und Netz

y	Admittanz
Z	Wellenwiderstand einer Leitung
z	Impedanz
$z_1, z_2, \ldots$	in Abschn. 9: Impedanzen von Übertragungssystemen 1, 2, ...
b/τ_p	Polbedeckungsverhältnis
l_i/τ_p	Verhältnis der effektiven Eisenlänge zur Polteilung
Θ	Winkel zwischen Achse des Stranges a und der Polachse
ϑ	Polradwinkel
$\Theta_1, \Theta_2, \Theta_3, \ldots$	in Abschn. 9: Trägheitsmomente der Maschinen 1, 2, 3, ...; im Anhang wird das Trägheitsmoment mit Θ_m bezeichnet
ϑ_1	innerer Polradwinkel (Winkel zwischen Klemmenspannung und Polradspannung)
ϑ_2	äußerer Polradwinkel (Winkel zwischen Netzspannung und Polradspannung)
ϑ_{12}	Winkel zwischen den Polradspannungen E_1 und E_2 in Abschn. 9
Θ_a	Ständer- (Anker-) Durchflutung
Θ_e	Magnetdurchflutung
Θ_L	Durchflutung im Luftspalt
λ	Leitungswinkel
ξ_1	Wicklungsfaktor der Ständerwicklung für die Grundwelle
τ_p	Polteilung ($\tau_p = D \cdot \pi/2p$)
Φ	Flußverkettung
φ	Phasenwinkel (Zählsinn für positives φ in mathematisch positiver Richtung, d. h. im Gegenuhrzeigersinn, und zwar vom Strom zur Spannung, für die Festlegung des Vorzeichens der Blindleistung, sonst ist φ nur der Betrag des Phasenwinkels)
φ_1	primärer Phasenwinkel (Winkel zwischen U_1 und I_1) in Abschn. 9
φ_2	sekundärer Phasenwinkel (Winkel zwischen U_2 und I_2) in Abschn. 9
Ω	OHM-Widerstandseinheit
Ω	Pendelwinkelgeschwindigkeit
ω	Kreisfrequenz ($\omega = 2\pi f$)

Allgemeine Indizes

1, 2, 0	Mit-, Gegen-, Nullkomponente
1, 2, 3, ...	Größen der Kraftwerke 1, 2, 3, ... (nur Abschn. 9)
a	Ankergrößen für Widerstände (Wirk- und Blind-)
b	Blindkomponente
D	Dämpferwicklung
d	Längsachse (direct-axis); Achtung: 90° Verschiebung zwischen den Spannungskomponenten im Anhang und denen im Hauptteil
e	Feldkreis (Erregerkreis der Synchronmaschine); als zweiter Index: Größe der Einphasenmaschine (vgl. Abschn. 2.4)
k	Kurzschluß
N	Nennwert
n	Netzgröße
o	Leerlaufwert bzw. Kennzeichen des stationären Ausgangszustandes
q	Querachse
w	Wirkkomponente
σ	Streuwert

Weitere hier nicht aufgeführte und nur selten oder nur einmal vorkommende Buchstaben werden jeweils im Text erläutert.

1. Das „per-unit-System"[1]

(*Das System mit bezogenen, dimensionslosen Größen*)

Das Betriebsverhalten von elektrischen Maschinen, Geräten und Anlagen kann in den meisten Fällen durch einige wenige bestimmte Größen ausreichend beschrieben werden, wenn diese Größen in Prozent ausgedrückt werden (Maximalleistung in Prozent der Nennleistung; Spannungsänderung, Spannungsbereich oder Stoßstreuspannung in Prozent der Nennspannung; Drehzahlüberschwingweite — vorübergehende Drehzahlsteigerung bei plötzlicher Entlastung — und Durchgangsdrehzahl in Prozent der Nenndrehzahl; Verluste in Prozent der Nennaufnahmeleistung usw.). Als Bezugswerte der Prozentangaben dienen dabei die jeweiligen Nennwerte. Ohne diese Bezugsgrößen ist die Angabe von Werten — z. B. 1000 V als Spannungsänderung ohne Angabe der Nennspannung — sinnlos. Ein Nachteil der Rechnung mit in Prozenten angegebenen Größen ist es, daß die Multiplikation von Prozentwerten leicht zu Fehlern führt.

Die Verwendung des p. u.-Systems, d. h. das Arbeiten mit bezogenen, dimensionslosen Größen, bietet nun alle Vorteile des Prozentsystems und schließt außerdem Multiplikationsfehler aus. Die Nenngrößen erhalten dabei nicht den Wert 100 (%), sondern Eins. Durch Wegfall der leicht zu Irrtümern führenden Zahlenwerte und Dimensionen in Rechenbeispielen (beim Arbeiten mit Zahlenwert- oder Größengleichungen) werden die Gleichungen vereinfacht und erhalten allgemeineren Charakter.

Die Anwendung dieses Systems hat von Amerika ausgehend [*41, 43*] heute fast allgemein in der einschlägigen elektrotechnischen Literatur Eingang gefunden.

Alle physikalischen Größen werden nach dem p.u.-System durch Division mit den passend gewählten Bezugsgrößen gleicher Dimension in bezogene Größen umgeformt. Die in den weiteren Abschnitten verwendeten Bezugsgrößen sind nun folgende (Sternschaltung der Maschinen vorausgesetzt):

a) Für Ständerstrom, Ständerspannung[2], Leistung, Drehmoment, Frequenz, Drehzahl usw. die jeweiligen Nennwerte dieser Größen, d. h.

---

[1] Lit.: [*3, 6, 41, 43, 46, 50*].

[2] Bei größeren Synchronmaschinen, um deren Behandlung es hier ja geht, entspricht der Ständer immer dem Anker (Index „a").

also der Nennstrom (Effektivwert), die Nennstrangspannung (Effektivwert), die Nennstrangscheinleistung[1], das einer Wirkleistung von der Größe der Nennstrangscheinleistung bei synchroner Drehzahl entsprechende Drehmoment als Nenndrehmoment usw.

b) Für Reaktanzen und Widerstände ist der Bezugswert die Nennimpedanz der Maschine, d. h.

$$z_N = \frac{\text{Nennstrangspannung}}{\text{Nennstrom}}.{}^2$$

Die Nennstrangspannung hat also den dimensionslosen Wert Eins und ebenso der Nennstrom, die Nennscheinleistung usw., und die Angabe $x_d = 1$ bedeutet z. B., daß der Wert der Synchronreaktanz gleich dem der Nennimpedanz der Maschine ist.

c) Für die Flußverkettungen gilt als Bezugswert der Grundwellenfluß (U_N/ω_n) multipliziert mit der Kreisfrequenz ω_n, da die Zeit in Sekunden angegeben wird. Der Grundwellenfluß hat also in p. u. den Betrag: $1/\omega_n$.

d) Eine gewisse Schwierigkeit besteht in der Festlegung allgemeingültiger und gleichzeitig zu möglichst einfachen Darstellungsverhältnissen führender Bezugsgrößen für die Läuferkreise.

Wir verwenden in der vorliegenden Abhandlung als Bezugswerte für die Größen der Läuferkreise die Nennwerte (Stranggrößen) der entsprechenden Ständergrößen, d. h. für die Ströme den Nennstrom I_N [A] der Maschine, für die Spannungen die Nennspannung U_N [V] und für die Impedanzen die Nennimpedanz z_N [Ω]. Um die Läufergrößen in p. u. angeben zu können, müssen sie theoretisch (s. später) zunächst auf die Ständerseite umgerechnet werden, wie es auch beim Transformator oder der Asynchronmaschine üblich ist. Die entsprechenden Umrechnungsfaktoren können der einschlägigen Literatur über die Berechnung von Synchronmaschinen [3, 41, 43, 46, 50] entnommen werden. Leider werden in der deutschsprachigen Literatur hierzu keine eindeutigen Herleitungen angegeben. Daher wollen wir noch kurz auf die Umrechnungsfaktoren eingehen. Bei ihrer Ermittlung geht man so vor, daß man die Grundwelle des zur Kompensation eines bestimmten Ständerfeldes erforderlichen Läuferfeldes gleichsetzt mit der zu kom-

---

[1] Um bei Nennstrom und Nennspannung die Nennscheinleistung Eins zu erhalten, wird die Leistung wie folgt definiert:

$P_s = \frac{1}{m} \sum_{m=1}^{m} UI$. Für die Drehstrommaschine bedeutet das $P_s = \frac{1}{3} \sum UI = UI$,

d. h., hier ist $m = 3$. Bei 2 Ersatzsträngen (d, q) gilt dann z. B. $m = 2$.

[2] Bei Dreieckschaltung der Ständerwicklung:

$\frac{\text{Nennleiterspannung}}{\text{Nennleiterstrom}/\sqrt{3}}$, d. h. allgemein $\frac{\text{Nennstrangspannung}}{\text{Nennstrangstrom}}$.

pensierenden Grundwelle des Ständerfeldes. Man erhält dann z. B. für den Feldkreis die Gleichung (i_e [A$_=$] ist ein Augenblickswert, wird also klein geschrieben):

$$\ddot{u} = \frac{i_e \,[\text{A}_=]}{\frac{m}{2} \sqrt{2}\, I \,[\text{A}_\sim]} = \frac{4}{\pi} \frac{w_a \, \xi_a}{w_e} \beta \, C_d, \qquad (1)$$

wobei

- $\ddot{u}$ das Stromübersetzungsverhältnis,
- m die Ständerstrangzahl,
- w_a die Ständerwindungszahl je Pol und Strang,
- ξ_a den Ständerwicklungsfaktor,
- w_e die Polwindungszahl,
- β das von der Polschuhform abhängige Verhältnis der Luftspaltinduktion B_L zur Amplitude der Grundwelle und
- C_d den ebenfalls von der Polschuhform abhängigen Minderungsfaktor für das Ankerlängsfeld

darstellt.

C_d und β werden Kurven [50] entnommen, die aus Feldbildern ermittelt wurden.

Man sieht aus obiger Gleichung für das Übersetzungsverhältnis $\ddot{u}$, daß ein auf die Ständerseite umgerechneter Erregerstrom der Amplitude des zugehörigen Ständerstrangstromes entspricht:

$$\frac{i_e \,[\text{A}_=]}{\frac{m}{2}\, \ddot{u}} = \sqrt{2}\, I \,[\text{A}_\sim] = \sqrt{2}\, I_e \,[\text{A}_\sim].$$

Anstelle des Effektivwertes des Ankerstromes können wir in dieser Gleichung, wie wir es auch getan haben, den fiktiven Effektivwert eines Wechselstromes I_e [A$_\sim$] setzen, der sich durch Umrechnung des Erregergleichstromes auf den m-strängigen Ständer ergibt.

Der bezogene (p.u.-)Wert des Erregerstromes muß sich nun daraus durch Division mit dem Effektivwert des Ständernennstromes I_N ergeben:

$$\frac{\dfrac{i_e \,[\text{A}_=]}{\frac{m}{2}\, \ddot{u}}}{I_N \,[\text{A}_\sim]} = \frac{i_e \,[\text{A}_=]}{\frac{m}{2}\, \ddot{u}\, I_N \,[\text{A}_\sim]} = \frac{\sqrt{2}\, I \,[\text{A}_\sim]}{I_N \,[\text{A}_\sim]} = \frac{\sqrt{2}\, I_e \,[\text{A}_\sim]}{I_N \,[\text{A}_\sim]} = i_e \,[\text{p.u.}] \, (= \sqrt{2}\, I_{e\sim} \,[\text{p.u.}]).[1] \qquad (2\,\text{a})$$

Für den Sonderfall des Ständernennstromes, d. h. für $I = I_N$, wird der Erregerstrom $i_e \,[\text{A}_=] = i_{e(I_N)} \,[\text{A}_=]$ und somit

$$i_{e(I_N)} \,[\text{p.u.}] = \frac{i_{e(I_N)} \,[\text{A}_=]}{\frac{m}{2}\, \ddot{u}\, I_N \,[\text{A}_\sim]} = \frac{\sqrt{2}\, I_N \,[\text{A}_\sim]}{I_N \,[\text{A}_\sim]} = \sqrt{2}. \qquad (2\,\text{b})$$

---

[1] „p. u." wird in diesem und ähnlichen Fällen der Übersichtlichkeit wegen wie eine Dimension behandelt. Man kann sich im übrigen die p.u.-Werte auch dimensionsbehaftet, und zwar mit den Maschinen-Nenngrößen als Einheiten, vorstellen.

Der zu der Spannung der Ankerrückwirkung $I_N x_{hd}$ — wobei x_{hd} die Hauptfeldreaktanz bedeutet (s. später) — gehörende, d. h. das gleiche Feld wie I_N erzeugende, Erregerstrom $i_{e(I_N)}$ ist also in p. u., d. h. als bezogene Größe ausgedrückt, gleich $\sqrt{2}$.

Wie gelangen wir nun zu dem zugehörigen Bezugswert direkt auf der Gleichstromseite? Wir sehen aus obigen Ableitungen, daß wir nur den Ankerrückwirkungsanteil des Ständernennstromes zu ermitteln brauchen. Der zugehörige Erregergleichstrom muß dann als bezogene Größe gleich $\sqrt{2}$ sein. Die Ermittlung kann z. B. meßtechnisch erfolgen, indem man die Leerlauf- und Kurzschlußkennlinie aufzeichnet (Abb. 15b, Ströme in A und Spannungen in V), den zum Nennstrom im Dauerkurzschluß gehörenden Erregerstrom $i_{e(I_k = I_N)}$ einträgt und diesen Erregerstrom im Verhältnis x_{hd}/x_d verkleinert. Es muß dafür dann gelten:

$$i_{e(I_k = I_N)} \frac{x_{hd}}{x_d} = \sqrt{2} \quad \text{in p. u.}$$

Die Strecke $\overline{g\,I_N}$ in Abb. 15b muß also, in bezogenen Größen ausgedrückt, gleich $\sqrt{2}$ sein. Der Wert i_e [p. u.] $= 1$ ergibt sich dann einfach durch Teilen dieser Strecke durch $\sqrt{2}$. Der dem Streckenabschnitt $g\,I_N/\sqrt{2}$ der Abbildung entsprechende Erregerstrom in A muß damit gleich dem Bezugswert für den Erregerstrom in [A$_=$] sein. Mit der Gl. (2b) können wir auch die Bedeutung von g in einfacher Weise definieren. Es gilt danach:

$$i_{e(I_N)}\,[\text{A}_=] = \sqrt{2}\,\frac{m}{2}\,\ddot{u}\,I_N\,[\text{A}_\sim] = g\,I_N\,[\text{A}_\sim],$$

also

$$g = \sqrt{2}\,\frac{m}{2}\,\ddot{u} = \sqrt{2}\,\frac{m}{2}\,\frac{4}{\pi}\,\frac{w_a\,\xi_a}{w_e}\,\beta\,C_d. \tag{3}$$

Dividiert man $i_{e(I_N)}$ [A$_=$] durch g, so erhält man also I_N, den Effektivwert des Ständernennstromes, d. h., durch diese Division kann man einen Erregergleichstrom in den entsprechenden Effektivwert $I_{e\sim} = I$ eines fiktiven Erregerwechselstromes auf der Ständerseite umformen. Dieses Vorgehen ist z. B. für die Darstellung des Erregerstromes im Zeigerdiagramm [6] zweckmäßig. Wir wollen in der vorliegenden Abhandlung aber nur in ganz wenigen Sonderfällen davon Gebrauch machen. — Der p. u.-Wert des Effektivwertes des Erregerwechselstromes wird dann wie in Gl. (2a) mit $I_{e\sim}$ bezeichnet. — Wir werden vielmehr, um im Hauptteil der Abhandlung keine Komplikation durch die Definition des Erregerstrom-Bezugswertes hervorzurufen, den Erregerstrom als Vielfaches des Leerlauferregerstromes i_{eo}[1] angeben. Das gleiche gilt für die Erregerspannung. Durch diese Vereinfachung wird es belanglos, ob der

---
[1] Ohne Sättigung, vgl. Abb. 15b.

Erregerstrom in A oder in p. u. gegeben ist. Vor allem aber ist damit die Polradspannung in p. u. als Zahlenwert gleich dem Verhältnis i_e/i_{eo}. Für dieses Verhältnis werden wir, da es oft vorkommt, zur Abkürzung den Buchstaben I_e setzen, zum Unterschied vom fiktiven Wechselstromeffektivwert des Erregerstromes $I_{e\sim}$. Es gilt also:

$$\frac{i_e}{i_{eo}} = I_e\,; \quad i_{eo} \text{ ungesättigt, vgl. Abb. 15b.} \tag{4}$$

Aus dem Stromübersetzungsverhältnis lassen sich nun auch die Umrechnungsfaktoren für den Widerstand und die Streureaktanz sowie für die Spannung des Feldkreises anschreiben. Es gilt für den Widerstand und die Reaktanz:

$$\varrho = \frac{m}{2}\ddot{u}^2 = \frac{m}{2}\left(\frac{4}{\pi}\frac{w_a\,\xi_a}{w_e}\,\beta\,C_d\right)^2. \tag{5}$$

Damit lautet z. B. der Feldwiderstand in p. u.:

$$r_e\,[\text{p. u.}] = \frac{r_e\,[\Omega_=]\,\varrho}{z_N\,[\Omega_\sim]} = r_e\,[\Omega_=]\,\frac{m}{2}\,\ddot{u}^2\,\frac{I_N}{U_N}. \tag{6}$$

Für die Erregerspannung muß gelten:

$$u_e\,[\text{p. u.}] = i_e\,[\text{p. u.}]\cdot r_e\,[\text{p. u.}],$$

also mit den Gln. (2) und (6):

$$u_e[\text{p. u.}] = \frac{i_e\,[\text{A}_=]}{\frac{m}{2}\,\ddot{u}\,I_N\,[\text{A}_\sim]}\,r_e\,[\Omega_=]\,\frac{m}{2}\,\ddot{u}^2\,\frac{I_N\,[\text{A}_\sim]}{U_N\,[\text{V}_\sim]} = \frac{i_e\,[\text{A}_=]\cdot r_e\,[\Omega_=]}{U_N\,[\text{V}_\sim]}\,\ddot{u}$$
$$= \frac{u_e\,[\text{V}_=]}{U_N\,[\text{V}_\sim]}\,\ddot{u}\,. \tag{7}$$

Der bezogene Wert für die Flußverkettung ergibt sich in entsprechender Weise aus dem p.u.-Wert des Erregerstromes multipliziert mit dem p.u.-Wert der Selbstinduktivität des Feldkreises $(x_{hd} + x_{e\sigma})/\omega_n$. $x_{e\sigma}$ stellt dabei die Streureaktanz der Erregerwicklung dar und $\omega_n = 2\pi f_n$.

Das hier auf das Beispiel des Feldkreises angewandte Verfahren der Umrechnung auf die Ständerseite hat den Vorteil, daß die Hauptfeldreaktanzen aller Läuferkreise gleich der Hauptfeldreaktanz x_{hd} werden.

Die Umrechnungsfaktoren für die Dämpferwicklungsgrößen entsprechen denjenigen der Asynchronmaschine und sind z. B. in den Literaturstellen [*41, 43, 50*] zu finden. Wir wollen hier nicht weiter darauf eingehen. Die Herleitung erfolgt in derselben Weise, wie es oben am Beispiel des Erregerkreises gezeigt wurde.

e) Um den physikalischen Zusammenhang zwischen Induktivität und Reaktanz nicht zu verwischen, wird die Zeit in Sekunden und die Winkelgeschwindigkeit in Radian je Sekunde (1/s) angegeben. Die der bezogenen Reaktanz 1 entsprechende Induktivität hat also den Betrag $1/\omega_n$.

Wird ausnahmsweise in einer Gleichung nicht das System mit bezogenen Größen (p.u.-System) verwendet, so wird dies ausdrücklich betont oder hinter das jeweilige Formelzeichen die Dimension gesetzt.

Erläuterungen zu den Formelzeichen und Rechengrößen sind nach dem Inhaltsverzeichnis aufgeführt.

2. Elektrisches Verhalten von Synchronmaschinen[1]

2.1 Spannungs- und Stromdiagramme der ungesättigten Synchronmaschine

Das Verhalten einer Synchronmaschine bei Belastung läßt sich am besten aus dem Spannungszeigerdiagramm[2] erkennen. Abb. 1a zeigt das

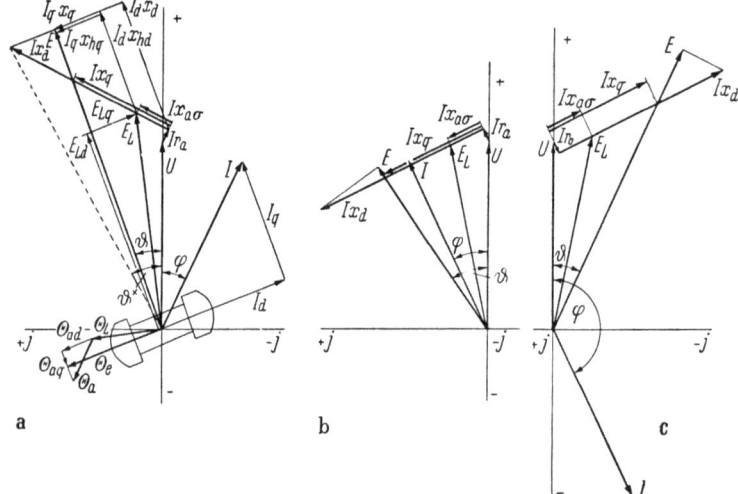

Abb. 1a—c. Spannungsdiagramm der Schenkelpolmaschine bei Belastung
$U = U_N = 1$; $I = I_N = 1$; $x_d = 1$; $x_q = 0,6$; $x_{a\sigma} = 0,2$
$r_a = 0,07$; $\cos\varphi = 0,9$
a) Generatorbetrieb, übererregt (Blindleistungsabgabe); b) Generatorbetrieb, untererregt (Blindleistungsaufnahme); c) Motorbetrieb, übererregt (Blindleistungsabgabe)

Zeigerdiagramm eines Schenkelpolgenerators (Erzeugerzählpfeilsystem) bei Abgabe von Wirk- und (Magnetisierungs-) Blindleistung[3] (übererregt; nacheilender Strom), Abb. 1b bei Abgabe von Wirkleistung und

---

[1] Lit.: [1, 5, 6, 12, 17, 20, 23, 28, 29, 37, 39, 46, 50, 55, 57].

[2] Zur Veranschaulichung sinusförmiger Ströme und Spannungen werden diese als Zeiger dargestellt, für die die geometrischen Additionsgesetze der Vektorrechnung gelten (Anhang 1). Die Bezeichnung Vektor sollte jedoch für Raumvektoren vorbehalten werden.

[3] Zur Festlegung des Vorzeichens der Blindleistung wird φ von I nach U in mathematisch positiver Richtung (Gegenuhrzeigersinn) positiv gezählt (Festlegung für EZS).

Aufnahme von Blindleistung (Abgabe von Ladeblindleistung, also untererregt; voreilender Strom), und Abb. 1c zeigt das Zeigerdiagramm eines Motors bei Abgabe von Wirkleistung an der Welle und Blindleistung an das Netz. — Auf den Motorbetrieb wird vorerst nicht weiter eingegangen, da er gegenüber dem Generatorbetrieb nichts Neues bringt (vgl. S. 31). Die Diagramme gelten für einen Strang.

Wie kommt man nun zu den Größen dieses Zeigerdiagramms, das — wie wir sehen werden — für den stationären Betrieb gültig ist? — Wie die Überschrift besagt, setzen wir zur Vereinfachung eine ungesättigte Maschine voraus.

Abb. 2 stellt schematisch eine zweipolige, dreisträngige Synchronmaschine ohne Dämpferwicklung dar.

Der Ständer (Anker) enthält drei gleiche Wicklungsstränge a, b und c, die räumlich um $120°$ (bei Polpaarzahl $p > 1$, $120°$ el) gegeneinander versetzt sind. Das Polrad enthält die einachsige Erregerwicklung (Feldwicklung), welcher von der Erregerquelle der Gleichstrom i_e über die Schleifringe zugeführt wird. Dreht sich das Polrad mit der Winkelgeschwindigkeit ω, so wird vom Polradfluß in jedem der offenen Ständerwicklungsstränge die Spannung E induziert. Belastet man die Maschine symmetrisch, so fließen in den Strängen b und c Wechselströme, die (wie die Leerlaufspannungen) zeitlich um $(2\pi/3\omega)$ und $(4\pi/3\omega)$ gegen den Strom im Strang a verschoben, sonst aber vollkommen gleichartig sind. Es genügt also, den Strang a zu betrachten. Fällt nun die Achse des Stranges a mit der Polachse zusammen ($\Theta = 0$), so ist der wirksame Luftspalt am kleinsten und die Induktivität l des Stranges a hat damit ihren Höchstwert l_d (Längsfeldinduktivität). In der Querstellung der Polachse (Polradachse senkrecht auf der Achse des Stranges a) ist der wirksame Luftspalt am größten und die Induktivität hat ihr Minimum l_q (Querfeldinduktivität). Entsprechend der internationalen Praxis bezeichnet man die Polachse als Längsachse und die Größen, die sich auf sie beziehen, mit dem Index „d" (vom englischen Ausdruck „direct axis"). Die Achse der Pollücke heißt Querachse, und die Größen, die sich darauf beziehen, erhalten den Index „q" (vom englischen Ausdruck „quadrature axis"). Multipliziert man die beiden Induktivitäten mit der Kreisfrequenz ω_n, die in unserem Beispiel (Polpaarzahl $p = 1$) der

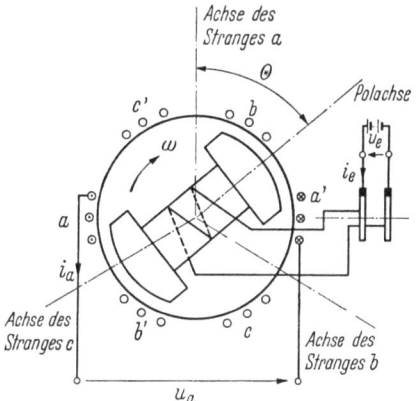

Abb. 2. Prinzipschema der Synchronmaschine

Winkelgeschwindigkeit entspricht, so erhält man die entsprechenden Reaktanzen x_d (Synchronlängsreaktanz) und x_q (Synchronquerreaktanz). Damit läßt sich nun das Zeigerdiagramm der Abb. 1 wie folgt aufbauen:

Zu der Klemmenspannung U werden der OHMsche Spannungsabfall ($I\,r_a$) und der induktive Spannungsabfall an der Streuinduktivität ($I\,x_{a\sigma}$) der Ständerwicklung geometrisch addiert. Das Ergebnis ist die innere EMK $\boldsymbol{E_L}$, der die resultierende Durchflutung Θ_L entspricht. Das zu dem Belastungsstrom $\boldsymbol{I}$ gehörende Ankerdrehfeld hat nun eine Ankerrückwirkung zur Folge, die kompensiert werden muß, wenn die Klemmenspannung aufrechterhalten werden soll. Die Ankerrückwirkung kann in bezug auf die Polradstellung in eine Längs- und eine Querkomponente zerlegt werden (bei reiner Blindleistungsabgabe nur Längskomponente). Mit Hilfe einer entsprechend erhöhten Erregung kann jedoch nur die Längskomponente gedeckt werden. Die durch den Wirklastanteil der Scheinleistung hervorgerufene nicht kompensierbare Querkomponente der Ankerrückwirkung ist die Ursache für die Entstehung des Polradwinkels. Ihr entspricht im Spannungsdiagramm der Spannungsabfall an der Reaktanz der Ankerrückwirkung in der Querrichtung ($I_q\,x_{hq}$), der, von der Spannung $\boldsymbol{E_L}$ aus geometrisch aufgetragen, die Polradspannungslage festlegt. Die Längskomponente der Ankerrückwirkung ($I_d\,x_{hd}$) (Spannungsabfall an der Längsreaktanz der Ankerrückwirkung durch die Längskomponente des Stromes) fällt in die Polradspannungsrichtung.

Man kann, wie Abb. 1 zeigt, die für einen bestimmten Belastungsfall erforderliche Erregung E und die Polradspannungslage auch einfacher und ohne Komponentenzerlegung ermitteln.

Entsprechend der internationalen Praxis wurde in dem Zeigerdiagramm angesetzt:

$$x_{hd} + x_{a\sigma} = x_d, \qquad x_{hq} + x_{a\sigma} = x_q,$$

wobei x_d die Synchronlängsreaktanz und x_q die Synchronquerreaktanz bedeuten.

Die Reaktanzen der Ankerrückwirkung in der Längs- und Querrichtung errechnen sich für die Schenkelpolmaschinen, wie aus der allgemeinen Literatur über elektrische Maschinen zu entnehmen ist, aus der Reaktanz der Ankerrückwirkung der Vollpolmaschine [s. Gl. (61)] multipliziert mit den Minderungsfaktoren C_d für die Längsrichtung und C_q für die Querrichtung:

$$x_{hd} = x_h\,C_d,$$
$$x_{hq} = x_h\,C_q.$$

Die Minderungsfaktoren C_d und C_q kennzeichnen die Schwächung der Ankerrückwirkung durch die Pollücke, also die Verkleinerung der

Reaktanz der Ankerrückwirkung in der Längs- und Querrichtung. Für gebräuchliche Polbedeckungsverhältnisse (Polschuhbreite/Polteilung)

$$\frac{b}{\tau_p} = 0{,}7 \; \cdots 0{,}75 \quad \text{ist:}$$

$$\frac{x_q}{x_d} = 0{,}55 \cdots 0{,}65.$$

Die Polradspannung E, die der Felddurchflutung Θ_e (proportional Erregerstrom) entspricht, schließt mit der Polachse einen Winkel von 90° ein und mit der Klemmenspannung U den Polradwinkel ϑ. Die Polradspannung verläuft durch den Endpunkt des Zeigers $j\,\boldsymbol{I}\,x_q$, und folglich ist der Polradwinkel bei gleicher Synchronreaktanz für die Schenkelpolmaschine kleiner als er für die Vollpolmaschine ($x_d \approx x_q$) wäre (ϑ^* in Abb. 1a).

Mit Θ_a wird im Diagramm die Durchflutung der Ständerwicklung bezeichnet. Θ_a hat folglich im Zeigerdiagramm die gleiche Lage wie der Ständerstrom (Ankerrückwirkung).

Um zu einer einfacheren Betrachtungsweise zu kommen, vernachlässigen wir nun den OHMschen Spannungsabfall der Ständerwicklung. Dies ist für mittlere und große Maschinen (mit mehr als 100 kVA/Pol) ohne weiteres zulässig; da hierbei der Ohmsche Widerstand der Ständerwicklung im Verhältnis zu den Reaktanzen klein ist. Weiter zerlegen wir den Belastungsstrom wieder in seine beiden Komponenten in der Längs- und Querrichtung und bestimmen die Lage des Polradzeigers durch den Zeiger $j\,\boldsymbol{I}\,x_q$. Damit ergibt sich das Zeigerdiagramm nach Abb. 3. Durch geometrische Addition der Spannungsabfälle $I_d\,x_d$ und $I_q\,x_q$ zu der Nennspannung U erhält man auf einfache Weise die Spitze des Polradspannungszeigers E. In dem Diagramm entspricht die Strecke $\overline{5\,3}$ dann der Spannung $I_q\,x_d$ und damit die Strecke $\overline{2\,3}$ der Spannung $I_q(x_d - x_q)$.

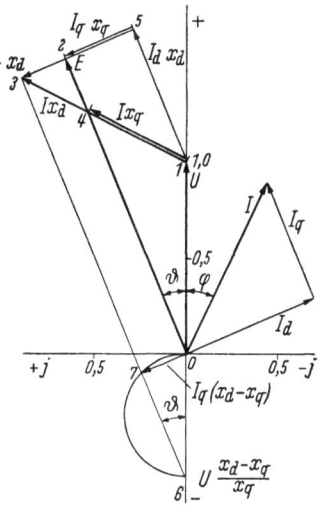

Abb. 3
Spannungsdiagramm der Schenkelpolmaschine bei Vernachlässigung des Ständerwiderstandes
$U = U_N = 1;\quad I = I_N = 1;\quad x_d = 1;$
$x_q = 0{,}6;\quad r_a = 0$
$\cos \varphi = 0{,}9$ (übererregt)

Man kann sich den Spannungsabfall, der der Strecke $\overline{2\,3}$ entspricht, durch einen Strom in einer zweiten Rotorwicklung quer zur Hauptfeldrichtung erzeugt denken und hat damit den Übergang zu der Vollrotormaschine. Die Strecke $\overline{2\,3}$ stellt also den Betrag dar, um den sich das

Feld in der Querrichtung geringer ausbildet als in der Längsrichtung (Effekt der magnetischen Unsymmetrie des Rotors = Reaktionseffekt).

Legt man durch den Punkt *3* der Abbildung eine Parallele zum Polradspannungszeiger, so erhält man nach Verlängerung der Strecke $\overline{1\,0}$ den Schnittpunkt *6*. Ein Halbkreis über dem Durchmesser $\overline{0\,6}$ geschnitten mit der Parallelen zu E ergibt als zweite Sehne für jeden Belastungsfall bei konstanter Spannung U eine Strecke (entsprechend $\overline{0\,7}$), die gleich ist der Spannung $I_q(x_d - x_q)$. Die Strecke $\overline{0\,6}$, also der Halbkreisdurchmesser, ergibt sich dabei zu

$$U\left(\frac{x_d - x_q}{x_q}\right).$$

Der Halbkreis stellt die Hälfte des Reaktionskreises dar.

Die Strecke $\overline{3\,7}$ ist selbstverständlich gleich der Strecke $\overline{0\,2}$, also gleich dem Betrag der Polradspannung E.

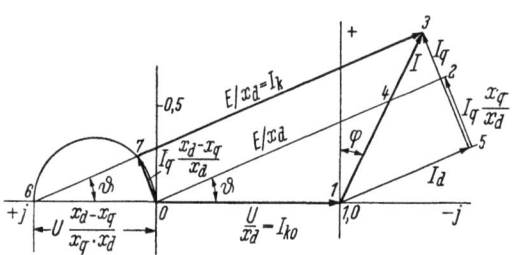

Abb. 4. Stromdiagramm der Schenkelpolmaschine
$U = U_N = 1$; $I = I_N = 1$; $x_d = 1$; $x_q = 0{,}6$; $r_a = 0$
$\cos \varphi = 0{,}9$ (übererregt)

Aus dem Zeigerdiagramm der Abb. 3 kann man nun leicht zu dem entsprechenden Stromdiagramm übergehen, indem man alle Spannungen durch die Synchronreaktanz dividiert (das Zeigerdiagramm dreht sich dabei um 90° im Uhrzeigersinn; Multiplikation mit $1/j\,x_d$). Damit ergibt sich das Stromdiagramm der Abb. 4.

In dem Diagramm bedeuten:

$U/x_d = I_{k_o}$, d. h. den Dauerkurzschlußstrom des Generators bei Leerlauferregung

und

$E/x_d = I_k$, d. h. den Dauerkurzschlußstrom des Generators bei Vollasterregung.

Bei Vernachlässigung der Sättigung, was ja hier vorausgesetzt wurde, stellt E auch gleichzeitig den Vollasterregerstrom I_e (i_e/i_{eo}) dar, d. h., statt $\dfrac{E}{x_d}$ könnte auch $\dfrac{I_e}{x_d}$ angesetzt werden. Der Strom $I_q\dfrac{x_d - x_q}{x_d}$ (Strecke $\overline{2\,3}$ bzw. $\overline{0\,7}$) stellt wiederum den Beitrag der magnetischen Unsymmetrie im Polrad zur Erregung dar. Legt man durch Punkt *1* (Abb. 4) eine Senkrechte, so schließt diese mit dem Stromzeiger I den Phasenwinkel φ ein, d. h., sie gibt die Lage der Klemmenspannung an.

Das vereinfachte Stromdiagramm der Schenkelpolmaschine wurde in Abb. 5 nochmals eingezeichnet und dabei gleichzeitig ein neues Koordinatensystem mit dem Nullpunkt in Punkt *1* der Abb. 4 festgelegt. In der Ordinate dieses Koordinatensystems liegt dann die Klemmenspannung, so daß man aus dem Diagramm leicht den Wirk- und Blindanteil des Scheinstromes I entnehmen kann.

Für die Vollpolmaschine (Turbogenerator) ist, wie bekannt, die Synchronlängsreaktanz angenähert gleich der Synchronquerreaktanz, d. h. $x_q \approx x_d$, und damit verschwindet der Reaktionskreis. Der Zeiger E/x_d ist für diesen Fall im Diagramm mit unterbrochenem Linienzug eingetragen.

Die Abb. 4 und 5 verdeutlichen den Zusammenhang zwischen Ständerstrom, Leerlaufkurzschlußverhältnis und Lasterregerstrom bzw. Lastkurzschlußverhältnis, und zwar ist daraus u. a. folgendes zu erkennen:

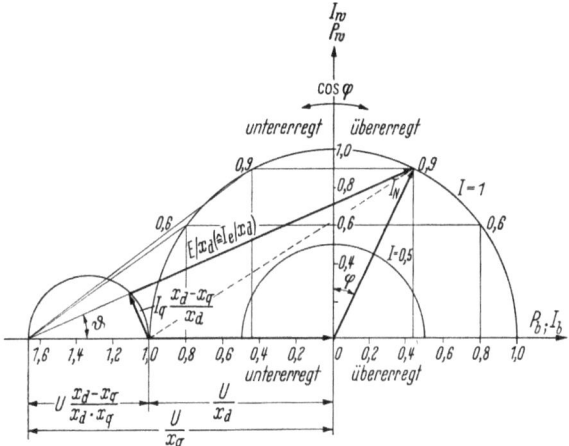

Abb. 5. Strom- und Leistungsdiagramm der Schenkelpolmaschine für konstanten Ständerstrom I bei veränderlichem Leistungsfaktor
$U = U_N = 1; \quad x_d = 1; \quad x_q = 0,6; \quad r_a = 0$

Vergrößert man das Leerlaufkurzschlußverhältnis (I_{ko}[1] im p.u.-System) eines Generators oder Motors, d. h. verkleinert man die Synchronreaktanz — denn ohne Sättigung gilt ja: $U_N/x_d = I_{ko}$ —, so wird der Polradwinkel ϑ kleiner und die Maschine also steifer, d.h. härter. Gleichzeitig wächst natürlich auch das Lastkurzschlußverhältnis, aber prozentual gesehen nur weniger als das Leerlaufkurzschlußverhältnis. Damit ist der Lasterregerstrom als Mehrfaches des Leerlauferregerstromes (I_e) kleiner und ebenso auch die Spannungsänderung bei Vollentlastung (vgl. Abb. 3). Bei Entlastung und fest eingestellter Erregung würde die Klemmenspannung bei Vernachlässigung der Sättigung von U

---

[1] Mit dem Ausdruck „Leerlaufkurzschlußverhältnis" wird üblicherweise der gesättigte Wert (vgl. Abb. 16) dieses Verhältnisses bezeichnet. In den Abschn. 2.1 bis 2.3 jedoch weichen wir von dieser Festlegung ab.

auf den Wert E ansteigen, wobei natürlich der Polradwinkel auf Null zurückgeht. Wird I_{k_0} vergrößert, also x_d verkleinert, so wird der Betrag der Polradspannung E bei gleichbleibendem Belastungsstrom kleiner und ebenso der Winkel ϑ.

2.2 Natürliches Leistungs-Grenzkurven-Diagramm der ungesättigten Maschine

Aus den Stromdiagrammen der Abb. 4 und 5 kann unter der Voraussetzung konstanter Klemmenspannung in einfacher Weise das natürliche Leistungsdiagramm und das Verhalten im stationären Betrieb (zeitliche Laständerungen erfolgen langsam im Verhältnis zur Transientzeitkonstante der Maschine) ermittelt werden. Diese Voraussetzung ist z. B. erfüllt bei ungestörtem Parallelbetrieb des Generators mit einem starren Netz, d. h. einem Netz, dessen Spannung von einer Blindleistungsänderung der betrachteten Maschine nicht beeinflußt wird und dessen Frequenz starr ist. Das Leistungsdiagramm wird trotz Vernachlässigung der Sättigung der Synchronreaktanzen (Längs- und Querreaktanz) eine sehr gute Näherung bilden, weil der Sättigungseinfluß in der Darstellung nur im übererregten Bereich (Abgabe von Wirk- und Blindleistung) von Bedeutung ist, während er im untererregten Betrieb (Abgabe von Wirkleistung und Aufnahme von Blindleistung), in welchem die Erhaltung der Stabilität eine besondere Rolle spielt, nur gering bleibt. Der Darstellungsfehler bleibt also insgesamt bei normalen Sättigungsverhältnissen gering. Nicht vernachlässigbar aber ist die Sättigung — besonders im Übererregungsbereich — für die Bestimmung des jeweils zu einem bestimmten Belastungspunkt gehörenden wirklichen Erregerstromes. Hierfür müßte auf die Maschinenkennlinien (Abb. 15) zurückgegriffen werden, was wir aber nicht tun wollen, da sonst das Diagramm zu kompliziert wird, ohne daß sich dadurch die Begrenzungslinien für die Scheinleistung bei veränderlichem Leistungsfaktor, die für den Betriebsmann von Wichtigkeit sind, wesentlich ändern. Praktisch wird nämlich, wie schon betont, nur die Begrenzungslinie für den übererregten Betrieb mit niedrigerem als dem Nennleistungsfaktor von der Sättigung überhaupt verändert (vgl. Abschn. 2.25 und Abb. 13).

Die Bezeichnung „natürlich" soll in diesem Zusammenhang nur bedeuten, daß im Untererregungsbereich keine künstliche Stabilisierung, z. B. durch Regelung der Spannung (vgl. Abschn. 10.23), vorhanden ist.

Aus dem Stromdiagramm der Abb. 5 kann für konstante Klemmenspannung $U = U_N = 1$ sofort der Wirk- (Projektion von I auf die Ordinate) und Blindleistungsanteil (Projektion von I auf die Abszisse) der Scheinleistung bzw. des Scheinstromes abgelesen werden (p. u.).

Wird nun der Ständerstrom konstant, z. B. $I = I_N = 1$, gehalten und der Leistungsfaktor geändert, so bewegt sich die Spitze des Stromzeigers $\boldsymbol{I}_N$ auf einem Kreisbogen mit dem Radius 1 um den Nullpunkt. Wäre der Ständerstrom (Ständererwärmung) allein für die dauernd abgebbare Leistung maßgebend, so könnte man mittels solcher konzentrischer Kreisbogen für I_N, $\tfrac{3}{4}I_N$, $\tfrac{1}{2}I_N$ usw. für jeden Belastungsfall sofort den Blind- und Wirkleistungsanteil sowie den Leistungsfaktor und den zugehörigen Polradwinkel ablesen. Für eine Dauerbelastung ist der Kreisbogen mit $I = I_N$ jedenfalls zunächst einmal immer die äußerste Belastungsgrenze, da eine Überschreitung des Nennstromes zu einer schädlichen Ständererwärmung führt, soweit die Maschine nicht von vornherein für eine gewisse Überlastbarkeit bemessen wurde. Für einen solchen Fall kann das zugehörige Diagramm ebenfalls leicht aufgezeichnet werden.

Es ist nun aber bekannt, daß beim übererregten Betrieb eines Generators mit einem niedrigeren Leistungsfaktor als dem Nennleistungsfaktor die Erwärmung des Polrades für die Leistungsbegrenzung maßgebend ist und nicht die Erwärmung des Ständers. Es müssen also noch die Ortskurven konstanter Erregung E/x_d bzw. I_e/x_d ermittelt werden. Wie aus der Literatur über elektrische Maschinen bekannt ist, bewegt sich der Punkt konstanter Erregung bei der Schenkelpolmaschine auf einer PASCALschen Schnecke um den Reaktionskreis. Für die Vollpolmaschine geht die PASCALsche Schnecke in einen Kreis über (Abb. 6). Die Stabilitätsgrenze verbindet die Punkte maximaler Wirkleistung.

Aus der Abbildung ist zu erkennen, daß die Kurven konstanter Erregung (Sättigung in den Angaben von I_e vernachlässigt!) für

$$\frac{E}{x_d} \geq U \frac{x_d - x_q}{x_d x_q}$$

im labilen Gebiet (Polradwinkel $\vartheta >$ als Polradwinkel für Stabilitätsgrenze) an der Schnittstelle mit der Abszissenachse (Blindleistungsachse) einen Sattel haben, der um so ausgeprägter ist, je kleiner die Erregung E/x_d wird.

Der Betrag $U \dfrac{x_d - x_q}{x_d x_q}$ stellt den Durchmesser des Reaktionskreises als Stromgröße dar (vgl. Abb. 4 und 5).

Wird nun
$$\frac{E}{x_d} < U \frac{x_d - x_q}{x_d x_q},$$

also kleiner als der Reaktionskreisdurchmesser, so geht der Sattel in eine Schleife über, die innerhalb des Reaktionskreises liegt. Je kleiner die Erregung wird, um so größer wird diese innere Schleife und um so kleiner die äußere. Für $E/x_d = 0$, d. h. Erregung Null, fallen die beiden Schleifen mit dem Reaktionskreis zusammen.

Betriebsmäßig kann eine Kurve für konstante Erregung im Bereich

$$\frac{E}{x_d} < U \frac{x_d - x_q}{x_d \, x_q}$$

nicht ohne weiteres durchlaufen werden, da ein labiler Bereich vorhanden ist (Schlüpfen um eine Polteilung). Praktisch erreicht man den stabilen Arbeitsbereich der inneren Schleife, indem man die Pole negativ erregt.

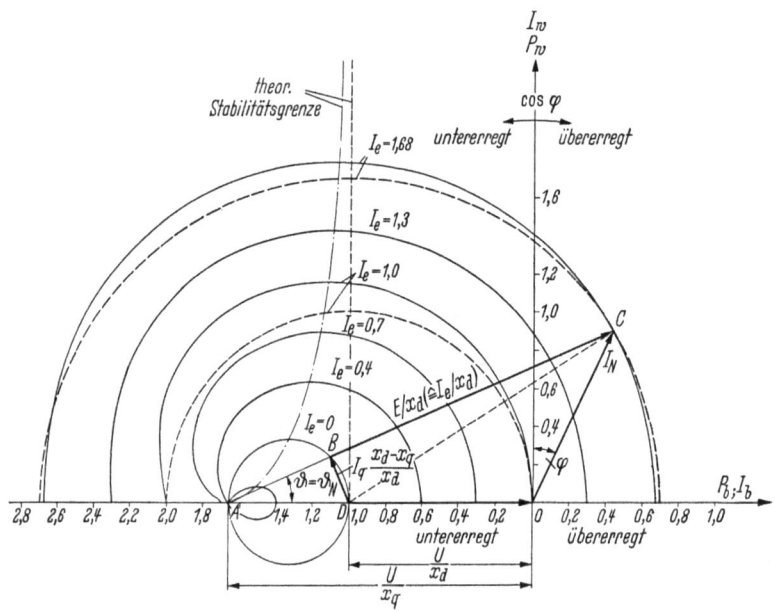

Abb. 6. Strom- und Leistungsdiagramm der Schenkelpolmaschine für konstanten Erregerstrom I_e und veränderlichen Leistungsfaktor
$U = U_N = 1;\quad x_d = 1;\quad x_q = 0,6;\quad r_a = 0$
– – – – Vollpolmaschine mit $x_d = x_q = 1$

Das Innere des Reaktionskreises ist also das Gebiet der negativen oder Gegenerregung. Die zu einer äußeren Schleife gehörende Innenschleife der PASCALschen Schnecke gilt dabei für eine negative Erregung gleicher Höhe.

Die Grenze des stabilen Betriebes ist, wie bereits gesagt, für jede Kurve konstanter Erregung durch das Maximum der Wirkleistung (P_w), d. h. den Scheitelpunkt, gegeben. Die Stabilitätsgrenze des Generators ist also die Verbindungslinie der Scheitelpunkte (Abb. 6).

Zeichnet man in den Abb. 5 und 6 Vollkurven bzw. Vollkreise, so gelten analoge Bestimmungen auch für die untere Hälfte der Kurven, d. h. für den Motorbetrieb (s. Abb. 26, S. 68).

Aus Abb. 6 liest man nun folgendes ab:

Wird die Wirkleistung eines Generators bei *konstanter Erregung* — z. B. entsprechend Punkt C — gesteigert, dann vergrößert sich der Polradwinkel ϑ und der Ständerstrom steigt ebenfalls an. Der Leistungsfaktor ändert sich dabei auch, und zwar wird er Eins und bei weiterer Steigerung der Wirkleistung wieder kleiner als Eins (untererregt), wobei die anfängliche Abgabe von zusätzlicher Blindleistung in eine Blindleistungsaufnahme übergeht (Abgabe von Ladeblindleistung). In der Nähe der Kippgrenze ist der Generator folglich immer mit voreilendem Blindstrom belastet, d. h. untererregt. Entsprechende Überlegungen gelten auch für den Motor.

Wird bei konstanter Wirkleistung (Waagerechte im Diagramm Abb. 6, z. B. durch Punkt C) die Erregung kontinuierlich vermindert, so vergrößert sich der Polradwinkel ϑ ebenfalls bis zum Kippwinkel. Mit sinkender Erregung verringert sich dabei die Abgabe der Blindleistung auch und geht schließlich in eine Blindleistungsaufnahme über. Die Änderung der Erregung hat also bei dem direkten Betrieb auf ein starres Netz nur eine Änderung der Blindleistung zur Folge.

Da die Scheitel der Kurven konstanter Erregung in Abb. 6 ziemlich flach verlaufen, ist die Stabilitätsgrenze exakt schwer festzustellen. Man kann sie aber auch bedeutend einfacher und außerdem genauer konstruieren, wenn man die Beziehungen zwischen den Zeigergrößen des Diagramms rechnerisch erfaßt.

Aus Abb. 6 liest man für *den Wirkstrom* ab (vgl. Anhang 1.2):

$$I_w = \frac{E}{x_d}\sin\vartheta + I_q \frac{x_d - x_q}{x_d}\cos\vartheta \qquad (8\,\mathrm{a})$$

und für *die Wirkleistung* (in p.u.):

$$P_w = I_w U = \frac{EU}{x_d}\sin\vartheta + U I_q \frac{x_d - x_q}{x_d}\cos\vartheta. \qquad (8\,\mathrm{b})$$

Der *Blindstrom* wird entsprechend:

$$I_b = \frac{E}{x_d}\cos\vartheta - \left(\frac{U}{x_d} + I_q \frac{x_d - x_q}{x_d}\sin\vartheta\right) \qquad (9\,\mathrm{a})$$

und die *Blindleistung*:

$$P_b = I_b U = \frac{EU}{x_d}\cos\vartheta - \left(\frac{U^2}{x_d} + U I_q \frac{x_d - x_q}{x_d}\sin\vartheta\right). \qquad (9\,\mathrm{b})$$

Besser aber führt man in Gln. (8) und (9) die Beziehung

$$I_q \frac{x_d - x_q}{x_d} = \frac{U}{x_d}\frac{x_d - x_q}{x_q}\sin\vartheta \qquad (10)$$

ein, die sich ebenfalls sofort aus Abb. 6 ablesen läßt.

2. Elektrisches Verhalten von Synchronmaschinen

Damit lauten die Gln. (8b) und (9b) dann:

$$P_w = \frac{EU}{x_d}\sin\vartheta + \frac{U^2}{x_d}\frac{x_d - x_q}{x_q}\sin\vartheta\cos\vartheta \tag{8c}$$

oder mit $\sin\vartheta\cos\vartheta = \tfrac{1}{2}\sin 2\vartheta$

$$P_w = \frac{EU}{x_d}\sin\vartheta + \frac{U^2}{2}\frac{x_d - x_q}{x_d x_q}\sin 2\vartheta \tag{8d}$$

und

$$P_b = \frac{EU}{x_d}\cos\vartheta - \frac{U^2}{x_d}\left(1 + \frac{x_d - x_q}{x_q}\sin^2\vartheta\right). \tag{9c}$$

Vergleicht man diese Gleichungen mit den zugehörigen Gleichungen für die Vollpolmaschine, für die ja gilt $x_d \approx x_q$ und für die somit die Wirk- und Blindleistungsgleichungen lauten:

$$P_w = \frac{EU}{x_d}\sin\vartheta, \tag{8e}$$

$$P_b = \frac{EU}{x_d}\cos\vartheta - \frac{U^2}{x_d}, \tag{9d}$$

so sieht man, daß sich die Schenkelpolmaschine bei gleicher Erregung und gleichem Polradwinkel in der Wirkleistung durch

$$\frac{U^2}{2}\frac{x_d - x_q}{x_d x_q}\sin 2\vartheta,$$

d. h.

$$U I_q \frac{x_d - x_q}{x_d}\cos\vartheta$$

und in der Blindleistung durch

$$-\frac{U^2}{x_d}\frac{x_d - x_q}{x_q}\sin^2\vartheta,$$

d. h.

$$- U I_q \frac{x_d - x_q}{x_d}\sin\vartheta$$

von der Vollpolmaschine unterscheidet.

Aus den Kurven der Abb. 6 ist weiter ersichtlich, daß die theoretische Kippgrenze der Schenkelpolmaschine immer bei einem Winkel, der kleiner ist als 90° el, erreicht wird, während sie bei der Vollpolmaschine bei 90° el liegt. Die Kippleistung ist für die gleiche Erregung bei der Schenkelpolmaschine höher als bei der Vollpolmaschine.

Wir wollen nun die Maxima der Betriebskurven (PASCALsche Schnecken) für konstante Erregung für die Schenkelpolmaschine ermitteln (Stabilitätsgrenze), ohne die Betriebskurven selbst aufzeichnen zu müssen. Dazu gehen wir von Gl. (8c) aus, die wir nun wieder in Stromgrößen (Division mit U) anschreiben. Das Maximum der Wirkleistung wird erreicht, wenn

$$\frac{dI_w}{d\vartheta} = 0,$$

d. h. also mit Gl. (8c) in Stromgrößen:

$$\frac{dI_w}{d\vartheta} = \frac{E}{x_d}\cos\vartheta + \frac{U}{x_d}\frac{x_d - x_q}{x_q}(\cos^2\vartheta - \sin^2\vartheta) = 0.$$

Durch Multiplikation mit $\tan\vartheta$ wird diese Gleichung:

$$\frac{E}{x_d}\sin\vartheta + \frac{U}{x_d}\frac{x_d - x_q}{x_q}(\sin\vartheta\cos\vartheta - \sin^2\vartheta\tan\vartheta) = 0.$$

Daraus ergibt sich mit dem ersten Teil des Klammerausdruckes wieder I_w und damit wird:

$$I_{w\max} = \frac{U}{x_d}\frac{x_d - x_q}{x_q}\sin^2\vartheta\tan\vartheta. \tag{11a}$$

Da nun $\dfrac{U}{x_d}\dfrac{x_d - x_q}{x_q}$ im Stromdiagramm den Durchmesser des Reaktionskreises, also die Strecke $\overline{AD}$ (Abb. 6, vgl. Abb. 4), bedeutet, wird:

$$I_{w\max} = \overline{AD}\sin^2\vartheta\tan\vartheta. \tag{11b}$$

Diesen Ausdruck kann man, wie Abb. 7 zeigt, sehr einfach graphisch darstellen.

Dazu zeichnet man den Reaktionskreis der Abb. 6 auf, führt die gleichen Bezeichnungen wie dort ein und liest dann ab (Abb. 7): $\overline{AD}\sin^2\vartheta$ ist die Projektion von $\overline{DB}$ auf die Abszissenachse. Die Multiplikation mit $\tan\vartheta$ führt zu $\overline{DP}$ und eine Parallele durch Punkt P zur Abszissenachse zum gesuchten Punkt C, der auf dem Strahl $\overline{AU}$ unter dem Winkel ϑ liegt und die Ordinate $\overline{AD}\sin^2\vartheta\tan\vartheta$ hat. Die Abbildung enthält zwei kongruente Dreiecke ABB' und CUP (schraffiert). Daraus ergibt sich: $\overline{AB} = \overline{CU}$ und damit folgende einfache Konstruktion:

Unter beliebigem Winkel ϑ zieht man den Strahl ABU bis zum Schnittpunkt (U) mit der Senkrechten in D und trägt von U aus die Strecke $\overline{UC} = \overline{AB}$ ab. Damit erhält man den Punkt C als Punkt der Stabilitätsgrenze. Es genügt, zur Ermittlung der Stabilitätsgrenze vier solcher Strahlen zu zeichnen, und zwar:

und
$\qquad\qquad$ 2 unter $\vartheta > 45°$ el
$\qquad\qquad$ 2 unter $\vartheta < 45°$ el.

Den 5. Punkt liefert der Scheitel des Reaktionskreises für $\vartheta = 45°$ el. Für $\vartheta > 45°$ el hat man dann positive Erregung und für $\vartheta < 45°$ el negative oder Gegenerregung. Während also die Vollpolmaschine ihre Kippgrenze unabhängig von der Erregung immer bei $\vartheta = 90°$ el hat, ist der Kippwinkel für die Schenkelpolmaschine sehr von der Erregung abhängig. Nur für sehr große Erregung kippt die Schenkelpolmaschine annähernd auch bei $90°$ el (die Stabilitätsgrenze verläuft asymptotisch zur Senkrechten in D), da die Kurven $E/x_d = $ const hierfür annähernd

Kreise werden. Die Wirkung der Pollücken tritt also für große Erregung zurück.

Weiterhin zeigt der Vergleich (Abb. 6) zwischen Vollpol- und Schenkelpolmaschine, daß die letztere bei bestimmter Erregung maximal stets mehr Blindleistung aufnehmen kann als die erstere, und zwar wird die Differenz um so größer, je geringer die Erregung ist. Die maximale Blindleistungsaufnahme der Vollpolmaschine ist von der Erregung unabhängig (Stabilitätsgrenze bei $\vartheta = 90°$ el, da $x_d = x_q$; also $I_{b\,\mathrm{max}} = - U/x_d$).

Damit ist die Grenze, bis zu der man eine Maschine im Bereich „untererregter" Leistungsfaktoren ohne kontinuierliche Spannungsregelung (z. B. Betrieb von Motoren und auch von Generatoren, sofern keine schnell und kontinuierlich wirkende Spannungsregelung vorhanden ist) maximal belasten darf, gegeben. Wenn das Leerlaufkurzschlußverhältnis ($1/x_d$) einer Maschine groß ist (größer als Eins), bleibt diese Grenze für den Dauerbetrieb ohne Bedeutung, da sie außerhalb der maximal zulässigen Ständerbelastung liegt (Kreis mit $I = I_N = 1$). Sie hat dann nur für kurzzeitige Überlastungen Sinn (z. B. Überlastbarkeit von Motoren).

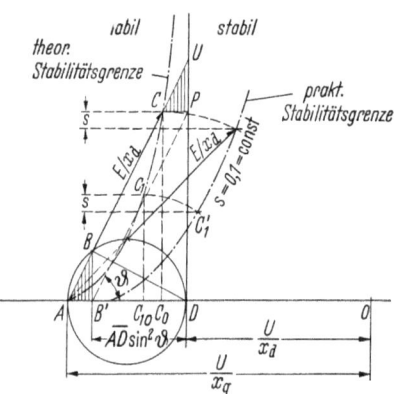

Abb. 7
Ermittlung der theoretischen und praktischen Stabilitätsgrenze der Schenkelpolmaschine (praktische Stabilitätsgrenze für eine Stoßüberlastung $\varDelta P_w = 0{,}1 \cdot P_{wN}$)

Im praktischen Betrieb muß man in jedem Fall noch eine gewisse „Kippsicherheit" haben. Man ermittelt hierzu außer der Stabilitätsgrenze (theoretische) eine Linie gleicher Sicherheit s für Stoßbelastungen (praktische Stabilitätsgrenze), die in das Diagramm auch eingezeichnet wird und die betriebsmäßig nicht überschritten werden darf.

Wir wollen diese Grenzlinie für eine Schenkelpolmaschine aufsuchen. Die Maschine soll also mit konstanter Spannung und Erregung in der Nähe der Kippgrenze arbeiten und vorübergehend mit einem bestimmten Prozentsatz ihrer Nennwirkleistung stoßweise belastbar sein (die Ausgleichsvorgänge werden hier vernachlässigt).

Um die Möglichkeit einer bestimmten Stoßüberlastung zu haben (vgl. Abb. 6 und 7), muß die Wirkkomponente (Ordinate) des Punktes C in Abb. 7 bei konstanter Erregung E/x_d um den Betrag s (z. B. $sP_{wN} = 0{,}1 \cdot P_{wN} = 0{,}09$) der „Nenn"-Wirkleistung, der der Stoßbelastung entsprechen soll, verkleinert werden. Um nun die Grenzlinie gleicher Sicherheit gegen Stoßbelastung zu erhalten, müßte man die Kurven $E/x_d = $ const konstruieren, die zur Ermittlung der theoretischen Stabilitätsgrenze noch nicht nötig waren. Man kann jedoch mit genügender Genauigkeit den benötigten Teil dieser Kurven durch Kreisbögen ersetzen, deren Mittelpunkte durch die Projektion der Punkte der Stabilitätsgrenze auf die Abszisse (für $C:C_0$) gegeben sind. In Abb. 7 haben wir das für 2 Punkte, und zwar für $C(C_0)$ und $C_1(C_{10})$ durchgeführt. Damit ist die Kurve gleicher Sicherheit s gegen Stoßbelastung (praktische Stabilitätsgrenze) festgelegt. Wir betonen in diesem Zusammenhang noch einmal, daß diese Stabilitätsgrenze nur für konstant erregte Motoren und für Generatoren mit Hand- oder einer nicht kontinuierlich wirkenden Spannungsregelung von Bedeutung ist. Maschinen mit schnell und kontinuierlich wirkenden Spannungsregeleinrichtungen sind über die theoretische Stabilitätsgrenze hinaus stabil (vgl. Abschn. 10).

Zur Verdeutlichung der Zusammenhänge, wie sie sich aus Abb. 6 ergeben, wollen wir nun die Wirkleistung noch in Abhängigkeit vom Polradwinkel für verschiedene Erregungsfälle aufzeichnen, weil diese Darstellung geläufiger

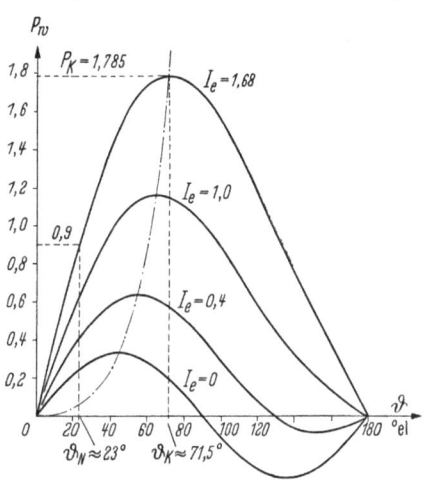

Abb. 8. Wirkleistung in Abhängigkeit vom Polradwinkel für verschiedene Erregungsstufen

ist. Die Konstruktion geschieht einfach in der Weise, daß z. B. an die theoretische Stabilitätsgrenze für die jeweilige Erregung ein Strahl vom Punkt A gezogen, der Winkel ϑ abgelesen und die Ordinate des Schnittpunktes zwischen Strahl und Stabilitätsgrenze bestimmt wird. Auf diese Weise erhält man die Scheitelpunkte der neuen Kurven (Abb. 8). Weitere Punkte lassen sich in ähnlicher Weise ermitteln. Das Diagramm der Abb. 8 zeigt nochmals deutlich die bereits früher erwähnten und aus Abb. 6 ablesbaren Eigenschaften der Schenkelpolmaschine, wie z. B. Kippwinkel $\vartheta_K < 90°$ el, Vorhandensein der Reaktionsleistung (Maximum bei 45° el) und ihre Auswirkung bei geringer Erregung auf die Gesamtwirkleistung der Maschine. Die Reaktionsleistung kann auch bei Erregung Null noch abgegeben werden.

Der Zweck dieses Abschnittes ist es nun aber, für den Betriebsingenieur ein geeignetes Diagramm aufzustellen, aus dem er für alle Betriebsbedingungen (Spannung, Ständerstrom, Erregerstrom und

20   2. Elektrisches Verhalten von Synchronmaschinen

$\cos \varphi$ bzw. Wirk- und Blindleistung) die Leistungsfähigkeit seiner Maschine beurteilen kann. Dazu genügt, wie bereits früher erwähnt, das Diagramm der Abb. 5 allein nicht und ebenso nicht das der Abb. 6. Die Überlagerung beider Diagramme berücksichtigt jedoch sowohl den Ständer- als auch den Erregerstrom, also die vom Strom abhängige Ständer- und Polraderwärmung, und außerdem kann mit Hilfe der Abb. 7 die praktische Stabilitätsgrenze einbezogen werden. Zu klären bleibt noch die unterste Erregungsgrenze. Bleibt man, wie es heute

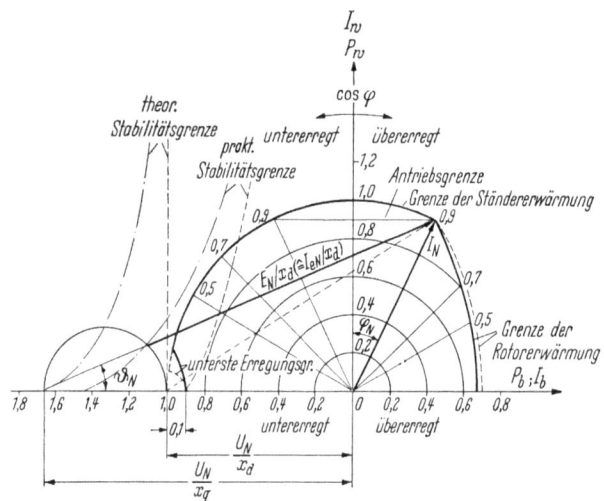

Abb. 9. Vollständiges Strom- und Leistungsdiagramm der Schenkelpolmaschine
$U = U_N = 1;\quad x_d = 1;\quad x_q = 0,6;\quad r_a = 0$
Grenzkurven: $I_e = I_{eN}$, $I = I_N$, praktische Stabilitätsgrenze (hier ohne Einfluß) und unterste Erregungsgrenze
— — — Vollpolmaschine mit $x_d = x_q = 1$

noch in vielen Fällen, besonders für mittlere und kleinere Generatoren, üblich ist, im Bereich positiver Erregung — was ja von der Bemessung der Erregungs- und Regeleinrichtung abhängt — und nimmt man die unterste Erregungsgrenze bei 10% (0,1 p. u.) der Leerlauferregung an, so ergibt sich für konstante Klemmenspannung das endgültige Diagramm der Abb. 9. Die Kurven konstanter Erregung haben wir hier weggelassen und nur die Grenzkurve (E_N/x_d) eingetragen. Mit Hilfe dieses Diagramms kann nun der Betriebsingenieur bei konstanter Spannung $U = U_N = 1$ unter Verwendung eines Strommessers und eines Leistungsfaktormessers bzw. eines Wirk- und Blindleistungsmessers kontrollieren, ob eine gegebene Leistungsforderung zulässig ist. Für einen bestimmten Lastpunkt läßt sich aus dem Diagramm sofort auch der zugehörige Polradwinkel ϑ ermitteln. Das Diagramm gilt in obiger Form für alle großen Generatoren, bei denen der Ständerwiderstand vernachlässigbar ist, mit sehr guter Genauigkeit trotz Vernachlässigung der Sättigung. Da wirkliche Erregerstromwerte in dem Diagramm infolge der Sättigung keinen linearen Maßstab ergeben, haben wir die Kurven konstanten Erregerstromes weggelassen (vgl. Abschn. 2.25, S. 32).

2.21 Einfluß einer Änderung der Klemmenspannung

Wir haben bisher den Fall konstanter Netzspannung vorausgesetzt. In den meisten Fällen muß aber mit geringen, langsam erfolgenden und länger andauernden Spannungsänderungen des Netzes am Einspeisepunkt gerechnet werden. Aus diesem Grunde werden Generatoren nach den REM (VDE 0530/3. 59) und auch nach den meisten ausländischen Normen normal für einen Spannungsbereich von $\pm 5\%$ bemessen, wobei konstante Nennleistung für diesen Bereich gefordert wird. Wie ändert sich nun das Leistungsdiagramm der Abb. 9 bei Berücksichtigung dieser Spannungsänderungen? Hierzu betrachten wir nochmals die Gln. (8d) und (9c):

$$P_w = \frac{EU}{x_d}\sin\vartheta + \frac{U^2}{2}\frac{x_d - x_q}{x_q x_d}\sin 2\vartheta,$$

$$P_b = \frac{EU}{x_d}\cos\vartheta - \frac{U^2}{x_d}\left(1 + \frac{x_d - x_q}{x_q}\sin^2\vartheta\right).$$

Durch Vergleich dieser beiden Gleichungen mit den zugehörigen Gleichungen für die Vollpolmaschine [Gln. (8e) und (9d)] kann, wie wir bereits weiter vorn sahen, die Zusatzkomponente der magnetischen Unsymmetrie, d. h. der Anteil der ,,Reaktionsleistung", herausgeschält werden. Er lautet für die *Wirkleistung*:

$$P_{Rw} = \frac{U^2}{2}\frac{x_d - x_q}{x_q x_d}\sin 2\vartheta \tag{12}$$

und für die *Blindleistung*:

$$\Delta P_b = -\frac{U^2}{x_d}\frac{x_d - x_q}{x_q}\sin^2\vartheta. \tag{13}$$

Die Gl. (12) stellt gleichzeitig die reine Reaktionswirkleistung dar, d. h. die Wirkleistung der unerregten Schenkelpolmaschine ($E = 0$).

Die Gl. (13) hingegen stellt nur den Unterschied zur Vollpolmaschine dar, nicht aber die reine Reaktionsblindleistung. Diese, d. h. also die Blindleistung der unerregten Schenkelpolmaschine, ergibt sich aus der Gl. (9c), indem man $E = 0$ setzt, zu:

$$P_{Rb} = -\frac{U^2}{x_d}\left(1 + \frac{x_d - x_q}{x_q}\sin^2\vartheta\right). \tag{14}$$

(Negatives Vorzeichen, weil die Reaktionsblindleistung immer einer Untererregung, d. h. also einer Blindleistungsaufnahme, entspricht.)

Aus den Gln. (12) und (13) ist ersichtlich, daß der ,,Reaktionsanteil" der Wirk- und Blindleistung der Schenkelpolmaschine nur vom Quadrat der Klemmenspannung U, vom Unterschied zwischen Synchronlängs- und Synchronquerreaktanz sowie vom Polradwinkel abhängt. Aus Gl. (12) ist weiter zu ersehen, daß die Reaktionswirkleistung sich mit dem Sinus des doppelten Polradwinkels ändert. Sie hat ihr Maximum also schon bei 45° el, was bereits aus Abb. 6 und 8 ersichtlich war. Die *maximal aufnehmbare (reine) Blindleistung (reine Ladeleistung)* der Schenkelpolmaschine für Erregung $E = 0$ (Blindleistungsanteil der Reaktionsleistung für $\vartheta = 0°$) ergibt sich aus Gl. (14) zu:

$$P_{b(E=0)} = -\frac{U^2}{x_d}. \tag{15a}$$

(Punkt B der Abb. 6 fällt in Punkt D.)

Dabei ist der Betrieb noch vollkommen stabil, soweit die Erregung Null natürlich zulässig ist. Wird die Erregung durch Gegenerregung noch bis zur theoretischen Stabilitätsgrenze vermindert, d. h. wird

$$E = -U\frac{x_d - x_q}{x_q}$$

gemacht, so wandert der Punkt B' der Abb. 7 nach A, d. h., es gilt wieder $\vartheta = 0°$, und die Blindleistungsaufnahme lautet [aus Gl. (9c)]:

$$P_{b\max} = -\frac{U^2}{x_q}. \tag{15b}$$

Dieser Betriebszustand ist aber labil, da jede Richtkraft fehlt. Die Gegenerregung wirkt nämlich wie eine Vergrößerung des magnetischen Widerstandes in Längsrichtung und bewirkt damit eine Verkleinerung der magnetischen Unsymmetrie, bis in Längs- und Querrichtung gleiche Werte vorhanden sind und die Richtkraft Null ist. Bei dem geringsten äußeren Anstoß (Änderung von ϑ) dreht sich der Rotor in diesem Betriebszustand über die Querstellung um 180° el, so daß die bisherige Gegenerregung positiv wirkt. Im Bereich negativer Erregung — der Bereich ist bei einer zweckentsprechend bemessenen Spannungsregelung interessant —, also von

$$E = 0 \quad \text{bis} \quad E = -U\frac{x_d - x_q}{x_q},$$

müßte demzufolge die Regelung wenigstens in der Nähe der unteren Grenze durch eine automatische, vom Polradwinkel abhängige Zusatzregelung stabilisiert werden. Mit normal wirkenden automatischen Reglern (Brückenschaltung) und Haupt- und Hilfserregermaschine oder gleichwertigen Erregeranordnungen begrenzt man deshalb die negative Erregung so, daß ein Betriebspunkt höchstens bis in die Mitte des Reaktionskreises vordringen kann (vgl. Abschn. 10).

Die bisherigen Überlegungen dieses Abschnittes haben nur theoretischen Charakter, denn wir wollen vorerst im positiven Erregungsbereich verbleiben. Sie werden uns aber bei der Konstruktion des Leistungsdiagramms für verminderte oder vergrößerte Klemmenspannung unterstützen.

Während also bisher für Abb. 9 die Klemmenspannung $U = U_N = 1$ angesetzt wurde und folglich die Leistung direkt in Stromgrößen abgelesen werden konnte, muß nun $U = 0{,}95$ bzw. $U = 1{,}05$ angesetzt werden. Wir müssen also das Leistungsdiagramm noch zwei weitere Male aufzeichnen. Der Übersichtlichkeit halber wollen wir die Überlegungen jedoch für einen Spannungsbereich von $\pm 10\%$ und nicht für $\pm 5\%$ ausführen, also $U = 0{,}9$ bzw. $U = 1{,}1$ ansetzen, da sonst die Abweichungen zu gering werden.

Die einleitend genannte und aus den REM bereits bekannte Grenzbedingung lautet zusammengefaßt:

Die Nennleistungsforderung $P_s = 1$ bei $\cos\varphi_N$ muß im gesamten Spannungsbereich erfüllt sein, d. h.:

a) Die Erregung muß so bemessen werden, daß sie für die Erfüllung dieser Forderung im gesamten Spannungsbereich ausreicht.

b) Die Ständerwicklung muß eine Erhöhung des Ständerstromes zur Einhaltung der Nennleistung für die untere Grenze des Spannungsbereiches ohne schädliche Erwärmung zulassen.

Die maximal erreichbare Blindleistungsaufnahme wird dabei

für $E = 0$ bei: $U = 0{,}9$: $P_b = -\dfrac{0{,}9^2}{x_d} = -\dfrac{0{,}81}{x_d}$,

bei: $U = 1{,}1$: $P_b = -\dfrac{1{,}1^2}{x_d} = -\dfrac{1{,}21}{x_d}$

und bei negativer Erregung

$$E = -U\frac{x_d - x_q}{x_q}$$

für $U = 0{,}9$: $P_b = -\dfrac{0{,}9^2}{x_q} = -\dfrac{0{,}81}{x_q}$

und

für $U = 1{,}1$: $P_b = -\dfrac{1{,}1^2}{x_q} = -\dfrac{1{,}21}{x_q}$.

Die Reaktanzen werden wieder mit

$$x_d = 1 \quad \text{und} \quad x_q = 0{,}6$$

angenommen.

Zum besseren Verständnis wollen wir auch hier zunächst wieder von dem Stromdiagramm (Abb. 9) ausgehen:

Wir zeichnen also zunächst das Stromdiagramm (Abb. 10a) für $U = 0{,}9$ und $I = 1{,}11$ auf. Die Stromerhöhung entspricht der allgemeinen

24   2. Elektrisches Verhalten von Synchronmaschinen

Bedingung: $P_s = P_{sN} = 1$. Die Erregung muß so groß gewählt werden, daß der Nennpunkt ($\cos\varphi_N$) erfüllt ist. Aus dem so gezeichneten

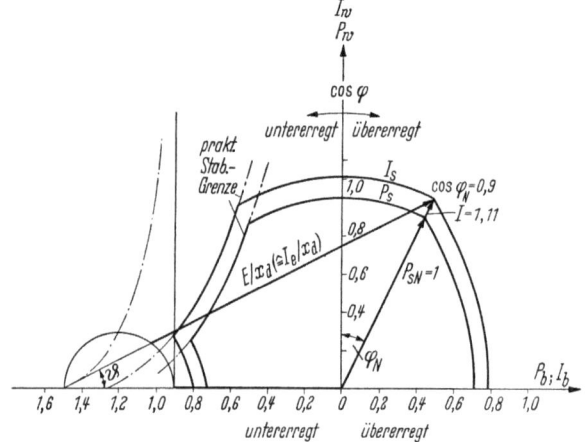

Abb. 10a. Strom- und Leistungsdiagramm der Schenkelpolmaschine für $U = 0,9$
$x_d = 1,0;\quad x_q = 0,6;\quad \cos\varphi_N = 0,9;\quad I = 1,11$
Polradwinkel ϑ muß aus dem Stromdiagramm entnommen werden

Diagramm erhält man das Leistungsdiagramm durch Multiplikation der Ordinaten und Abszissen der Stromgrenzkurven mit 0,9, d. h.

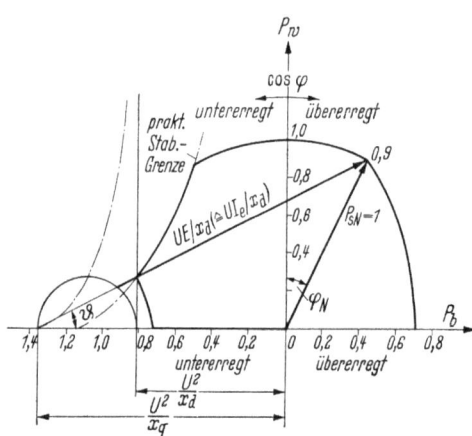

Abb. 10b. Leistungsdiagramm der Schenkelpolmaschine
für $U = 0,9$
$x_d = 1,0;\quad x_q = 0,6;\quad \cos\varphi_N = 0,9;\quad I = 1,11$
Polradwinkel ϑ ist direkt aus dem Leistungsdiagramm ablesbar

mit der neuen Klemmenspannung. In Abb. 11a wird die gleiche Konstruktion mit $U = 1{,}1$ und $I = 0{,}91$ durchgeführt, was ebenfalls der allgemeinen Bedingung $P_s = P_{sN} = 1$ entspricht. Damit erhält man dann wieder das Stromdiagramm und durch Multiplikation mit $U = 1{,}1$ das Leistungsdiagramm.

Man kann die Konstruktion auch direkt ausführen, indem man das Stromdiagramm der Abb. 4 durch Multiplikation mit U in ein Leistungsdiagramm überführt und die Nennleistung $P_s = P_{sN} = 1$ setzt (Abb. 10b und 11b). Beide Konstruktionen müssen das gleiche Ergebnis zeigen.

Aus den Abb. 10a bis 11b und dem Vergleich mit Abb. 9 sind folgende Zusammenhänge ersichtlich:

1. Leistung. Die maximale „praktisch" erreichbare *Blindleistungsaufnahme* bei $\cos \varphi = 0$ (untererregt) ändert sich quadratisch mit der

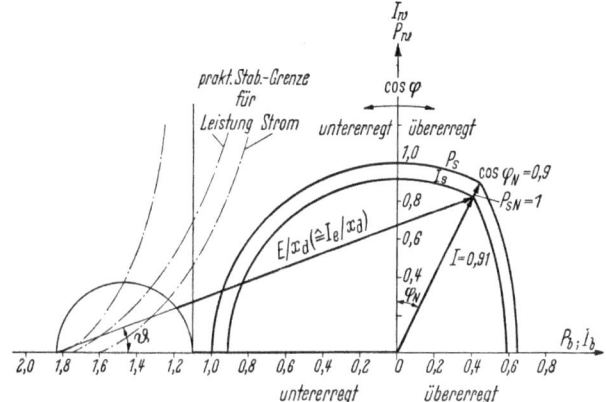

Abb. 11a. Strom- und Leistungsdiagramm der Schenkelpolmaschine für $U = 1,1$
$x_d = 1,0;\quad x_q = 0,6;\quad \cos \varphi_N = 0,9;\quad I = 0,91$
Polradwinkel ϑ muß aus dem Stromdiagramm entnommen werden

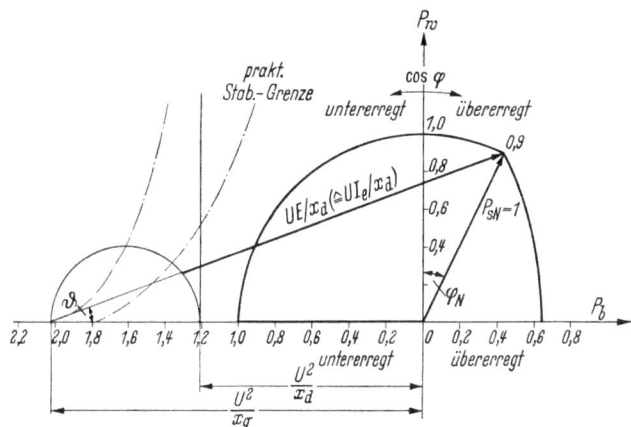

Abb. 11b. Leistungsdiagramm der Schenkelpolmaschine für $U = 1,1$
$x_d = 1,0;\quad x_q = 0,6;\quad \cos \varphi_N = 0,9;\quad I = 0,91$
Polradwinkel ϑ ist direkt aus dem Leistungsdiagramm ablesbar

Klemmenspannung U (vgl. weiter vorn) und wird also unter Mitberücksichtigung einer untersten Erregungsgrenze von 10% der Leerlauferregung:

für $U = 0,9$: $\quad \dfrac{U^2}{x_d} \cdot 0,9 = 0,81 \cdot 0,9 = 0,73$

und entsprechend

$$\text{für } U = 1,1: \quad \frac{U^2}{x_d} \cdot 0,9 = 1,21 \cdot 0,9 = 1,09.$$

Im vorliegenden Fall ist der Wert für $U = 1,1$ ohne Bedeutung, da er außerhalb der Grenze des Betrages der Nennscheinleistung liegt, obwohl er erwärmungsmäßig noch zulässig ist (Grenzkurve für 10% Erregungsgrenze liegt außerhalb des Kreisbogens mit $P_s = P_{sN} = 1$). Wie die Abb. 10a bzw. 10b zeigen, kann die Blindleistungsaufnahme z. B. bei $\cos\varphi \approx 0,25$ auch größer sein als bei $\cos\varphi = 0$. Das ergibt sich durch den Verlauf der untersten Erregungsgrenze.

Die maximal *abgebbare Blindleistung* liegt für alle Synchronmaschinen bei $\cos\varphi = 0$ übererregt. Ihr Betrag ist für den Fall $U = 1,1$ kleiner und für $U = 0,9$ größer als für $U = 1$. Die notwendige Erregung zur Einhaltung der Nennleistung bei $U = 1,1$ bzw. 0,9 ist für normale Synchronmaschinen (z. B. Wasserkraftgeneratoren) mit Leistungsfaktoren zwischen 0,7 und 1,0 und mit Synchronreaktanzen im Bereich zwischen 0,4 und 1,5 bei $U = 1,1$ größer und bei $U = 0,9$ kleiner als bei $U = U_N = 1$. — Die Sättigung muß dabei berücksichtigt werden, da ohne Sättigung die Verhältnisse sich bei etwa $x_d = 1,0$ umkehren. — Die Unterschiede werden um so größer, je niedriger der Nennleistungsfaktor ist (größerer Einfluß der Sättigung). Für Maschinen mit größeren Synchronreaktanzen können sich die Verhältnisse umkehren (z. B. $x_d = 2,0$ und $\cos\varphi = 1,0$).

Die Rotorerwärmung normaler Wasserkraftgeneratoren liegt also für $U = 1,1$ höher als für $U = 1$, was für die Bemessung von Wichtigkeit ist.

Ähnlich wie die reine Blindleistungsaufnahme verhält sich auch die gesamte *Scheinleistung* im Bereich „untererregter" Leistungsfaktoren. Für $U = 1,1$ kann hierbei als Scheinleistung der gesamte Betrag der Nennleistung für jeden „untererregten" Leistungsfaktor abgegeben werden, ohne daß die Stabilität gefährdet wird, da die praktische Stabilitätsgrenze außerhalb liegt (Abb. 11a und 11b). Für $U = 0,9$ hingegen wird die abgebbare Scheinleistung für „untererregte" Leistungsfaktoren durch die Stabilitätsgrenze herabgesetzt, wie die Abb. 10a und 10b zeigen.

Im Bereich „übererregter" Leistungsfaktoren, die unter $\cos\varphi_N$ liegen, vermindert sich die Scheinleistung für $U = 1,1$ gegenüber $U = 1$ und für $U = 0,9$ vergrößert sie sich.

2. *Polradwinkel* ϑ. Der Polradwinkel ϑ wird bei Nennleistung für $U = 1,1$ kleiner und für $U = 0,9$ größer als für $U = 1$, was sich auch leicht aus Abb. 1 ermitteln läßt und ganz allgemein gilt.

3. *Erwärmung*. Die Abb. 10a bis 11b gelten, wie bereits gesagt, für konstante Nennleistung (P_{sN}, $\cos\varphi_N$). Damit liegt die Ständererwärmung

für $U = 0{,}9$, da die Einhaltung dieser Bedingung $I = 1{,}11$ ergibt, im gesamten Bereich zwischen $\cos \varphi_N$ (übererregt) und dem zum Schnittpunkt mit der Stabilitätsgrenze gehörenden $\cos \varphi$ (untererregt) oberhalb der Nennerwärmung.

Die Erwärmung des Polrades wird entsprechend immer für die obere Spannungsgrenze höher liegen als für den Nennbetrieb, da hier die Forderung $U = 1{,}1$ zu einer höheren Erregung führt.

4. *Leerlaufkurzschlußverhältnis bzw. Synchronreaktanz.* Die Bedeutung des Leerlaufkurzschlußverhältnisses für die Leistungsabgabe bei untererregtem Leistungsfaktor geht aus den Diagrammen klar hervor. Bei einer Erregungsbegrenzung auf 10% der Leerlauferregung kann man für die maximale Blindleistungsaufnahme bei $\cos \varphi = 0$ ansetzen (s. S. 25):

$$P_{b\,\max} = -0{,}9\,\frac{U^2}{x_d}.$$

Für 20% als unterste Erregungsgrenze gilt dann analog:

$$P_{b\,\max} = -0{,}8\,\frac{U^2}{x_d}.$$

Die Synchronreaktanz (in p.u.) ist nun gleich dem Kehrwert des ungesättigten Leerlaufkurzschlußverhältnisses I_{k_o}. Es ist daher zu beachten, daß bei Dauerabgabe dieser Leistung bei $U_{\max}$ für $I_{k_o} > 1{,}11$ (bzw. 1,25) und Grenzbemessung des Generators eine schädliche Ständererwärmung entsteht. Normalerweise wird diese Ladeleistung jedoch nur kurzzeitig im Störungsfall (lange Hochspannungsleitung wird auf der Netzseite abgetrennt) oder zum Hochfahren langer Leitungen benötigt, so daß eine Erwärmungsbetrachtung nicht von Bedeutung ist.

Ist für einen gegebenen Einsatzort des zu bemessenden Generators von vornherein klar, daß im Normalbetrieb keine Scheinleistung im Bereich $\cos \varphi = 0 \cdots 1$ untererregt erforderlich wird (z. B. Schwachlast im Kabelnetz) oder ist ein untererregter Betrieb nur in der Nähe von $\cos \varphi = 1$ zu erwarten und wird eine hohe Blindleistungsaufnahme nur zum Hochfahren von langen Leitungen bzw. bei deren Entlastung benötigt, so wird es nicht sehr zweckmäßig sein, die Maschine nach dem klassischen Gesichtspunkt mit 10 bzw. 20% der Leerlauferregung als unterster Grenzerregung zu bemessen und entsprechend ein hohes Leerlaufkurzschlußverhältnis (kleines x_d) zu fordern, denn diese Forderung führt zu einer Verteuerung (Modellvergrößerung) der Maschine. Man wird in diesem Fall folgende Überlegungen anstellen (vgl. Abschn. 10):

Es ist bekannt, daß die Selbsterregung eines Generators eintritt, wenn die zum Hochfahren bzw. bei Leerlauf der Leitung erforderliche Blindleistung (vgl. Tab. 1, S. 315) größer ist als die maximal mögliche Blindleistungsaufnahme des Generators. Zur Vermeidung der Selbsterregung müßte also $x_{C\,\text{Ltg}} > x_d$ sein. Im Bereich für $x_{C\,\text{Ltg}}$ zwischen x_d und x_q erfolgt die Selbsterregung allerdings noch verhältnismäßig langsam und kann damit grundsätzlich von einem geeigneten Spannungsregler beherrscht werden. Der Bereich $x_{C\,\text{Ltg}} \leq x_q$ ist dann das Gebiet der schnellen Selbsterregung, und eine Spannungsregelung allein genügt nicht mehr zur Vermeidung der Selbsterregung (in Querrichtung keine Erregerwicklung!). Normale Haupt- und Hilfserregermaschinen, die ja für alle großen Einheiten als Erregeranordnung zumindest vorhanden sein sollten, gestatten bei geeigneter Regelung (z. B. Brückenschaltung) die Verminderung des Polflusses der Synchronmaschine bis auf Null (Erregerstrom bereits negativ wegen des remanenten Magnetismus im Läufereisen) und sogar in den negativen Bereich. Für das Unterspannungsetzen von langen Leitungen könnte man also ohne weiteres bis zur Erregung Null und theoretisch sogar bis zur negativen Erregungsgrenze $\left(E = -U \dfrac{x_d - x_q}{x_q}\right)$ ohne wesentliche Verteuerung der Spannungsregeleinrichtung gehen und so mit einem erheblich kleineren Leerlaufkurzschlußverhältnis auskommen. Zweckmäßigerweise begrenzt man aber in der Praxis die negative Erregung aus regelungstechnischen Gründen, wenn keine zusätzliche Begrenzungseinrichtung (z. B. in Abhängigkeit vom Polradwinkel) vorhanden ist, auf Betriebspunkte, die höchstens bis in die Mitte des Reaktionskreises vordringen. Beachtet werden muß bei der Bemessung der Synchronmaschine vor allem auch, ob bei Lastabwurf die Hochspannungsleitung abgeschaltet wird oder nicht (vgl. Abschn. 10.24).

Mit der oben beschriebenen Spannungsregeleinrichtung ist es im übrigen möglich, im untererregten Betrieb bei Leistungsfaktoren, die höher liegen als etwa 0,2 in unserem Beispiel (Schwachlast in Kabelnetzen), also unter Einhaltung einer bestimmten unteren Wirklastgrenze, die Stabilitätsgrenze für konstante Erregung (Abb. 6) zu überschreiten und sich der Stabilitätsgrenze für konstanten Rotorlängsfluß, also konstante Hauptfeldspannung (s. Abb. 26 u. 72), zu nähern. Nur im Bereich kleiner Wirklasten ist diese Regelung nicht mehr ausreichend, da in der Nähe des Betriebspunktes $(-U^2/x_q)$ der Polradwinkel sich in weiten Grenzen ändern kann, ohne daß sich die normal vom Meßglied der Regeleinrichtung erfaßten Größen entsprechend ändern. Damit kann aber der Regler die Erregung nicht mehr auf den erforderlichen Wert einstellen. Aus diesem Grund erfolgt auch die oben erwähnte Begrenzung der negativen Erregung. Der Bereich in der Umgebung des Betriebspunktes $(-U^2/x_q)$ ist damit nur durch zusätzliche Messung des Polradwinkels und entsprechende Beeinflussung der Spannungsregelung eindeutig erfaßbar. Mit einer solchen Regelungseinrichtung [39] ist dann der gesamte Bereich bis zur Stabilitätsgrenze für konstanten Rotorlängsfluß erfaßbar.

Obige Betrachtungen müssen normalerweise für Spannungen unterhalb der Nennspannung durchgeführt werden, da der Generator zur Einhaltung der Verbraucherspannung bzw. der Spannung am Ende der offenen Freileitung mit niedrigerer Spannung als der Nennspannung arbeiten muß. Weiter muß beachtet werden, daß das Arbeiten im Bereich außerhalb des Nennstromes nur kurzzeitig zulässig ist (Überlastung), und daß eine wirtschaftliche Ausführung der Synchronmaschine bestimmte natürliche Werte für die Synchronreaktanz und damit das Leerlaufkurzschlußverhältnis vorschreibt (vgl.: Reaktanzen und Konstanten).

Zum Schluß der Betrachtung über das Leerlaufkurzschlußverhältnis soll noch darauf hingewiesen werden, daß bei Vergrößerung desselben und Erregung entsprechend Nennerregung die maximal abgebbare reine (Magnetisierungs-) Blindleistung ($\cos \varphi = 0$) geringer wird, was aus Abb. 9 auch deutlich hervorgeht.

2.22 Einfluß einer Änderung der Netzfrequenz[1]

Selbst in modernen Netzen ist immer mit geringen Frequenzschwankungen zu rechnen (z. B. Frequenzabsenkung im Pumpbetrieb von Pumpspeicherwerken), wenn diese auch verhältnismäßig klein sind. Wir wollen nun für geringe Frequenzabweichungen der Netzfrequenz vom Nennwert den Generatorbetrieb betrachten. Sinkt z. B. die Netzfrequenz im Einspeisepunkt und proportional damit die Netzspannung, wobei immer noch vorausgesetzt wird, daß das Netz im Verhältnis zum betrachteten Generator groß sein soll, so muß der Drehzahlregler eingreifen und die Antriebsmaschine zurückregeln (Drehmoment absenken), wenn keine Überlastung oder gar das Herausfallen des Maschinensatzes die Folge sein soll.

Die Netzfrequenzänderung hat also eine Drehzahländerung des Maschinensatzes zur notwendigen Folge (synchroner Betrieb). Bei beispielsweise sinkender Frequenz, also abnehmender Drehzahl, sinkt nun nach dem allgemein bekannten Gesetz die im Ständer induzierte EMK E_L (Abb. 1) proportional mit der Frequenz. Gleichzeitig ändern sich auch sämtliche Reaktanzen proportional mit dem Frequenzabfall, also natürlich auch die Streu- und Synchronreaktanzen. Damit werden im Diagramm der Abb. 3 bei konstantem Ständerstrom sämtliche Spannungsabfälle proportional mit der Frequenzabsenkung verkleinert (Polradspannung ist proportional dem Produkt aus Drehzahl und Läuferdurchflutung Θ_e, die ja auch konstant bleibt). Betrachten wir nun das Stromdiagramm der Abb. 4, so stellen wir fest, daß sich an den dort eingetragenen Stromgrößen nichts ändert, denn die Herleitung aus dem Spannungsdiagramm

---

[1] Gemeint sind hier dauernde Frequenzänderungen und nicht solche durch Wirklaststöße, die meist nur 0,1 ··· 0,2% betragen und rasch verschwinden.

erfolgte ja durch Division mit der Synchronreaktanz x_d, womit der Frequenzeinfluß herausfällt. Ebenso bleibt das Diagramm der Abb. 9 bezüglich der Ströme auch für den Fall der Frequenzänderung gültig, wenn sich die Klemmenspannung (Netzspannung) proportional mit der Frequenz ändert. Die von der Maschine abgebbare Leistung jedoch sinkt für den betrachteten Fall der Frequenzabsenkung proportional mit dieser,

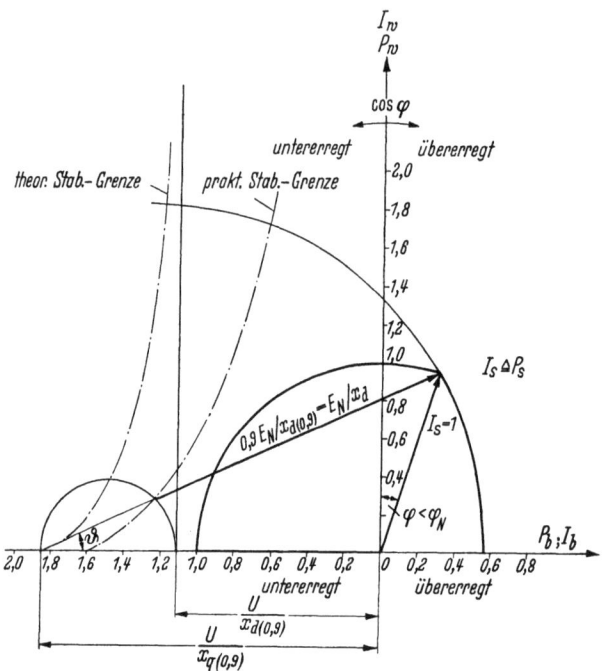

Abb. 12. Strom- und Leistungsdiagramm der Schenkelpolmaschine für $f = 0,9 \cdot f_N$ und $U = 1,0$

$I_{e\,max} = I_{eN} = 1,68;$ $\quad x_d = 1,0;$ $\quad x_q = 0,6;$

$x_{d(0,9)} = 0,9 \cdot 1,0 = 0,9;$ $\quad x_{q(0,9)} = 0,9 \cdot 0,6 = 0,54$

Ergebnis: $\cos \varphi_{min} \approx 0,95$ für $P_s = 1,0;$ $\quad P_{K\,theor} \approx 1,82$ (vgl. Abb. 8)

da das Leistungsdiagramm durch Multiplizieren sämtlicher Ordinaten und Abszissen der Grenzkurve des Stromdiagramms mit der nun verminderten Spannung erhalten wird. Wie gesagt, gilt diese neue Leistungskurve aber nur unter der Voraussetzung, daß sich die Netzspannung, an der die Maschine hängt, proportional mit der Frequenz geändert hat. Ist dies nicht der Fall und bleibt sie z. B. auf dem Wert der Nennspannung, dann ändert sich das Stromdiagramm. Wir haben nun nämlich eine Maschine mit den verminderten Reaktanzen $0,9\,x_d$ und $0,9\,x_q$ an der starren Netzspannung $U = U_N = 1$ hängen und als weitere Bedingung

die gegebene Nennerregung
$$\frac{0.9\,E_N}{0.9\,x_d} = \frac{E_N}{x_d},$$
die nicht überschritten werden darf. Die Konstruktion wurde in Abb. 12 durchgeführt. Man ersieht daraus, daß die Maschine (ohne Betrachtung des Spannungsbereiches) nicht mehr in der Lage ist, die Nennleistung ($P_{sN} = 1$ bei $\cos\varphi_N = 0{,}9$) abzugeben. Der niedrigste „übererregte" $\cos\varphi$, bei dem der Betrag der Nennscheinleistung ($P_s = 1$) abgegeben werden kann, liegt bei etwa 0,95. Das ist einfach zu erklären. Die Maschine ist nämlich, wie wir bereits sahen, infolge der Frequenzabsenkung nur noch bei der im gleichen Maße abgesenkten Klemmenspannung in der Lage, den Nennstrom ($I_N = 1$ bei $\cos\varphi = 0{,}9$) abzugeben. Soll nun die Klemmenspannung bei gleichem Strom auf die Nennspannung erhöht werden, dann reicht die Erregung nicht mehr aus. Eine Steigerung derselben ist aber nicht mehr möglich (I_{eN}; Voraussetzung: Spannungsbereich Null!), und folglich muß sich der Blindleistungsanteil vermindern. Im untererregten Gebiet hingegen verhält sich die Maschine so, als liege sie mit den normalen Reaktanzen an einer auf das 1,11fache erhöhten Netzspannung, und die praktische Stabilitätsgrenze bleibt ohne Einfluß. Die Kippleistung jedoch wächst nur wenig an, da die Erregung nicht erhöht werden konnte.

Analog läßt sich die Konstruktion auch für eine Frequenzsteigerung durchführen, wobei sich die Verhältnisse natürlich umkehren.

2.23 Motorbetrieb der Synchronmaschine

Das Verhalten einer Synchronmaschine im Motorbetrieb ist von Interesse für Pumpspeicherwerke und in der Antriebstechnik allgemein. Durch Spiegelung des Diagramms der Abb. 9 um die Blindleistungsachse (Abszisse) erhält man für die dort betrachtete Maschine das Motorleistungsdiagramm (Achtung: OHMscher Spannungsabfall = 0, Sättigung = 0). Auch sonst gilt für den Motorbetrieb das gleiche Verhalten wie im Generatorbetrieb, so daß wir hierauf nicht näher eingehen wollen. Es soll nur noch darauf hingewiesen werden, daß für den Motorbetrieb praktisch immer auch mit verminderter Spannung und oft auch mit Frequenzabsenkung (Pumpspeicherwerke) gerechnet werden muß.

2.24 Betrieb der Synchronmaschine als reiner Blindleistungserzeuger

Beispiel: Wasserkraftgenerator

Zum reinen Blindleistungsbetrieb („Phasenschieben") wird die Turbine des Maschinensatzes nach Entlastung auf Leerlauf ausgeblasen (soweit der untere Wasserspiegel nicht sowieso tiefer liegt), so daß sich das Laufrad in Luft bewegt, um die Verluste möglichst weit herabzusetzen. Der Generator hängt nun praktisch als leer laufender Motor (treibt das Turbinenlaufrad in Luft an) am Netz. Die vom Netz zu deckende Motorleistung ist die reine Verlustleistung in der Maschine und dem Turbinenlaufrad. Bei Änderung der Erregung gibt die Maschine dann Blindleistung in das Netz ab (Magnetisierungsleistung) oder sie nimmt welche daraus auf (Ladeblindleistungsabgabe). Nachdem die Wirkleistung dieses Betriebes konstant gleich der Verlustleistung ist, arbeitet die Maschine als Blindleistungserzeuger im Motordiagramm auf einer Linie, die je nach Höhe der Verluste einige Prozent unterhalb der Abszisse liegt. Die Grenzen dieses Betriebes sind durch die Schnittpunkte dieser Kennlinie mit den Grenzkurven für den Motorbetrieb, soweit keine besondere Regelungseinrichtung vorgesehen ist, gegeben.

2.25 Berücksichtigung der Sättigung bei der Ermittlung der Leistungsgrenzkurven

Wie wir bereits in der Einleitung zum Abschn. 2.2 sagten, ist der Einfluß der Sättigung bei der Ermittlung der Grenzkurven des Leistungsdiagramms im Bereich „untererregter" Leistungsfaktoren praktisch vernachlässigbar und auch im „übererregten" Gebiet, d. h. also auch zwischen dem Nennleistungsfaktor und $\cos\varphi = 0$, gering. Diesen Teil der Grenzkurve, also den Bereich zwischen Nenn-$\cos\varphi$ und $\cos\varphi = 0$ übererregt, wollen wir nun etwas genauer betrachten und den Einfluß der Sättigung auf diesen Grenzkurventeil feststellen. Durch die magnetische Sättigung der Eisenwege, die sich in der Krümmung der Leerlauf- und Belastungskennlinien äußert, werden die Reaktanzen kleiner (vgl.: Bestimmung der Sättigung für x_d und x_q in Abschn. 3). Dabei kann die Synchronlängsreaktanz im interessierenden Arbeitsbereich infolge der Sättigung bei Generatoren und Motoren je nach Belastung bis auf 60 $\cdots$ 80% ihres ungesättigten Wertes abfallen.

Etwas anders liegen die Verhältnisse für die Synchronquerreaktanz. Praktische Versuche haben nämlich ergeben, daß der Wert der Synchronquerreaktanz von der Sättigung nur sehr wenig beeinflußt wird (gilt nicht allgemein und hängt nach HAMDI-SEPEN [18] hauptsächlich vom Verhältnis des magnetischen Widerstandes im Eisen und in der Luft für den Querfluß ab), d. h. also, daß sich der Polradwinkel bei Sättigung der Schenkelpolmaschinen praktisch nicht ändert.

Man kann nun den von der Sättigung beeinflußbaren Kennlinienteil (zwischen $\cos\varphi_N$ und $\cos\varphi = 0$ übererregt) in einfacher Weise grundsätzlich folgendermaßen näherungsweise korrigieren:

Man trägt in das Stromdiagramm der Abb. 9 einen zweiten Reaktionshalbkreis ein, dessen Durchmesser durch

$$U \frac{x_{d\,ges} - x_q}{x_{d\,ges}\, x_q}$$

Grenzkurven bei Berücksichtigung der Sättigung 33

gegeben ist. Da U/x_q konstant bleibt (Abb. 13), berührt der neue Reaktionskreis den alten in diesem Punkt, d. h., der neue Reaktionskreis liegt innerhalb des alten. Der 2. Schnittpunkt des neuen Reaktionskreises mit

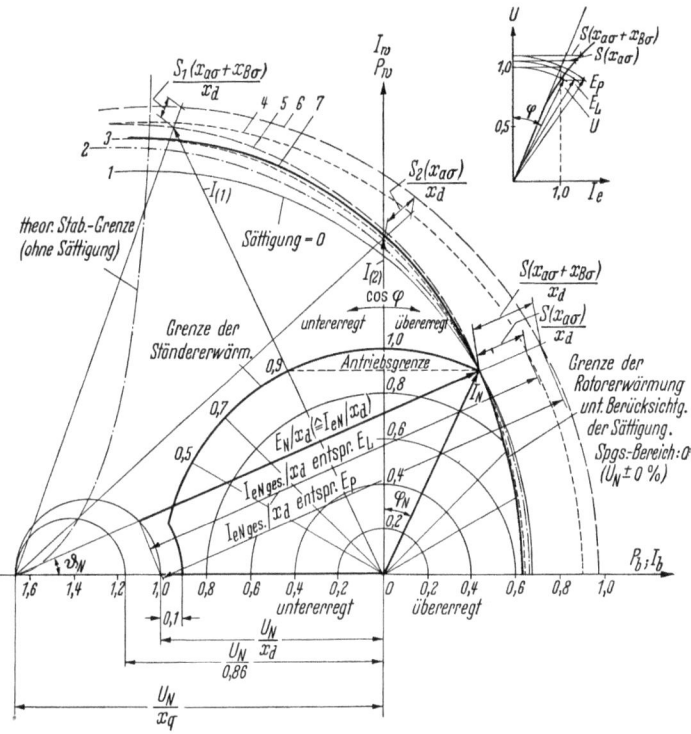

Abb. 13. Vollständiges Strom- und Leistungsdiagramm der Schenkelpolmaschine Berücksichtigung der *Sättigung* für die Ermittlung der Grenzkurve zwischen $\cos \varphi_N = 0.9$ und $\cos \varphi = 0$ (übererregt) und für die Ermittlung der Kippleistung
$U = U_N = 1; \quad x_d = 1,0; \quad x_q = 0,6$
Grenzkurven: $I_e = I_{eN}$; $I = I_N$ und unterste Erregungsgrenze

1 ——— Konstruktion ohne Sättigung
2 —·— $x_{d\,\text{ges}} = 0,86 = \dfrac{1}{I_{ko\,\text{ges}}}$ = const (vgl. Abb. 15 und 16)
3 ······· Sättigung $S(x_{a\sigma})$ entsprechend E_L ($x_{a\sigma} = 0,12$)
4 ······· zu 3 gehörige Hilfslinie entsprechend konstantem Erregerstrom
5 ——— Sättigung $S(x_{a\sigma} + x_{B\sigma})$ entsprechend E_p
($x_{a\sigma} + x_{B\sigma} = 0,2 \approx x_p$; vgl. auch S. 39)
6 ——— zu 5 gehörige Hilfslinie entsprechend konstantem Erregerstrom
7 ——— Kennlinie unter Berücksichtigung der wirklichen Sättigung

der Abszisse muß den neuen Punkt $U/x_{d\,\text{ges}}$ ergeben. Die konstant zu haltende Erregung lautet $E/x_{d\,\text{ges}}$ — wobei E sich unter dem Einfluß der Sättigung auch geändert hat —, und ihr Betrag wird begrenzt durch den Schnittpunkt des Strahles unter dem Polradwinkel ϑ_N mit dem neuen

Reaktionskreis und dem Nennpunkt (I_N, $\cos\varphi_N$). Für $\cos\varphi = 0$ übererregt ergibt sich infolge der Sättigung eine Verkleinerung der abgebbaren (Magnetisierungs-) Blindleistung.

Da die Sättigung von x_d eine Funktion der Spannung, des Stromes und des Leistungsfaktors ist, wird die Durchführung der Konstruktion durch die Wahl des richtigen Näherungswertes für $x_{d\,\text{ges}}$ erschwert. Wir wollen deshalb einen anderen, zwar nicht einfachen, aber ziemlich exakten Weg zur Bestimmung des Sättigungseinflusses gehen, wobei der gesättigte Wert der Synchronreaktanzen nicht benötigt wird. Hier sei nur noch gesagt, daß es — wie das weiter unten beschriebene exakte Verfahren beweist — zur Berücksichtigung der Sättigung im Bereich zwischen $\cos\varphi_N$ und $\cos\varphi = 0$ (übererregt) zulässig und genügend genau ist, wenn man $x_{d\,\text{ges}} \approx x_q = \text{const}$ ansetzt, d. h. also einfach vom Nennpunkt (I_N, $\cos\varphi_N$) beginnend einen Kreisbogen mit dem Punkt U/x_q als Mittelpunkt bis zur Abszisse, d. h. der Blindleistungsachse, zieht.

In der Nähe der Kippgrenze führt diese Näherung allerdings zu falschen Ergebnissen, da die Sättigungsverhältnisse sich geändert haben. In der Umgebung der Kippgrenze ergibt aber die Näherung $x_{d\,\text{ges}} \approx 1/I_{k\,o\,\text{ges}}$[1] ($I_{k\,o\,\text{ges}} = $ Leerlaufkurzschlußverhältnis) brauchbare Werte, so daß man durch Kombination dieser beiden Näherungsansätze zu meist ausreichenden Ergebnissen kommen kann (Abb. 13).

Nun zu dem bereits angedeuteten „exakten" Verfahren, das von dem normalen Verfahren zur Ermittlung des zu einem bestimmten Arbeitspunkt gehörenden Erregerstromes ausgeht (Abb. 15). Man ermittelt zunächst die Nennerregung unter Berücksichtigung der Kennlinienkrümmung ($E_{N\,\text{ges}} \triangleq I_{e\,N\,\text{ges}}$) gemäß Abb. 15b (wobei in der Abbildung die zu der Luftspaltspannung Eins gehörende Erregung $I_e = i_e/i_{e\,o}$ mit Eins anzusetzen ist; vgl. Hilfsdiagramm in Abb. 13). Mit dem gefundenen Wert konstruiert man gemäß Abb. 6 einige Punkte in der Umgebung des Wirkstromkippunktes (Hilfskennlinie). Dann ermittelt man in der Umgebung des Kippunktes die hier geltende Sättigung (z. B. Punkt mit Index (1) in Abb. 13: Stromansatz $I_{(1)}$) für die Erregung abermals gemäß Abb. 15b. — Man braucht hierzu nur einige Schritte der Konstruktion nach Abb. 15b durchzuführen, und zwar jeweils bis zum Wert der „inneren Erregung" $I_{e\,L}$. Der Unterschied des Erregerstromes $I_{e\,L}$ und des zugehörigen ungesättigten Wertes (Erregerstrom für innere EMK E_L aus Luftspaltkennlinie) ergibt nämlich in guter Näherung den Betrag der Sättigung S. — Der Betrag S muß dann von der Hilfslinie, die sich mit dem gesättigten Wert $E_{N\,\text{ges}} \triangleq I_{e\,N\,\text{ges}}$ ergab, abgesetzt werden. Den endgültigen Kennlinienpunkt erhält man durch wiederholte Anwendung

---

[1] Der Index „ges" für $I_{k\,o}$ wird hier gebraucht, da in den Abschn. 2.1 bis 2.3 mit $I_{k\,o}$ der ungesättigte Wert bezeichnet wird. Üblicherweise bedeutet $I_{k\,o}$ den gesättigten Wert des Leerlaufkurzschlußverhältnisses.

dieses Verfahrens. Die Reaktanzen werden bei der Konstruktion ungesättigt angesetzt.

Die für den Kippunkt beschriebene Methode zur Berücksichtigung der Sättigung läßt sich analog natürlich für jeden anderen Punkt anwenden. Wir haben dies in Abb. 13 für die Kurve konstanten Nennerregerstromes $I_{eN\,ges}$ (ohne Berücksichtigung des Spannungsbereiches) getan (Beispiele: Punkte 1 und 2). Dabei haben wir die Sättigung einmal entsprechend der inneren EMK E_L (Spannung hinter Ständerstreureaktanz $x_{a\sigma}$) und einmal entsprechend der Spannung hinter der POTIER-Reaktanz E_p ($x_p \approx x_{a\sigma} + x_{B\sigma} = 0{,}20$ angenommen, vgl. S. 39) angesetzt. Der *wirkliche Verlauf* der Strom- und damit auch der Leistungskennlinie für konstanten Nennerregerstrom wird dann durch die etwas stärker ausgezogene Linie dargestellt. Im Bereich von „übererregten" Leistungsfaktoren ist nämlich mehr die Sättigung entsprechend der Spannung hinter der POTIER-Reaktanz (im Nennpunkt!) maßgebend und im Bereich von „untererregten" Leistungsfaktoren mehr die Sättigung entsprechend der inneren EMK E_L.

Die Kennlinie ist besonders für Stabilitätsbetrachtungen von Bedeutung, da sie zeigt, daß die Berücksichtigung der Sättigung unter Umständen sogar wichtiger sein kann als die Berücksichtigung der „Schenkeligkeit", besonders, wenn die letztere noch durch äußere Reaktanzen (Leitungen) vermindert wird. Zur Ermittlung der Grenzkennlinie für die Rotorerwärmung ist die langwierige Konstruktion jedoch, wie wir sehen (Abb. 13), nicht erforderlich, da mit ausreichender Genauigkeit in diesem Bereich $x_{d\,ges} \approx x_q$ angesetzt werden darf (Kreisbogen um Punkt U/x_q durch Nennpunkt).

Bezüglich des Verhaltens im Bereich „untererregter" Leistungsfaktoren zeigt die Abb. 13, daß ohne Berücksichtigung der Sättigung die Kippleistung für konstanten Erregerstrom kleiner ist als in Wirklichkeit, d. h. kleiner als bei Berücksichtigung der Sättigung.

2.3 Die Synchronmaschine im Alleinbetrieb
Bestimmung der Erregung bei Belastung

Im Abschn. 2.2 haben wir die Schenkelpolmaschine beim Betrieb auf ein starres Netz mit fester Spannung betrachtet, was heute praktisch dem Normalfall entspricht. Der Vollständigkeit halber wollen wir nun jedoch auch den Fall der selbständigen Synchronmaschine behandeln.

Während im Parallelbetrieb mit einem großen Netz mit konstanter Spannung die Änderung der Erregung bei konstanter Wirkleistung nur eine Änderung der Blindleistungsabgabe bewirkt, wobei sich gleichzeitig natürlich auch der Polradwinkel ändert, bedeutet eine Änderung der Erregung im Alleinbetrieb in erster Linie eine Änderung der Klemmenspannung.

2. Elektrisches Verhalten von Synchronmaschinen

Wie verhält sich nun die Spannung der Synchronmaschine bei Belastung?

Dazu betrachten wir der Einfachheit halber eine Vollpolmaschine ($x_d = x_q$), da das Ergebnis nur qualitativ interessiert, und vernachlässigen wieder die Sättigung und den Ständerwiderstand r_a. Dann gilt für einen bestimmten Belastungszustand ($\cos \varphi = 0{,}9$; $I = I_N$, $U = U_N$) nach Abb. 3 (E wird nun der Übersichtlichkeit wegen durch die Strecke $\overline{0\,4}$ dargestellt, da $x_q = x_d$ ist):

$$E^2 = (U \cos \varphi)^2 + (U \sin \varphi + I x_d)^2$$
$$= U^2 \cos^2 \varphi + U^2 \sin^2 \varphi + 2 U I x_d \sin \varphi + I^2 x_d^2$$
$$= U^2 + 2 U I x_d \sin \varphi + I^2 x_d^2$$

oder nach Division mit E^2:

$$1 = \frac{U^2}{E^2} + \frac{I^2 x_d^2}{E^2} + 2 \frac{U I x_d}{E^2} \sin \varphi. \tag{16a}$$

Bei offenen Klemmen ist nun $E = U_o$, d. h. gleich der Leerlaufspannung bei der eingestellten Erregung, und $E/x_d = I_k$, d. h. gleich dem Kurzschlußstrom bei gleicher Erregung und kurzgeschlossenen Ständerklemmen. Damit tritt für den Fall konstant eingestellter Erregung anstelle der Gleichung (16a) die Gleichung:

$$1 = \left(\frac{U}{U_o}\right)^2 + \left(\frac{I}{I_k}\right)^2 + 2 \frac{U}{U_o} \frac{I}{I_k} \sin \varphi. \tag{16b}$$

Diese Gleichung stellt für jeden konstant angenommenen Phasenwinkel φ eine Ellipse dar (Abb. 14). Für $\sin \varphi = 0$ ($\cos \varphi = 1$) entsteht ein Kreisbogen, für $\sin \varphi = 1$ ($\cos \varphi = 0$ übererregt) und $\sin \varphi = -1$ ($\cos \varphi = 0$ untererregt) ergeben sich Geradenstücke.

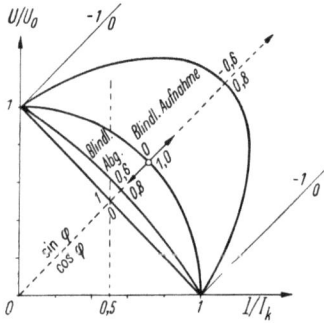

Abb. 14. Belastungskennlinien bei konstantem Leistungsfaktor und konstanter Erregung [46]

Der im praktischen Betrieb vorkommende Bereich für I/I_k liegt etwa zwischen $I/I_k = 0 \cdots 0{,}5$. Aus den Kurven ersieht man, daß bei konstant eingestellter Erregung — entsprechend der Spannung U_o im Leerlauf — die Spannung der Maschine bei Belastung je nach Belastungs-$\cos \varphi$ mehr oder weniger stark absinkt. Dabei ist die Spannungsabsenkung bei Abgabe von reiner (Magnetisierungs-) Blindleistung am größten, und sie wird bei steigendem $\cos \varphi$ (z. B. $\cos \varphi = 0{,}8$) bis zur reinen Wirklast immer geringer, um schließlich bei Aufnahme von Blindleistung und Abgabe von Wirkleistung (z. B. $\cos \varphi = 0{,}8$ untererregt) bis zum Extremfall der reinen Blindleistungsaufnahme sogar negativ zu werden, d. h. zu einer Spannungserhöhung zu führen.

Beachtet man, daß eine Maschine erwärmungsmäßig immer nur bis zu ihrem Nennscheinstrom belastet werden darf und die Spannungsabsenkung bzw. Spannungserhöhung in Prozent der Leerlaufspannung bei Nennstrom vom Verhältnis $I/I_k = I_N/I_k$ abhängt, so stellt man anhand der Abbildung fest, daß die Spannungsänderung um so geringer wird, je größer der Kurzschlußstrom im Verhältnis zum Nennstrom ist. Der Kurzschlußstrom bei einer bestimmten Erregung wächst aber mit steigendem Leerlaufkurzschlußverhältnis, und damit wird eine Maschine mit großem Leerlaufkurzschlußverhältnis für den jeweiligen Leistungsfaktor eine geringere Spannungsänderung zur Folge haben als eine solche mit einem kleinen Leerlaufkurzschlußverhältnis (Spannungssteifigkeit). Durch Ändern der Erregung ändern sich nun Abszissen und Ordinaten aller Kurvenpunkte damit proportional (Sättigung = 0), d. h., man kann durch Verstellen der Erregung die Spannung auf einem konstanten Wert, z. B. $U = U_N = 1$, halten. Das gilt natürlich wieder nur in den zulässigen Grenzen, die durch die maximale Erregung einerseits und durch die Stabilitätsgrenze und die unterste Erregergrenze andererseits gegeben sind. Für die auf konstante Nennspannung geregelte Synchronmaschine gelten also wieder die Belastungsgrenzen nach Abb. 9.

Für die *Ermittlung der für einen bestimmten Belastungsfall erforderlichen Erregung* zur Aufrechterhaltung der Spannung unter Mitberücksichtigung der Sättigung kann man nach Abb. 15a und b verfahren. — Wir haben dabei wieder die Daten der schon im Abschn. 2.2 behandelten Maschine als gegeben angesetzt [$x_d = 1$; $x_q = 0,6$; $x_{a\sigma} = 0,12$; $r_a = 0$; $\cos\varphi_N = 0,9$ und $(I_{ko}/I_N)_{\text{ges}} = I_{ko\,\text{ges}} = 1,16$ aus der Normalkennlinie für $x_d = 1,0$; vgl. Abb. 30c]. — Nach Abb. 15 kann das POTIER-Dreieck ermittelt werden, dessen eine Kathete der Ständerstreuspannungsabfall $I_N x_{a\sigma}$ und dessen zweite die Ankerrückwirkung $g\,I_N$[1] ist, wobei die Hypotenuse des Dreieckes die Abszissenachse des Koordinatensystems (Erregerstromachse) im Punkt des Erregerstromes für $I_k = I_N$ schneidet. Durch Verschieben des POTIER-Dreieckes an der Leerlaufkennlinie erhält man die Belastungskennlinie für $\cos\varphi = 0$ übererregt und Nennstrom (gilt streng nur für Turbogeneratoren, s. später).

Zur Ermittlung der für einen bestimmten Belastungsfall erforderlichen Erregung geht man folgendermaßen vor:

Man legt den Stromzeiger des Spannungsdiagramms (Abb. 3) in die Ordinatenachse, dann eilt bei $\cos\varphi_N = 0,9$ übererregt (Abgabe von Wirk- und Blindleistung) die Klemmenspannung U dem Strom um den Winkel φ voraus, wobei wir hier, um Platz zu sparen, abweichend von der bisherigen Gepflogenheit, die Spannung im Uhrzeigersinn vordrehen. An U wird der Streuspannungsabfall $I x_{a\sigma}$ senkrecht zu I angesetzt, und

---

[1] Wird der Erregerstrom in Einheiten von $I_e = i_e/i_{eo\,(\text{unges})}$ angegeben, so entspricht g dem Betrag von x_{hd} in p.u.

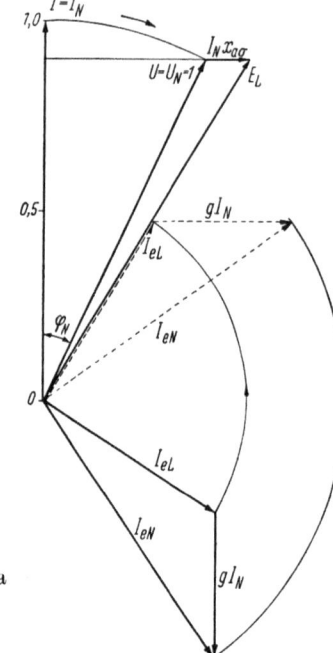

Abb. 15 a u. b. Bestimmung der Erregung bei gegebener Belastung und Belastungskennlinien bei konstantem Ständerstrom

$x_d = 1$; $x_q = 0,6$; $x_{a\sigma} = 0,12$;
$I_{ko}/I_N = 1,16$; $\cos\varphi_N = 0,9$

Hinweise: Die Konstruktion wurde für Nennstrom und Nennleistungsfaktor durchgeführt, sie gilt jedoch analog auch für jeden anderen Lastfall

Durch die Wahl von $x_d = 1$ für das Beispiel wird der Erregerstrom I_e für Nennkurzschlußstrom gleich Eins, was jedoch sonst nicht der Fall ist

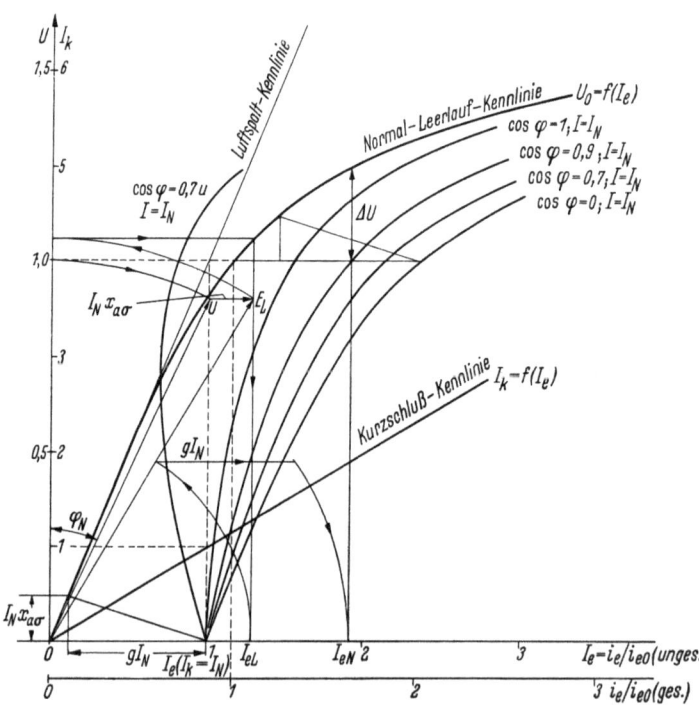

damit erhält man die innere EMK E_L. Dieser entspricht das tatsächlich in der Maschine vorhandene Luftspaltfeld. Die hierfür erforderliche Erregung I_{eL} wird der Leerlaufkennlinie (Abb. 15b) entnommen ($I_{eL} = i_{eL}/i_{eo} = 1{,}29$).

Dreht man das dem Spannungszeiger um 90° voreilende Diagramm der Erregerströme (Abb. 15a) um 90° zurück, dann fällt die Erregung I_{eL} in die Richtung der EMK E_L. Dazu trägt man noch den Betrag $g I_N$, der zur Überwindung der Ankerrückwirkung nötig ist, hinzu, und zwar senkrecht zum Stromzeiger, und hat damit in unserem Fall die für Nennlast ($I = I_N = 1$, $U = U_N = 1$, $\cos\varphi_N = 0{,}9$) erforderliche Gesamterregung I_{eN} (= 1,91).

Diese Konstruktion kann für jeden beliebigen Belastungsfall durchgeführt werden, und man erhält dann z. B. für jeweils konstanten Ständernennstrom und Leistungsfaktor bei veränderlicher Spannung die ebenfalls in Abb. 15b eingetragenen Kennlinien. Alle diese Kennlinien laufen durch den Kurzschlußpunkt (Abszisse für $I_k = I_N$). — Will man den jeweils zu einem bestimmten Belastungsfall gehörenden Polradwinkel auch wissen, so trägt man $I x_{hq}$ an $I x_{a\sigma}$ in Abb. 15a an und verbindet den Endpunkt mit dem Nullpunkt. — Die angegebene konstruktive Bestimmung des Erregerstromes gilt strenggenommen nur für Vollpolmaschinen. Der entstehende Fehler bei Schenkelpolmaschinen ist jedoch normalerweise nicht sehr groß. Bei Maschinen mit hohen Maschinenkonstanten C (vgl. Abschn. 4: „Bemessung") und großer magnetischer Polstreuung allerdings muß bei der Bestimmung des erforderlichen Erregerstromes bei Belastung und „übererregten" Leistungsfaktoren noch der Einfluß der vermehrten Polstreuung durch die Ankerrückwirkung berücksichtigt werden [46]. Man kann diesen Einfluß für Nennbetrieb näherungsweise durch Einführung der sogenannten POTIER-Reaktanz x_p berücksichtigen, welche sich aus der wirklich auftretenden Gesamtstreuungsspannung bei Nennscheinleistung und Leistungsfaktor Null übererregt ermitteln läßt ([1, 37]). Als Näherung für die POTIER-Reaktanz wird meistens der Ausdruck $x_p \approx x_{a\sigma} + x_{B\sigma}$ angesetzt, der allerdings physikalisch nicht begründet werden kann. Genauer berechnet man sie nach Untersuchungen von BECKWITH (vgl. [12]) mit Hilfe der Formel: $x_p \approx x_{a\sigma} + 0{,}63(x'_d - x_{a\sigma})$, wobei x'_d ungesättigt anzusetzen ist. Da Ständerstreu- und Transientreaktanz meßbar sind, läßt sich x_p auf diese Weise auch indirekt nachweisen, was besonders für Schenkelpolmaschinen großer Leistung wichtig ist. Bei Teillast ändert sich der Betrag der POTIER-Reaktanz (Sättigungsänderung).

Aus Abb. 15b kann die Spannungsänderung bei Entlastung vom Nennbetrieb auf Leerlauf bei konstanter Drehzahl (n_N) und ungeänderter Erregung entnommen werden. Die Spannung steigt nämlich in diesem Fall um ΔU an, und die Spannungsänderung, die in Prozenten der Nennspannung angegeben wird, beträgt somit für den obigen Fall:

$$\Delta U\,[\%] = \frac{\Delta U}{U_N} \cdot 100 = \frac{0{,}25}{1} \cdot 100 = 25\,\%\,.$$

Bei einer plötzlichen Entlastung steigt die Spannung im Augenblick der Entlastung nicht sofort um den Wert ΔU an, sondern sie springt praktisch nur auf den Betrag der Hauptfeldspannung (vgl. Abschn. 2.4), die zunächst konstant bleibt, und geht dann langsamer (entsprechend der Leerlaufzeitkonstante) auf den Wert $U_N + \Delta U$ über, wenn an der Erregung nichts geändert wird. Nachdem dieser 2. Anteil der Spannungsänderung langsamer erfolgt, kann hier ein Spannungsregler eingreifen, während der 1. Spannungssprung von normalen Spannungsreglern praktisch nicht beeinflußt werden kann.

2.4 Verhalten der Synchronmaschine bei plötzlichen Laständerungen

Bisher haben wir nur den stationären Betrieb der Schenkelpolmaschine betrachtet bzw. den Betrieb bei sehr langsamen Laständerungen. Für diesen Betrieb sind allein die Synchronreaktanzen x_d und x_q, also die Reaktanzen des Ankerkreises, sowie die Erregung E maßgebend. Bei plötzlichen Laständerungen zeigt nun die Synchronmaschine ein anderes Verhalten, da Ausgleichsvorgänge auftreten, an denen sich auch die Läuferkreise beteiligen. Als Grenzfall dazu wollen wir zunächst den Kurzschluß betrachten:

2.41 Der Kurzschluß der Synchronmaschine

2.41.1 Der Dauerkurzschluß. Als Einleitung soll zunächst der Vollständigkeit halber der Dauerkurzschluß behandelt werden, obwohl dieser eigentlich zu den Abschn. 2.2 und 2.3 gehört.

Wir betrachten im folgenden grundsätzlich Maschinen in Sternschaltung mit Dämpferwicklung, da andere Maschinen (Dreieckschaltung) zur Stromerzeugung als Wasserkraft- oder Dieselgeneratoren, aber auch als Motoren kaum in Frage kommen.

Wird die angetriebene Synchronmaschine an den Klemmen kurzgeschlossen und bei steigender Erregung der Ständerstrom gemessen, dann erhält man die Dauerkurzschlußkennlinie (Abb. 15b). Das Verhältnis des Dauerkurzschlußstromes zum Nennstrom bei Leerlauferregung (Erregung entsprechend Leerlauf und Nennspannung) heißt das ,,Leerlaufkurzschlußverhältnis'' der Maschine (I_{ko}/I_N oder in p. u. auch nur I_{ko}). Es liegt für Schenkelpolmaschinen normaler Bauart etwa zwischen 0,7 und 1,4 und wird meist (VDE und ASA) gesättigt angegeben.

Abb. 16 erläutert den Unterschied zwischen gesättigtem und ungesättigtem Leerlaufkurzschlußverhältnis. Das Kurzschlußverhältnis bei Nennlasterregung heißt ,,Nennlastkurzschlußverhältnis'' (I_{kL}/I_N bzw. I_{kL} in

Dauerkurzschluß

p. u.). Seine Größe hängt vom Nennleistungsfaktor und dem Leerlaufkurzschlußverhältnis des Generators ab (vgl.: I_k in Abb. 4).

Die kurzgeschlossene Maschine ist durch die eigene Synchronreaktanz rein induktiv belastet. Die Größe des Kurzschlußstromes bei dreipoligem Kurzschluß ist damit durch die Streureaktanz und die Reaktanz der Ankerrückwirkung in der Längsrichtung, d. h. also durch die Synchronlängsreaktanz, bestimmt. Die als treibende Spannung auftretende innere Spannung E_L ist hierbei bis zu verhältnismäßig großen Strömen immer noch sehr klein, so daß eine nennenswerte Sättigung des magnetischen Kreises nicht vorhanden ist und die Kurzschlußkennlinie geradlinig verläuft.

Wie bereits früher gesagt, ist der Kehrwert des ungesättigten Leerlaufkurzschlußverhältnisses gleich der Synchronreaktanz, die ja normal ungesättigt angegeben wird und etwa zwischen 1,5 und 0,8 liegt.

Beim zwei- und einpoligen Kurzschluß werden durch die entstehenden Wechselfelder auch die Läuferkreise belastet. Zerlegt man das Ständerwechselfeld in ein mit- und ein gegenläufiges Drehfeld, so läuft das letztere mit doppelter Winkelgeschwindigkeit über die Läuferwicklungen. Die Gesamtreaktanz, die sich dabei dem gegenläufigen Stromsystem bietet, wird mit „Inversreaktanz" x_2 bezeichnet (Reaktanz des Gegensystems). Beim einpoligen Kurzschluß tritt außerdem die Nullreaktanz x_0 in Erscheinung (Reaktanz gegen phasengleiche Ströme in allen 3 Strängen). Die Gleichungen für den drei- bis einpoligen Dauerkurzschlußstrom lauten für eine Maschine mit vollständiger Dämpferwicklung und $x_d'' \approx x_q''$:[1]

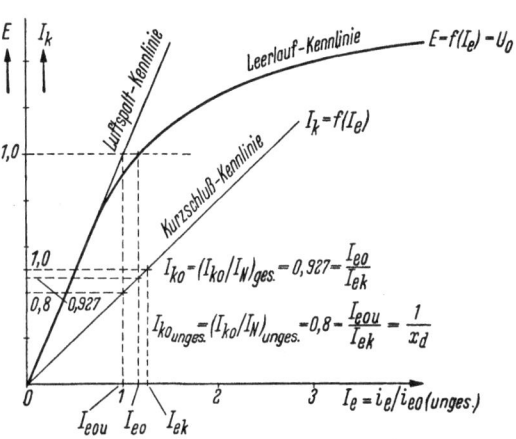

Abb. 16
Leerlaufkurzschlußverhältnis gesättigt und ungesättigt
I_{ek} Erregung für $I_k = I_N$; I_{eo} Leerlauferregung gesättigt
I_{eou} Leerlauferregung ungesättigt

a) $I_{k\,III} = \dfrac{U}{x_d}$; b) $I_{k\,II} = \dfrac{\sqrt{3}\,U}{x_d + x_2}$

und

c) $I_{k\,I} = \dfrac{3\,U}{x_d + x_2 + x_0}$.

---

[1] Ermittlung mit „Symmetrischen Komponenten" s. Anhang 5, vgl. auch Anhang 4 Gln. (A 143) und (A 159).

Da nun die Inversreaktanz für Schenkelpolmaschinen mit guter Dämpfung ($x_d'' \approx x_q'' \approx 0{,}18$) und $x_d = 1$ bei normaler Bemessung einen Betrag von etwa 0,18 hat und die Nullreaktanz bei etwa 0,05 liegt, verhalten sich die Kurzschlußströme angenähert wie:

$$I_{k\,\text{III}} : I_{k\,\text{II}} : I_{k\,\text{I}} = 1 : 1{,}5 : 2{,}5.$$

(Bei Dreieckschaltung: $I_{k\,\text{III}} : I_{k\,\text{II}} = 1 : 2{,}5$.)

Für Einphasenmaschinen ergibt sich der Dauerkurzschlußstrom zu:

$$I_{ke} = \frac{U}{x_{d_e}} = \frac{\sqrt{3}\,U}{x_d + x_2},$$

wobei die Reaktanzen x_d und x_2 wie bei einer Drehstrommaschine gleicher verketteter Spannung und gleichen Nennstromes berechnet werden.

2.41.2 Der dreipolige, symmetrische Stoßkurzschluß. Wesentlich größere Kurzschlußströme, und zwar besonders hohe Stromspitzen, entstehen, wenn der auf Nennspannung erregte Generator oder Motor an seinen Klemmen plötzlich kurzgeschlossen wird. (Hinweis: Motoren arbeiten beim symmetrischen Kurzschluß, wie leicht einzusehen ist, generatorisch, bis sie durch Gegenmoment und Verluste zum Stillstand kommen.) Die hohen, ziemlich schnell abklingenden Stromspitzen verursachen gewaltige elektrodynamische Kräfte, die die Wicklung und auch das Maschinenfundament stark beanspruchen und die also sowohl für die Versteifung der Wickelköpfe der Ständerwicklung als auch für die Fundamentberechnung von Bedeutung sind. Nach REM (VDE 0530) soll der Stoßkurzschlußstrom (höchster Augenblickswert bei dreipoligem Kurzschluß im ungünstigsten Schaltmoment) das $15 \cdot \sqrt{2}$ fache des Nennstromes nicht überschreiten.[1] Diese Vorschrift gilt im übrigen auch nach den amerikanischen Normen. Die größtmögliche Stromspitze tritt auf, wenn die Maschine im Augenblick des Spannungsnulldurchganges kurzgeschlossen wird. Dabei ist der ungünstigste Fall, wie auch beim Dauerkurzschlußstrom, der einpolige Kurzschluß (einsträngig-einphasig).

Zur Erklärung der hohen Stromspitzen betrachten wir eine einfache Spule mit der Induktivität L und dem Widerstand R (z. B. Ständerkreis), die von einem Strom i durchflossen wird.

Um der Wirklichkeit näherzukommen, müßten wir noch weitere Stromkreise annehmen, die diesen ersten Stromkreis beeinflussen (Erregerkreis, Dämpferkreis usw). Für das Verständnis des Vorganges genügt jedoch diese eine Annahme. Nach dem Induktionsgesetz gilt nun (Erzeugerzählpfeilsystem):

$$u = -Ri - L\frac{di}{dt} = -Ri - \frac{d\psi}{dt}.$$

---

[1] Für zweipolige Turbogeneratoren mit Leistungen über 25 MVA läßt die Neufassung der REM (VDE 0530/3. 59) das $18 \cdot \sqrt{2}$ fache zu.

Vernachlässigen wir R, so wird im Kurzschlußfall mit $u = 0$:

$$L \frac{di}{dt} = \frac{d\psi}{dt} = 0,$$

d. h. $L\,i = \psi = $ const.

Vom Augenblick des Kurzschlusses an bleibt der die Spule durchsetzende Fluß also konstant. Es müssen damit für unseren Fall des Ständerkurzschlusses aus dem Leerlaufzustand in jedem Strang solche Ausgleichsströme fließen, daß der mit dem jeweiligen Strang verkettete Fluß konstant bleibt. Erfolgt nun der Kurzschluß z. B. in dem Augenblick,

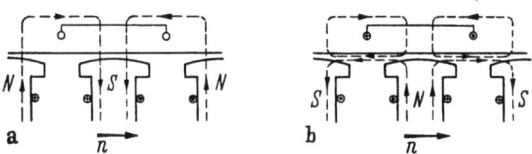

Abb. 17a u. b. Feldverlauf beim Stoßkurzschluß im Augenblick des Spannungsnulldurchganges

wo der Polfluß den betrachteten Ständerwicklungsstrang voll durchsetzt (Abb. 17a), also bei Spannungsnulldurchgang (die anderen beiden Stränge haben zu diesem Zeitpunkt die Momentanwerte $\hat{u}\frac{\sqrt{3}}{2}$ und $\left(-\hat{u}\frac{\sqrt{3}}{2}\right)$, da sie zeitlich um jeweils 120° el verschoben sind), dann muß fortan der Wicklungsstrang diesen Fluß in voller Höhe beibehalten (vgl.: Transformator beim Kurzschluß). Bewegt sich das Polrad um eine Polteilung weiter (Abb. 17b), so ist der Polfluß dem konstanten Strangfluß des betrachteten Ständerwicklungsstranges gerade entgegengerichtet. Die Flüsse müssen sich nun über die Streuwege schließen. Da sowohl in den Polen als auch in der Ständerwicklung der Fluß sich nicht ändern kann, wird der doppelte Fluß durch die Streuwege gedrückt. Die Induktivitäten der Stromkreise vermindern sich also auf die Streuinduktivitäten. Der Ständerstrom steigt umgekehrt proportional dazu an und wird außerdem verdoppelt, da der doppelte Fluß über die Streuwege geht. Die dabei wirksame Streuinduktivität ist die gesamte Streuinduktivität der Ständer- und Läuferkreise oder nach Multiplikation mit $2\pi f_n = \omega_n$ die Gesamtstreureaktanz, also die Subtransientreaktanz x_d'' in Ω, die wir gleich wieder auf die Nennimpedanz $z_N = $ Nennstrangspannung/ Nennstrom beziehen und im p.u.-System angeben. Damit ist also die höchste Stromspitze, d. h. der Stoßkurzschlußstrom in p.u.:

$$\hat{\imath}_p = \frac{2 \cdot \sqrt{2}\, U_o}{x_d''}. \tag{17a}$$

Berücksichtigt man die Ohmschen Widerstände (Abklingen des Kurzschlußstromes bis zum Erreichen der höchsten Spitze nach einer halben

Periode = 1 Polteilung), so wird der Stoßstrom etwas kleiner. Man kann für normale Generatoren statt des Faktors 2 dann 1,8 ansetzen und damit lautet Gl. (17a):

$$\hat{\imath}_p = 1{,}8\sqrt{2}\,\frac{U_o}{x_d''}\,. \tag{17b}$$

Beispiel. Die Subtransientreaktanz einer Maschine sei 12%, also 0,12 in p. u., dann wird beim Klemmenkurzschluß von Leerlauf und Nennspannung der Stoßkurzschlußstrom (dreipolig!):

$$\hat{\imath}_p = 1{,}8\sqrt{2}\,\frac{1}{0{,}12} = 21{,}2 = 15\sqrt{2},$$

also gerade gleich dem maximal zulässigen Wert laut REM.

Die bisher ermittelten Formeln für den Stoßkurzschlußstrom gelten für den dreipoligen Klemmenkurzschluß aus dem Leerlaufzustand, z. B bei Nennspannung (vgl. Anhang 3.11). Für den Fall des Klemmenkurz-. schlusses aus einer Vorbelastung muß nun die innere Spannung E_o'' als treibende Spannung angesetzt werden (Anhang 3.2). Nach REM wird die Vorbelastung für die *Kurzschlußprüfung* einfach mit 5% Spannungserhöhung berücksichtigt. Damit wird aus Gl. (17b):

$$\hat{\imath}_p = 1{,}8\sqrt{2}\,\frac{1{,}05\,U_N}{x_d''}\,. \tag{17c}$$

Für die Berechnung des *Stoßkurzschlußstromes* in direkt „gekuppelten" Anlagen genügt diese Näherung aber nicht. Wird die Maschine nämlich von Vollast und Nennspannung aus kurzgeschlossen, so liegt die innere Spannung (für den Fall $x_d'' \approx x_q''$ entspricht E_o'' der Darstellung von E_L in Abb. 1, wobei nur $x_{a\sigma}$ durch x_d'' ersetzt werden muß; vgl. Anhang Abb. A 11) durch den dann wirksamen Gesamtstreuspannungsabfall meist höher und hängt vor allem von dem Verhältnis x_q''/x_d'' und auch vom Vorbelastungs-$\cos\varphi$ ab (vgl. Anhang Abb. A 11). Für $\cos\varphi = 0{,}8$; $x_d'' = 0{,}15$ (was einem guten Mittelwert für größere Generatoren entspricht) und $x_q''/x_d'' \approx 1$, also gute Querfelddämpfung, kann für die treibende Spannung ein Wert von $1{,}1\,U_N$ angesetzt werden. Damit würde Gl. (17) dann lauten [vgl. Anhang 3, Gln. (A 117) bis (A 119)]:

$$\hat{\imath}_p = 1{,}8\sqrt{2}\,\frac{1{,}1\,U_N}{x_d''}\,. \tag{17d}$$

Für größere oder kleinere Subtransientreaktanzen ändert sich der Beiwert 1,1 in dem in Frage kommenden Bereich etwa linear mit dem Reaktanzwert. Arbeitet die Maschine bei $\cos\varphi = 0{,}9$, so beträgt er für $x_d'' = 0{,}15$ etwa 1,08 und für $\cos\varphi = 0{,}6$ (praktisch uninteressant) etwa 1,13. Auch hier gilt in dem in Frage kommenden Bereich der Subtransientreaktanz in erster Näherung noch Linearität. In Formel (17d) bedeutet $1{,}1\,U_N$ den Wert der inneren EMK E_o'', die bei Vollast der Maschine für die *Berechnung* des Kurzschlußstromes maßgebend ist. Der Faktor 1,1 bedeutet jedoch nicht, daß bei der Prüfung der Maschine ein Kurzschluß vom 1,1fachen Nennspannungswert im Leerlauf zur Überprüfung der Kurzschlußfestigkeit der Maschine durchgeführt werden soll, da die Erhöhung der Spannung entsprechend E_o'' eine stärkere Sättigungsminderung der Subtransientreaktanz durch Verkleinerung des Nutanteiles der Streuung bringen kann, als dies der Längskomponente der Luftspaltspannung, die für die Sättigung maßgebend ist, entspricht. Damit kann der Stoßkurzschlußstrom unter Umständen erheblich größer werden, als es unter

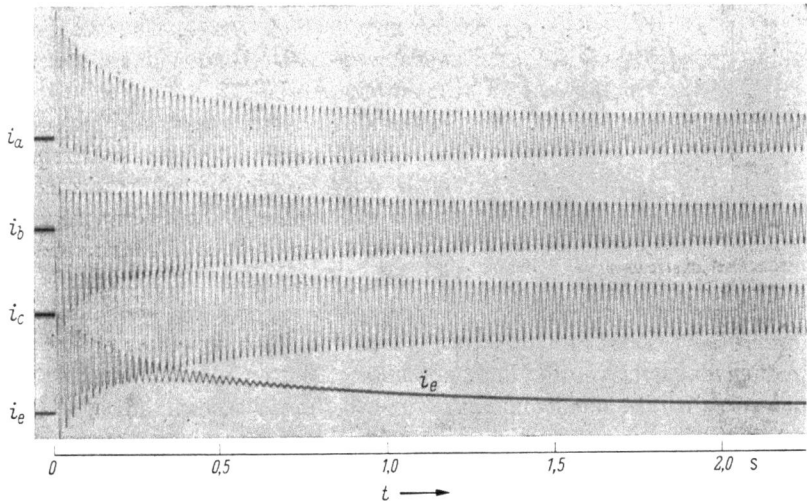

Abb. 18. Oszillogramm eines dreipoligen Stoßkurzschlusses

Betriebsbedingungen möglich ist, was für die Maschine eine Gefahr bedeuten könnte. Aus diesem Grunde wird nach den REM die Leerlaufspannung für die Kurzschlußprüfung zur Berücksichtigung der Vorlast auch, was den wirklichen Verhältnissen Rechnung trägt, nur mit $1,05\, U_N$ angesetzt.

Wir wollen nun den zeitlichen Verlauf des Kurzschlußstromes beim Kurzschluß aus Leerlauf und Nennspannung etwas genauer betrachten. Dazu vorher noch kurz folgende Überlegung: Beim Kurzschluß müßte sich der Strom in den kurzgeschlossenen Strängen schlagartig (von Null aus) ändern. In einem Stromkreis mit einer Induktivität kann sich der Strom aber nicht sprunghaft ändern (vgl.: Kurzschluß eines Transformators). Es müssen also — im allgemeinen in allen 3 Strängen — Gleichstromkomponenten auftreten (die sogenannten freien Ströme). Aus Abb. 18, die das Oszillogramm der Ständerströme (3 Stränge) und des

Erregerstromes einer ausgeführten Maschine zeigt, kann man folgende Zusammenhänge erkennen:

a) Der Ständerstrom enthält einen Wechselstromanteil, dem im Erregerstrom ein Gleichstromanteil entspricht. Diese beiden Komponenten fallen mit der gleichen Zeitkonstante, und zwar mit der Kurzschluß-Feldzeitkonstante T'_d, ab. Die Wechselstromkomponente des Ständerstromes kann also als durch die Gleichstromkomponente des Erregerstromes hervorgerufen betrachtet werden oder mit anderen Worten, die Wechselstromkomponente des Ständerstromes ist durch das am Läufer hängende Feld bedingt. Dies gilt für alle 3 Phasen des Stoßstromes, nur daß diese jeweils um 120° el gegeneinander verschoben sind.

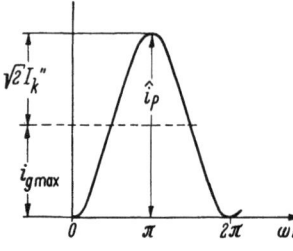

Abb. 19
Stoßkurzschlußstromverlauf ohne Dämpfung für den Fall der Abb. 17

b) Der Ständerstrom enthält auch eine Gleichstromkomponente, der im Erreger- und Dämpferkreis Wechselstromkomponenten entsprechen. Diese Komponenten fallen mit der Ankerzeitkonstante T_a ab. Die Wechselstromkomponenten in den Rotorwicklungen können also als durch die Gleichstromkomponente in der Ständerwicklung hervorgerufen angesetzt werden, d. h. mit anderen Worten, die Gleichstromkomponente des Ständerstromes ist durch das am Ständer hängende Feld bedingt. Wir wollen nun die Gleich- und Wechselstromkomponenten des Stoßkurzschlußstromes näher betrachten:

2.41.21 Gleichstromkomponente des Ständerkurzschlußstromes. Verfolgt man anhand der Abb. 17a und 17b die Stoßstromwerte (ohne Dämpfung) für den dort betrachteten Strang bei den verschiedenen Lagen der Pole zwischen a) und b), so stellt man fest, daß sich der Stoßstrom aus 2 Komponenten aufbauen muß, und zwar aus einer Gleichstromkomponente und einer Wechselstromkomponente (vgl. Abb. 19). Der zeitliche Verlauf ohne Dämpfung ist:

$$i_p = i_{g\,\max} - \sqrt{2}\,I''_k \cos \omega_n t. \tag{18a}$$

Der höchste Stoßstrom wird also nach einer halben Periode erreicht.

Erfolgt der Kurzschluß für den betrachteten Strang jedoch im Augenblick des Spanungsmaximums, dann besteht der Stoßstrom nur aus dem Wechselstromglied, und der zeitliche Verlauf des Kurzschlußstromes lautet:

$$i_p = \sqrt{2}\,I''_k \sin \omega_n t. \tag{18b}$$

Da die 3 Stränge um 120° el gegeneinander verschoben sind, kann der maximale Stoßstrom jeweils nur in einem Strang auftreten. Durch die

Verluste in den stromführenden Kreisen sinkt der Stoßstrom verhältnismäßig schnell auf den Dauerkurzschlußstrom ab.

Die Gleichstromkomponente des Ständerstromes ist, wie wir bereits sahen, durch das am Ständer hängende Feld bedingt. Damit wird auch der Betrag der Zeitkonstante für den Abklingvorgang des Gleichstromgliedes durch das Verhältnis der Gesamtstreureaktanz zu dem OHMschen Widerstand des Ständers bestimmt. Die in diesem Fall maßgebende Gesamtreaktanz ist die Inversreaktanz, und die Zeitkonstante lautet:

$$T_a = \frac{x_2}{\omega_n r_a} \quad [\text{s}], \tag{19}$$

wobei x_2 die Inversreaktanz und r_a der Ständergleichstromwiderstand in p.u. sind [vgl. Anhang 3, Gl. (A 83)].

Der Verlauf des Gleichstromgliedes ist damit für den betrachteten Strang (Strang a) unseres obigen Falles (Kurzschluß aus Leerlauf und Nennspannung bei Spannungsnulldurchgang):

$$i_{ga} = i_{g\max} e^{-\frac{t}{T_a}} \tag{20a}$$

und für die anderen Stränge (b und c):

$$i_{gb/c} = -0{,}5\, i_{g\max} e^{-\frac{t}{T_a}}. \tag{20b}$$

Nach den im vorigen Abschnitt angestellten Überlegungen und Gl. (18) gilt für den Maximalwert des Gleichstromgliedes $i_{g\max}$ für den betrachteten Fall des Kurzschlusses aus Leerlauf und Nennspannung:

$$i_{g\max} = \sqrt{2}\, I_k''. \tag{21}$$

Die Gleichstromglieder klingen alle auf Null ab. Die Zeitkonstante T_a ist meist sehr klein (0,04 ··· 0,25) und z. B. für

$$x_2 = 0{,}15 \quad \text{und} \quad r_a = 0{,}01 \quad \text{bei 50 Hz:}$$

$$T_a = \frac{0{,}15}{314 \cdot 0{,}01} = 0{,}0478 \text{ s}.$$

2.41.22 Wechselstromkomponente. Die Wechselstromkomponente des Kurzschlußstromes (Abb. 20) klingt auf den Dauerkurzschlußstrom ab und kann in folgende Teile aufgegliedert werden:

a) einen Daueranteil: Dauerkurzschlußstrom,
b) einen transienten Anteil (Übergangsanteil) und
c) einen subtransienten Anteil.

Die Dauerkurzschlußkomponente (Der Dauerkurzschlußstrom). Diese Komponente entspricht für unseren Fall des Kurzschlusses aus Leerlauf und Nennspannung dem Leerlaufkurzschlußstrom, also $(U_o = U_N)$

$$I_k = I_{ko} = \frac{U_N}{x_{d(t\,\text{ges})}} \quad \text{in p.u.} \tag{22}$$

Hierbei ist für x_d der dem gesättigten Leerlaufkurzschlußverhältnis entsprechende Wert anzusetzen (t ges = Teilsättigung).

Die transiente Komponente. Trägt man nach Abzug des Gleichstromgliedes [1] die Abweichung der Effektivwerte des Kurzschlußstromes von dem Dauerkurzschlußstrom, also die Differenz $(I_{We}(t) - I_{ko})$ in halblogarithmischem Papier über der Zeit auf, so sieht man, daß diese Differenz mit Ausnahme weniger Anfangsschwingungen eine e-Funktion dar-

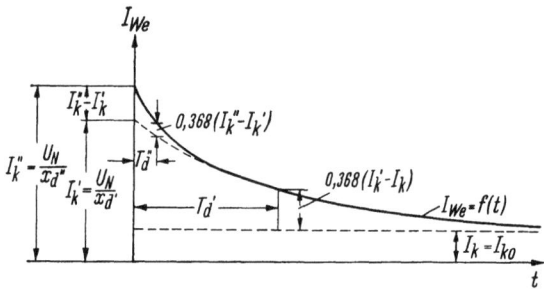

Abb. 20. Hüllkurve der Wechselstromkomponenten bei dreipoligem Kurzschluß aus Leerlauf und Nennspannung (Effektivwerte)

stellt, d. h., die aufgetragenen Punkte liegen auf einer Geraden. Verlängert man diese Gerade nun bis zum Zeitpunkt $t = 0$ und fügt die Dauerkurzschlußkomponente hinzu, so erhält man den Wert I'_k, d. h. den transienten Kurzschlußwechselstrom (Abb. 20):

$$I'_k = \frac{U_N}{x'_d}. \tag{23}$$

Hätte eine Maschine keinen Dämpferkreis (Dämpferwicklung bzw. massive Pole), so würde dieser Wert sich als Stoßkurzschlußwechselstrom ergeben (Effektivwert des Wechselstromanteiles des Stoßkurzschlußstromes).

Für das zeitliche Abklingen dieses Stromanteiles ist zu berücksichtigen, daß das Wechselstromglied des Stoßkurzschlußstromes, wie bereits weiter vorn angedeutet, durch das am Läufer hängende Feld bedingt ist und daß es auch mit der gleichen Zeitkonstante wie der Gleichstromanteil des Erregerstromes abklingt. Damit sind also die Induktivität und der Ohmsche Widerstand der Erregerwicklung für diese Zeitkonstante maßgebend. Im Leerlauf lautet nun die Zeitkonstante der Erregerwicklung:

$$T'_{do} = \frac{\Phi_{eo} w_e}{i_{eo} r_e} = \frac{L_e\,[H]}{r_e\,[\Omega]} = \frac{\omega_n L_e\,[H]}{\omega_n r_e\,[\Omega]} = \frac{x_e\,[\Omega]}{\omega_n r_e\,[1/s\,\Omega]}$$
$$= \frac{x_e\,[\text{p.u.}]}{\omega_n r_e\,[\text{p.u.}]} = \frac{x_{e\sigma} + x_{hd}}{\omega_n r_e}, \tag{24}$$

wobei x_e die gedachte Reaktanz der Läuferwicklung und r_e der Ohmsche Widerstand in p. u. sind.[1] Wie man aus Gl. (24) ersieht, ist die Leerlaufzeitkonstante sättigungsabhängig (vgl. Abschn. 3.12).

Beim plötzlichen Kurzschluß vermindert sich diese Zeitkonstante durch die Ankerrückwirkung im Verhältnis der Transientreaktanz zur Synchronreaktanz, und die für unseren Abklingvorgang maßgebende Transientzeitkonstante T'_d lautet:

$$T'_d = T'_{do} \frac{x'_d}{x_d} \quad [\text{s}]. \tag{25}$$

Die transiente Komponente kann damit in Funktion der Zeit durch die Gleichung dargestellt werden:

$$\text{Transiente Komponente} = (I'_k - I_k)\, e^{-\frac{t}{T'_d}}. \tag{26}$$

Die Zeitkonstante dieses Anteiles ist in Abb. 20 auch eingetragen. Sie liegt z. B. für Wasserkraftgeneratoren in der Größenordnung von Sekunden (0,5 ··· 3 s).

Subtransiente Komponente. Sind Dämpferkreise vorhanden, was heute für praktisch alle Synchronmaschinen der Fall ist, so tritt in den Läuferkreisen beim Stoßkurzschluß zusätzlich ein Ausgleichsvorgang zwischen Erreger- und Dämpferkreisen auf, der auch den Verlauf des Wechselstromgliedes des Stoßkurzschlußstromes in der Ständerwicklung beeinflußt. Trägt man die Differenz zwischen der transienten Komponente, die ja bereits weiter oben ermittelt wurde, und dem Kurzschlußstromverlauf in halblogarithmischem Papier auf, so ergibt sich wieder eine Gerade, d. h., auch dieser Anfangsteil verläuft nach einer e-Funktion. Der Wert bei $t = 0$ plus I'_k plus I_{ko} ergibt damit den subtransienten Stoßkurzschlußwechselstrom I''_k, der sich aus der Spannung und der Subtransientreaktanz zu ($U_o = U_N$)

$$I''_k = \frac{U_N}{x''_d} \tag{27}$$

errechnet.

Das Abklingen der subtransienten Komponente erfolgt viel schneller als das des transienten Anteiles, da die Dämpferwicklung nur einen ziemlich kleinen Kupferquerschnitt hat (je nach Einsatzart der Maschine liegt r_e/r_{Dd} zwischen etwa $\frac{1}{5}$ und $\frac{1}{20}$), und zwar mit der Zeitkonstante T''_d (vgl. Anhang 2.7 u. 2.71), die in der Größenordnung von einigen Hundertstel Sekunden liegt. Die subtransiente Komponente kann also in Funktion der Zeit ausgedrückt werden als:

$$\text{Subtransiente Komponente} = (I''_k - I'_k)\, e^{-\frac{t}{T''_d}}. \tag{28}$$

---

[1] x_e und r_e sind die auf die Windungszahl der Ständerwicklung reduzierten und auf $z_N = U_N/I_N$ bezogenen Werte (p.u.). Die gesamte Läuferreaktanz setzt sich dann folgendermaßen zusammen: $x_e = x_{e\sigma} + x_{hd}$.

50   2. Elektrisches Verhalten von Synchronmaschinen

Die gesamte Wechselstromkomponente und der Gesamtstromverlauf.
Durch Überlagerung der einzelnen Wechselstromkomponenten ergibt sich die Hüllkurve der gesamten Wechselstromkomponente zu (Abb. 20):

$$I_{We}(t) = (I_k'' - I_k')\,e^{-\frac{t}{T_d''}} + (I_k' - I_{ko})\,e^{-\frac{t}{T_d'}} + I_{ko}. \quad (29)$$

Diese Gleichung stellt die Effektivwerte in p. u. dar und gilt für alle 3 Strangströme, die ja jeweils nur eine Phasenverschiebung von 120° el gegeneinander haben.

Ermittelt man aus Gl. (29) den Anfangswert, d. h. setzt man $t = 0$, so wird

$$I_{We(t=0)} = I_k'' - I_k' + I_k' - I_{ko} + I_{ko} = I_k'',$$

d. h. gleich dem Stoßkurzschlußwechselstrom. Da nun $I_k'' = U_N/x_d''$ gilt, so kann der Stoßkurzschlußstrom nach Gl. (17d) auch angeschrieben werden als:

$$\hat{i}_p = 1{,}8\,\sqrt{2}\cdot 1{,}1\,I_k''.$$

Für den gesamten Stromverlauf vom Kurzschlußaugenblick bis zum stationären Zustand ergibt sich damit gemäß Gl. (18a), d. h. also für den Strang mit dem vollen Gleichstromglied (Strang a):

$$i_p = i_a(t) = \sqrt{2}\,I_k''\,e^{-\frac{t}{T_a}} - \left[(I_k'' - I_k')\,e^{-\frac{t}{T_d''}} + (I_k' - I_{ko})\,e^{-\frac{t}{T_d'}} + I_{ko}\right] \times$$
$$\times \sqrt{2}\cos\omega_n t. \quad (30)$$

Die Gleichung gilt unter der weiter vorn gemachten Voraussetzung der Symmetrie im subtransienten Bereich, d. h. wenn $x_d'' \approx x_q''$ [vgl. Anhang 3 Gl. (A 84)]. Diese Forderung setzt eine vollständige Dämpferwicklung voraus.

Auf die Berücksichtigung der Vorbelastung, d. h. auf den Kurzschlußstromverlauf aus Vorbelastung, wollen wir an dieser Stelle nicht näher eingehen, da sowieso nur die ersten Amplituden des Kurzschlußstromverlaufes, d. h. besonders der Stoßkurzschlußstrom, von praktischem Interesse sind. Für den Stoßkurzschlußstrom aber haben wir den Einfluß der Vorbelastung bereits weiter vorn erläutert. Das Ergebnis lautete für den Fall $x_d'' \approx x_q''$: Man ersetze die Leerlaufspannung U_o in der Gl. (17b) durch die bei Belastung geltende innere Spannung hinter der Subtransientreaktanz E_o''. Auf die exakte Berücksichtigung der Vorbelastung auch für den Fall $x_d'' \neq x_q''$ wird im Anhang 3.2 eingegangen.

2.41.23 Der Stromverlauf in der Erregerwicklung. Auf die exakte Herleitung wird im Anhang 3.13 eingegangen [Gl. (A 95b)]. Wir wollen hier zur Erläuterung des dort angegebenen Ergebnisses nur auf die physikalischen Zusammenhänge eingehen. Dazu vernachlässigen wir zunächst die Dämpferwicklung. Bei plötzlichen Blindlaständerungen, also z. B. auch beim Kurzschluß, versuchen — wie wir bereits sahen — alle Wicklungen, den mit ihnen verketteten Fluß konstant zu halten. Am langsamsten ändert sich dabei — wie wir ebenfalls bereits feststellten [Gl. (24) und (30)] — der mit der Feldwicklung verkettete Fluß, da die Lastzeitkonstante des Feldkreises die längste der Zeitkonstanten der beteiligten Kreise (Ständer- und Läuferkreise) ist (T'_d bzw. T'_{dL}). Durch sie wird die „Konstanz" des Hauptfeldes bestimmt (vgl. Abschn. 2.42), von der wir hier ausgehen wollen. Konstantes Hauptfeld bedeutet in der Zeigerdiagrammdarstellung konstante Hauptfeldspannung E'_d, d. h. konstante Spannung hinter der Transientreaktanz x'_d.

In Abb. 23 des Abschn. 2.42 wird gezeigt [6], wie man durch geometrische Addition des Ständerstreuspannungsabfalles $I\,x_{a\sigma}$[1] und des Spannungsabfalles an der Streuinduktivität der Feldwicklung $I_{e(\sim)}x_{e\sigma}$ [vgl. Gl. (2); $I_{e(\sim)}$ muß hier verwendet werden, da im Zeigerdiagramm als Beträge aller Größen die Effektivwerte erscheinen] zu der Klemmenspannung U die dem gesamten mit der Feldwicklung verketteten Fluß entsprechende „Gesamtfeldspannung" E_{ed} erhält. Das Gesamtfeld ist jedoch im Verhältnis $\dfrac{1+\sigma_e}{1} = \dfrac{x_{hd}+x_{e\sigma}}{x_{hd}}$ größer als das in der Maschine vorhandene Nutz- oder Hauptfeld, dem die Hauptfeldspannung entspricht $\left(\sigma_e = \dfrac{x_{e\sigma}}{x_{hd}},\text{ Streuziffer des Feldkreises}\right)$. Diese ergibt sich somit aus der Gesamtfeldspannung durch Multiplikation mit $1/(1+\sigma_e) = x_{hd}/(x_{hd}+x_{e\sigma})$:

$$E'_d = E_{ed}\frac{x_{hd}}{x_{hd}+x_{e\sigma}} = E_{ed}\frac{1}{1+\sigma_e}. \qquad (31)$$

Gehen wir nun für die Ermittlung des Stromverlaufes in der Feldwicklung zunächst *vom Leerlauf* aus, so gilt gemäß Gl. (23) für unseren Fall (ohne Dämpferwicklung) des dreipoligen Kurzschlusses:

$$I'_k = I'_d = \frac{U_o}{x'_d}.$$

Da die Hauptfeldspannung nach dem Kurzschluß zunächst konstant bleibt (Näherung) und zwischen Hauptfeldspannung und Polradspannung laut Zeigerdiagramm allgemein die Beziehung gilt (Abb. 23):

$$E'_d = E - I_d(x_d - x'_d) = E' - I'_d(x_d - x'_d), \qquad (32)$$

so muß für die Polradspannung nach dem Stoß gelten:

$$E' = E'_d + I'_d(x_d - x'_d).$$

---

[1] Entgegen der Darstellung im Zeigerdiagramm der Abb. 23 werden die stationären Werte ohne den Index „o" angegeben, da dieser Index hier zur Bezeichnung der Leerlaufwerte benötigt wird.

Da nun aber der Leerlauf als Ausgangszustand vorausgesetzt wurde, wird daraus mit Gl. (23) ($U_o = E_o = E'_{do}$):

$$E' = E_o \left(1 + \frac{x_d - x'_d}{x'_d}\right).$$

Für den Zusammenhang von Polradspannung und Erregerstrom gilt jedoch allgemein in dem von uns benutzten p.u.-System [vgl. Anhang Gl. (A 40) u. Abschn. 1]:

$$E = \frac{i_e x_{hd}}{\sqrt{2}}, \tag{33}$$

und damit wird die Polradspannung nach dem Stoßkurzschluß:

$$E' = \frac{i'_e x_{hd}}{\sqrt{2}} = \frac{i_{eo} x_{hd}}{\sqrt{2}} \left(1 + \frac{x_d - x'_d}{x'_d}\right),$$

und daraus erhält man für den Stromverlauf in der Feldwicklung:

$$i'_e = i_{eo} \left(1 + \frac{x_d - x'_d}{x'_d}\right).$$

Diese Feldstromkomponente entspricht, wie aus dem Vorgehen bei der Herleitung ersichtlich ist, der Flußverkettung mit der Feldwicklung und damit nur der Wechselstromkomponente [$I'_k = I'_d$ in Gl. (23)] des Stoßkurzschlußstromes. Dementsprechend muß sie im Feldkreis einen Gleichstrom darstellen, der mit der Kurzschlußzeitkonstante T'_d abklingt:

$$i'_{e(=)}(t) = i_{eo} \left(1 + \frac{x_d - x'_d}{x'_d}\right) e^{-\frac{t}{T'_d}}. \tag{34}$$

Im Ständerkreis tritt nun zusätzlich, entsprechend der Ständerflußverkettung im Kurzschlußaugenblick, ein „resultierendes" Gleichstromglied auf, das im Feldkreis eine Wechselstromkomponente von Grundfrequenz zur Folge haben muß, die mit der Ankerzeitkonstante abklingt. Da die magnetische Achse (Längsachse) des Läufers nun im Kurzschlußaugenblick der „resultierenden Erregung" der Ständergleichströme gegenübersteht, wird in der Läuferwicklung immer der höchstmögliche Wechselstrom induziert. Mit den Gln. (21) und (33) gilt dann für den erregenden Ständergleichstrom (ohne Dämpferwicklung):

$$\sqrt{2}\, I'_k = \sqrt{2}\, \frac{E_o}{x'_d} = \frac{i_{eo} x_{hd}}{x'_d}.$$

Der in der Feldwicklung auftretende Wechselstrom muß diesem Ständergleichstrom, vermindert um den Feldstreuanteil, entsprechen, d. h., es gilt für den Betrag der davon verursachten Feldstromkomponentenamplitude:

$$\widehat{i'_{e(\sim)}} = \frac{i_{eo} x_{hd}}{x'_d} \cdot \frac{x_{hd}}{x_{hd} + x_{e\sigma}} = i_{eo} \frac{x_d - x'_d}{x'_d},$$

und damit für den entsprechenden Feldstromanteil:

$$i'_{e(\sim)}(t) = i_{eo} \frac{x_d - x'_d}{x'_d} e^{-\frac{t}{T_a}} \cos \omega_n t. \tag{35}$$

Der gesamte Stromverlauf in der Feldwicklung nach einem dreipoligen Kurzschluß aus vorhergehendem Leerlauf lautet somit:

$$i_e(t) = i'_{e(=)}(t) + i'_{e(\sim)}(t)$$

$$= i_{eo}\left(1 + \frac{x_d - x'_d}{x'_d} e^{-\frac{t}{T'_d}} - \frac{x_d - x'_d}{x'_d} e^{-\frac{t}{T_a}} \cos \omega_n t\right). \tag{36}$$

Berücksichtigt man die Dämpferwicklung, so ergibt sich, wie im Anhang 3.13 gezeigt wird, gemäß der dort hergeleiteten Gl. (A 95b)[1]:

$$i_e(t) = i_{eo}\left\{1 + \frac{x_d - x'_d}{x'_d}\left[e^{-\frac{t}{T'_d}} - \left(1 - \frac{T_{Da\sigma}}{T''_d}\right)e^{-\frac{t}{T''_d}} - \frac{T_{Da\sigma}}{T''_d} e^{-\frac{t}{T_a}} \cos \omega_n t\right]\right\}$$

$$= i_{eo}\left\{1 + \frac{x_d - x'_d}{x'_d}\left[e^{-\frac{t}{T'_d}} - \left(1 - \frac{x'_d}{x''_d} \frac{x''_d - x_{a\sigma}}{x'_d - x_{a\sigma}}\right)e^{-\frac{t}{T''_d}} -\right.\right.$$

$$\left.\left.- \frac{x'_d}{x''_d} \frac{x''_d - x_{a\sigma}}{x'_d - x_{a\sigma}} e^{-\frac{t}{T_a}} \cos \omega_n t\right]\right\}. \tag{37}$$

Zur Berücksichtigung der *Vorbelastung* kann man in guter Näherung in Gl. (37) anstelle des vor dem Kurzschluß vorhandenen und nach dem Abklingen des Ausgleichsvorganges sich wieder einstellenden Leerlauferregerstromes den Lasterregerstrom einsetzen. Der Ausgleichsvorgang selbst bleibt dabei praktisch unverändert, da für seine Höhe und seinen zeitlichen Verlauf das in der Maschine vorhandene Längsfeld maßgebend ist, das sich bei normaler Nennlast nur wenig vom Leerlauffeld bei Nennspannung unterscheidet. Jedenfalls liegt diese Näherungsannahme im Rahmen der sowieso bei der Vorausberechnung des Feldstromverlaufes infolge der schwer erfaßbaren „wirklichen Dämpferkreise" und Sättigungsverhältnisse auftretenden Vorausberechnungsfehler. Damit gilt also bei Berücksichtigung der Vorbelastung in guter Näherung [exakte Gleichung und Herleitung s. Anhang 3, Gl. (A 107)]:

$$i_{eL}(t) \approx i_{eL} + i_{eo}\frac{x_d - x'_d}{x'_d}\left[e^{-\frac{t}{T'_d}} - \left(1 - \frac{x'_d}{x''_d} \frac{x''_d - x_{a\sigma}}{x'_d - x_{a\sigma}}\right)e^{-\frac{t}{T''_d}} -\right.$$

$$\left.- \frac{x'_d}{x''_d} \frac{x''_d - x_{a\sigma}}{x'_d - x_{a\sigma}} e^{-\frac{t}{T_a}} \cos \omega_n t\right]. \tag{38}$$

---

[1] Die Gleichung gilt für Maschinen mit lamelliertem Läufer. Für Schenkelpolmaschinen mit massiven Polen und für Vollpolmaschinen mit Massivläufern ist die Vorausberechnung des Feldstromverlaufes noch wesentlich komplizierter und beruht in der Praxis weitgehend auf Erfahrungswerten (vgl. Schrifttum 31 zu Lit. [50]: Tittel, J.: Ausgleichsvorgänge in Synchronmaschinen bei plötzlichen Blindlaständerungen. Wiss. Veröff. Siemens-Werke, Bd. 21, H. 1, S. 38).

Die Praxis lehrt nun, daß der Feldstromverlauf auch für Maschinen mit vollkommener Dämpferwicklung mit genügender Genauigkeit entsprechend Gl. (36), also ohne Berücksichtigung der Dämpferwicklung, vorausberechnet werden darf, wenn die Sättigung des Hauptfeldes vernachlässigt bzw. nur so berücksichtigt wird, wie es der Auswertung von Kurzschlußoszillogrammen entspricht ([1, 37]). Dabei wird nämlich angenommen, daß das Hauptfeld nach einer e-Funktion abklingt. Der entstehende Fehler in den ersten Perioden wirkt sich in einer Vergrößerung der Transientreaktanz und der Subtransient- und Transientzeitkonstanten aus und führt mit Gl. (37) bzw. (38) zu falschen Ergebnissen.

2.41.3 Der unsymmetrische Stoßkurzschluß. *2.41.31 Der Ständerstromverlauf.* Bisher haben wir immer den dreisträngigen und symmetrischen Stoßkurzschluß behandelt, dabei galten für die Kurzschlußwechselstromkomponenten die Gln. (22), (23) und (27), d. h.

$$I_k'' = \frac{U_N}{x_d''}; \quad I_k' = \frac{U_N}{x_d'};$$

$$I_k = I_{k0} = \frac{U_N}{x_{d(tges)}},$$

und für den Abklingvorgang war, abgesehen von dem subtransienten Anteil, der sehr rasch verschwindet, die Zeitkonstante

$$T_d' = T_{d0}' \frac{x_d'}{x_d} \quad [\text{s}]$$

maßgebend [Gl. (26)].

Für die unsymmetrischen Stoßkurzschlüsse (zweipolig und einpolig) gilt nun ein ähnliches Verhalten. Am Gleichstromglied ändert sich praktisch nicht viel (Amplitude, Zeitkonstante, s. Anhang 4), so daß für den allgemeinen Verlauf des Stoßkurzschlußstromes in erster Linie die Wechselstromglieder maßgebend sind [vgl. Anhang 4, Gln. (A 139) und (A 155)].

Zweipoliger Kurzschluß (zweisträngig-einphasiger Kurzschluß). Beim zweipoligen Stoßkurzschluß kommt, wie auch beim Dauerkurzschluß, durch das entstehende Wechselfeld (= zwei gegenläufige Drehfelder) die Inversreaktanz zur Wirkung. Die Stoßkurzschlußwechselströme lauten damit für den Kurzschluß einer Maschine mit vollkommener Dämpferwicklung ($x_d'' \approx x_q''$) aus Leerlauf und Nennspannung:

$$I_{k\,II}'' = \frac{\sqrt{3}\, U_N}{x_d'' + x_2}, \tag{39a}$$

und da x_d'' ungefähr gleich x_2 angesetzt werden kann, wird $I_{k\,II}''$ allgemein etwas kleiner als $I_{k\,III}''$ [Gl. (27)]. Die beiden anderen Komponenten ergeben sich zu:

$$I_{k\,II}' = \frac{\sqrt{3}\, U_N}{x_d' + x_2} \tag{39b}$$

und
$$I_{k\,\text{II}} = \frac{\sqrt{3}\,U_N}{x_d + x_2}. \tag{39c}$$

x_d ist dabei wieder als Kehrwert des gesättigten Leerlaufkurzschlußverhältnisses anzusetzen, und für x_2 gilt exakt Gl. (A 140) des Anhanges 4.

Die Zeitkonstante für den transienten Teil, der ja für die Abklingdauer maßgebend ist (subtransienter Vorgang vernachlässigt), wird nun länger als für den Fall des dreipoligen Kurzschlusses:

$$T'_{d\,\text{II}} = \frac{x'_d + x_2}{x_d + x_2}\,T'_{do} \quad [\text{s}], \tag{40}$$

d. h., der zweipolige Stoßkurzschluß klingt wesentlich langsamer ab als der dreipolige [vgl. Gln. (A 137) bis (A 139)]. Der Stoßkurzschlußstrom lautet für diesen Fall unter Berücksichtigung der Vorbelastung und der Dämpfung entsprechend Gl. (17d):

$$\hat{i}_{p\,\text{II}} \approx 1{,}8\,\sqrt{2}\,\frac{1{,}1\,\sqrt{3}\,U_N}{x''_d + x_2}. \tag{41}$$

Einpoliger Kurzschluß (einsträngig-einphasiger Kurzschluß). In Analogie zum Dauerkurzschluß kommt auch hier die Nullreaktanz mit zur Wirkung, und die Wechselstromanteile lauten für den Kurzschluß aus Leerlauf und Nennspannung ($x''_d \approx x''_q$):

$$I''_{k\,\text{I}} = \frac{3\,U_N}{x''_d + x_2 + x_0}, \tag{42a}$$

$$I'_{k\,\text{I}} = \frac{3\,U_N}{x'_d + x_2 + x_0} \tag{42b}$$

und
$$I_{k\,\text{I}} = \frac{3\,U_N}{x_d + x_2 + x_0}. \tag{42c}$$

Da x_0 viel kleiner ist als x''_d und x_2 etwa x''_d entspricht, werden diese Wechselstromkomponenten höher als beim dreipoligen Kurzschluß.

Die Abklingzeitkonstante lautet für den einpoligen Kurzschluß (subtransienter Vorgang vernachlässigt):

$$T'_{d\,\text{I}} = \frac{x'_d + x_2 + x_0}{x_d + x_2 + x_0}\,T'_{do}, \tag{43}$$

d. h. also, der einpolige Kurzschluß klingt noch etwas langsamer ab als der zweipolige [vgl. Gl. (A 155)]. Der Unterschied ist jedoch ziemlich gering.

Der Stoßkurzschlußstrom lautet in diesem Fall entsprechend Gl. (17d):

$$\hat{i}_{p\,\text{I}} \approx 1{,}8\,\sqrt{2}\,\frac{1{,}1 \cdot 3\,U_N}{x''_d + x_2 + x_0}. \tag{44}$$

Der einpolige Kurzschluß, der ja einem Kurzschluß zwischen Sternpunkt und einer Strangklemme entspricht, kommt für die in Europa üblichen Schaltungen (ohne Sternpunktserdung) praktisch nicht in Betracht.

2.41.32 Der Stromverlauf im Feldkreis beim unsymmetrischen Stoßkurzschluß. Der Stromverlauf im Feldkreis bei symmetrischem (dreipoligem) oder unsymmetrischem (zwei- und einpoligem) Kurzschluß des Ständers hat in den letzten Jahren durch die Verwendung von Trockengleichrichtern zur Erregung von Synchronmaschinen an Bedeutung gewonnen. Der Grund dafür liegt in der niedrigen thermischen Überlastbarkeit der Gleichrichter. Diese müssen in ihrer „Leistungsfähigkeit" so bemessen werden, daß sie die erhöhte Belastung durch die Zusatzströme während des Ausgleichsvorganges beim Kurzschluß in thermischer Hinsicht bis zur Abschaltung und Entregung der Synchronmaschine aushalten.

Die exakte Vorausberechnung des Feldstromverlaufes beim unsymmetrischen Kurzschluß ist nicht so einfach wie beim dreipoligen (vgl. Anhang 4). Wir wollen deshalb hier nicht weiter auf die Berechnung eingehen, sondern uns auf die an einer wirklichen Maschine durchgeführten Versuche stützen. Bezüglich der Vorausberechnung verweisen wir auf den Anhang 4.

In Abb. 21a ist der Stromverlauf im Feldkreis bei drei-, zwei- und einpoligem Kurzschluß (Kurzschluß für zwei- und einpoligen Fehler im ungünstigen Schaltaugenblick) aus vorangegangenem Leerlauf bei Nennspannung für eine Synchronmaschine mit einer Nennleistung von 300 kVA (3,15 kV; 50 Hz; 1000 U/min) dargestellt. Die Maschine hat eine vollkommene Dämpferwicklung ($x_d'' \approx x_q''$) und ein Leerlaufkurzschlußverhältnis von etwa $I_{ko}/I_N = 1$, ist also in elektrischer Hinsicht die Modelldarstellung einer großen Maschine.

Wie bereits bei der Behandlung des Feldstromverlaufes für den dreipoligen Kurzschluß (Abschn. 2.41.23) gesagt wurde, kann der *Vorbelastungsfall* in guter Näherung einfach durch Überlagern des in der Abbildung dargestellten Ausgleichsvorganges $(i_e(t) - i_{eo})$ über den Lasterregerstrom statt über den Leerlauferregerstrom berücksichtigt werden. Dies ist leicht einzusehen, da die Ausgleichsströme im Feldkreis nur durch die in der Maschine vorhandene Längsfeldkomponente hervorgerufen werden, und diese unterscheidet sich bei Normalbelastung ($\cos \varphi = 1 \cdots 0{,}8$ übererregt) nicht wesentlich vom Leerlauffeld. In Extremfällen ist diese Näherung natürlich nicht zulässig (krasse Über- oder Untererregung, extreme Streuungs- und Sättigungsverhältnisse).

Betrachten wir nun den Feldstromverlauf für die 3 Kurzschlußfälle in Abb. 21a, so stellen wir fest, daß die Maximalwerte beim dreipoligen Kurzschluß bei den beiden unsymmetrischen Kurzschlußarten, wenigstens in den ersten 100 ms, kaum überschritten werden. Jedenfalls bedeutet der Feldstromverlauf für den dreipoligen Kurzschluß in thermischer Hinsicht in dieser Zeitspanne und auch darüber hinaus noch sicherlich die höhere Beanspruchung. (Der Feldstrom für den zwei- und einpoligen Kurzschluß zeigt die bekannte 100-Hz-Überlagerung infolge des inversen Drehfeldes.) Dies gilt jedoch nur, solange die Maschine im Alleinbetrieb arbeitet. Ist sie direkt auf ein großes Netz geschaltet,

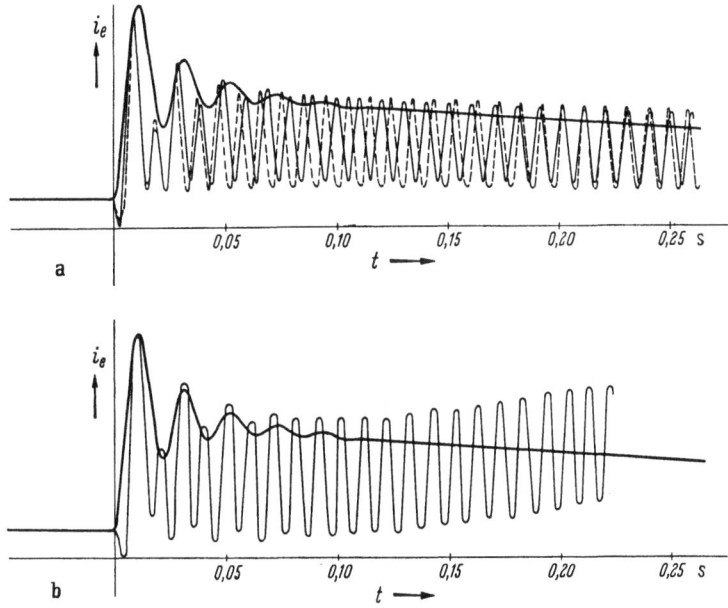

Abb. 21a u. b
Erregerstromverlauf bei Klemmenkurzschluß im Leerlaufzustand der Synchronmaschine
a) Kurzschluß im Alleinbetrieb; b) Kurzschluß der Maschine am starren Netz
────── dreipoliger Kurzschluß; ──────── zweipoliger Kurzschluß; ─ ─ ─ einpoliger Kurzschluß

so kann der unsymmetrische Kurzschluß für den Feldstromverlauf eine Änderung bringen, denn nun überlagert sich über den Abklingvorgang des Feldes in der Synchronmaschine ein Vorgang, der durch das Netz verursacht wird (unsymmetrischer Kurzschluß des Netzes) und der den Feldstromverlauf wieder erhöht. Diese Tatsache wird in Abb. 21b für den Fall des zweipoligen Klemmenkurzschlusses nachgewiesen. Man erkennt aus der Abbildung, daß die Rückwirkung des Netzes und das damit verbundene erneute Anwachsen des Feldstromes eine zusätzliche Schwierigkeit für die Dimensionierung der Erregereinrichtung bedeuten kann. Nachdem aber nach spätesten 150 ms immer eine Abschaltung durch den Schutz erfolgt sein dürfte, ist es doch für die meisten Fälle ausreichend, wenn bezüglich der Höchstwerte des Feldstromes und auch für die thermische Beanspruchung der Erregereinrichtung der Feldstromverlauf beim dreipoligen Klemmenkurzschluß betrachtet wird.

2.41.4 Kurzschlußfestigkeit und Kurzschlußbeanspruchung. Nach den REM (VDE 0530/3. 59, § 42) müssen Synchronmaschinen in der Lage sein, die mechanischen Beanspruchungen durch den Stoßkurzschlußstrom ohne schädliche Formänderungen auszuhalten. Die Prüfung gilt als bestanden, wenn anschließend die Wicklungsprüfung nach § 45 ausgehalten wird. Wird zum Nachweis dieser Forderung eine Kurzschlußprüfung aus dem Leerlauf durchgeführt, so wird die Maschine zur Berücksichtigung des Vorbelastungsstromes auf 1,05 U_N erregt.

Beim Stoßkurzschluß treten als Folge der hohen Stoßströme in den Wickelköpfen große elektrodynamische Kräfte auf (Spulenkopf zu Ständereisen, Spulenköpfe verschiedener Stränge gegeneinander, Erregerwicklung zu Spulenköpfen). Durch diese hohen Kräfte können Verlagerungen der einzelnen Ständerspulenköpfe gegeneinander eintreten, die zur Zerstörung der Wickelkopfisolation und damit zum Ausfall der Maschine führen. Die Wickelköpfe müssen daher zweckmäßig versteift werden, wobei besondere Sorgfalt bei Maschinen mit hohen Stoßströmen (kleine Subtransientreaktanz x_d'') und großen Polteilungen angebracht ist.

Außer diesen die Wickelköpfe beanspruchenden Kräften treten beim Kurzschluß noch Drehmomentpulsationen auf, die wiederum je nach Größe des Stoßstromes ein Vielfaches des Nenndrehmomentes erreichen können. Dabei erfahren das Gehäuse, das Fundament und die Antriebswelle besondere Beanspruchungen. Da die Nachrechnung der Gehäusebeanspruchung und der Beanspruchung der Antriebswelle, wie auch die Ermittlung der Wickelkopfversteifung Angelegenheit des Maschinenherstellers sind, wollen wir hierauf an dieser Stelle nicht näher eingehen [*31*]. Vom Gesichtspunkt des Betriebsverhaltens aus gesehen, interessieren uns aber die Fundamentkräfte, auf deren Berechnung wir nun eingehen wollen.

Für den zweipoligen Kurzschluß eines Generators mit vollständiger Dämpferwicklung ohne Berücksichtigung der Dämpfung (Abklingen des Stoßstromes) kann die Stoßleistung aus der Spannung vor Eintritt des Kurzschlusses (Rechnung vorerst nicht in p.u.)

$$u = \sqrt{2}\, U_v \sin\omega_n t,$$

und dem Stoßstrom nach Gl. (18a)

$$i_p = i_{g\,\max} - \sqrt{2}\, I_k'' \cos\omega_n t$$

oder mit

$$i_{g\,\max} = \sqrt{2}\, I_k'' \quad [\text{lt. Abb. 19 u. Gl. (21)}],$$

also
$$i_p = \sqrt{2}\, I_k'' (1 - \cos\omega_n t)$$
zu
$$p_{pII} = u\, i_p = 2 U_v I_k'' \left(\sin\omega_n t - \frac{1}{2}\sin 2\omega_n t\right) \qquad (45)$$

ermittelt werden (U_v = verkettete Spannung). Dividieren wir diese Stoßleistung durch die Nennleistung, so erhalten wir gleichzeitig das auf das Nennmoment bezogene Kurzschlußdrehmoment:

$$\frac{p_{pII}}{P_{sN}} = \frac{m_{pII}}{M_N} = \frac{2 U_v I_k''}{\sqrt{3}\, U_{vN} I_N} \left(\sin\omega_n t - \frac{1}{2}\sin 2\omega_n t\right)$$
$$= \frac{2}{\sqrt{3}} U I_k'' \left(\sin\omega_n t - \frac{1}{2}\sin 2\omega_n t\right) \quad [\text{p.u.}].$$

Da es sich nun um einen zweipoligen Kurzschluß handelt, gilt nach Gl. (39a):

$$I_k'' = I_{kII}'' = \frac{\sqrt{3}\, U}{x_d'' + x_2} \quad [\text{p.u.}],$$

und damit lautet die Gleichung für das bezogene Stoßmoment:

$$\frac{m_{pII}}{M_N} = \frac{2 U^2}{(x_d'' + x_2)} \left(\sin\omega_n t - \frac{1}{2}\sin 2\omega_n t\right) = m_{pII} \quad [\text{p.u.}]. \qquad (46)$$

Durch Differenzieren und Nullsetzen des Klammerausdruckes erhält man das Maximum für $\omega t = 2\pi/3$. Der Klammerausdruck wird damit $\frac{3}{4}\sqrt{3}$, und das maximale Moment lautet [m_E = elektrisches Drehmoment; vgl. Anhang, Gln. (A 151) und (A 152)]:

$$m_{E\max} = m_{pII\max} = \frac{3}{4}\sqrt{3}\,\frac{2 U^2}{(x_d'' + x_2)} = \frac{3}{2}\,\frac{\sqrt{3}\, U^2}{(x_d'' + x_2)} \quad [\text{p.u.}]. \qquad (47\text{a})$$

Durch Einführung des Stoßkurzschlußstromes in Gl. (47a), wobei derselbe angesetzt wird (ohne Dämpfung):

$$\hat{i}_{pII} = 2\sqrt{2}\,\frac{\sqrt{3}\, U}{x_d'' + x_2} \quad [\text{p.u.}],$$

wird

$$m_{pII\max} = \frac{3}{4}\,\frac{\hat{i}_{pII} U}{\sqrt{2}} \quad [\text{p.u.}]. \qquad (48)$$

In der Gl. (47a) kann man statt $(x_d'' + x_2)/\sqrt{3}$ zur Vereinfachung auch x_d'' einsetzen und in Gl. (48) statt mit $\hat{i}_{pII}$ mit $\hat{i}_{pIII}$ rechnen. Damit erhält man eine geringe zusätzliche Sicherheit, und das Rechnen wird einfacher. Die Gl. (47) lautet dann:

$$m_{pII\max} = \frac{3}{2}\,\frac{U^2}{x_d''} \quad [\text{p.u.}]. \qquad (47\text{b})$$

Aus Gl. (45) ersieht man, daß das Stoßmoment (Stoßleistung) sich aus einer vom Gleichstromglied des Stoßkurzschlußstromes hervorgerufenen Schwingung einfacher und einer vom Wechselstromglied des Stoßkurzschlußstromes hervorgerufenen Schwingung doppelter Frequenz zusammensetzt. Die Schwingung des Wechselstromgliedes hat dabei nur die halbe Amplitude der Schwingung des Gleichstromgliedes (Abb. 22). Wie bereits weiter oben erwähnt, erhält man das erste Maximum bereits nach $\frac{2}{3}$ Halbwellen, während der Stoßstrom erst nach einer Halbwelle sein Maximum erreicht.

Beim *dreipoligen Kurzschluß* heben sich die doppelfrequenten Schwingungen im Stoßmoment (Stoßleistung), die ja durch das Wechselstromglied des Stoßkurzschlußstromes entstehen, in den 3 Strängen auf, und das Stoßmoment wird dann

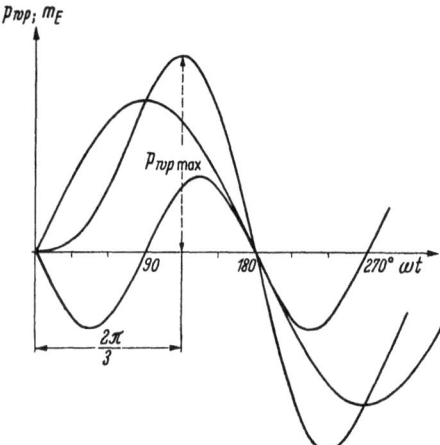

Abb. 22. Drehmomentverlauf beim zweipoligen Stoßkurzschluß für den Fall $x_d'' \approx x_q''$

$$m_{p\,\text{III max}} = \frac{U^2}{x_d''}$$
$$= \frac{1}{2} \cdot \frac{\hat{i}_p U}{\sqrt{2}} \quad [\text{p.u.}], \quad (49)$$

d. h., es beträgt nur etwa $\frac{2}{3}$ desjenigen beim zweipoligen Kurzschluß [vgl. Anhang, Gl. (A 92)].

Die Gln. (47) bis (49) ergeben die Stoßmomente ohne Berücksichtigung der Dämpfung. Die Momente treten zwischen Ständer und Läufer „im Luftspalt" der Maschine auf. Sie werden bei Belastung noch etwas höher (E_o'' statt U als Näherung) und erhöhen sich außerdem geringfügig durch die bremsend wirkenden Verlustmomente ($i^2 r$). Andererseits ist der Ständer aber nicht vollkommen starr, und die Stoßmomente sind in Wirklichkeit gedämpft, so daß die resultierende Fundamentbeanspruchung kleiner wird, als es die berechneten Drehmomente besagen. Benutzt man nun die nach obigen Formeln errechneten Werte, so hat man immer eine gewisse Sicherheit eingeschlossen. Für die Fundamentberechnung sollte der Bauingenieur dennoch auf diese Stoßmomente einen Sicherheitszuschlag machen, der in der Größenordnung von 60···100% liegen dürfte.

Für die praktische Berechnung der Stoßmomente in mkp nach den Formeln (47) und (49) wird das Nennmoment wie folgt angesetzt:

$$M_N [\text{mkp}] = 974 \frac{P_{sN}\,[\text{kVA}]}{n_N\,[\text{U/min}]}. \quad (50)$$

Für die *Einphasenmaschine* ergibt sich nach ähnlichen Überlegungen das maximale Kurzschlußmoment zu:

$$m_{p\,\text{max}} = 2{,}6 \frac{U^2}{x_{de}''} \quad [\text{p.u.}] \quad (51\,\text{a})$$

oder
$$m_{p\,\mathrm{max}} = 1{,}3\,\frac{\hat{i}_{pe}U}{\sqrt{2}} \quad [\mathrm{p.u.}] \tag{51b}$$
mit
$$x''_{de} = \frac{x''_d + x_2}{\sqrt{3}} \quad \text{und} \quad \hat{i}_{pe} \approx 2\sqrt{2}\,\frac{\sqrt{3}\,U}{x''_d + x_2},$$

wenn x_2 und x''_d wie bei einer Drehstrommaschine gleichen Nennstromes und gleicher verketteter Spannung berechnet werden.

Nachdem immer große Sicherheitszuschläge für die Fundamentberechnung gemacht werden, kann man i_p ruhig auch mit Dämpfung ansetzen, was dann eine Verkleinerung des Stoßmomentes gegenüber dem Ergebnis nach Gl. (48) bzw. (51) um den Faktor 1,8/2,0 bedeutet.

Der Vollständigkeit halber sei hier nur noch erwähnt, daß für die Wellennachrechnung der ungedämpfte Wert anzusetzen ist, weil das maximale Stoßmoment schon vor dem Maximum des Stoßstromes auftritt, weil weiter die „Federwirkung" des Gehäuses an der Welle nicht wirksam ist und schließlich weil eigentlich auch die Bremswirkung der Verluste und die Vorlast berücksichtigt werden müßten.[1]

Ähnliche Beanspruchungen wie beim Kurzschluß treten bei der *Fehlsynchronisation*, beim *Einschalten der stillstehenden und unerregten Maschine* und beim *Grobsynchronisieren* auf. Beim Grobsynchronisieren, d. h. beim Schalten der mit geringem Schlupf laufenden, unerregten Synchronmaschine auf das Netz, und auch beim Einschalten der stillstehenden, unerregten Maschine (Anlauf von Motoren) entstehen Ausgleichsvorgänge, die strommäßig dem dreipoligen Kurzschluß entsprechen, bezüglich der Drehmomentbeanspruchung jedoch weit geringer sind als bei diesem. Bei der Fehlsynchronisation hingegen können sowohl

---

[1] Für Turbogenerator- und Turbokompressoraggregate ist außer dem Maximalwert des Kurzschlußdrehmomentes auch der Drehmomentverlauf für die Schwingungsnachrechnung des Wellenstranges wichtig, wobei für Vollpolmaschinen mit Massivläufern das Verlustdrehmoment nicht mehr vernachlässigt werden darf. Man erhält nach Concordia [A 5] für den Drehmomentverlauf der subtransient symmetrischen Maschine nach einigen Umformungen (vgl. Hinweis im Anhang 4.13):

$$m_{p\,\mathrm{II}} \approx \frac{2}{\sqrt{3}}\,U\left[(I''_{k\,\mathrm{II}} - I'_{k\,\mathrm{II}})\,e^{-t/T''_{d\,\mathrm{II}}} + (I'_{k\,\mathrm{II}} - I_{k\,\mathrm{II}})\,e^{-t/T'_{d\,\mathrm{II}}} + I_{k\,\mathrm{II}}\right] \times$$
$$\times\,e^{-t/T_{a\,\mathrm{II}}}\sin\omega_n t - \frac{2}{3}\,x_2 \times$$
$$\times\left[(I''_{k\,\mathrm{II}} - I'_{k\,\mathrm{II}})\,e^{-t/T''_{d\,\mathrm{II}}} + (I'_{k\,\mathrm{II}} - I_{k\,\mathrm{II}})\,e^{-t/T'_{d\,\mathrm{II}}} + I_{k\,\mathrm{II}}\right]^2 \sin 2\omega_n t + K\,U\,I''_{k\,\mathrm{II}}\,e^{-t/T'_d},$$

wobei $K \approx 0{,}1$ für Schenkelpolmaschinen und $K \approx 0{,}2$ bis $0{,}4$ für Turbogeneratoren mit Massivläufern (ohne Dämpferwicklung höhere Werte) ist.

Für $I''_{k\,\mathrm{II}} \div I_{k\,\mathrm{II}}$ gelten die Gln. (39) und für die Zeitkonstanten die Gleichungen des Anhanges (A 136) bis (A 139).

strommäßig als auch drehmomentmäßig wesentlich höhere und damit möglicherweise zerstörend wirkende Kräfte auftreten. Für die strommäßige Beanspruchung ist dabei der Betrag der Differenzspannung zwischen Netzspannung und Maschinenspannung maßgebend, womit bei Phasenopposition und Nennklemmenspannung der Maximalwert des Stoßstromes mit der doppelten Nennspannung als treibende Spannung entsteht. Das Drehmoment erreicht seinen Maximalwert jedoch schon bei einem Phasenverschiebungswinkel zwischen Netzspannung und Maschinenspannung von 120° el und ist bei dem strommäßig noch zulässigen Winkel von 60° el (Differenzspannung gleich Nennspannung) bei dreiphasiger Fehlsynchronisation schon höher als beim dreipoligen Kurzschluß. Bei zweisträngig-einphasiger Fehlsynchronisation liegen die Drehmomentmaximalwerte noch etwas höher als bei der dreiphasigen. Bei der Fehlsynchronisation können im ungünstigsten Fall Drehmomentspitzen auftreten, deren Maximalwerte etwa dem dreifachen dreipoligen Kurzschlußdrehmoment entsprechen. Eine Fehlsynchronisation kann also sowohl für die Maschine selbst als auch für das Fundament sehr gefährlich sein. Dies ist besonders bei dem Versuch der Schnellumschaltung von Synchronmotoren zu beachten, da jede Schnellumschaltung eine Fehlsynchronisation beinhaltet, wobei infolge der Vorbelastung die Zerstörungsgefahr noch vergrößert wird.

2.42 Zeigerdiagramm der Synchronmaschine bei plötzlichen Laständerungen[1]

Wie wir bereits für den extremen Fall des Klemmenkurzschlusses sahen, kann sich das mit den Ständer- und Läuferkreisen verkettete Hauptfeld nicht plötzlich ändern (Abschn. 2.41.23), und unter Vernachlässigung der Dämpfung müßte es sogar dauernd konstant bleiben. In Wirklichkeit klingt bei Laststößen nun natürlich auch das Hauptfeld ab. Der subtransiente Ausgleichsvorgang spielt sich dabei in der äußerst kurzen Zeit von einigen Hundertstel bis etwa eine Zehntelsekunde (T''_{dL} = Subtransient-Lastzeitkonstante) einerseits zwischen Ständer- und Dämpferwicklung und andererseits zwischen Erreger- und Dämpferwicklung ab, wobei die gegenüber der Erregerwicklung „schwache" Dämpferwicklung fast den gesamten Strombelag an die Erregerwicklung abgibt. Die Maschine geht also bereits nach einigen Hundertstelsekunden in den „transienten" Belastungszustand über. Der weitere Ausgleichsvorgang (transienter Ausgleichsvorgang) spielt sich dann mit der wesentlich größeren Zeitkonstante T'_{dL} (einige Zehntelsekunden bis Sekunden)

---

[1] Der Index „o" kennzeichnet in diesem Abschnitt außer in T'_{do} (Leerlaufzeitkonstante) den stationären Ausgangszustand.

Zeigerdiagramm der Synchronmaschine bei plötzlichen Laständerungen

ab, um dann in den stationären Zustand überzugehen. T'_{dL} bedeutet dabei die Transient-Lastzeitkonstante. Diese ergibt sich:

a) Für Maschinen *am starren Netz*, das für rasche Feldänderungen (z. B. Stoßerregung) einen Kurzschluß bedeutet (x_v = Reaktanz zwischen Generator und Netz, bei nicht starrem Netz einschließlich Kurzschlußreaktanz des Netzes), zu:

$$T'_{dL} = T'_{do}\left(\frac{x'_d + x_v}{x_d + x_v}\right).$$ (52a)

b) Für Maschinen im *Alleinbetrieb* bei Belastung auf die Impedanz $Z_B = R_B + j\,x_B$ (Herleitung aus Abb. 23) zu:

$$T'_{dL} = T'_{do}\frac{E_{do}}{E'} = T'_{do}\frac{R_B^2 + (x_B + x_q)(x_B + x'_d)}{R_B^2 + (x_B + x_q)(x_B + x_d)}.$$ (52b)

Bemerkung zu Gl. (52b):

Im untererregten Betriebsbereich ($x_B = -x_C$) ergibt die Gl. (52b) zu hohe Werte für T'_{dL}. Praktische Versuche haben gezeigt, daß T'_{dL} bei reiner Blindlast nur bis maximal $(4\cdots 5)\,T'_{do}$ ansteigt.[1] Der Grund dafür liegt in der Feldverzerrung im untererregten Betrieb.

Gl. (52b) gilt mit $R_B = r_a + r_v$ und $x_B = x_v$ auch am starren Netz, wenn der Ankerwiderstand nicht vernachlässigbar und ein Vorwiderstand r_v vorhanden ist.

Für die Betrachtung der Vorgänge bei plötzlichen Laständerungen (außer Klemmenkurzschluß) ist also der transiente Belastungszustand ausschlaggebend, da die subtransienten Vorgänge sehr rasch abklingen. Das anfänglich konstante Hauptfeld in der Längsrichtung wird dabei durch den Zeiger der Hauptfeldspannung (E'_{do}) dargestellt (Abb. 23; Herleitung in Abschn. 2.41.23).

Der transiente Belastungszustand wird damit allein durch die Belastungsimpedanz und die Transientlängsreaktanz x'_d bestimmt (vgl. 2.4). Aus dem Zeigerdiagramm des Vorbelastungszustandes (Abb. 23) ergibt sich:

$$E'_{do} = (E_o - U_o\cos\vartheta_o)\frac{x'_d}{x_d} + U_o\cos\vartheta_o = E_o\frac{x'_d}{x_d} + U_o\frac{x_d - x'_d}{x_d}\cos\vartheta_o.$$ (53)

Bei einem *Wirklaststoß* steigt dann für konstant bleibende Hauptfeldspannung E'_{do} und Klemmenspannung U_o (Maschine direkt am starren Netz, Abb. 24) die (transiente) Polradspannung mit zunehmendem Polradwinkel an. Sie ergibt sich gemäß Gl. (53) zu:

$$E = E' = (E'_{do} - U_o\cos\vartheta)\frac{x_d}{x'_d} + U_o\cos\vartheta = E'_{do}\frac{x_d}{x'_d} - U_o\frac{x_d - x'_d}{x'_d}\cos\vartheta.$$ (54a)

---

[1] Im Bereich $x_d > x_C > x'_d$ wird T'_{dL} für $R_B = 0$ negativ, es herrscht also Selbsterregung.

64   2. Elektrisches Verhalten von Synchronmaschinen

Den Verlauf der „transienten" Polradspannung für verschiedene Polradwinkel kann man leicht graphisch ermitteln (Abb. 24). Hierzu schlägt

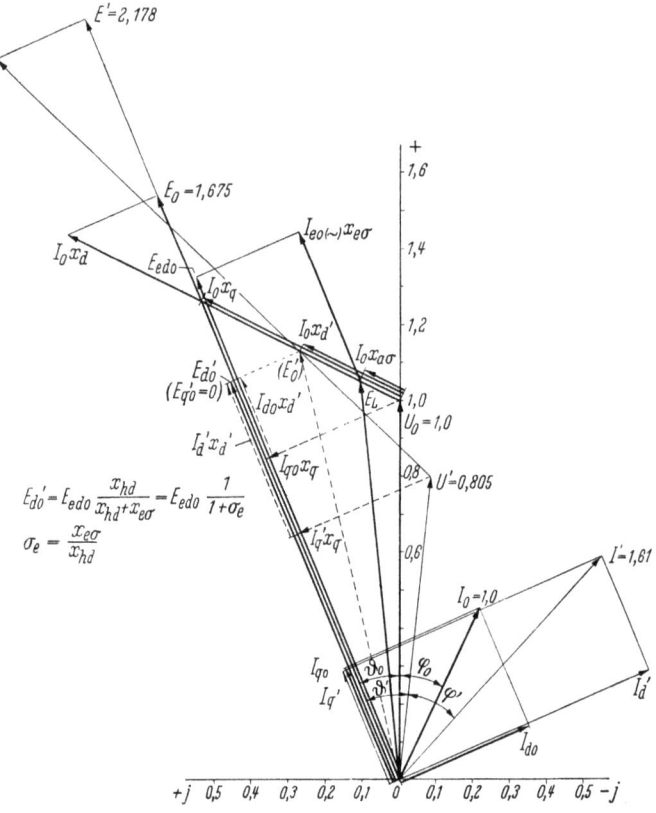

Abb. 23. Zeigerdiagramm der Synchronmaschine mit ausgeprägten Polen bei plötzlichen Laständerungen im Alleinbetrieb

$x_d = 1{,}0;\quad x_q = x_q' = 0{,}6;\quad x_d' = 0{,}3;\quad x_{a\sigma} = 0{,}12;\quad x_{e\sigma} = 0{,}226$

Vorbelastung: $U_o = 1;\quad I_o = 0{,}9 - j \cdot 0{,}436;\quad z_o = 0{,}9 + j \cdot 0{,}436$

Laständerung auf $z = R_B + j\, x_B = 0{,}4 + j \cdot 0{,}3$ ergibt mit $E'_{do} = $ const:

$$I' = E'_{do}\,\frac{\sqrt{R_B^2 + (x_q + x_B)^2}}{R_B^2 + (x_q + x_B)(x_d' + x_B)} = 1{,}61;$$

$$\tan(\vartheta' + \varphi') = \frac{x_q + x_B}{R_B} = 2{,}26$$

$$\tan\varphi' = \frac{x_B}{R_B} = 0{,}75 \quad \text{und} \quad U' = I'\sqrt{R_B^2 + x_B^2} = 0{,}805$$

man mit dem Durchmesser $U_o\,\dfrac{x_d - x_d'}{x_d'}$ einen Halbkreis unterhalb des Nullpunktes über der Ordinate (reelle Achse), zeichnet das Zeigerdiagramm für den stationären Fall auf (Index „o") und verlängert

Zeigerdiagramm der Synchronmaschine bei plötzlichen Laständerungen 65

die Polradspannung bis zum Schnittpunkt mit dem neuen Halbkreisbogen (Punkt b in Abb. 24). Die Gesamtstrecke $\overline{a\,b}$ muß nun konstant gehalten werden. Damit erhält man die dynamische Kennlinie der Polradspannung, d. h. die Ortskurve für die „transiente" Polradspannung.

Wir verfahren nun weiter analog zum stationären Zustand (Abb. 4) und dividieren auch hier alle Größen des Spannungsdiagramms durch x_d. Damit erhalten wir das Stromdiagramm, das für $U = 1$ dem Leistungs-

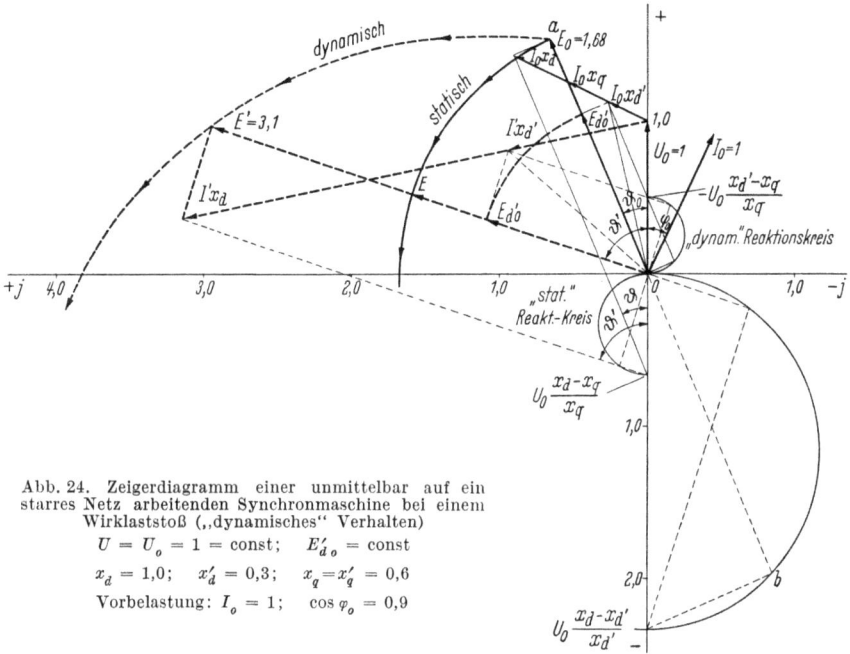

Abb. 24. Zeigerdiagramm einer unmittelbar auf ein starres Netz arbeitenden Synchronmaschine bei einem Wirklaststoß („dynamisches" Verhalten)
$U = U_o = 1 = \text{const}$; $\quad E'_{d\,o} = \text{const}$
$x_d = 1{,}0$; $\quad x'_d = 0{,}3$; $\quad x_q = x'_q = 0{,}6$
Vorbelastung: $I_o = 1$; $\quad \cos \varphi_o = 0{,}9$

diagramm entspricht (Abb. 25a). Aus Abb. 25a erkennt man, daß sich daraus die sogenannte „dynamische" Wirkleistung ($E'_{d\,o} = \text{const}$), die ja hier für das Kippen maßgebend ist, in ähnlicher Weise ablesen läßt wie die statische aus Abb. 6, nur daß statt E nun E' anzusetzen ist. Sie lautet somit [Gl. (8d)]:

$$P'_w = \frac{E'\,U_o}{x_d} \sin\vartheta + \frac{U_o^2}{2} \frac{x_d - x_q}{x_d\,x_q} \sin 2\vartheta. \tag{55a}$$

Setzt man statt E' die für die plötzliche Änderung konstant bleibende Hauptfeldspannung $E'_{d\,o}$ an [aus Gl. (54a)], so wird

$$P'_w = \frac{E'_{d\,o}\,U_o}{x'_d} \sin\vartheta + \frac{U_o^2}{2} \frac{x'_d - x_q}{x'_d\,x_q} \sin 2\vartheta. \tag{55b}$$

Durch Vergleich der Gl. (55b) mit Gl. (8d) erkennt man sofort eine neue und einfachere Konstruktionsmöglichkeit für die „dynamische"

Bonfert, Synchronmaschine 5

Wirkleistung: Anstelle der konstanten Erregung (E/x_d) der Gl. (8d) tritt hier, wie Gl. (55b) zeigt, das konstante Hauptfeld in der Längsachse (E'_{do}/x'_d). Der Reaktionskreisdurchmesser war im stationären Betrieb

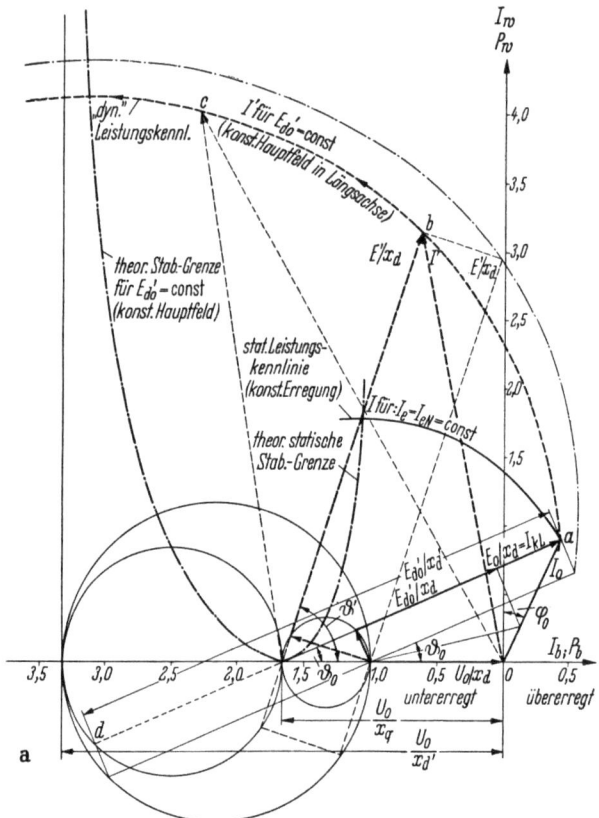

Abb. 25a. Strom- und Leistungsdiagramm einer unmittelbar auf ein starres Netz arbeitenden Synchronmaschine für konstantes Hauptfeld bei einem Wirklaststoß

$U = U_o = 1 = $ const; $E'_{do} = $ const
$x_d = 1,0; \quad x'_d = 0,3; \quad x_q = x'_q = 0,6$
Vorbelastung: $I_o = 1; \quad \cos \varphi_o = 0,9$

$U_o \dfrac{x_d - x_q}{x_d x_q}$. Von ihm aus war die konstante Erregung abzutragen, wobei die Strahlen durch den Punkt U/x_q gingen. Hier lautet nun der Reaktionskreisdurchmesser $U_o \dfrac{x'_d - x_q}{x'_d x_q}$, und die Strahlen sind wieder durch den Punkt U_o/x_q zu ziehen. Der äußere Grenzpunkt des Kreises auf der Abszisse ist U_o/x'_d. Damit kann das „dynamische" Leistungsdiagramm sehr schnell aufgezeichnet werden. Wir haben diese Kon-

Zeigerdiagramm der Synchronmaschine bei plötzlichen Laständerungen 67

struktion in Abb. 25a auch aufgeführt und auch ihre Herleitung aus dem Spannungsdiagramm der Abb. 24 graphisch dargestellt.

Alle diese Konstruktionen sind aber noch verhältnismäßig kompliziert, weil sie immer aus dem „statischen" Lastfall hergeleitet werden.

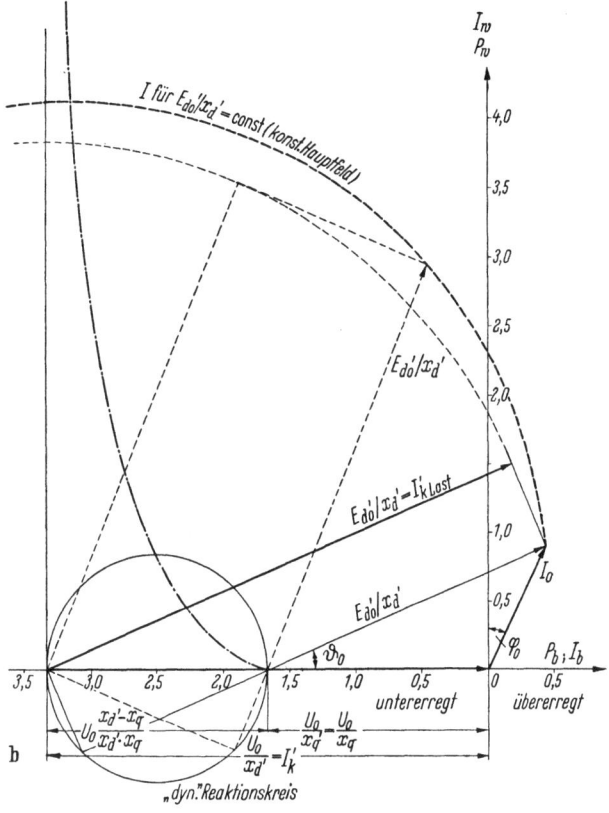

Abb. 25b. Strom- und Leistungsdiagramm einer unmittelbar auf ein starres Netz arbeitenden Synchronmaschine für konstantes Hauptfeld bei einem Wirklaststoß. — Vereinfachte Konstruktion
$U = U_o = 1 = $ const; $E'_{d_o} = $ const
$x_d = 1{,}0$; $x'_d = 0{,}3$; $x_q = x'_q = 0{,}6$
Vorbelastung: $I_o = 1$; $\cos \varphi_o = 0{,}9$

Viel einfacher wird die Betrachtung, wenn wir nicht von den Gleichungen oder dem Leistungsdiagramm für konstante Erregung ausgehen, sondern wenn wir einfach folgende Zusammenhänge beachten und danach konstruieren (Abb. 25b):

Bei dem „dynamischen" Vorgang tritt anstelle der konstanten Polradspannung E_o die konstant zu haltende Hauptfeldspannung E'_{d_o}. Die dabei maßgebende Reaktanz ist die Transientreaktanz x'_d, die an die

5*

68   2. Elektrisches Verhalten von Synchronmaschinen

Stelle der Synchronreaktanz x_d tritt. Der Reaktionskreisdurchmesser wird, analog zum statischen Fall durch den Unterschied von x_d' und $x_q' = x_q$ festgelegt (vgl.: ,,dynamischer" Reaktionskreis in Abb. 24). Wir entnehmen nun also dem Diagramm der Abb. 24 einfach das Spannungszeigerdiagramm mit den ,,dynamischen" Größen und dividieren alle Spannungen durch x_d', genau wie wir es für den stationären Betrieb

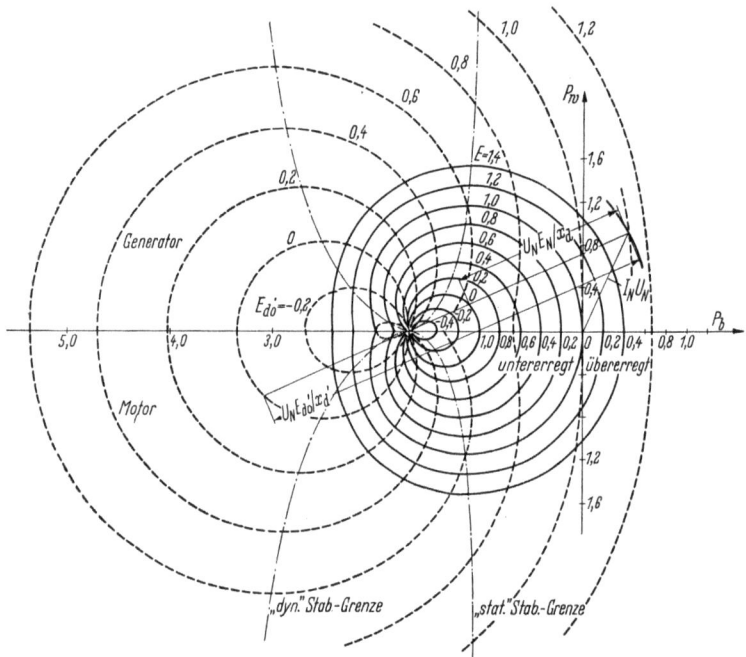

Abb. 26. Leistungsdiagramm für konstante Erregung und konstantes Hauptfeld einer unmittelbar auf ein starres Netz arbeitenden Synchronmaschine
$U = U_N = 1;\quad x_d = 1,0;\quad x_d' = 0,3;\quad x_q = x_q' = 0,6$
——— konstante Erregung bei Schenkelpolmaschinen (bei Vollpolmaschinen: Kreise)
– – – konstantes Hauptfeld bei Schenkelpolmaschinen (gilt angenähert auch für Vollpolmaschinen, vgl. Abschn. 9)

durch x_d taten. Damit erhalten wir das in Abb. 25b dargestellte Diagramm, dessen Ergebnis sich genau mit dem der Abb. 25a deckt. Die Konstruktion ist nun viel einfacher, dafür allerdings für die theoretische Betrachtung nicht ganz so übersichtlich. Die Stabilitätsgrenze ergibt sich nach der bereits früher angegebenen Konstruktion wieder in der gleichen einfachen Weise (Abb. 7). Aus den Abb. 25a und 25b erkennt man, daß für einen bestimmten Polradwinkel $\vartheta > \vartheta_N$ die ,,dynamische" Wirkleistung wesentlich größer ist als die ,,statische" und daß die Maschine im ,,dynamischen" Zustand auch bei einem größeren Polradwinkel als 90° el noch stabil bleibt (Stabilitätsgrenze), wobei die Kippleistung erheblich größer wird als im „statischen" Zustand.

In Abb. 26 haben wir die Ergebnisse der Abb. 6 und 25b noch mal in einem vollständigen Leistungsdiagramm für die Schenkelpolmaschine direkt am *starren Netz* ($U = U_N = 1$) unter Vernachlässigung der Sättigung und des Ständerwiderstandes aufgetragen. Es enthält den

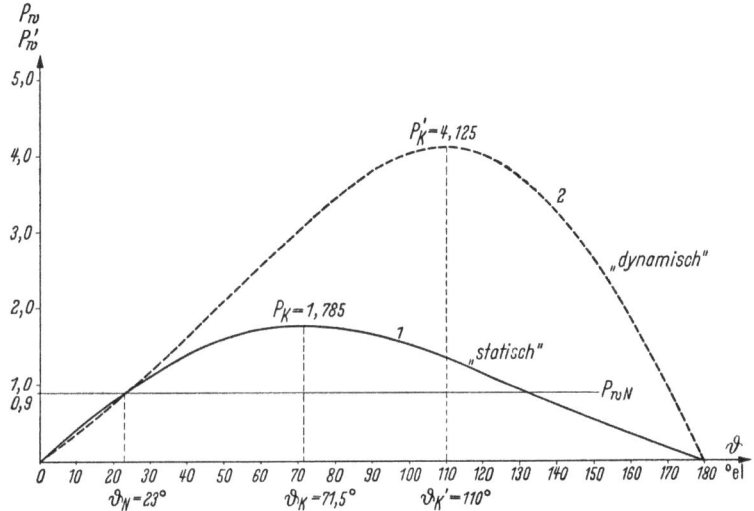

Abb. 27. Abhängigkeit der Wirkleistung bei konstanter Erregung (P_w) und bei konstantem Hauptfeld (P'_w) vom Polradwinkel ϑ

$U = U_N = 1 = \text{const}$; $x_d = 1,0$; $x'_d = 0,3$; $x_q = 0,6$

Vorbelastung: $I = I_N = 1$; $\cos \varphi_N = 0,9$

1 ——— konstante Erregung bei Schenkelpolmaschinen (bei Vollpolmaschinen: Sinuskurve)
2 – – – konstantes Hauptfeld bei Schenkelpolmaschinen (gilt angenähert auch für Vollpolmaschinen, vgl. Abschn. 9)

Generator- und Motorbereich für den „statischen" und „dynamischen" Fall. In Abb. 27 wurde schließlich die „statische" ($E/x_d = \text{const}$) und die „dynamische" Wirkleistung ($E'_{d0}/x'_d = \text{const}$) unter gleichen Voraussetzungen über dem Polradwinkel dargestellt. Die aus beiden Diagrammen ersichtlichen (extremen) „transienten" Verhältnisse gelten natürlich nur, wenn beim Vorschwingen der Maschine die Hauptfeldspannung E'_{d0} konstant bleibt. In Wirklichkeit wird nicht der volle Wert erreicht, denn die Maschine braucht eine gewisse Zeit, um auf den größeren Polradwinkel überzugehen, und während dieser Zeit bricht das Hauptfeld in der Längsachse um einen bestimmten Betrag ein (nach jeweiliger Lastzeitkonstante T'_{dL}). Die nach obigen Verfahren ermittelten Werte sind aber auf alle Fälle ein Maß für die Beurteilung einer Maschine in bezug auf ihr elektrodynamisches Verhalten beim Vergleich mit anderen Maschinen.

Man kann natürlich die Eigenkompoundierung (Anstieg der Erregung bei plötzlichem Laststoß, d. h., *Nutzfluß* bleibt konstant) der Maschine bei Laststößen noch unterstützen, indem man eine rasch ansprechende Erregeranordnung (z. B. direkte Gleichrichtererregung) oder eine stromabhängige Stoßerregerschaltung verwendet, die die Hauptfeldspannung E'_{do} weitgehend konstant halten kann (vgl. Abschn. 10).

Bisher haben wir Wirklaststöße im Netzbetrieb behandelt und die Spannung $U = U_o = 1 = $ const angenommen. Bei plötzlicher Spannungsabsenkung infolge von *Blindlaststößen* (Fern- oder Nahkurzschluß) tritt nun dadurch, daß die Hauptfeldspannung im ersten Augenblick konstant bleibt, ebenfalls eine für die Spannungshaltung und die Stabilität wirksame Eigenkompoundierung ein, ähnlich wie es aus Abb. 23 zu ersehen ist (E springt auf E', wenn I auf I' geändert wird).

Für diesen Fall („Kurzschluß" eines Teiles der Klemmenspannung) errechnet sich die „transiente" Polradspannung wie für den Alleinbetrieb aus Abb. 23 zu:

$$E' = (E'_{do} - U' \cos \vartheta') \frac{x_d}{x'_d} + U' \cos \vartheta'$$

$$= E_o + U_o \frac{x_d - x'_d}{x'_d} \cos \vartheta_o - U' \cos \vartheta' \frac{x_d - x'_d}{x'_d}, \qquad (54\,\mathrm{b})$$

und es gilt als Lastzeitkonstante die Zeitkonstante nach Gl. (52a) bzw. (52b) je nach Stoßimpedanz und Restkopplung zum Netz.

2.43 Die synchronisierende Leistung[1]

In der Abb. 27 haben wir die „statische" und „dynamische" Wirkleistung in Abhängigkeit vom Polradwinkel aufgezeichnet. Die entsprechenden Gleichungen sind die Gln. (8d) und (55b). Für kleine Auslenkungen aus der Gleichgewichtslage ($P_\mathrm{Antr} = P_w = 0{,}9$) kann man nun die Kurven durch ihre Tangenten beim Polradwinkel ϑ_N annähern. Unter dieser Voraussetzung kann man die sich ergebende Wirkleistungsänderung bei einer kleinen Auslenkung $\varDelta \vartheta$ aus der Gleichgewichtslage anschreiben:

$$\varDelta P_w = \left(\frac{dP_w}{d\vartheta}\right)_{\vartheta_N} \varDelta \vartheta = P_{ws} \varDelta \vartheta.$$

P_{ws} bezeichnet man als die „synchronisierende Leistung" und das entsprechende Moment ($M_s = P_{ws}$ [p. u.]) als „synchronisierendes Moment".

---

[1] Es gilt die Fußnote 1 von Abschn. 2.42, S. 62.

a) *„Statische" synchronisierende Leistung.* Unter der Annahme, daß die Winkeländerung (Auslenkung), d. h. der Übergang in einen neuen Belastungszustand, sehr langsam erfolgt und die Erregung E dabei konstant bleibt (die Kurven in Abb. 27 gelten für Nennerregung $E = E_N$), kann die synchronisierende Leistung aus Gl. (8d) abgeleitet werden. Die Gl. (8d) lautete:

$$P_w = \frac{E_o U_o}{x_d} \sin\vartheta + \frac{U_o^2}{2} \frac{x_d - x_q}{x_d x_q} \sin 2\vartheta.$$

Die synchronisierende Leistung wird damit:

$$P_{ws} = \frac{dP_w}{d\vartheta} = \frac{E_o U_o}{x_d} \cos\vartheta + U_o^2 \frac{x_d - x_q}{x_d x_q} \cos 2\vartheta. \quad (56\,\text{a})$$

Für Generatoren mit Vollpolrotoren (Turbogeneratoren) ergibt sich entsprechend:

$$P_{ws} = \frac{E_o U_o}{x_d} \cos\vartheta. \quad (56\,\text{b})$$

Für rasche Laständerungen, wie sie z. B. bei Betrachtungen zu der „dynamischen Stabilität" von Bedeutung sind, werden die synchronisierenden Momente (Leistungen) jedoch größer:

b) *„Dynamische" synchronisierende Leistung.* In Analogie zum statischen Fall erhalten wir die „dynamische" synchronisierende Leistung aus Gl. (55b) (Dämpferwicklung vernachlässigt)

$$P'_w = \frac{E'_{do} U_o}{x'_d} \sin\vartheta + \frac{U_o^2}{2} \frac{x'_d - x_q}{x'_d x_q} \sin 2\vartheta$$

zu:

$$P'_{ws} = \frac{dP'_w}{d\vartheta} = \frac{E'_{do} U_o}{x'_d} \cos\vartheta + U_o^2 \frac{x'_d - x_q}{x'_d x_q} \cos 2\vartheta. \quad (57\,\text{a})$$

Führt man statt E'_{do} in Gl. (57a) die Erregung E_o [Gl. (53)] ein, so lautet die Gleichung:

$$P'_{ws} = \frac{E_o U_o}{x_d} \cos\vartheta + U_o^2 \frac{x_d - x'_d}{x_d x'_d} \cos\vartheta_o \cos\vartheta + U_o^2 \frac{x'_d - x_q}{x'_d x_q} \cos 2\vartheta; \quad (57\,\text{b})$$

für ϑ_N gilt: $\vartheta = \vartheta_o = \vartheta_N$.

Die Gln. (57a) und (57b) gelten natürlich nur für kleine Änderungen in der Nähe des Synchronismus als gute Näherung.

Für Pendelungen, wie sie z. B. bei Generatoren mit ungenügender Dämpfung und schwachem Netzanschluß (selbsterregte Schwingungen) entstehen, und für Pendelungen, die durch Störungen der Stabilität der Turbinenregulierung oder durch ungleichförmiges Antriebsmoment (Dieselmotoren usw.) angeregt werden (erzwungene Schwingungen), sind die Vorgänge in der Maschine komplizierter, und man kann exakt nicht einfach mit der „dynamischen" synchronisierenden Leistung rechnen, ohne die Dämpferwicklung zu berücksichtigen (vgl. Anhang 7). Für die

Bestimmung der Stromschwankung kann man für solche Fälle als Näherung eine während der Vorgänge „konstante innere Flußverkettung" und eine entsprechende Reaktanz definieren, wobei die letztere sich aus den exakten Ausdrücken für die Größe der Stromschwankungen beim Pendeln bestimmen läßt. Diese Reaktanz ist in der Literatur unter der Bezeichnung „Pendelreaktanz" zu finden. Sie ist außer von der Belastung auch von der Pendelfrequenz abhängig [52].

3. Konstanten und Reaktanzen der Synchronmaschine[1]

In Abschn. 2 haben wir allgemein das elektrische Verhalten der Synchronmaschine im stationären Betrieb und bei plötzlichen Laständerungen diskutiert. Wir haben dabei festgestellt, daß das Verhalten von der Größe, d. h. dem Betrag, der Reaktanzen abhängt. Außer den Reaktanzen sind für das Verhalten der Maschine im Parallel- und Verbundbetrieb noch weitere Größen, wie die Anlaufzeitkonstante und die Dämpfungskonstante (Schwungmoment und Dämpferwicklung), von Bedeutung. Alle diese Größen beeinflussen natürlich die Bemessung der Maschine. Im Gegensatz zu der Erwärmung, der Isolierung, der mechanischen und elektrischen Überlastbarkeit usw., die durch die Maschinennormen der einzelnen Länder (VDE, ASA, BSS, SEN usw.) festgelegt sind, gibt es für die Festlegung der Reaktanzen und der Anlaufzeitkonstante keine normenmäßigen Vorschriften. Ihre Beträge werden — z. B. im Fall der Wasserkraftanlage — vielmehr für jeden Generator oder jedes Kraftwerk speziell durch die hydraulischen Verhältnisse und das Netzverhalten bestimmt. Sie können dabei in verhältnismäßig weiten Grenzen schwanken und sind aus diesem Grunde von besonderer Bedeutung für die Wahl des Maschinenmodells.

Wir wollen nun auf die physikalische Bedeutung dieser Größen eingehen und auch ihre zweckmäßige Wahl besprechen. Auch in diesem Abschnitt werden wir alle Größen im p.u.-System angeben. Behandelt werden grundsätzlich Dreiphasen-Synchronmaschinen in Sternschaltung, soweit nicht ausdrücklich auf andere Maschinen hingewiesen wird.

3.1 Pysikalische Deutung der Reaktanzen und Konstanten

3.11 Die Ständerstreureaktanz $x_{a\sigma}$

Die Streureaktanz (Streublindwiderstand) der Ständerwicklung kann nicht direkt gemessen werden und ist eigentlich nur eine Größe, die den Rechner interessiert. Sie kommt aber bei der rechnerischen Zu-

---

[1] Lit.: [1, 5, 7, 12, 15, 18, 20, 21, 22, 27, 28, 29, 37, 42, 47, 50, 57].

sammensetzung der übrigen Reaktanzen immer wieder vor, und wir wollen hier deshalb kurz ihre physikalische Deutung bringen:

Die Ständerstreureaktanz setzt sich aus der Reaktanz (= Blindwiderstand) der Nutenstreuung und der Stirnstreuung der Ständerwicklung zusammen:

$$x_{a\sigma} = x_{Na\sigma} + x_{Sa\sigma} = (\xi_{Na} + \xi_{Sa})\frac{A_a}{B_1} = \xi_{a\sigma}\frac{A_a}{B_1}, \qquad (58)$$

$\xi_{a\sigma}$ liegt meist im engen Bereich von $2 \cdots 4$.

Dabei gilt der kleinere Wert für größere schnell laufende Maschinen. Der Ständerstrombelag A_a von Schenkelpolmaschinen liegt bei etwa 300 A/cm für kleinere Maschinenleistungen (ungefähr 200 kVA) und steigt bei großen Leistungen bis auf 650 A/cm und sogar darüber an. Für Turbogeneratoren liegen die entsprechenden Werte noch weit höher. Die Grundfeldinduktion B_1 bewegt sich in den Grenzen von etwa $8000 \cdots 10500$ Gauß.

Die Streureaktanz wird meist aus einem Streuversuch bei herausgenommenem Läufer ermittelt. Bei der Messung wird die Bohrungsstreuung mitgemessen, die nachträglich errechnet und abgezogen werden muß.[1] Die Gleichung für die Bohrungsstreuung lautet:

$$x_{B\sigma} = 1{,}76\,\xi_1\frac{A_a}{B_1}, \qquad (59)$$

wobei ξ_1 der Wicklungsfaktor der Ständerwicklung für die Grundwelle ist. Damit ergibt sich die Ständerstreureaktanz aus dem Meßwert zu:

$$x_{a\sigma} = x_{\sigma\,\text{gem}} - x_{B\sigma}.$$

3.12 Die Synchronreaktanzen x_d und x_q

Bei symmetrischer Belastung einer Drehstromsynchronmaschine entsteht ein Drehfeld, das mit der synchronen Drehzahl $n_s = 60 \cdot f/p$ rotiert ($p =$ Polpaarzahl, f [Hz] und n_s [U/min]). Bei ungestörtem Betrieb befindet sich das Polrad gegenüber dem Drehfeld in Ruhe, d. h., es läuft synchron mit ihm um, und in den Rotorwicklungen werden keine Ströme induziert. Die für diesen Betrieb maßgebenden Reaktanzen sind die Synchronreaktanzen (laut VDE 0530/3. 59, REM: Ankerreaktanzen) in der Längs- und Querachse (Synchronlängsreaktanz und Synchronquerreaktanz). Zur Erläuterung dieser Größen betrachten wir noch einmal die Abb. 2, in welcher der Einfachheit halber eine zwei-

---

[1] Dieses Verfahren ist ziemlich ungenau und ergibt zu hohe Ständerstreureaktanzen. Aus diesem Grunde ist es bei wenigpoligen Maschinen und besonders bei Turbogeneratoren, bei denen der Ständerstreureaktanzanteil an den Kurzschlußreaktanzen normalerweise hoch ist, zweckmäßig, die Ständerstreureaktanz aus einer Kurzschlußmessung mit eingebautem Läufer und mit Hilfe einer Probespule im Luftspalt zu ermitteln [46].

3. Konstanten und Reaktanzen der Synchronmaschine

polige Maschine dargestellt ist. Mit Θ wird der elektrische Winkel zwischen Polachse und der Achse des Stranges a bezeichnet. Der Polradwinkel ϑ hingegen ist der elektrische Winkel zwischen der Polachse bei Belastung und der Polachsenlage, die sich bei Leerlauf einstellen würde. Bei einer mehrpoligen Maschine sind die elektrischen Winkel gleich den räumlichen multipliziert mit der Polpaarzahl p (in Abb. 2 ist $p = 1$).

Speist man nun z. B. nur einen Strang (a) der Maschine mit Wechselstrom und mißt die Reaktanz an den Klemmen dieses Stranges für verschiedene Ruhestellungen (ϑ von $0 \cdots 180°$ el) des Rotors, wobei die Erregerwicklung offen sein soll — gemäß Abb. 2 wird eine Maschine *ohne* Dämpferwicklung vorausgesetzt —, so findet man, daß die Reaktanz ihren größten Wert x_d hat (Abb. 29a), wenn die Rotorlängsachse (d-Achse = direct axis = Längsachse) mit der Achse des Stranges a zusammenfällt, und ihren kleinsten Wert x_q (Abb. 29b), wenn die Achse der Pollücke (Querachse, q-Achse = quadrature axis) mit der Achse des Stranges a zusammenfällt (Abb. 28). Die obige Überlegung ist nur ein Gedankenexperiment, da in der Praxis immer dämpfende Kreise vorhanden sind (Konstruktionsteile), die das Meßergebnis verfälschen würden. Diese Fehlermöglichkeit scheidet jedoch aus, wenn man die Maschine mit sehr kleinem Schlupf antreibt und den Ständer an Teilspannung legt (alle 3 Stränge an $0,15 \cdots 0,2\, U_N$). Die Erregerwicklung bleibt dabei offen, und man oszillographiert die Ständerspannung, den Ständerstrom und die Erregerspannung. Im Zeitpunkt des Erregerspannungs-Nulldurchganges erhält man dann die Synchronlängsreaktanz

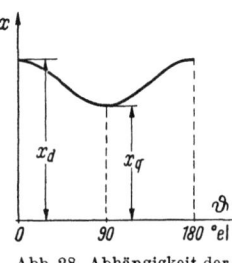

Abb. 28. Abhängigkeit der Synchronreaktanz von der Polradstellung

$$x_d = \left(\frac{U_{\text{Strang}}}{I}\right)_{u_e = 0} \text{ in } \Omega$$

und im Zeitpunkt der größten Erregerspannung die Synchronquerreaktanz

$$x_q = \left(\frac{U_{\text{Strang}}}{I}\right)_{u_e = u_{e\,\text{max}}} \text{ in } \Omega.$$

Durch Beziehen dieser Werte auf die Nennimpedanz $z_N = U_{N\,\text{Strang}}/I_N$ erhält man dann x_d und x_q in p.u. Beide Werte sind dabei schwach gesättigt. Der Unterschied zwischen den beiden Reaktanzen ist darauf zurückzuführen, daß in der Querstellung der effektive Luftspalt größer ist als in der Längsstellung. Die Flußwege laut Abb. 29a und 29b verdeutlichen dies (Flußwege der Ankerrückwirkung).

Rechnerisch setzen sich die Synchronreaktanzen der Schenkelpolmaschine aus der Reaktanz der Ankerrückwirkung x_h der Vollpolmaschine (Hauptfeldreaktanz) und der Ständerstreureaktanz $x_{a\sigma}$ zusammen, wobei die Schwächung des Ankerfeldes durch die Pollücken

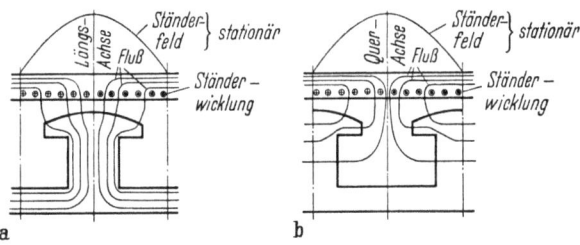

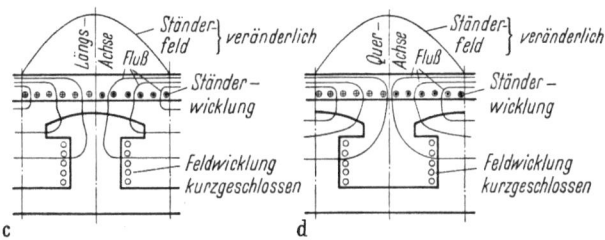

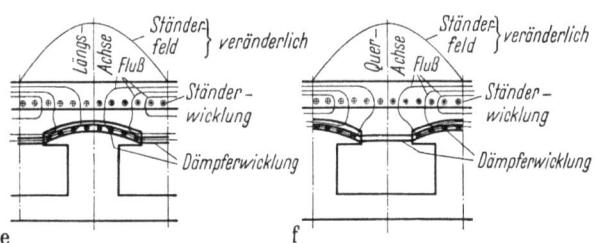

Abb. 29a—f. Den Reaktanzen zugeordnete Flußverteilung (Ankerrückwirkung) (entnommen [42])
a) Synchronlängsreaktanz; b) Synchronquerreaktanz; c) Transientlängsreaktanz; d) Transientquerreaktanz; e) Subtransientlängsreaktanz; f) Subtransientquerreaktanz

mit Hilfe der Faktoren C_d und C_q berücksichtigt wird (Vollpolmaschine: $C_d = 1 \approx C_q$).

$$x_d = x_h C_d + x_{a\sigma} = x_{hd} + x_{a\sigma},$$
$$x_q = x_h C_q + x_{a\sigma} = x_{hq} + x_{a\sigma}. \tag{60}$$

Die Minderungsfaktoren C_d und C_q sind von der Polschuhform abhängig und betragen bei normalen Polbedeckungsverhältnissen von Polschuhbreite zu Polteilung $b/\tau_p = 0{,}7 \cdots 0{,}75$ [*50*]:

für Rechteckfeldpole: $C_d \approx 0{,}95 \cdots 0{,}97$,
$C_q \approx 0{,}55 \cdots 0{,}63$,
für Sinusfeldpole: $C_d \approx 0{,}82 \cdots 0{,}83$,
$C_q \approx 0{,}38 \cdots 0{,}42$.

Damit wird $x_q = (0{,}5 \cdots 0{,}7) x_d$. [Normal meist nur $(0{,}56 \cdots 0{,}65) x_d$; x_d ungesättigt angesetzt.[1]]

Die Hauptfeldreaktanz x_h ist nun eine Funktion von Polteilung, Luftspalt, Ständerstrombelag und Luftspaltinduktion:

$$x_h = K \frac{\tau_p}{\delta} \frac{A_a}{B_1}. \qquad (61)$$

Durch Verkleinerung des Ständerstrombelages (größeres Maschinenmodell) oder Vergrößerung des Luftspaltes bzw. der Luftspaltinduktion (soweit dies überhaupt noch zulässig ist; Begrenzung durch Eisenverluste in Ständerzähnen und Erregung) kann also die Hauptfeldreaktanz und damit die Synchronreaktanz verkleinert und somit das Leerlaufkurzschlußverhältnis vergrößert werden.

Wie wir bereits in Abschn. 2 sahen, ändert sich je nach Belastungszustand die Lage des Polrades zum resultierenden Drehfeld, das ja durch den Zeiger der inneren Spannung dargestellt wird [Abb. 1, Winkel (E_L, E)]. Man kann sich das Drehfeld dann immer in ein Längs- und ein Querfeld zerlegt denken. Bei reiner Blindleistungsabgabe ist der Polradwinkel $\vartheta = 0$ [Abb. 1, Winkel (U, E)], d. h., es ist nur ein Längsfeld vorhanden. Man kann also aus dem Dauerkurzschluß, der ja einen solchen Belastungsfall darstellt, die Synchronlängsreaktanz ermitteln (Kurzschlußkennlinie). Bei der maximal theoretisch erreichbaren Blindleistungsaufnahme [Gl. (15b)] ist die magnetische Leitfähigkeit in Längs- und Querrichtung infolge der Gegenerregung gleich groß und die Maschine labil. Trotzdem kann bei vorsichtiger Vergrößerung der Gegenerregung (Maschine als Motor an konstanter Spannung) die Querreaktanz auf diese Weise in guter Näherung bestimmt werden [*1*].

Sättigung. Ermittelt man die Synchronlängsreaktanz aus der Kurzschluß- und Leerlaufkennlinie als Kehrwert des ,,ungesättigten Leerlaufkurzschlußverhältnisses", so erhält man den ungesättigten Wert (Abb. 16). Als Kehrwert des (gesättigten) Leerlaufkurzschlußverhältnisses ergibt sich ein nur teilweise gesättigter Wert, da die Sättigung auch von der Belastung abhängig ist (Spannung, Strom und Leistungsfaktor).

Zunächst muß grundsätzlich festgestellt werden, daß gesättigte Reaktanzwerte nur bei kleinen Lastschwankungen um einen bestimmten

---

[1] Wird $x_d = 1/I_{ko}$ angesetzt, so gilt $x_q \approx (0{,}6 \cdots 0{,}7) x_d$.

Betriebspunkt (Pendeln usw.) oder auch bei größeren Belastungszustandsänderungen (Stabilitätsbetrachtungen) von Interesse sind. Natürlich kann man auch für jeden stationären Dauerbetriebspunkt eine gesättigte Reaktanz definieren [Gl. (62a)]. Es ist jedoch zweckmäßiger, hierfür alle erforderlichen Größen mit Hilfe der Leerlauf- und Kurzschlußkennlinie zu bestimmen, d. h. die Sättigung gemäß der Darstellung in Abb. 15 zu berücksichtigen. Bei allen nicht stationär verlaufenden Vorgängen jedoch (Anlauf, Pendeln, Kurzschluß, dynamische Stabilität) muß die Sättigung in der Hauptfeldreaktanz und, wenn eine solche vorhanden ist, auch diejenige in den Streureaktanzen berücksichtigt werden. Man erhält dann je nach Betriebsart (Wirklast- oder Blindlaständerungen) unterschiedlich gesättigte Reaktanzen. Aber auch bei Betrachtungen der „statischen Stabilität" sind gesättigte Ersatzreaktanzwerte erforderlich, um eine der Wirklichkeit entsprechende Darstellungsmöglichkeit der Maschine in einem Rechenschema (vgl. Abschn. 9) oder auf dem Netzmodell zu erhalten. Da es sich hier vorerst um die Sättigung der Synchronreaktanzen handelt, wollen wir annehmen, die Ständerstreureaktanz sei in dem jeweils interessierenden Arbeitsbereich sättigungsunabhängig, was auch in erster Näherung der Praxis entspricht. Es muß also nur die Sättigung der Hauptfeldreaktanz und damit des Hauptfeldes der Synchronmaschine untersucht werden.

Wir betrachten dazu zunächst kleine Laständerungen, wie sie als Folge eines pulsierenden Lastmomentes oder selbsterregter Schwingungen oder auch durch geringe Blindlastschwankungen zustande kommen. Abb. 30a zeigt den Einfluß von Wirklastschwankungen und Abb. 30b den Einfluß von Blindlastschwankungen um einen Mittelwert (I_0) im Zeigerdiagramm. Die Wirklastschwankungen ergeben nur eine sehr geringe Änderung des Betrages der POTIER-Spannung (Spannung hinter der POTIER-Reaktanz $x_p \approx x_{a\sigma} + x_{B\sigma}$ für Schenkelpolmaschinen und $x_p \approx x_{a\sigma}$ für Vollpolmaschinen), während die Blindlastschwankungen sehr starke Änderungen des Betrages der POTIER-Spannung zur Folge haben. Der Sättigungszustand der Maschine ändert sich demzufolge bei Wirklastschwankungen nur verhältnismäßig wenig, während er sich für Blindlastschwankungen sehr stark ändert. Damit ist für die Bestimmung des Sättigungseinflusses bei Wirklastschwankungen in erster Näherung der Punkt A auf der Leerlaufkennlinie in Abb. 30c maßgebend („Ersatzsättigungskennlinie" ist die Gerade durch A und den Koordinatenursprung) und bei Blindlastschwankungen die Tangente an die Leerlaufkennlinie in diesem Punkt (Luftspaltvergrößerung im Verhältnis E_p^*/b gemäß Abb. 30c). Der Punkt A entspricht dabei der maßgebenden inneren EMK E_p. Es gilt also angenähert [ohne Berücksichtigung der Tatsachen, daß eigentlich für die Schenkelpolmaschine nur mit der Längskomponente der POTIER-Spannung gerechnet werden

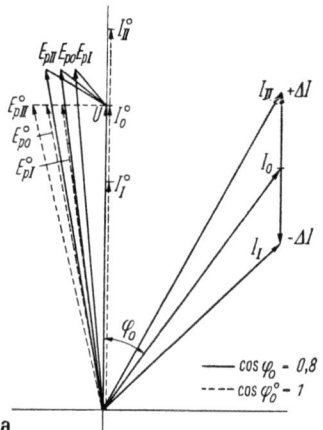

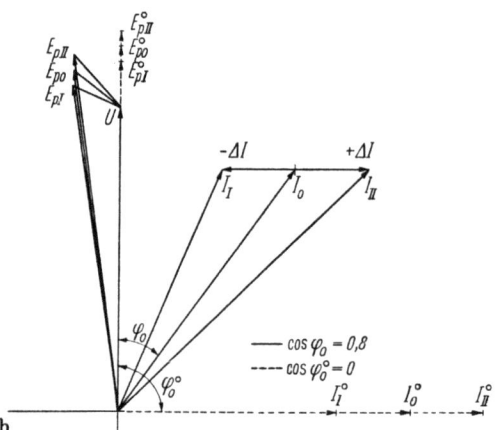

Abb. 30a—c. Ermittlung des Sättigungsfaktors k_s für die Hauptfeldlängsreaktanz
a) Einfluß von Wirklastschwankungen auf die POTIER-Spannung; b) Einfluß von Blindlastschwankungen auf die POTIER-Spannung; c) Vorgehen bei der Ermittlung von k_s

Allgemein gilt: $x_d = x_{a\sigma} + x_{hd}$; $x_{d\,ges} = x_{a\sigma} + \dfrac{x_{hd}}{k_s}$; $k_{sw} = \dfrac{E_p^*}{E_p}$; $k_{sb} = \dfrac{E_p^*}{b}$ (s.Abb.30c).

Für $I = I_N$; $U = U_N$; $\cos\varphi_N = 0{,}9$ wird mit den Daten der Abb. 30c:

$$k_{sw} = \frac{1{,}4}{1{,}1} = 1{,}27 \to x_{d\,ges\,(w)} = 0{,}12 + \frac{0{,}88}{1{,}27} = 0{,}81$$

$$k_{sb} = \frac{1{,}4}{0{,}54} = 2{,}6 \to x_{d\,ges\,(b)} = 0{,}12 + \frac{0{,}88}{2{,}6} = 0{,}46$$

$$x_{d\,ges} \approx x_{a\sigma} + x_{hd}\frac{2}{k_{sw} + k_{sb}} = 0{,}12 + 0{,}88\,\frac{2}{3{,}87} = 0{,}58;\quad x_{d\,ges} \approx x_q$$

und

$$x_{d\,(\text{äqu})} = x_p + \frac{x_d - x_p}{\sqrt{k_{sw}\cdot\left(1 + \dfrac{a}{b}\right)}} = 0{,}2 + \frac{0{,}8}{\sqrt{1{,}27\cdot(1 + 1{,}03)}} = 0{,}7$$

müßte und daß die POTIER-Spannung selber auch nur eine Näherung zur Berücksichtigung der zusätzlichen Polstreuung darstellt und schließlich daß auch bei Wirklastschwankungen noch Änderungen in der POTIER-Spannung auftreten (vgl. Abb. 30a)] für Wirklastschwankungen:

$$x_{d\,\text{ges}(w)} \approx x_{a\sigma} + \frac{x_{hd}}{k_{sw}}, \qquad (62\,\text{a})$$

wobei der Sättigungsfaktor k_{sw} sich gemäß Abb. 30c anschreiben läßt:

$$k_{sw} = \frac{E_p^*}{E_p},$$

und für Blindlastschwankungen (gilt exakt nur für Leistungsfaktor Null und Blindlastschwankungen):

$$x_{d\,\text{ges}(b)} \approx x_{a\sigma} + \frac{x_{hd}}{k_{sb}} \qquad (62\,\text{b})$$

mit

$$k_{sb} = \frac{\text{Steigung der Luftspaltkennlinie}}{\text{Steigung der Leerlaufkennlinie im Arbeitspunkt } A} = \frac{E_p^*}{b},$$

d. h., die Hauptfeldreaktanz x_{hd} wird auf einen im Verhältnis $k_{sb}/1$ vergrößerten Luftspalt umgerechnet (Kontrolle: Sättigung in T_{do}' und T_d').

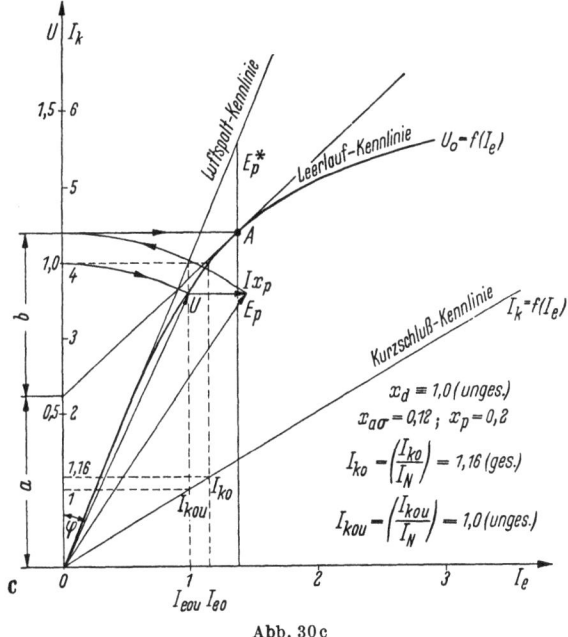

Abb. 30c

Da in Wirklichkeit meist keine reinen Blind- oder Wirkleistungsschwankungen auftreten, sondern beide in irgendeinem Verhältnis kombiniert, so wollen wir als Näherung für die Sättigung den Mittelwert der beiden gesättigten Hauptfeldreaktanzen ansetzen. Wir werden also im weiteren mit dem Wert rechnen:

$$x_{hd\,\text{ges}} \approx x_{hd} \frac{1}{\frac{k_{sw} + k_{sb}}{2}} = x_{hd} \frac{2}{k_{sw} + k_{sb}},$$

d. h., die Synchronreaktanz lautet damit:

$$x_{d\,\text{ges}} \approx x_{a\sigma} + x_{hd} \frac{2}{k_{sw} + k_{sb}}. \tag{62c}$$

Wie man sieht, vermindert die Sättigung die Synchronlängsreaktanz ganz erheblich [je nach Kennlinie und Betriebszustand $(0{,}5 \cdots 0{,}8)\, x_d$]. Für die Untersuchung von Pendelerscheinungen ist es jedoch genügend genau, wenn man mit Werten $x_{d\,\text{ges}} \approx x_q$ rechnet.

Für die Querreaktanz x_q kann die Sättigung in den meisten praktisch interessierenden Fällen vernachlässigt werden.

Handelt es sich um die Untersuchung der „statischen Stabilität" (ohne Spannungsregelung) von Synchronmaschinen, z. B. mit Hilfe eines Netzmodells, so läßt sich als gesättigte Ersatzreaktanz die sogenannte „äquivalente Reaktanz" ermitteln [7]. Dies ist eine „lineare", im Verwendungsbereich also sättigungsunabhängige „gesättigte Ersatzreaktanz", bei deren Verwendung eine ungesättigte Maschine für kleine Änderungen der stationären Ausgangslastbedingungen in gleicher Weise reagiert wie die zugehörige wirkliche Maschine. Da die Netzdarstellung für die Stabilitätsuntersuchung jedoch schon naturbedingt gewisse Ungenauigkeiten in sich schließt, genügt es, wenn man die „äquivalente Reaktanz" für einen größeren Bereich in der Nähe der Stabilitätsgrenze als konstant ansetzt. — Bei der Aufstellung des Zeigerdiagramms und der Ermittlung der Stabilitätsgrenze geht man also mit dieser Reaktanz dann wie für eine ungesättigte Maschine vor. — Die „äquivalente Reaktanz" ist sowohl von der Maschinenbemessung selbst und dem Lastzustand als auch von dem angeschlossenen Netz (Vorreaktanz, direkte Kupplung mit dem starren Netz usw.) abhängig. Außerdem ist zu ihrer exakten Ermittlung die Kenntnis der Lastkennlinie[1] der betrachteten Maschine erforderlich. Betrachtet man zur Bestimmung eines ausreichend genauen Näherungswertes einmal die möglichen Extremwerte, so stellt man fest, daß der oben in Gl. (62b) genannte, auf die Lastkennlinie mit $x_p = x_{a\sigma}$, d. h. für Vollpolmaschinen, angewendet, der eine ist (Kleinstwert). Er wird praktisch jedoch nur bei reinem Blindleistungsmaschinenbetrieb erreicht. Der Höchstwert der „äquivalenten Reaktanz" ergibt sich gemäß Gl. (62a) mit $x_p = x_{a\sigma}$ für die Vollpolmaschine. Für Schenkelpolmaschinen sind die entsprechenden Aus-

---

[1] Unter Lastkennlinie versteht man eine der Leerlaufkennlinie entsprechende Kennlinie, bei deren Ermittlung bereits die erhöhte Sättigung bei Belastung berücksichtigt wurde [9].

drücke komplizierter [7]. CRARY hat eine in der Praxis ausreichende Näherungsgleichung für die Bestimmung der „äquivalenten Reaktanz" ohne Kenntnis der Lastkennlinie, also mit Hilfe der Leerlaufkennlinie, angegeben. Sie gilt für Vollpol- und Schenkelpolmaschinen — außer für den reinen Blindleistungsmaschinenbetrieb — und lautet:

$$x_{d\,(\text{äqu})} = x_p + \frac{x_d - x_p}{\sqrt{k_{s\,w}\left(1 + \frac{a}{b}\right)}}, \qquad (62\,\text{d})$$

wobei für die Vollpolmaschine statt x_p wiederum $x_{a\,\sigma}$ anzusetzen ist. Die Strecken a und b sind aus Abb. 30c zu entnehmen. In der Nähe der Stabilitätsgrenze muß natürlich die wesentlich geringere Sättigung beachtet werden, wobei auch für die Schenkelpolmaschine x_p praktisch in $x_{a\,\sigma}$ übergeht (vgl. Abb. 13).

Da die Stabilitätsgrenze in erster Linie durch Änderungen der „äquivalenten Längsreaktanz" bestimmt wird, kann die Sättigung für die Querreaktanz vernachlässigt werden.

3.13 Die Transientreaktanzen x'_d und x'_q

Wir nehmen an, die betrachtete Maschine habe keine Dämpferkreise (Dämpferwicklung bzw. massive Pole und sonstige massive Konstruktionsteile) und die Ständerwicklung werde plötzlich kurzgeschlossen. Dann wissen wir aus Abschn. 2.4, daß das im Augenblick des Kurzschlusses vorhandene Feld in der Maschine aufrechterhalten bleibt und sich gegebenenfalls über die Streuwege schließt. Dabei ist die wirksame Reaktanz die Gesamtstreureaktanz, d. h. also hier die Transientreaktanz (Übergangsreaktanz). Synchronmaschinen verhalten sich also bei plötzlichen Laständerungen wie kurzgeschlossene Transformatoren, wobei x'_d der Kurzschlußreaktanz des Transformators entspricht. Experimentell kann x'_d aus dem Stoßkurzschlußversuch, wie ebenfalls in Abschn. 2.4 beschrieben, ermittelt werden.

Nachdem bei der Synchronmaschine das Drehfeld mit dem Läufer synchron umläuft, kann man das Gedankenexperiment zur Bestimmung der Synchronreaktanz auch hier bei stillstehendem Rotor anwenden. Dazu schließt man die Erregerwicklung kurz und legt wieder den Ständerstrang a (Abb. 2) an Wechselspannung. In der Querrichtung ändert sich dabei nichts, da die kurzgeschlossene Erregerwicklung senkrecht auf der Achse des Ständerstranges steht. Der gemessene Wert ist also wieder x_q. In der Längsrichtung findet man hingegen den Wert x'_d (Abb. 31). Die Flußwege sind aus Abb. 29c und d ersichtlich. Die praktische Durchführung des Experimentes ist auch hier nicht möglich, da immer dämpfende Kreise vorhanden sind.

82   3. Konstanten und Reaktanzen der Synchronmaschine

Auf die Bedeutung der Transientreaktanz wurde bereits im Abschn. 2.4 eingegangen. Eine Verkleinerung derselben bedeutet, wie dort gezeigt wurde, eine Verbesserung der dynamischen Stabilitätsverhältnisse (P'_K wird größer und ebenso P'_{ws}).

Rechnerisch ermittelt man die Transientlängsreaktanz aus der Streureaktanz der Ständer- und Erregerwicklung gemäß Ersatzschaltbild Abb. 32 zu:

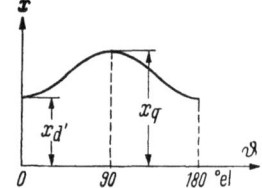

Abb. 31. Abhängigkeit der Transientreaktanz von der Polradstellung

$$x'_d = x_{a\sigma} + \frac{x_{hd}\,x_{e\sigma}}{x_{hd} + x_{e\sigma}}, \qquad (63)$$

worin $x_{e\sigma}$ die Streureaktanz der Erregerwicklung ist.

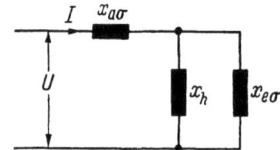

Abb. 32. Ersatzschaltbild zur Ermittlung der Transientreaktanz
Vollpolmaschine:

$x'_d = x_{a\sigma} + \dfrac{x_h\,x_{e\sigma}}{x_h + x_{e\sigma}}$

$x'_q \approx (1{,}5 \cdots 3)\,x'_d$ für Massivrotoren

$x'_q \approx x_q$ für lamellierte Rotoren

Schenkelpolmaschine:
Längsrichtung: $x_h \to x_{hd}$
Querrichtung: $x_h \to x_{hq}$; $x_{e\sigma}$ entfällt

$x'_d = x_{a\sigma} + \dfrac{x_{hd}\,x_{e\sigma}}{x_{hd} + x_{e\sigma}}$

$x'_q = x_{a\sigma} + x_{hq} = x_q$

Sättigung. Die aus dem Stoßkurzschlußversuch ermittelten Werte sind je nach Ausführung desselben mehr oder weniger stark gesättigt. Wird der Versuch bei 50% Nennspannung durchgeführt, so kann man für die Umrechnung auf den gesättigten Wert laut KILGORE [22] ansetzen:

$$\frac{x'_{d\,(U=1)}}{x'_{d\,(U=0{,}5)}} \approx 0{,}88.$$

Im übrigen läßt sich der gesättigte Wert für jeden Lastpunkt in guter Näherung gemäß Gl. (63) unter Verwendung des gesättigten Wertes der Hauptfeldreaktanz gemäß Gl. (62) rechnerisch ermitteln. Wenn jedoch auch die Streukreise gesättigt sind, so muß dies zusätzlich berücksichtigt werden.

3.14 Die Subtransientreaktanzen x''_d und x''_q

Es gilt hier das gleiche wie für die Transientreaktanz, nur daß der Rotor nun außer der Erregerwicklung auch eine Dämpferwicklung trägt (vollständiger Dämpferkäfig, Polgitter oder massive Pole). Das Gedankenexperiment zur Ermittlung der Transientreaktanz kann also auch hier, und zwar in diesem Fall als wirkliches Experiment, durchgeführt werden (s. S. 83). Wir haben nun aber im Gegensatz zu dem Fall der Transientreaktanz bei vollständiger Dämpferwicklung in jeder Achse im Rotor kurzgeschlossene Wicklungen. In der Längsachse sind es zwei, und zwar die Erregerwicklung und die Dämpferwicklung, und in der Querachse die Dämpferwicklung allein. Die Dämpferwicklung liegt dabei der Ständerwicklung noch näher als die Erregerwicklung und ist also noch wirksamer (Abb. 29e und f). Die gemessenen Reaktanzen werden also noch kleiner sein als die Transientreaktanzen (Abb. 33). Bei Verwendung von Polgittern anstelle von vollständigen Dämpferwicklungen wird das Querfeld nur teilweise gedämpft. Daher wird x_q'' wesentlich größer. Bei massiven Polen können sich die Wirbelströme bis in die äußeren Polspitzen ausbilden, und damit ist die Querfelddämpfung etwas besser als bei Polgittern, und x_q'' wird nur wenig größer sein als bei vollständiger Dämpferwicklung.

Zur praktischen Messung von x_d'' dient der Stoßkurzschlußversuch (s. Abschn. 2.4). Im Stillstand kann die Messung von x_d'' und x_q'' nach dem Gedankenexperiment zur Erklärung der Transientreaktanz durchgeführt werden. Dort konnte dieses Experiment nur als Gedanken-

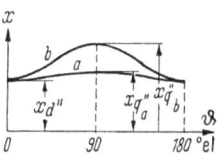

Abb. 33. Abhängigkeit der Subtransientreaktanz von der Polradstellung
a Vollständige Dämpferwicklung; b Polgitter

experiment gelten, weil im Rotor immer auch Dämpferkreise (mindestens massive Konstruktionsteile) vorhanden sind. Hier aber wollen wir gerade die Wirkung der Dämpferkreise mit berücksichtigen. Die praktische Ausführung des Versuches geschieht in der Weise, daß bei stillstehendem

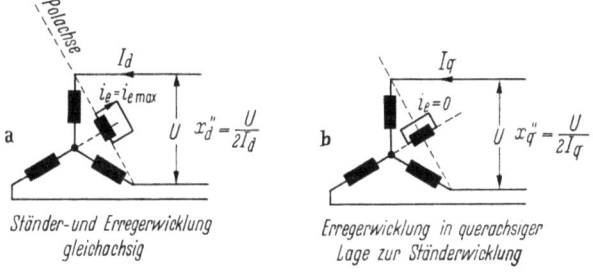

Abb. 34a u. b. Messung der Subtransientreaktanz im Stillstand (Streuungsmessung bei zweisträngiger Speisung)

Läufer und zweisträngig gespeister Ständerwicklung die Pole einmal in Längs- und einmal in Querachsenlage zur Ständerwicklung gebracht werden. Die Erregerwicklung ist dabei kurzgeschlossen (Abb. 34).

Rechnerisch ermittelt man die Subtransientreaktanz in gleicher Weise wie die Transientreaktanz, nur daß anstelle der Erregerwicklungsstreuung nun die Gesamtstreuung der Läuferkreise $x_{L\sigma}$ angesetzt wird (Abb. 35). Es gilt damit:

und
$$x_d'' = x_{a\sigma} + \frac{x_{hd}\, x_{L\sigma}}{x_{hd} + x_{L\sigma}} \quad \text{mit} \quad x_{L\sigma} = \frac{x_{e\sigma}\, x_{D d\sigma}}{x_{e\sigma} + x_{D d\sigma}}$$

$$x_q'' = x_{a\sigma} + \frac{x_{hq}\, x_{Dq\sigma}}{x_{hq} + x_{Dq\sigma}},$$
(64)

da in der Querrichtung nur die Dämpferwicklung wirkt. Das Verhältnis der Subtransientquerreaktanz zur Subtransientlängsreaktanz x_q''/x_d'' gibt bei zweipoligem Kurzschluß ein Maß für die Überspannung am offenen Strang, und zwar kann man ansetzen [vgl. Anhang 4.12, Gl. (A 147)]:

$$U_{\max} = \left(2\,\frac{x_q''}{x_d''} - 1\right) U_o. \tag{65}$$

Bei Maschinen mit vollständigem Dämpferkäfig $[x_q'' = (0{,}9 \cdots 1{,}3)\, x_d'']$ liegt dieser Wert zwischen 0,8 und $1{,}6\,U_N$, während er für Maschinen ohne Dämpferwicklung mit geblechten Polen bis zum vier- und mehrfachen der Nennstrangspannung anwachsen kann. Bei Maschinen mit geblechten Polen und Polgitter gelten ähnliche Werte $[x_q'' = (2 \cdots 3)\, x_d'']$. Bei Maschinen mit massiven Polen liegen die Werte dagegen etwas günstiger $[x_q'' = (1{,}2 \cdots 1{,}8)\, x_d'']$.

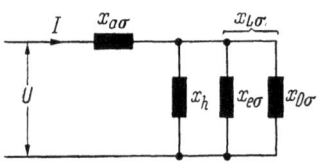

Abb. 35
Ersatzschaltbild zur Ermittlung der Subtransientreaktanz

Vollpolmaschine:

$$x_d' = x_{a\sigma} + \frac{x_h\, x_{L\sigma}}{x_h + x_{L\sigma}}$$

$$x_q'' = x_{a\sigma} + \frac{x_h\, x_{Dq\sigma}}{x_h + x_{Dq\sigma}},$$

da $x_{e\sigma}$ entfällt

Schenkelpolmaschine:
Längsrichtung: $x_h \to x_{hd}$
Querrichtung: $x_h \to x_{hq}$; $x_{e\sigma}$ entfällt

$$x_d'' = x_{a\sigma} + \frac{x_{hd}\, x_{L\sigma}}{x_{hd} + x_{L\sigma}}$$

$$x_q'' = x_{a\sigma} + \frac{x_{hq}\, x_{Dq\sigma}}{x_{hq} + x_{Dq\sigma}}$$

$$x_{L\sigma} = \frac{x_{e\sigma}\, x_{Dd\sigma}}{x_{e\sigma} + x_{Dd\sigma}}$$

Sättigung. Für Schenkelpolmaschinen mit Dämpferwicklung ist die Sättigung der Subtransientreaktanzen meist gering (Sättigungseinfluß in x_{hd} geht kaum ein), so daß sich die versuchsmäßig aus dem Stoßkurzschluß bis U_N und die aus dem Stillstandsversuch ermittelten Werte praktisch nur wenig unterscheiden. Dies gilt allerdings nur, soweit die Reaktanzwerte größer als etwa 0,12 und der Spannungsbereich $\leq 10\%$ ist. Für extreme Fälle kann der Sättigungseinfluß (in $x_{a\sigma}$!) an der oberen Spannungsgrenze erheblich sein, womit der Stoßkurzschlußstrom dann überproportional ansteigt (vgl. Abschn. 2.41.2).

3.15 Gegen- oder Inversreaktanz x_2 und Nullreaktanz x_0

Diese Reaktanzen treten bei unsymmetrischen Belastungen auf. Hierbei kann man sich nach der Methode der „Symmetrischen Komponenten" die 3 Strangströme jeweils in 3 Komponenten aufgegliedert denken, und zwar in eine mitläufige Komponente, eine gegenläufige Komponente und eine Nullkomponente. Die Nullkomponente kann nur auftreten, wenn der Sternpunkt der Maschine herausgeführt (z. B. geerdet) ist oder bei einem einpoligen Kurzschluß. Als Beispiel eines unsymmetrischen Lastfalles betrachten wir Abb. 36. Das Mitsystem erzeugt ein Drehfeld, das mit dem Polrad synchron umläuft. Das Gegensystem erzeugt ein Drehfeld, das im umgekehrten Sinn, also gegen den Drehsinn des Polrades, umläuft. Das Nullsystem erzeugt kein Drehfeld. Die zugehörigen Ströme sind in allen 3 Strängen phasengleich. Das Nullsystem kann also nur auftreten, wenn der Sternpunkt geerdet ist. Im Nulleiter fließt dann der dreifache Nullstrangstrom (daher Nullsystem).

Die Reaktanzen für das Mitsystem sind die bisher behandelten Reaktanzen, also die Synchron-, Transient- und Subtransient-Längs- und

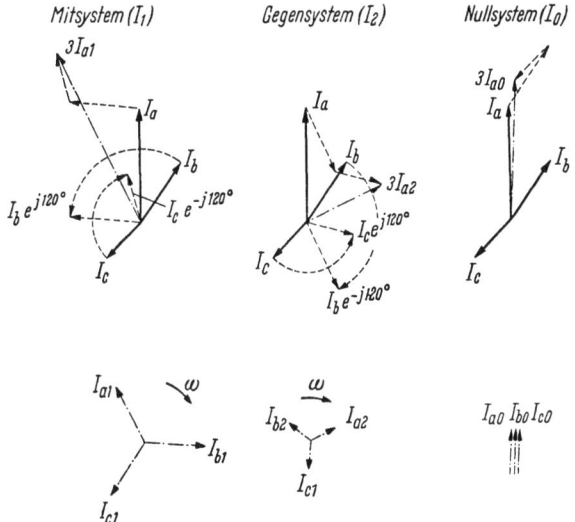

Abb. 36. Zerlegung einer unsymmetrischen Belastung in symmetrische Komponenten

Nullsystem $\quad I_{a0} = \frac{1}{3}(I_a + I_b + I_c)$

Mitsystem $\quad I_{a1} = \frac{1}{3}(I_a + I_b\,e^{+j\cdot 120°} + I_c\,e^{-j\cdot 120°}) = \frac{1}{3}(I_a + a\,I_b + a^2\,I_c)$

Gegensystem $\quad I_{a2} = \frac{1}{3}(I_a + I_b\,e^{-j\cdot 120°} + I_c\,e^{+j\cdot 120°}) = \frac{1}{3}(I_a + a^2\,I_b + a\,I_c)$.

Bei gegebenen symmetrischen Komponenten I_{a0}, I_{a1} und I_{a2} ist:

$$I_a = I_{a0} + I_{a1} + I_{a2},$$
$$I_b = I_{a0} + a^2\,I_{a1} + a\,I_{a2},$$
$$I_c = I_{a0} + a\,I_{a1} + a^2\,I_{a2}.$$

-Querreaktanzen, die ja alle nur für symmetrische Belastungen der 3 Stränge, d. h. für ein reines Mitsystem, gelten. Die *Inversreaktanz* (Gegenreaktanz) ist nun die Reaktanz (Blindwiderstand), die eine Maschine dem gegenläufigen Stromsystem bietet.

Das gegenläufige Stromsystem erzeugt ein Drehfeld, das gegenüber dem Rotor, der ja in entgegengesetzter Richtung synchron umläuft, die doppelte synchrone Geschwindigkeit hat. Wir wissen aus dem Versuch zur Bestimmung der Subtransientreaktanz, daß sich in der Längsstellung x_d'' und in der Querstellung des Rotors x_q'' ergibt. Das gegenläufige Drehfeld wechselt nun mit doppelter synchroner Geschwindigkeit, d. h. doppelter Netzfrequenz, zwischen Längs- und Querreaktanz. Daher wird ich als wirksame Reaktanz für Maschinen mit Dämpferwicklung ein

Mittelwert zwischen x_d'' und x_q'' einstellen (vgl. Anhang 4.4):

$$x_2 = \frac{x_d'' + x_q''}{2}. \qquad (66)$$

Voraussetzung dafür ist, daß $x_d'' \approx x_q''$ gilt, d. h. eine gute Dämpferwicklung vorhanden ist. Für andere Fälle ändert sich die Inversreaktanz je nach Fehlerfall. Auf die dann anzusetzenden Formeln für x_2 wollen wir hier aber nicht weiter eingehen (vgl. Anhang 3 u. 4). Bei vollständigem Dämpferkäfig weicht x_q'' nur wenig von x_d'' ab, so daß die verschiedenen möglichen Definitionen für x_2 praktisch den gleichen Wert ergeben [12]. Für diese Maschinen kann man also auch $x_d'' \approx x_2$ ansetzen.

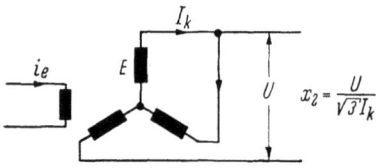

Abb. 37. Messung der Inversreaktanz x_2 (aus dem zweipoligen Dauerkurzschluß)

Die meßtechnische Bestimmung der Inversreaktanz erfolgt für solche Maschinen nach Gl. (66) mit den Meßergebnissen der Subtransient-Längs- und Querreaktanz oder aus dem zweipoligen Dauerkurzschlußversuch gemäß Abb. 37. Hiernach ist:

$$x_2 = \frac{U}{\sqrt{3}\, I_k}$$

(Wirkverluste vernachlässigt, vgl. auch [1], [37]).

Dabei können höhere Harmonische das Ergebnis stark beeinflussen, weshalb ein Oszillogramm empfehlenswert ist.

Die *Sättigung* der Inversreaktanz kann bei Maschinen mit Dämpferwicklung in erster Näherung ebenfalls vernachlässigt werden.

Die Nullreaktanz. Wenn ein Nullstromsystem vorhanden ist, so entsteht, wie bereits erwähnt, kein Drehfeld, sondern es können sich nur Streufelder ausbilden. — Die Maschine muß dazu, wie ebenfalls bereits gesagt, einen zugänglichen Sternpunkt haben. — Da nur Streufelder erzeugt werden, hängt die Größe der Nullreaktanz sehr von Zonenbreite und Sehnung sowie von der Ausführung der Wickelköpfe der Ständerwicklung ab. Bei unendlich fein und sinusförmig verteilter Wicklung würden sich die Durchflutungen der 3 Stränge aufheben und kein Feld erzeugen, und damit wäre die Nullreaktanz, abgesehen von dem der Ständernut- und Stirnkopfstreuung entsprechenden Anteil, gleich Null. Die Nullreaktanz ist also ein Maß für die durch die praktische Ausführung der Maschine bedingte Abweichung von der Idealmaschine. Sie ist von der Lage des Läufers unabhängig, da sie von dessen Wicklungen praktisch nicht beeinflußt wird. Am kleinsten wird sie für $\frac{2}{3}$ Sehnung. Die üblichen Werte liegen zwischen 0,03 und 0,15 und sind immer kleiner als x_d'' [etwa $(\frac{1}{6} \ldots \frac{3}{4}) x_d''$]. Man sollte aus diesem Grunde die Maschinensternpunkte niemals direkt erden [vgl. Gl. (44); einpoliger Kurzschluß], sondern immer über eine Reaktanz (Nullpunktsdrossel), die zur Begrenzung des einpoligen Kurzschlußstromes (einpoliger Erdschluß) auf den Wert des dreipoligen Kurzschlußstromes aus folgender Gleichung bestimmt werden kann [vgl. Anhang 5, Gln. (A 167) und (A 168)]:

$$x_D \geqq \frac{1}{3}(x_d'' - x_0). \tag{67}$$

Bei Parallelbetrieb mehrerer Generatoren mit geerdeten Sternpunkten sollte diese Reaktanz aber noch größer, und zwar mindestens $0,1 \cdots 0,2$ (in p.u.), gewählt werden, da schon kleine Unsymmetrien große Nullausgleichsströme bewirken, die sich bei ungleichen Nullreaktanzen sehr ungleichmäßig auf die Maschinen verteilen. Die Anwendung von nach obiger Gleichung dimensionierten Nullpunktsdrosseln entspricht der amerikanischen Schutztechnik. Um bei den in Europa üblichen Erdschlußschutzeinrichtungen im Fehlerfall einen Eisenbrand zu

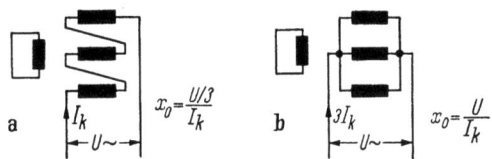

Abb. 38 a u. b. Messung der Nullreaktanz x_0 (Maschine läuft unerregt mit kurzgeschlossener Erregerwicklung)

vermeiden, ist es zweckmäßig, anstelle der Drossel einen OHM-Widerstand vorzusehen, der so zu bemessen ist, daß der einpolige Dauerkurzschlußstrom auf den Nennstrom begrenzt wird. Damit kann auch bei ungleichen Nullreaktanzen parallel arbeitender Generatoren leichter ein Abgleich erzielt werden.

Die Messung der Nullreaktanz erfolgt, indem die mit Nenndrehzahl laufende, unerregte (kurzgeschlossene Erregerwicklung) Maschine mit den 3 Strängen in Serien- oder Parallelschaltung an die Wechselspannung U gelegt wird und Strom und Spannung gemessen werden (Abb. 38a/b). Dabei gilt nach Abb. 38a:

$$x_0 = \frac{U/3}{I_k} \tag{68a}$$

und nach Abb. 38b:

$$x_0 = \frac{U}{I_k}. \tag{68b}$$

In beiden Fällen wurde dabei der Ständerwiderstand vernachlässigt.

Die *Sättigung* der Nullreaktanz von Schenkelpol- und Vollpolmaschinen ist praktisch vernachlässigbar.

3.16 Die Dämpfungskonstante C_D[1]

Die Bedeutung der Dämpferwicklung und vor allem des vollständigen Dämpferkäfigs für den Schutz der Ständerwicklung gegen Überspannungen an dem offenen Strang beim zweipoligen Kurzschluß — was beson-

---

[1] Geläufiger ist die Dämpfungszeitkonstante $T_D = 2T_A/C_D = 4H/C_D$ mit H = Trägheitskonstante = $T_A/2$, wobei T_A die Anlaufzeitkonstante bedeutet (vgl. Abschn. 3.17).

ders für Generatoren, die lange Freileitungen speisen, von großer Bedeutung ist — haben wir bereits bei der Behandlung der Subtransientreaktanzen beschrieben. Die weitere Bedeutung wird nun aus der Diskussion der Dämpfungskonstante und besonders aus den Grundsätzen zu ihrer Wahl klarwerden.

Bei asynchronem Lauf, z. B. beim Anlauf von Motoren, bewirkt die Dämpferwicklung genau wie der Käfig eines Asynchronmotors ein Drehmoment (Abb. 39). Pendelt die Synchronmaschine, z. B. nach schweren Laststößen, so weicht ihre Winkelgeschwindigkeit kurzzeitig immer wieder von der synchronen ab. Dabei werden genau wie beim Asynchronmotor in der Dämpferwicklung oder auch im massiven Eisen der Pole durch das synchrone Drehfeld Ströme induziert, die ein Drehmoment ergeben, das bei Betrachtung sehr langsamer Pendelungen demjenigen des Asynchronmotors entspricht (Abb. 39[1]).

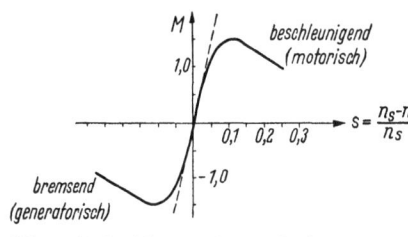

Abb. 39. Verlauf des asynchronen Drehmomentes der Dämpferwicklung über dem Schlupf

Für übersynchrone Drehzahl, d. h. negativen Schlupf, wirkt das Moment generatorisch, und damit wird das Polrad abgebremst und in den Synchronismus zurückgezogen. Für untersynchrone Drehzahl, also positiven Schlupf, wirkt das erzeugte Drehmoment motorisch, d. h., das Polrad wird beschleunigt. In der Nähe der synchronen Drehzahl ($n_s = n_N$), d. h. also für geringen positiven oder negativen Schlupf, kann man nun, wie auch beim Asynchronmotor, die Drehmomentenkennlinie durch eine Gerade annähern. Die Neigung dieser Geraden wird dabei durch die hier zu behandelnde Dämpfungskonstante C_D erfaßt (Ordinatenwert der Tangente an die Asynchronkennlinie für $s = 1$).

Mit dem Nennmoment der Synchronmaschine als Bezugswert lautet die Formel für das Drehmoment (generatorisches Drehmoment positiv!):

$$M_D = \frac{M_{As}}{M_N} = -C_D\, s. \tag{69}$$

Es sei an dieser Stelle nochmal betont, daß C_D nur dem asynchronen Momentenanteil der Dämpferwicklung für kleine und langsame Pendelungen entspricht, wie sie z. B. nach Stoßvorgängen auftreten (Pendeln nach dem Stoß). Der asynchrone Momentenanteil der Feldwicklung ist darin nicht eingeschlossen [vgl. Anhang Gl. (A 238)].

---

[1] Gilt auch für Asynchronmotor nur für statische Betrachtungen, da das Dämpfungsmoment auch frequenzabhängig ist.

Für diese Vorgänge hat CRARY [9] für Maschinen mit vollständiger Dämpferwicklung die folgende Näherungsformel für C_D hergeleitet [vgl. Anhang Gl. (A 237)]:

$$C_D \approx \omega_n \frac{U^2}{2} \left(\frac{x_d' - x_d''}{x_d' \, x_d''} T_d'' + \frac{x_q - x_q''}{x_q \, x_q''} T_q'' \right). \quad (70)$$

Aus der Gl. (69) erkennt man, daß C_D ein Maß für die Wirksamkeit der Dämpferwicklung ist. An dem Wert von C_D werden sich also die Unterschiede des vollständigen Dämpferkäfigs zur praktisch reinen Längsfelddämpfung mit Polgitter und zur Dämpfung mit massiven Polen zeigen. Dabei ist C_D bei Verwendung von vollständigen Dämpferkäfigen natürlich am höchsten und damit die Pendeldämpfung bei Störungen der Stabilität am größten [vgl. Anhang 6, Gl. (A 238)].

3.17 Die Anlaufzeitkonstante

Wie wir bereits in der Einleitung dieses Abschnittes betonten und wie auch allgemein bekannt ist, hat die Höhe der Anlaufzeitkonstante, genau wie die Größe der Reaktanzen, einen Einfluß auf die Wahl der Hauptabmessungen der Maschine. Bei Variation ihres Betrages können sich außer den Hauptabmessungen z. B. auch die Werte der Reaktanzen [vgl. Gln. (60) bis (64) u. (66)] ändern. Auf diesen Zusammenhang werden wir bei der Wahl der Anlaufzeitkonstante noch eingehen.

Die Anlaufzeitkonstante hängt direkt mit dem Schwungmoment zusammen. Da das Schwungmoment in kpm^2 oder Mpm^2 [1] als reiner Zahlenwert ohne Leistung und Drehzahl als Bezugswerte über die Maschine nur wenig aussagt — genau wie die Angabe der Reaktanzen in Ω allein wenig sinnvoll ist und erst die auf die Nennimpedanz bezogenen Werte (in p. u. oder in Prozenten) ein Vergleichsmaß ergeben —, hat man auch für das Schwungmoment eine bezogene Größe gebildet. Leider ist die Definition dieser Größe, nämlich der Anlaufzeitkonstante, nicht einheitlich. Es gibt in der Literatur drei verschiedene Definitionen, die sich durch die Definition des „Nenn"-Momentes unterscheiden. Die Definition lautet allgemein:

Die Anlaufzeitkonstante ist diejenige Zeit in Sekunden, die benötigt wird, um eine Maschine bei einem konstanten Beschleunigungsmoment, das gleich dem Nennmoment ist, vom Stillstand auf die synchrone Drehzahl zu bringen. Damit ergibt sich für Generatoren:

$$T_{Aa} = \frac{GD^2 \, n_N^2}{365 \, P_{sN}} \quad [\text{s}] \quad (71\text{a})$$

mit GD^2 in Mpm^2, n_N in U/min und P_{sN} in kVA. Diese Formel entspricht der 1. Definition, wobei das „Nenn"-Moment aus der Nennscheinleistung

---

[1] Mpm^2 entspricht der früher verwendeten Bezeichnung tm^2 [vgl. Gl. (124) und ff.].

3. Konstanten und Reaktanzen der Synchronmaschine

"an den Klemmen" ermittelt wurde. Die beiden anderen Definitionen unterscheiden sich hiervon dadurch, daß bei der 2. das „Nenn"-Moment aus der Nennwirkleistung „an den Klemmen" und bei der 3. aus der Nennwirkleistung an der Welle ermittelt wird. Die dabei entstehenden Formeln lauten also:

$$T_{Ab} = \frac{GD^2 n_N^2}{365\, P_{wN}} = \frac{GD^2 n_N^2}{365\, P_{sN} \cos\varphi_N} \qquad (71\,\text{b})$$

und

$$T_{Ac} = \frac{GD^2 n_N^2}{365\, P_{\text{Welle}}} = \frac{GD\, n_N^2\, \eta_N}{365\, P_{sN} \cos\varphi_N}. \qquad (71\,\text{c})$$

Gl. (71a) stellt eigentlich mehr eine Maschinenkenngröße dar, die jedoch in der elektrotechnischen Literatur häufig verwendet wird (auch z. B. für Netzstabilitätsuntersuchungen, da die Bezugsleistung allgemein die Nennscheinleistung P_{sN} ist), während z. B. die Turbinenfachleute meist mit der Definition nach Gl. (71c) arbeiten. Die gleiche Gepflogenheit ist in der Antriebstechnik anzutreffen.

Es gibt aber außer der Anlaufzeitkonstante auch eine zweite international gebräuchliche und vor allem eindeutig definierte Kennzahl für das bezogene Schwungmoment. Es ist dies die Trägheitskonstante H. Man versteht darunter das Verhältnis der kinetischen Energie der rotierenden Massen bei synchroner Drehzahl zur Nennscheinleistung der Maschine und drückt diese Größe in kWs/kVA aus. Berechnet wird sie damit zu:

$$H = \frac{GD^2 n_N^2}{730\, P_{sN}}. \qquad (72)$$

Durch Vergleichen der Gl. (72) mit Gl. (71a), in welcher auch die kVA-Leistung verwendet wurde, ergibt sich:

$$T_{Aa} = 2H. \qquad (73)$$

Wir wollen in dieser Abhandlung, wenn von der Anlaufzeitkonstante die Rede ist, immer die nach Gl. (71a) definierte voraussetzen.

Welche Auswirkung hat nun eine Änderung der Anlaufzeitkonstante z. B. auf das Verhalten eines *Wasserkraft-Maschinensatzes* (Generator + Turbine)?

Wir nehmen einmal an, die Anlaufzeitkonstante werde *verkleinert*. Daraus folgt:

1. Ein Anstieg der Drehzahl- und Spannungsüberschwingweite (vorübergehende Drehzahl- und Spannungssteigerung) bei plötzlicher Entlastung, vorausgesetzt, daß gleiche (normale) Drehzahl- und Spannungsregler verwendet werden.

2. Eine Verminderung der Stabilität der Turbinenregelung (Drehzahlregelung) im Inselbetrieb und ebenfalls im Alleinbetrieb

3. eine Vergrößerung der Frequenzänderung bei geringen Lastschwankungen (Genauigkeit der Regelung = Frequenzgüte) sowie

4. eine leichtere Rückführbarkeit der Maschine zur Nenndrehzahl.

5. Der Druckstoß, d. h. die Wirkung der Trägheit der Wassermassen, ändert sich nicht, wenn nicht gleichzeitig die Schließzeit geändert wird.

Zu 1: Die Drehzahlüberschwingweite (vorübergehender *Drehzahlanstieg*) ist in erster Näherung proportional dem Verhältnis zwischen der Schließzeit und der doppelten Anlaufzeitkonstante. Dabei wird allerdings der Druckstoß vernachlässigt, der den Drehzahlanstieg weiter vergrößert.

Die *Spannungsüberschwingweite* ist etwas schwieriger zu beurteilen. Dabei sind folgende Faktoren von Bedeutung:

a) Die Geschwindigkeit und Höhe des Drehzahlanstieges,

b) die elektromagnetische Leerlaufzeitkonstante des Generators und die elektromagnetische Zeitkonstante der Haupterregermaschine,

c) die Schnelligkeit des Spannungsreglers und die Möglichkeit der Über- und Untererregung und der Stoßerregung bzw. Stoßentregung, also die Weite des Erregungs- bzw. Regelbereiches.

Zu 2: Die Stabilität der Turbinenregulierung im Inselbetrieb ist nach Untersuchungen der Turbinenfirmen (vgl. Lit. [*47*]) durch die Ungleichung

$$\frac{T_{Ac} \cdot 1/k_0}{z^2 \, T_l^2} \geqq k \qquad (74)$$

bestimmt. Darin bedeuten:

$T_{Ac} = \dfrac{T_{Aa}\,\eta_N}{\cos\varphi_N}$, also die Anlaufzeitkonstante nach Gl. (71c),

k_0 Kenngröße der Turbinenregler, welche angibt, um wieviel Prozent sich die Leitapparatstellung pro Sekunde ändert, wenn die Drehzahlabweichung vom Sollwert 1% beträgt und nur das Drehzahlmeßwerk auf das Steuerventil einwirkt, und zwar im Bereich kleiner Drehzahlabweichung vom Sollwert (Regelgeschwindigkeit des Drehzahlreglers; Kehrwert der sogenannten Reaktionszeit),

T_l hydraulische Anlaufzeitkonstante,

z Belastungsgrad der Turbine (z. B. Turbine, für 100 kW bemessen, arbeitet bei 80 kW: Belastungsgrad = 0,8),

k veränderliche Größe, deren Betrag sich mit den Regler-, Turbinen- und Netzverhältnissen ändert. (Sie berücksichtigt z. B. auch die Selbstregelung.)

Gemäß dieser Ungleichung (74) sind die Stabilitätsverhältnisse also gleich wenn das Produkt $T_{Ac} \cdot 1/k_0$ gleichbleibt. Wird z. B. die Anlaufzeitkonstante vergrößert, so muß zur Erreichung *gleicher* Stabilitätsverhältnisse auch die „Regelgeschwindigkeit" erhöht werden. Das Erscheinen des Belastungsgrades im Nenner besagt, daß, wenn eine Turbine für $z = 1$ stabil ist, Stabilität bei einem niedrigeren Belastungsgrad immer gegeben ist.

Zu 3 u. 4: In der Frage der Frequenzhaltung des Maschinensatzes gibt es zwei Gesichtspunkte. Einerseits versucht man den Generator bei Nennfrequenz zu halten, bevor der Turbinenregler angesprochen hat.

Diese Bedingung führt zu einem großen T_A-Wert. Andererseits möchte man den gesamten Maschinensatz durch den Turbinenregler möglichst rasch wieder auf Nennwinkelgeschwindigkeit bringen können. Diese Bedingung führt zu einer kleinen Anlaufzeitkonstante.

Zu 5: Der Druckstoß hängt nicht direkt von der Anlaufzeitkonstante ab. Nachdem jedoch eine Vergrößerung der Anlaufzeitkonstante bei gleicher Drehzahlüberschwingweite eine Vergrößerung der Schließzeit zuläßt, kann man sagen, daß der Druckstoß im allgemeinen kleiner wird, wenn die Anlaufzeitkonstante vergrößert wird.

Im Bereich der *Antriebstechnik* spielt die Anlaufzeitkonstante eine besonders wichtige Rolle bei ungleichförmigem Arbeitsmaschinenmoment (vgl. Anhang 7). Je größer sie gemacht wird, um so kleiner wird der Ungleichförmigkeitsgrad und die Stromschwankung im Speisenetz.

3.2 Die Wahl der Reaktanzen und der Dämpfungskonstante und die Festlegung der Anlaufzeitkonstante, betrachtet am Beispiel der Wasserkraftgeneratoren

In den folgenden Abschnitten wird immer wieder von „natürlichen" Werten die Rede sein. Die natürlichen Werte der Reaktanzen und auch der Anlaufzeitkonstante ergeben sich bei optimaler (wirtschaftlichster) elektrischer und mechanischer Dimensionierung der Synchronmaschine für den gegebenen Fall, d. h. also, wenn außer der Scheinleistung und der Frequenz nur die Drehzahl und die Durchgangsdrehzahl vorgegeben sind und wenn dann die wirtschaftlichste elektrische und mechanische Lösung getroffen wird. Die zusätzliche Vorschrift einer bestimmten Spannung führt meist zur Abweichung von den natürlichen Werten. Die natürlichen Werte der Reaktanzen und der Anlaufzeitkonstante sind sehr von dem Berechnungs- und Konstruktionsprinzip der einzelnen Firmen abhängig (vgl. Tab. 2 u. 3, S. 316, und Tabellen in Lit. [9] u. [A 9]).

3.21 Die Wahl der Synchronreaktanzen x_d und x_q

Die *natürlichen* Werte der Synchronlängsreaktanz liegen bei mittleren und großen Maschinen bis zu 16 Polen etwa zwischen 1,0 und 1,3 und für Maschinen mit mehr als 16 Polen zwischen 0,9 und 1,2. Dabei gelten jeweils für die kleineren Leistungen die höheren Werte (vgl. Tab. 2, S. 316). Mit steigender Polzahl nimmt nämlich die Polteilung allgemein ab. Damit wird die Hauptfeldreaktanz nach Gl. (61) kleiner und folglich auch die Synchronreaktanz. Daß dabei gleichzeitig die Streureaktanz der Ständerwicklung etwas größer wird, bleibt praktisch ohne Einfluß, da sie normalerweise sehr klein ist im Verhältnis zur Hauptfeldreaktanz.

Für die Wahl der Synchronreaktanz sind die in dem Abschn. 2.21 über das Leerlaufkurzschlußverhältnis angestellten Überlegungen maßgebend.

Wir hatten dort festgestellt, daß die Grenze (theoretisch) der Blindleistungsaufnahme ($\cos \varphi = 0$) bei Erregung $E = 0$ durch die Gl. (15a):

$$P_b = - \frac{U^2}{x_d}$$

und bei Gegenerregung mit zusätzlicher Polradwinkelregelung durch die Gl. (15b):

$$P_b = - \frac{U^2}{x_q}$$

gegeben ist.

Wir hatten dort auch auf die Bedeutung dieser Grenzpunkte hingewiesen und festgestellt, daß bei positiver Erregung und (zulässiger) unterster Erregungsgrenze von 10% der Leerlauferregung für die maximale Blindleistungsaufnahme die Gleichung

$$P_b = -0.9 \frac{U^2}{x_d}$$

gilt.

Die Einwirkung der Änderung des Leerlaufkurzschlußverhältnisses auf die maximal zulässige Blindleistungsabgabe bei einem Leistungsfaktor Null wurde an der gleichen Stelle besprochen. Wir wollen deshalb hier nur noch darauf hinweisen, daß eine Verkleinerung der Synchronreaktanz, also eine Vergrößerung des Leerlaufkurzschlußverhältnisses, gegenüber dem natürlichen Wert zu einer Verteuerung der Maschine führt, weil die Folge die Notwendigkeit einer Modellvergrößerung ist [vgl. Gl. (61) u. Abschn. 4: Bemessung]. Nach Angaben in dem Westinghouse-Handbuch [12] bedingt dabei eine Vergrößerung des Leerlaufkurzschlußverhältnisses (Verkleinerung von x_d) um 20% bei $\cos \varphi = 0.8$ etwa eine Verteuerung um 7%. Für besseren Nennleistungsfaktor ist die Verteuerung etwas geringer.

Der Vollständigkeit halber sei hier noch auf den Vorschlag der Studienkommission für Generatoren der CIGRE hingewiesen, der für x_d folgende Werte vorsieht (CIGRE-Bericht Nr. 133/1952):

n:	$1000 \cdots 500$	$500 \cdots 250$	$250 \cdots 50$ U/min
x_d:	$1{,}5 \cdots 1{,}2$	$1{,}3 \cdots 0{,}95$	$1{,}1 \cdots 0{,}9$.

Diese Werte entsprechen praktisch den natürlichen Werten der Synchronlängsreaktanzen.

3.22 Die Wahl der Transientreaktanz x_d'

Der natürliche Wert der Transientreaktanz hängt ebenfalls von der Drehzahl und von der Maschinenleistung ab [20]. Für die Leistungsabhängigkeit gilt das gleiche wie für die Synchronreaktanz, d. h., für größere Leistungen wird bei konstanter Drehzahl der natürliche Wert der Transientreaktanz kleiner. Anders ist es jedoch mit der Drehzahlabhängigkeit. Während die Synchronreaktanz für größere Polzahl, also niedrigere Drehzahl, bei gleicher Leistung abnimmt (Hauptreaktanz wird kleiner), wird die Transientreaktanz für niedrigere Drehzahlen größer und für höhere Drehzahlen kleiner, weil mit sinkender Polzahl die Nutenzahl je Pol und Strang größer, das Verhältnis der Länge der Stirnverbindungen zur aktiven Eisenlänge kleiner und damit also die Ständerstreureaktanz kleiner wird. Auch der Streuleitwert der Pole und damit die Streuung der Erregerwicklung nimmt mit sinkender Polzahl ab. Aus Gl. (55b) ergab sich nun, daß die „transiente Leistung" und folglich auch die „transiente synchronisierende Leistung" [Gl. (57a)] bei dynamischen Vorgängen umgekehrt von der Größe der Transientreaktanz abhängen, also mit kleiner werdender Transientreaktanz wachsen. Natürlich sind für die Untersuchung der Stabilität immer noch die vorgeschalteten Reaktanzen des Transformators und der Leitung zu beachten (s. Abschn. 9), die in dem dynamischen Fall immer einen größeren Teil der gesamten wirksamen Reaktanz ausmachen als im statischen, weil x'_d viel kleiner ist als x_d. Trotzdem wird eine kleinere Transientreaktanz immer Vorteile bringen, jedoch sind überspitzte Forderungen sicherlich nicht am Platz (vgl. Abschn. 9 u. 10).

Für Maschinen mit normalen Dämpferwicklungen ist nun die untere Grenze der Transientreaktanz durch die untere Grenze der Subtransientreaktanz festgelegt. Man kann für Maschinen mit normalen Dämpferwicklungen oder massiven Polen für das Verhältnis x'_d/x''_d etwa den Wert von 1,5 ansetzen. Für Maschinen mit weniger als 16 Polen kommt man dabei bis in die Größenordnung von 1,2. Nach VDE 0530 (REM) und auch nach ASA (amerikanische Normen) soll nun der maximale Stoßkurzschlußstrom für Schenkelpolmaschinen nicht größer sein als das $15 \cdot \sqrt{2}$fache des Nennstromes. Damit liegt der unterste Wert für x''_d mit etwa 0,12 fest [Gl. (17b)], und die unterste Grenze für x'_d wird also bei etwa 0,19 oder bei wenigpoligen Maschinen bestenfalls bei 0,15 liegen. Eine weitere Verkleinerung ist aus preislichen Gründen nicht sinnvoll.

Die obere Grenze für x'_d wird, wie bereits erwähnt, durch die dynamische Stabilität bestimmt. Ihre Festlegung ist von einem genauen Studium der speziellen Verhältnisse abhängig. Dabei sind von Einfluß die Art der Störungsfälle (zwei- oder dreipolige Kurzschlüsse, plötzliche Entlastung usw.), die Schaltgeschwindigkeit der Schalter, der Aufbau des Netzes, die Schwungmomente, die Erregungs- und Spannungsregelungsart usw.

In Schweden werden neuerdings für die Transientreaktanz Werte zwischen 0,2 und 0,25 gegenüber den älteren Werten von $0,3 \cdots 0,35$ vorgeschrieben, und die Vorschriften der EdF (Electricité de France) nennen Werte zwischen 0,2 und 0,3 bis höchstens 0,35. Die Studienkommission für Generatoren der CIGRE (CIGRE-Bericht Nr. 133/1952) schlägt folgende Werte vor:

n:	$1000 \cdots 500$	$500 \cdots 250$	$250 \cdots 50$ U/min
x'_d:	$0,25 \cdots 0,35$	$0,25 \cdots 0,35$	$0,25 \cdots 0,40$.

Alle diese Werte sind bis auf die Fälle der Maschinen mit kleinen Leistungen und geringen Drehzahlen leicht verwirklichbar, da die natürlichen Werte meist ausreichen. Bei den letzteren jedoch liegen die natürlichen Werte meist höher (bis etwa 0,6).

Die Verkleinerung der Transientreaktanz gegenüber ihrem natürlichen Wert ergibt nun, wie auch die Verkleinerung der Synchronreaktanz, eine Verteuerung der Maschine, wobei man als Näherung für eine Verkleinerung um 20% etwa eine Verteuerung um 15% ansetzen kann. Dies gilt natürlich nur, wenn nicht gleichzeitig z. B. auch die Synchronreaktanz verkleinert werden muß. Um diese Zusammenhänge etwas deutlicher vor Augen zu führen, wollen wir die Beeinflussungsmöglichkeiten der Synchron- und der Transientreaktanz nochmals gegenüberstellen [20]:

a) Die Verkleinerung des Ständerstrombelages A_a [vgl. Formeln (58), (61), (63) u. Abschn. 4] allein ergibt eine Verkleinerung beider Reaktanzen. Das Verhältnis x_d'/x_d bleibt dabei ungefähr konstant. Dazu muß natürlich das Maschinenmodell vergrößert werden.

b) Wenn jedoch der Ständerstrombelag A_a kleiner gemacht wird, so können die Nutabmessungen und die Nutenzahl geändert werden, so daß der Nutstreuleitwert kleiner gemacht werden kann und oft auch der Streuleitwert der Wickelköpfe. Damit wird aber die Ständerstreureaktanz $x_{a\sigma}$ kleiner und folglich auch die Transientreaktanz, während die Synchronreaktanz nur eine geringe Änderung erfährt. Das Verhältnis x_d'/x_d wird also kleiner, wenn A_a verkleinert wird.

c) Wird nur der Luftspalt δ größer gemacht [Gl. (61)], um x_d zu verkleinern (I_{ko}/I_N zu vergrößern), so ändert sich x_d' nur geringfügig. Das Verhältnis x_d'/x_d wird also größer.

d) Das Verhältnis der Länge der Wickelköpfe zur Länge des aktiven Eisens l_s/l_i sowie der Polstreuleitwert und somit auch die Transientreaktanz werden kleiner, wenn die aktive Eisenlänge l_i vergrößert wird, oder genauer, wenn das Verhältnis l_i/τ_p größer gemacht wird, wobei stillschweigend vorausgesetzt ist, daß das Verhältnis A_a/B_1 praktisch nicht geändert wird. Das Verhältnis x_d'/x_d wird damit kleiner.

e) Wenn die Nutenzahl pro Pol und Strang kleiner gemacht wird, so wird x_d' größer, wenn auch in geringem Maße. Diese Tatsache ist mit ein Grund dafür, daß Maschinen mit vielen Polen, also mit einer meist kleinen Polteilung τ_p, die somit wenig Nuten je Pol und Strang haben, große Transientreaktanzen besitzen. Entscheidend ist dabei aber natürlich die größere Polstreuung bei vielpoligen Maschinen.

Turbogeneratoren haben bei hoher Nutenzahl pro Pol und Strang und geringer Läuferstreuung große Werte für die Synchronreaktanz und sehr kleine Werte für die Transientreaktanz. Sie bilden also das Gegenstück zu den vielpoligen Maschinen mit großer Transientreaktanz und verhältnismäßig leicht ausführbarer kleiner Synchronreaktanz.

Die Transientreaktanz ist außer für die dynamische Stabilität auch für die Spannungsänderung bei Belastungsänderung maßgebend. Dieser Gesichtspunkt dürfte aber auf ihre Wahl kaum einen Einfluß haben (Sonderfall: z. B. Eigenbedarfsgeneratoren). Da nämlich der subtransiente Vorgang sehr rasch beendet ist, und zwar so rasch, daß auch ein guter Spannungsregler nicht rechtzeitig eingreifen kann, gilt für regeltechnische Probleme der transiente Spannungssprung als Ausgangspunkt.

3.23 Wahl der Subtransientreaktanzen x_d'' und x_q'' und der Inversreaktanz x_2

Die unterste Grenze von x_d'' ist durch VDE 0530 (REM) und ASA C 50 mit der Begrenzung des Stoßkurzschlußstromes auf das $15 \cdot \sqrt{2}$fache des Nennstromes festgelegt (Turbos über 25 MVA: $18 \cdot \sqrt{2}$fach). Auf die Bedeutung des Verhältnisses x_q''/x_d'' bei zweipoligem Kurzschluß wurde bereits bei der physikalischen Erklärung dieser Reaktanzen hingewiesen. An dem offenen Strang tritt nach Gl. (65) eine Überspannung vom $\left(2\frac{x_q''}{x_d''} - 1\right)$-fachen der Strangspannung auf. Diese Spannung enthält starke Oberwellen (3., 5., 7. und 9. Ordnung), die um so größer sind, je mehr das Verhältnis x_q''/x_d'' von Eins abweicht (vgl. Anhang 4.12). Wenn nun der offene Strang durch Kabel oder leer laufende Leitungen kapazitiv belastet wird, kann durch Resonanz noch eine erhebliche Erhöhung der Spannung auftreten. Um solche Überspannungen zu vermeiden, sollten Generatoren, die betriebsmäßig große Ladeleistungen bewältigen müssen, unbedingt mit vollständigen Dämpferwicklungen ausgerüstet sein, bei denen $x_q''/x_d'' \leq 1{,}3$ ist. Massive Pole mit Pollaschen ($x_q''/x_d'' \approx 1{,}5$) sind hierbei evtl. auch noch ausreichend, während Polgitter von diesem Gesichtspunkt aus vollkommen unwirksam sind ($x_q''/x_d'' = 2 \cdots 3$).

Die oberste Grenze von x_d'' ergibt sich normal aus der Festlegung der obersten Grenze der Transientreaktanz (durch Stabilität). Durch besondere Anordnung der Dämpferstäbe in den Polschuhen (Streuungsvergrößerung) kann x_d'' jedoch weitgehend an x_d' angenähert werden.

Mit der Wahl von x_d'' und x_q'' liegt auch die Inversreaktanz x_2 fest [Gl. (66)]. Damit eine Maschine erhebliche unsymmetrische Belastungen verträgt, ist unbedingt eine vollständige Dämpferwicklung erforderlich, da sich die Forderungen auf geringe Rückwirkung auf das Netz, möglichst geringe Verluste und keine zu hohe Erwärmung und damit Gefährdung der Erregerwicklung nur mit einer kleinen Inversreaktanz und großem wirksamen Kupferquerschnitt, also nur mit vollständiger Dämpferwicklung, erfüllen lassen. In den Tab. 2 und 3 sind charakteristische Reaktanzen ausgeführter europäischer und amerikanischer Maschinen zusammengestellt.

3.24 Anforderungen an die Dämpfungskonstante C_D

Die Wahl der Dämpfungskonstante hängt von den jeweils gegebenen Dämpfungsforderungen ab. Wird z. B. ein starkes asynchrones Moment benötigt, um elektromechanische Eigenschwingungen der Generatoren zu dämpfen, so müssen die Rotorkreise und insbesondere die Dämpferwicklung einen geringen Widerstand haben. Die Dämpfungskonstante wird damit hoch.

Eigenschwingungen der Synchronmaschine (Pendeln) können durch einen zu hohen Widerstand im Ständerkreis (Transformatoren, Leitungen usw., siehe weiter unten) verursacht werden. Sie können aber auch von einem zu schnell wirkenden (im Bereich kleiner Änderungen) Turbinenregler oder durch eine Reglerverzögerungszeit (Totzeit), die in der Größe der halben Schwingungsdauer des Generatorsystems liegt (Generator + Leitung bis zum starren Netz), angeregt und verstärkt werden. Ein besonders kritischer Fall ist schließlich der der Resonanz der hydraulischen Eigenfrequenz (umgekehrt proportional der Rohrleitungslänge L; bei $L = 0$ also unendlich und bei z. B. $L = 1000$ m: 0,5 Hz) mit der Eigenfrequenz der elektromechanischen Schwingungen des Generatorsystems (einschließlich Leitung bis zum starren Netz). Auch hier kann durch entsprechend große Dämpfungskonstante Abhilfe geschaffen werden.

Kommt eine größere einphasige Belastung in Frage (unsymmetrische Belastung), so ist zur Dämpfung des Gegenfeldes mit möglichst geringen Verlusten eine vollständige Dämpferwicklung mit geringer Inversreaktanz und geringem wirksamen Widerstand erforderlich. Die Folge ist auch für diesen Fall eine hohe Dämpfungskonstante.

Wenn ein Generator direkt oder über eine Reaktanz (Transformator + Leitung) auf ein großes Netz arbeitet, so ist er in der Lage, Pendelungen auszuführen. Sind die Leitungen normal dimensioniert, so besteht die Gefahr selbsterregter Schwingungen nur bei Schwachlast und induktiver Belastung (Blindleistungsabgabe). Geblechte Pole ohne Dämpferwicklung sind dabei meist zur Vermeidung dauernder Schwingungen ausreichend, wenn sowohl die speisende Maschine als auch das Netz groß sind. Arbeitet jedoch eine kleine Maschine auf ein großes (starres) Netz über Leitungen hohen Widerstandes, dann besteht immer die Gefahr von selbsterregten Schwingungen [52]. Wenn die Spannungsabfälle auf den Leitungen kleiner als 5% sind, so genügen dabei Massivpole mit einer Dämpfungskonstante $C_D = 10$. Ist der Spannungsabfall jedoch größer, so müssen vollständige Dämpferwicklungen verwendet werden. Diese schützen den Generator in jedem Fall auch vor selbsterregten Schwingungen bei kleinem x_{Ltg}, was bei der steigenden Serienkompensation der Freileitungen von besonderer Bedeutung ist. Nach LAIBLE [28, 29]

98   3. Konstanten und Reaktanzen der Synchronmaschine

kann man bei den verschiedenen Ausführungsmöglichkeiten der Pole folgende Werte der Dämpfungskonstante erreichen:

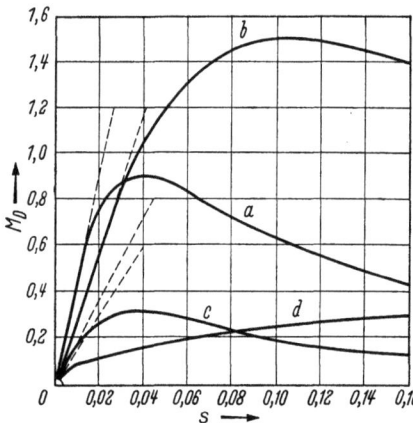

Abb. 40. Dämpfungsmomente verschiedener Maschinenbauarten
a) 40 MVA, 500 U/min, vollständige Dämpferwicklung, großer Querschnitt, hohe Reaktanzen;
b) 26 MVA, 68 U/min, vollständige Dämpferwicklung, kleiner Querschnitt, niedere Reaktanzen;
c) 18 MVA, 500 U/min, Polgitter, großer Querschnitt, hohe Reaktanzen;
d) 37,5 MVA, 500U/min, massive Pole, mäßige Reaktanzen
M_D Dämpfungsmoment, s Schlupf
(entnommen [29])

a) Geblechte Pole ohne Dämpferwicklung: $C_D < 1$,

b) Massivpole: $C_D = 5 \cdots 15$, wobei der hohe Wert für Massivpole mit Polverbindungen gilt,

c) Polgitter: $C_D = 5 \cdots 25$,

d) vollständiger Dämpferkäfig: $C_D \geq 20\,(20 \cdots 50)$.

Bei c) und d) gelten die niedrigen Werte jeweils für hohe Widerstände und die hohen Werte für niedrige Widerstände, also großen Querschnitt der Dämpferwicklung.

Die Dämpfungskonstante gibt, wie bereits erwähnt, die Neigung der stationären asynchronen Momentenkennlinie an. Das Asynchronmoment errechnet sich zu $M_D = -C_D\,s$. Die in der Praxis auftretenden Schlupfgrößen liegen zwischen 0,02 und 0,06. Zum Vergleich sind in Abb. 40 einige Momentenkennlinien über dem Schlupf aufgetragen (entnommen aus der Literaturstelle [29]).

3.25 Die Festlegung der Anlaufzeitkonstante

Die Anlaufzeitkonstanten von Wasserkraftgeneratoren liegen bei günstiger elektrischer Bemessung (natürliche Anlaufzeitkonstante) etwa zwischen 2 und 10 s. Dabei spielt das Konstruktions- und Berechnungsprinzip der einzelnen Firmen eine erhebliche Rolle, so daß die natürlichen Werte der einzelnen Herstellerfirmen ziemlich weit voneinander abweichen [20].

Die praktisch auszuführende Anlaufzeitkonstante und damit das in einer Maschine unterzubringende Schwungmoment wird durch die zulässige Drehzahlüberschwingweite (Drehzahlanstieg bei plötzlicher Entlastung), die Stabilität der Turbinenregulierung und die Stabilität der Energieübertragung festgelegt.

Bei einer plötzlichen Vollentlastung der Turbine, d. h. also, wenn der mit Nennleistung arbeitende Generator plötzlich vom Netz abgetrennt wird, muß die vorhandene Energie der Wassermassen, die nicht plötzlich abgebremst werden kann, aufgebraucht werden. Dies geschieht durch Beschleunigung der Schwungmassen (Umwandlung in kinetische Energie). Daraus folgt ein Drehzahlanstieg, der um so schneller vor sich geht und um so höher ist, je langsamer der Turbinenregler die Leitschaufeln schließt (Schließzeit T_s) und je kleiner die Anlaufzeitkonstante (mechanische, T_{Ac}) ist. Damit kann man also in erster Näherung für die *Überschwingweite* (vorübergehender Drehzahlanstieg) ansetzen:

$$S \approx \frac{1}{2} \frac{T_s}{T_{Ac}}.$$

Diese Formel ist natürlich nur eine grobe Näherung [15], da sie unter der Voraussetzung konstanten Turbinenmomentes (von der Drehzahl unabhängig und nur von der Öffnung festgelegt) und unter Vernachlässigung des Druckstoßes aufgestellt wurde. Für eine grobe Beurteilung der Verhältnisse genügt sie jedoch. Man sieht daraus nämlich, daß bei Verminderung der Schließzeit die Anlaufzeitkonstante bzw. das Schwungmoment bei gleicher Drehzahlüberschwingweite vermindert werden kann, was jedoch bei gleichem Rohrquerschnitt einen höheren Druckanstieg in der Rohrleitung und einen hochwertigeren Turbinenregler bedingt. Je nachdem, wie sich nun der gesamte Aufwand auf die 3 Faktoren Rohrleitung, Regelung und Schwungmoment verteilt, werden die Forderungen der Turbinenbauer für das Schwungmoment unterschiedlich. Von elektrischer Seite könnte man heute bei den zur Verfügung stehenden, schnell ansprechenden Spannungsreglern einen vorübergehenden Drehzahlanstieg bis zu 50% und sogar einen noch höheren zulassen, was jedoch nur gilt, wenn an den Generatorklemmen keine Nahverbraucher angeschlossen sind und die Generatoren nicht auf lange Fernleitungen arbeiten.

Die zulässige Drehzahlüberschwingweite (Drehzahlsteigerung) ist aber, wie gesagt, nur einer der Gesichtspunkte für die Festlegung der erforderlichen Anlaufzeitkonstante. Die zweite Forderung, die erfüllt werden muß, ist die der *Stabilität der Turbinenregulierung* (Drehzahlregelung), und die dritte ist die Forderung auf *Stabilität der elektrischen Energieübertragung*. Die letztere ist bei Wasserkraftgeneratoren jedoch kaum von Einfluß auf die Schwungmomentwahl, da die Erfüllung der Forderung auf Stabilität der Turbinenregulierung und die Einhaltung einer maximal zulässigen Drehzahlsteigerung bei guter Dämpfung praktisch immer die Gewähr einer stabilen Energieübertragung selbst bei schwachen Kuppelleitungen einschließt (Achtung bei Generator-Motorbetrieb!).

Die Forderung der Stabilität der Turbinenregulierung hingegen kann die Wahl der Anlaufzeitkonstante erheblich beeinflussen. Wie die Erläuterungen zu Gl. (74) besagen, ist der Faktor k von den Regelungs-, den Turbinen- und den Netzverhältnissen abhängig. Nachdem die Regelungs- und Turbinenverhältnisse praktisch immer durch die Wahl des Reglers und der Turbinenart festgelegt sind (hydraulische Verhältnisse), bleibt der Betrag des Faktors k nur noch eine Funktion der Netzverhältnisse. Die „Netzverhältnisse" bestimmen nämlich die selbstregulierenden Eigenschaften des Netzes (Netzmomentenkennlinie). Es ist bekannt, daß bei jeder Stellung des Leitapparates das Drehmoment der Turbine mit steigender Drehzahl sinkt und daß das Gegenmoment der Generatoren sich nach der Netzmomentenkennlinie richtet. Unter Netzmomentenkennlinie soll die Leistungsaufnahmefähigkeit des Netzes bei veränderlicher Frequenz verstanden werden. Man trägt zu ihrer Ermittlung anstelle der Leistung das Moment, also P_s/ω [Ws], über der Frequenz- bzw. Drehzahlabweichung von der Nennfrequenz bzw. Nenndrehzahl auf. Wie aus der Praxis bekannt ist, treten Schwierigkeiten in der Drehzahlregelung auf, wenn die Belastung frequenzunabhängig ist, d. h. also z. B. durch reine Ω-Belastung (Heizungen, Elektrolyse usw.) dargestellt wird, und zwar besonders dann, wenn die Spannung und damit die Leistung automatisch konstant gehalten werden. Frequenzunabhängige Belastung heißt nämlich, daß das Gegenmoment des Netzes, also das Generatorlastmoment, im Arbeitspunkt die Neigung -1 hat ($= 135°$ gegenüber der Abszisse bei gleicher Teilung auf Ordinate und Abszisse). Damit ändert sich aber das Gegenmoment des Netzes mit dem Turbinenmoment bei Drehzahlabweichung gleichsinnig, und die Stabilität ist gefährdet. Bei motorischer Netzlast treten diese Schwierigkeiten nicht auf, weil die Generatorbelastung (Netzmomentenkennlinie) sich mit der Frequenz gleichsinnig ändert und damit sich für jede Netzfrequenz ein stabiler Schnittpunkt zwischen dem Generatorbelastungsmoment (Netzmoment) einerseits und dem Turbinenmoment andererseits ergibt. Die Fälle von gemischter Ohmscher und motorischer Last geben Momentenkennlinien, die zwischen diesen beiden Grenzfällen liegen. Man sieht daraus, daß der Faktor k von der Art der Netzlast abhängig ist.

Man kann nun für den Fall der frequenzunabhängigen Belastung Abhilfe schaffen, indem man das Schwungmoment, also die Anlaufzeitkonstante, stark vergrößert. Diese Maßnahme führt aber zu einer bedeutenden Verteuerung der Synchronmaschine. Eine einfachere Abhilfe, die vor allem wesentlich wirtschaftlicher ist, ist die vorübergehende frequenzabhängige Beeinflussung der Spannungsregelung, indem man während der Drehzahlregelungsvorgänge durch vorübergehende Spannungsänderung für eine gleichsinnige Änderung der Generatorbelastung, also der Netzmomentkennlinie, mit der Frequenz sorgt. Man kommt dann mit einem kleineren Schwungmoment aus.

Der extreme Fall der frequenzunabhängigen Belastung kommt aber praktisch nur bei Alleinbetrieb des Generators oder Kraftwerkes auf ein eigenes Verbrauchernetz (Inselbetrieb) in Frage. Speist hingegen der

Generator direkt auf ein starres Verbundnetz, so ist ein solcher Fall praktisch ausgeschlossen.

Die jeweils maßgebenden Faktoren k kann man durch Messung der Netzmomentenkennlinie bei bekannten Turbinen- und Regelungsverhältnissen bestimmen und dann T_{Ac} entsprechend Gl. (74) errechnen. Nachdem mit steigender Industrialisierung (mehr motorische Last) die selbstregulierenden Eigenschaften der Netze besser werden, ist nicht zu befürchten, daß die gewählte Anlaufzeitkonstante später einmal, z. B. bei Zusammenschluß mit anderen Netzen, nicht mehr ausreichend sein dürfte.

Zusammenfassend ist also zu sagen, daß die Anlaufzeitkonstante entsprechend den Forderungen der zulässigen Drehzahlüberschwingweite und der Stabilität der Turbinenregelung festgelegt werden muß. Dabei gibt immer die höhere Forderung den Ausschlag und legt also den Betrag der Anlaufzeitkonstante fest.

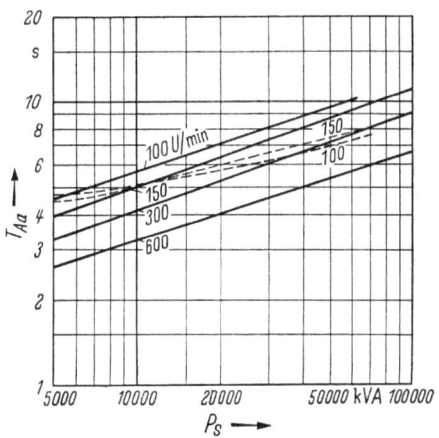

Abb. 41. Anlaufzeitkonstanten von Wasserkraftgeneratoren bei günstigster elektrischer Bemessung („natürliche" Werte)
——— 80% Überdrehzahl
– – – 150% Überdrehzahl

Zum Schluß dieses Abschnittes wollen wir noch auf die Auswirkung einer Schwungmomentabweichung oder einer Abweichung der Anlaufzeitkonstante von ihren natürlichen Werten auf Gewicht und Preis der Maschine eingehen. In Abb. 41 ist die natürliche Anlaufzeitkonstante[1] als Funktion der Leistung mit der Drehzahl als Parameter dargestellt [mechanische Anlaufzeitkonstante $T_{A\,mech} = \frac{T_{Aa}}{\cos\varphi}\eta(1+\gamma)$; $\gamma =$ Turbinenanteil und $\eta(1+\gamma) \approx 1$]. Man sieht daraus, daß die Anlaufzeitkonstante mit zunehmender Leistung und abnehmender Drehzahl ansteigt und daß sie außerdem von der Höhe der geforderten Durchgangsdrehzahl abhängig ist.

Man kann nun sagen, daß eine elektrische Maschine im allgemeinen — und dies gilt streng für Maschinen im mittleren Drehzahlbereich — um so wirtschaftlicher ausfällt, je größer das Verhältnis von Eisenlänge zum Ständerbohrungsdurchmesser gewählt werden *kann*. Der zulässige Grenzwert entspricht der optimalen Lösung und ergibt die natürlichen Werte

---

[1] Nach Angaben der Siemens-Schuckertwerke.

der Anlaufzeitkonstante. Je höher nun die geforderte Anlaufzeitkonstante liegt, um so größer muß der Durchmesser des Polrades gewählt werden. Die obere Grenze hierfür ist durch die maximal zulässige Umfangsgeschwindigkeit bei Durchgangsdrehzahl gegeben. Darüber hinaus muß bei noch höherer T_A-Forderung dann die Eisenlänge über die Erfordernisse der elektrischen Dimensionierung hinaus vergrößert werden. Das Gewicht und damit der Preis der Maschinen steigen nun rascher an, weil die Vergrößerung der Anlaufzeitkonstante in diesem Bereich einer Überdimensionierung der Maschine entspricht. Gleichzeitig damit nehmen natürlich die Beträge aller Reaktanzen etwas ab, weil der Ständerstrombelag niedriger wird. Mit größer werdendem Durchmesser nehmen bei gleicher Drehzahl die Verluste, vor allem die Ventilationsverluste, zu, so daß sich der Wirkungsgrad, besonders bei Teillasten, verschlechtert.

Der Anstieg des Maschinenpreises bei Vergrößerung der Anlaufzeitkonstante gegenüber ihrem natürlichen Wert beträgt für 25% Vergrößerung etwa 6 $\cdots$ 7%. Der Preis steigt bis dahin etwa linear mit der Anlaufzeitkonstante. Bei weiterer Vergrößerung des Schwungmomentes kann der Anstieg steiler werden und z. B. für 100% Vergrößerung bis zu 30% betragen.

Am schwierigsten ist es, im Verhältnis zu den natürlichen Werten hohe Schwungmomentforderungen (hohe Anlaufzeitkonstanten) bei hochtourigen Maschinen zu erfüllen (kritische Drehzahl, Fliehkraft, gedrängte Bauform). Bei mitteltourigen Maschinen kann man solche Schwungmomentforderungen durch Zusatzschwungräder oft erfüllen. Dabei muß aber immer beachtet werden, daß Schwungräder die Zugänglichkeit behindern können und bei senkrechten Bauformen die Maschinenlänge vergrößern. Aus diesen Gründen kommen Zusatzschwungräder eigentlich mehr für waagerechte Maschinensätze in Frage. Bei langsam laufenden Maschinen, die ja meist mit senkrechter Welle ausgeführt werden, ist das erforderliche Schwungmoment praktisch immer unterzubringen, da hier z. B. durch Verstärkung des Rotorkranzes viel erreicht werden kann.

4. Die elektrische Bemessung von Synchronmaschinen, betrachtet am Beispiel der Wasserkraftgeneratoren[1]

Ein Abschnitt über die elektrische Bemessung der Synchronmaschinen ist zwar zum Verständnis des Betriebsverhaltens nicht unbedingt erforderlich, als Ergänzung zu dem Abschnitt über die „Konstanten und Reaktanzen" ist er aber sicher zweckmäßig, und aus diesem Grunde wurde er in die Abhandlung aufgenommen. Behandelt wird wieder das Beispiel des Wasserkraftgenerators. Die Bemessung der anderen Schenkel-

---

[1] Lit.: [3, 10, 17, 32, 46, 50].

polmaschinen erfolgt nach ähnlichen, entsprechend abgewandelten Gesichtspunkten.

Die elektrische Bemessung von Wasserkraftgeneratoren wird schwieriger sein als die der normalen Turbogeneratoren, weil eine Vielzahl von zusätzlichen Forderungen gestellt werden (vgl. Abschn. 2 und 3).

Während bei Turbogeneratoren in der Dimensionierungsgleichung (75) die Drehzahl praktisch eine Konstante ist (große Turbogeneratoren werden nur für 3000 U/min bei 50 Hz bzw. 3600 U/min bei 60 Hz bemessen), ist sie für Wasserkraftgeneratoren eine Veränderliche, die von 60 U/min bis 1000 U/min als Nenndrehzahl schwanken kann (Kaplan-, Francis- und Freistrahlturbinen). Dazu kommt noch, daß die mechanischen Abmessungen und die konstruktive Ausführung der Läufer von Wasserkraftgeneratoren stark von der Durchgangsdrehzahl beeinflußt werden, die sogar bei gleicher Betriebsdrehzahl und Leistung in weiten Grenzen variieren kann (Grenzbereich zwischen Kaplan- und Francisturbinen sowie Francis- und Freistrahlturbinen und Gefälleunterschiede). Auf die weiteren Forderungen bezüglich Schwungmoment, Blindleistungsaufnahme, Kurzschlußverhältnis usw. wurde bereits in den Abschn. 2 und 3 hingewiesen. Aus all diesen Forderungen ersieht man, daß es nur selten möglich sein dürfte, für verschiedene Anlagen, auch bei gleicher Maschinenleistung, gleiche Generatoren zu verwenden.

Nun zu den Überlegungen, die vom Maschinenhersteller zur Erfüllung all dieser Forderungen angestellt werden müssen:

Grundbegriffe und Hauptabmessungen. Für die Bemessung jeder Synchronmaschine ist die Scheinleistung (kVA) maßgebend. Diese kann durch die Hauptabmessungen und die elektrischen und magnetischen Hauptgrößen, wie Ständerstrombelag A_a bei Nennstrom und Grundfeldinduktion B_1 bei Nennspannung, für Drehstrom-Synchrongeneratoren mit ungesehnter Ständerwicklung ausgedrückt werden als:

$$P_s = 1{,}11 \cdot D^2 l_i n A_a B_1 10^{-8} \quad [\text{kVA}], \qquad (75)$$

wobei einzusetzen ist:

D Bohrungsdurchmesser [m], A_a Ständerstrombelag [A/cm],
l_i effektive Eisenlänge [m], B_1 Grundfeldinduktion [G].

Setzt man in Gl. (75) für

$$1{,}11 \cdot A_a B_1 10^{-8} = C, \qquad (76\text{a})$$

so erhält man aus derselben die für den Entwurf wichtige Maschinenkonstante

$$C = \frac{P_s}{D^2 l_i n}. \qquad (76\text{b})$$

Aus Erwärmungsgründen ist weiterhin das Verhältnis l_i/τ_p (= Eisenlänge zu Polteilung) für die Wahl der Hauptabmessungen von Bedeutung.

104 4. Die elektrische Bemessung von Synchronmaschinen

Sowohl die Maschinenkonstante C als auch die Polteilung und das Verhältnis l_i/τ_p sind in starkem Maße von der Polleistung (kVA/2p) abhängig (Erwärmungs- und Belüftungsfrage). In Abb. 42 sind Grenzwerte der Maschinenkonstante C für Wasserkraftgeneratoren in Abhängigkeit von der Polleistung dargestellt. Die Werte gelten etwa für einen Nennleistungsfaktor von 0,8 und normale Spannungen. Sie werden jedoch praktisch nur erreicht, wenn z. B. hohe Schwungmomentforderungen durch Vergrößerung des Bohrungsdurchmessers (D) verwirklicht werden können (Grenze durch Umfangsgeschwindigkeit und spezifische Fliehkraft) und wenn dabei das Leerlaufkurzschlußverhältnis frei wählbar ist. Bei großen Maschinen mit niedrigen Drehzahlen (bis etwa 300 U/min) können dabei allerdings meist noch ausreichende Leerlaufkurz-

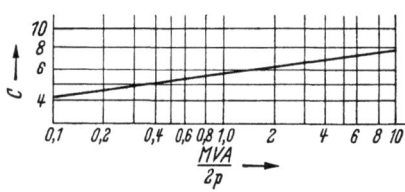

Abb. 42. Maschinenkonstante von Wasserkraftgeneratoren [32]

schlußverhältnisse erreicht werden. Anders liegen die Verhältnisse bei schnell laufenden Maschinen (500 ··· 1000 U/min). Hier sind erhöhte Schwungmomentforderungen praktisch nur durch elektrische Überdimensionierung der Maschinen verwirklichbar. Das gleiche gilt für erhöhte Leerlaufkurzschlußverhältnis-Forderungen. Damit wird der Grenzwert der Maschinenkonstante für schnell laufende Maschinen in der Praxis fast nie erreicht. Die verschiedenen Herstellerfirmen setzen für die Maschinenkonstante etwas voneinander abweichende Grenzwerte an, da diese auch von der Maschinenkonstruktion, also z. B. von der Wirksamkeit und Ausführung der Belüftung u. dgl. m., abhängen.

Für die Polteilung τ_p gilt nun:

$$\tau_p = \frac{D\pi}{2p}, \quad \text{woraus} \quad D = \frac{\tau_p 2p}{\pi}$$

wird. Durch Einsetzen dieses Wertes von D in Gl. (76b) erhält man bei 50 Hz nach einer kurzen Umrechnung das Verhältnis l_i/τ_p zu:

$$\frac{l_i}{\tau_p} = \frac{P_s/2p}{606,6\, C\, \tau_p^3}. \qquad (77)$$

Für Langpolmaschinen, d. h. praktisch alle Maschinen größerer Leistung, kann das Verhältnis l_i/τ_p zwischen 1 und 5 schwanken.

Für Rundpolmaschinen (kleinere und mittlere Leistungen) liegt das Verhältnis gewöhnlich in den wesentlich engeren Grenzen 0,6 ··· 0,7. Damit kann der Bohrungsdurchmesser für Rundpolmaschinen auf einfache Weise aus der Gleichung

$$D = \sqrt[3]{\frac{P_s}{C\, n} \cdot \frac{2p/\pi}{l_i/\tau_p}} \quad [\text{m}] \qquad (78)$$

ermittelt werden. Diese Gleichung ergibt sich aus der mit τ_p erweiterten Gl. (76b) durch einfache Umrechnung. Der so ermittelte Durchmesser muß natürlich noch bezüglich der höchsten Umfangsgeschwindigkeit bei Durchgangsdrehzahl überprüft werden, weil die zulässige Umfangsgeschwindigkeit mechanisch begrenzt ist.

Für Langpolmaschinen schwankt nun das Verhältnis l_i/τ_p, wie bereits gesagt, in weiten Grenzen, und außerdem ist es stärker von der Polleistung abhängig, so daß man nicht direkt mit Gl. (78) arbeiten darf. Legt man bestimmte Zahlenwerte K für das Verhältnis der Durchgangsdrehzahl zur Nenndrehzahl fest und außerdem die höchstzulässige Umfangsgeschwindigkeit bei der jeweiligen Durchgangsdrehzahl, so erhält man die jeweils maximal zulässige Polteilung τ_p, und es ergibt sich eine brauchbare Mittelwertskurve für die Polteilung in Abhängigkeit von der Polleistung. Unter Verwendung der Gl. (77) und der Werte der Abb. 42 für die Maschinenkonstante erhält man daraus dann die Mittelwertskurve für das Verhältnis l_i/τ_p.

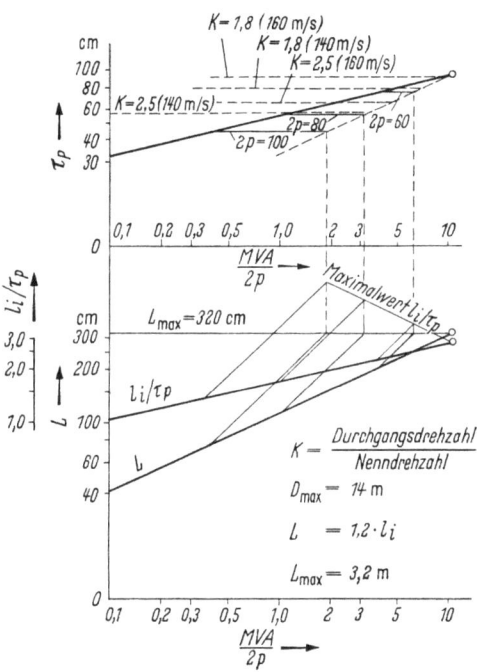

Abb. 43. Polteilungen und Maschinenlängen von Wasserkraftgeneratoren [32]

Beide Kurven sind in Abb. 43 dargestellt. Dabei ist für das Verhältnis der Durchgangsdrehzahl zur Nenndrehzahl $K = 1{,}8$ für Francis- und Peltonturbinen und $K = 2{,}5$ für Kaplanturbinen angenommen worden. Außerdem wurde für die Grenzwerte bei einteiliger Ausführung der Polräder die Umfangsgeschwindigkeit $v_{\max}$ mit 160 m/s[1] und für mehrteilige Polräder bzw. Blechketten mit $v_{\max} = 140$ m/s angesetzt. Rechnet man nun für das Verhältnis der gesamten Eisenlänge L zur effektiven Eisenlänge l_i mit $L/l_i \approx 1{,}2$, so erhält man auch die Gesamtlänge L, die ebenfalls in Abb. 43 dargestellt ist. Die in der Ab-

---

[1] In Einzelfällen werden hierfür heute über 200 m/s zugelassen. Die Abb. 42 bis 44 entsprechen dem Stand der Technik von 1955 und sollen, wie auch die Annahmen zeigen, nur prinzipiell die Zusammenhänge erläutern.

106   4. Die elektrische Bemessung von Synchronmaschinen

bildung eingetragenen Grenzpolteilungen wurden unter Zugrundelegung eines maximal noch ausführbaren Bohrungsdurchmessers von $D_{max} = 14$ m und die Grenzwerte für l_i/τ_p für eine maximale Baulänge $L = 3{,}2$ m ermittelt (Transportgrenzen).

Aus den Grenzpolteilungen und den jeweiligen Polzahlen erhält man die in Abb. 44 eingetragenen Grenzleistungen. Auch in dieser Abbildung wird zwischen Francis- und Freistrahlturbinen einerseits und Kaplanturbinen andererseits unterschieden. Der Knick in den Kurven ist

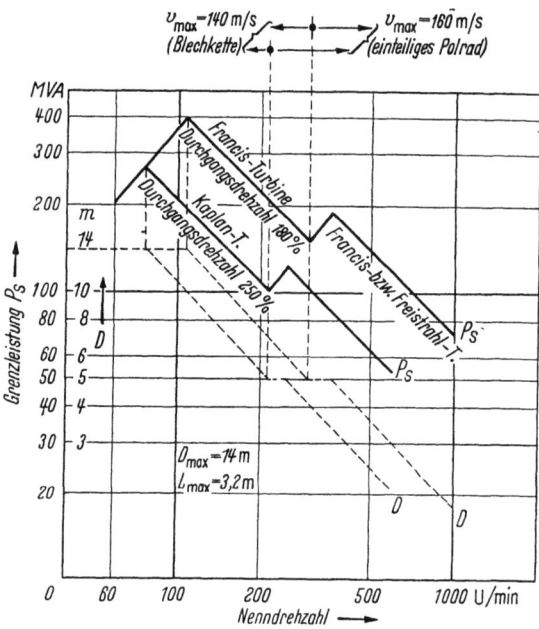

Abb. 44. Grenzleistungen von Wasserkraftgeneratoren [32]

bedingt durch die verschiedenartige Ausführung der Polräder, die bis zu Bohrungsdurchmessern von 5 m einteilig und darüber mehrteilig bzw. als Blechkette ausgebildet werden. Anhand der Abbildung kann man feststellen, daß von seiten des Generatorbaues alle Forderungen, die der Turbinenbau heute hinsichtlich der Grenzleistung stellt, erfüllt werden können. Für Leistungen über 250 MVA (Drehzahlbereich von 70 ··· 200 U/min) muß dabei zur Beherrschung der hohen Traglagerlasten die magnetische Traglagerentlastung angewandt werden, wenn die Ausführung wirtschaftlich sein soll. Die angegebenen Grenzleistungen berücksichtigen selbstverständlich keine von den natürlichen Werten stark abweichenden Schwungmomentforderungen und auch keine erhöhten Forderungen bezüglich des Leerlaufkurzschlußverhältnisses, da sie mit Hilfe der Grenzwerte der Maschinenkonstante ermittelt wurden. Wie wir bereits weiter vorn betonten, geht die Maschinenkonstante bei solchen Forderungen nämlich in ihrem Betrag zurück, womit sich dann auch die Grenzleistungen entsprechend erniedrigen. Dies ist insbesondere für die hohen Drehzahlen (400 ··· 1000 U/min) von Bedeutung, wo die natürlichen Werte der Anlaufzeitkonstante und des Leerlaufkurzschlußverhältnisses nach den heute vom Turbinenbau und den Energieversorgungsunternehmen gestellten Forderungen meist zu niedrig liegen (vgl.: Abhängigkeit der Synchronreaktanz von der Drehzahl in Abschn. 3). Sind jedoch die natürlichen Werte ausreichend, dann kann l_i/τ_p (und damit auch L) nach Abb. 43 unter Beachtung der Grenzwerte und C nach Abb. 42 angenommen und damit D nach Gl. (78) errechnet werden. Die Polpaarzahl p ergibt sich dabei aus der geforderten Nenndrehzahl zu $p = 60\,f/n$.

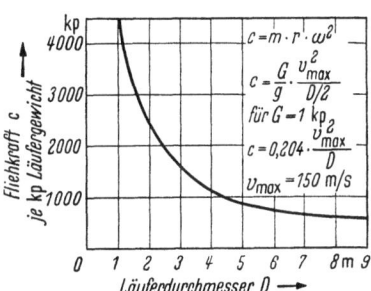

Abb. 45. Abhängigkeit der spezifischen Fliehkraft von Durchmesser und Umfangsgeschwindigkeit des Läufers [32]

Schwieriger sind die Verhältnisse allerdings, wenn die Schwungmomentforderung hoch ist oder der Bohrungsdurchmesser mit Rücksicht auf den Einbau der Turbinenlaufräder bei Maschinensätzen mit senkrechter Welle verhältnismäßig groß gefordert wird. Das gleiche gilt natürlich auch bei Abweichung der Durchgangsdrehzahlen von den bisher angenommenen Werten (1,8 bzw. 2,5) und bei vorgeschriebenen Reaktanzwerten und vorgegebener Maschinenspannung.

Zur Lösung des Problems muß dann zunächst der *Bohrungsdurchmesser* bzw. die Schwungmomentforderung überprüft und danach der endgültige Bohrungsdurchmesser festgelegt werden. Dabei können bei kleinem Läuferdurchmesser und hohen Drehzahlen die Fliehkräfte sehr groß werden, so daß eine Ausführung trotz zulässiger Umfangsgeschwindigkeit nur noch mit höchstem Aufwand möglich ist, was natürlich eine starke Verteuerung der Maschine zur Folge hat. In Abb. 45 haben wir die spezifische Fliehkraft, das ist die Fliehkraft eines Läufergewichtes von 1 kp, für eine konstante Umfangsgeschwindigkeit von 150 m/s über dem Läuferdurchmesser aufgetragen. Bei größerer Umfangsgeschwindigkeit liegt die entsprechende Kurve etwas höher und bei niedrigerer etwas tiefer. Aus der Abbildung erkennt man, daß die absolute Zunahme der spezifischen Fliehkraft im Bereich großer Durchmesser klein ist, daß sie aber bei Läufern unter 3,5 m Durchmesser schnell zunimmt. Damit werden also besonders bei den schon erwähnten Generatoren mit hoher Drehzahl und kleinem Läuferdurchmesser an die

4. Die elektrische Bemessung von Synchronmaschinen

Polradkonstruktion und Polbefestigung besondere Anforderungen gestellt (Kammkonstruktion).

Für Maschinen mit mittleren und niedrigen Drehzahlen ergibt sich der maximal ausführbare Läuferdurchmesser aus der maximal zulässigen Umfangsgeschwindigkeit v_{max} bei Durchgangsdrehzahl. Es gilt allgemein für die Umfangsgeschwindigkeit bei Durchgangsdrehzahl:

$$v = \frac{\pi D n_D}{60} \quad [\text{m/s}], \qquad (79)$$

wenn D in Metern und n in U/min eingesetzt wird. Damit wird der maximal zulässige Durchmesser:

$$D_{max} = \frac{60 v_{max}}{\pi n_D}. \qquad (80)$$

Der gewählte Durchmesser muß also kleiner oder höchstens gleich diesem Wert sein, wobei man normalerweise für einteilige Polräder v_{max} mit 160 m/s und bei mehrteiligen Polrädern mit 140 m/s ansetzt. Die maximal zulässigen Umfangsgeschwindigkeiten sind natürlich in der Praxis genauer spezifiziert (Stahlgußräder, Kranzringläufer, Blechkettenläufer usw.) und können bei Verwendung von Sonderstählen gegenüber den genannten Werten noch erhöht werden.

Hat man den maximal zulässigen Läuferdurchmesser ermittelt und liegt dieser außerhalb des geforderten Bohrungsdurchmessers oder ist eine solche Forderung nicht gegeben, so kann nun das Schwungmoment überprüft werden.

Das *Schwungmoment* einer Maschine errechnet sich angenähert aus der Beziehung
$$GD^2 \approx S D^4 L \quad [\text{Mpm}^2] \qquad (81)$$

mit D und L in Metern. S ist dabei eine Größe (Schwungziffer), die bei gewählter Polradkonstruktion (massiver Stahlgußläufer, gegossene Kranzringe, geschmiedete Kranzringe oder Blechkette) von der sich ergebenden maximalen Umfangsgeschwindigkeit bei Durchgangsdrehzahl und der Polzahl abhängt. — S steigt für einteilige Polräder mit steigender Umfangsgeschwindigkeit etwas an (weniger als linear) und fällt mit steigender Polzahl. Die Schwungziffer hängt außerdem sehr von dem Konstruktionsprinzip der einzelnen Firmen ab, und die in Gl. (81) einzusetzenden Werte sind deshalb etwas unterschiedlich.

Weicht das geforderte Schwungmoment (Turbinenforderung) von dem natürlichen Wert ab, so kann der Polraddurchmesser aus den Gln. (76b) und (81) angenähert zu

$$D = \sqrt{\frac{C}{S} \frac{GD^2 n}{1,2 P_s}} \qquad (82)$$

ermittelt werden. In dieser Gleichung sind alle Größen gegeben, wobei C aus Abb. 42 entnommen werden kann. Der so ermittelte Bohrungsdurchmesser muß natürlich noch bezüglich der Durchgangsdrehzahl überprüft werden [Gl. (80)]. Ergibt sich dabei ein zu hoher Wert, so muß mindestens auf den Grenzwert zurückgegangen werden. Dabei wird sich die Schwungziffer auf Grund der verminderten Umfangsgeschwindigkeit etwas verkleinern, was wir aber hier vernachlässigen wollen, so daß nun in Gl. (82) bei festgelegtem $D = D_{max}$ alle Größen außer C bestimmt sind. Die Maschinenkonstante C muß danach quadratisch mit dem Durchmesser zurückgesetzt werden (elektrische Überdimensionierung). Damit wächst aber nun die Maschinenlänge L umgekehrt proportional mit der vierten Potenz der Änderung des Durchmessers, wie sich leicht nach entsprechender Umformung der Gln. (76b) und (81) beweisen läßt:

a)
$$L = 1{,}2\, l_i = \frac{P_s \cdot 1{,}2}{D^2 C n} \qquad (83\text{a})$$
oder

b)
$$L = \frac{G D^2}{S D^4}. \qquad (83\text{b})$$

Im Fall a) geht D selbst quadratisch ein, und in C steckt es nochmals quadratisch. Im Fall b) geht D direkt mit der vierten Potenz ein.

Beispiel. Ist der Durchmesser $D = 1$ nach Gl. (82) und wird er nach Gl. (80) aber nur mit $D = 0{,}9$ zugelassen, so wird $C' = 0{,}81 C$ und damit

$$L' = \frac{P_s \cdot 1{,}2}{0{,}81 \cdot 0{,}81\, C n} = \frac{1}{0{,}656} L$$

oder

$$L' = \frac{G D^2}{S \cdot 0{,}656} = \frac{1}{0{,}656} L.$$

Daraus erkennt man sofort die große Schwierigkeit, die besonders bei Maschinen mit hohen Drehzahlen und hohen Schwungmomentforderungen zu erwarten ist. Der maximal zulässige Durchmesser ist nämlich durch die höchstzulässige Umfangsgeschwindigkeit und die dabei auftretende Fliehkraft festgelegt, und eine erhöhte Schwungmomentforderung kann nur durch eine Vergrößerung der Eisenlänge L erfüllt werden. Die maximal zulässige Maschinenlänge ist aber auch begrenzt, und zwar einerseits mechanisch durch die Bedingung der kritischen Drehzahl und andererseits durch die Forderung einer ausreichenden Belüftung (Kühlung). Damit wird klar, daß die Erfüllung hoher Schwungmomentforderungen (angestrebt: Schwungmomentunterbringung in der Maschine) für schnell laufende Maschinen oft nicht nur ein Problem darstellt, das einen höheren Maschinenpreis (Überdimensionierung) zur Folge hat, sondern daß oft die gestellten Forderungen technisch unerfüllbar sind.

Selbstverständlich müßte diese Schwierigkeit theoretisch auch bei langsam laufenden Maschinen auftreten, aber hier liegen die maximalen Umfangsgeschwindigkeiten meist bei größeren Durchmessern, als sie die Schwungmomentforderung vorschreibt, so daß die letztere in den meisten Fällen erfüllt werden kann.

Bei mittleren Drehzahlen (250 $\cdots$ 400 U/min) allerdings kann es auch vorkommen, daß der maximal zulässige Durchmesser nicht ausreicht, so daß zur Maschinenverlängerung gegriffen werden muß. Das Maximum des Schwungmomentes ist dann von der maximal zulässigen Maschinenlänge abhängig, die in diesem Drehzahlbereich ein reines Belüftungsproblem darstellt.

Die Forderung eines *erhöhten Leerlaufkurzschlußverhältnisses* gegenüber dem sich aus der Schwungmomentforderung ergebenden führt — da an der Grundfeldinduktion praktisch nichts geändert werden kann — nach Gl. (61) zu der Notwendigkeit einer Erniedrigung des Ständerstrombelages und damit nach Gl. (76a) zu einer Herabsetzung der Maschinenkonstante. Da nun aber die Forderung der Gl. (75) erfüllt sein muß, entspricht diese Bedingung einer Vergrößerung des Maschinenmodells. Mit der Vergrößerung des Leerlaufkurzschlußverhältnisses werden in den meisten Fällen auch die Beträge der Transient- und Subtransientreaktanzen der Maschine niedriger.

Zum Schluß dieses Abschnittes über die Bemessung von Generatoren wollen wir noch den Einfluß der Betriebsdrehzahl auf das Maschinengewicht und damit auf den Maschinenpreis betrachten. Den Einfluß der Schwungmoment- und der Reaktanzforderungen auf Gewicht und Preis haben wir bereits in den entsprechenden Kapiteln des Abschn. 3 behandelt.

Die Turbinenbauer bestimmen die Betriebsdrehzahl auf Grund der gegebenen hydraulischen Verhältnisse (Gefälle und Wassermenge). Dabei können die Angaben der verschiedenen Herstellerfirmen ziemlich stark voneinander abweichen. Oft bietet aber auch die gleiche Turbinenfirma Alternativlösungen mit verschiedenen Drehzahlen gleicher Turbinenbauart oder auch verschiedene Bauarten an (Grenzgefälle). Bei Turbinen der gleichen Bauart verhalten sich die im Generator unterzubringenden Schwungmomente nun umgekehrt proportional dem Quadrat der Betriebsdrehzahl, da es für die Drehzahlregelung lediglich auf die im Rotor aufgespeicherte Energie ankommt. Es gilt also:

$$G D_1^2 \, n_1^2 = G D_2^2 \, n_2^2. \tag{84}$$

Für das Gewicht normal dimensionierter Generatoren kann man angenähert ansetzen:

$$G = c \, (P_s)^{1/2} \, (G D^2)^{1/4}, \tag{85}$$

wobei c eine Konstante darstellt.

Damit ergibt sich aus den Gln. (84) und (85) folgendes Verhältnis zwischen den Gewichten und den Betriebsdrehzahlen:

$$\frac{G_1}{G_2} = \left(\frac{G D_1^2}{G D_2^2}\right)^{1/4} = \sqrt{\frac{n_2}{n_1}}. \tag{86}$$

Die Gewichte und damit in erster Näherung auch die Preise verhalten sich also umgekehrt proportional der Wurzel aus den Drehzahlen. Dieser Zusammenhang gilt natürlich nur für geringe Drehzahlabweichungen ($\pm 20\%$) als gute Näherung für Gewicht und Preis, da mit steigender Drehzahl der Kilogrammpreis der Maschine normalerweise zusätzlich noch ansteigt (Änderung der Konstruktion) und auch die Konstante c sich ändern kann.

Auf die magnetische und elektrische Beanspruchung der Maschine wollen wir hier nicht näher eingehen, da sie eine reine Angelegenheit der Herstellerfirmen ist. Wir verweisen hierzu auf die Spezialliteratur ([*3, 46, 50*] usw.).

5. Wahl der Maschinenspannung und Ausführung der Ständerwicklung[1]

Wie der Abschn. 4 über die Bemessung, so ist auch dieser Abschnitt über die Wahl der Maschinenspannung und über die Ausführung der Ständerwicklung zum Verständnis des Betriebsverhaltens von Synchronmaschinen nicht unbedingt erforderlich. Für den Projekt- und Betriebsingenieur sind diese Fragen aber von größter Bedeutung, und aus diesem Grunde wurde auch dieser Abschnitt in das Buch aufgenommen.

Große und mittlere Wasserkraft- und Turbogeneratoren in neuzeitlichen, modernen Anlagen werden normalerweise in Blockschaltung betrieben, d. h., jeder Generator arbeitet auf einen eigenen Transformator gleicher Leistung. Die anlagentechnischen Vorteile der Blockschaltung sind u. a. folgende:

Fortfall von Schalt- und Schutzeinrichtungen zwischen Generator und Transformator, da der Gesamtblock als Einheit geschützt wird, und damit verbunden die Verminderung von Fehlerquellen und eine Raumersparnis; gute Übersichtlichkeit der Schaltung und damit eine Verminderung der Möglichkeit von Fehlschaltungen; Fortfall von Strombegrenzungsdrosseln, wenigstens soweit nicht der Eigenbedarf direkt aus dem Block entnommen wird. Die Blockschaltung hat jedoch auch Nachteile wie: Ausfall des ganzen Blockes bei Störungen im Generator oder Transformator, Schwierigkeiten bei der Eigenbedarfsentnahme und Schwierigkeiten bei mehreren Fortleitungsspannungen. Wenn nun Generator und Transformator einen Block bilden und damit zwischen beiden keine betriebsmäßig zu betätigenden Schaltgeräte notwendig sind, sollte die Wahl der Generatorspannung dem Maschinenhersteller unbedingt frei überlassen werden. Damit ist dann nämlich gewährleistet, daß dieselbe für die gegebene Leistung optimal gewählt wird, d. h. daß

---
[1] Lit.: [*11, 24, 25, 32, 46, 50, 51*].

die Ständerwicklung mit günstigster Leiterzahl ausgeführt wird, und zwar für den obengenannten Leistungsbereich als zweischichtige Bruchlochstabwicklung, die eine äußerst betriebssichere Wicklungsart darstellt.

Da nun mittlere und große Wasserkraftgeneratoren zu sehr den speziellen hydraulischen und netzbedingten Verhältnissen angepaßt werden müssen (vgl. Abschn. 4), ist auch ein Austausch von Maschinen verschiedener Kraftwerke praktisch nie möglich, so daß eine Normalisierung der Spannungen, von der Maschinenseite gesehen, nicht sinnvoll ist. Die Generatorspannungen von Einheiten des gleichen Kraftwerkes sollten allerdings, wenn auch aus anderen Gründen, falls nicht zu große Leistungsunterschiede vorhanden sind, einheitlich gewählt werden.

Bei Blockschaltung kann in bestimmten Fällen der gesamte Spannungsregelbereich in den Spannungsbereich des Generators verlegt werden. Dies erfordert allerdings meist eine leichte Vergrößerung und damit Verteuerung des Generators und des Transformators. Dafür entfällt aber der Lastschalter, der Transformator wird einfacher und betriebssicherer, und die Spannungsregelung kann kontinuierlich erfolgen.

Die Möglichkeit, Blocktransformatoren austauschen zu können, und auch das Bestreben der Energieversorgungsunternehmen, keine reine Blockschaltung auszuführen, sondern z. B. den Eigenbedarf auf der Generatorspannungsseite zu entnehmen — wobei dann Hochleistungsschalter benötigt werden —, führt jedoch zu den internationalen Normungsbestrebungen der Maschinenspannungen von Einheiten bis zu 100 MVA (vgl.: Bericht des Studienkommitees für Generatoren, CIGRE-Tagung Nr. 17, Bericht Nr. 133). Dabei sollen die genormten Nennspannungen bestimmten Leistungsbereichen zugeordnet und die Preiserhöhung gegenüber der jeweils optimalen Spannung in Kauf genommen werden. Nach den REM (VDE 0530/3.59) sind die genormten Nennspannungen mittlerer und großer Drehstromgeneratoren die Spannungen 3150, 5250, 6300, 10500 und 15750 V. Das Studienkommitee will jedoch für Einheiten bis 100 MVA nur 3 Stufen vorsehen (z. B. 5250; 10500; 15750 V). Diese Normenvorschläge sind allerdings in erster Linie für Turbogeneratoren gedacht.

Wie bereits angedeutet, wird die Wahl der Maschinenspannung schwieriger, wenn es sich um die Erweiterung einer älteren Anlage handelt oder auch um kleinere und mittlere Energieversorgungsanlagen, die nicht der öffentlichen Energieversorgung dienen, sondern einzelnen Industrieunternehmen gehören. Im ersten Fall wird sich oft die Frage ergeben, ob die neue Einheit auf die in älteren Kraftwerken übliche Kraftwerkssammelschiene mit Maschinenspannung und von da über Sammelumspanner auf die Fernleitung speisen oder ob sie direkt über einen neuen Blocktransformator auf die Leitung arbeiten soll. Dabei spielen räumliche und wirtschaftliche Gesichtspunkte eine große Rolle. Es ist jedoch immer zu beachten, daß durch das Zuschalten der neuen Einheit auf die Kraftwerkssammelschiene Schwierigkeiten in der Beherrschung der Kurzschlußleistung entstehen können (vorhandene Schaltgeräte und Leitungsschienen!) und daß auch jede andere Maschine im Störungsfall (innere Fehler) höher beansprucht wird. Dagegen läßt der Blockbetrieb der neuen Einheit die Maschinenspannung frei, womit die Einheit billiger werden kann, und die vorgenannten Kurzschlußbeanspruchungen entfallen praktisch, da der neuen Maschine die Reaktanzen des Blocktransformators und des Sammelumspanners vorgeschaltet sind. Bei Anlagen mit kleineren Einheiten wird man jedoch den Sammelschienenbetrieb meist beibehalten und damit die Maschinenspannung vorschreiben. Das gleiche gilt für mittlere und kleinere Antriebsmotoren.

Grundsätzlich ist zu der Wahl der Maschinenspannung von Generatoren noch zu sagen, daß, obwohl heute Maschinenspannungen bis über 20 kV ausführbar sind, eine direkte Speisung auf eine Freileitung nicht zu empfehlen ist, da sonst sämtliche Schalt- und Gewitterstörungen die Generatorwicklungsisolation durch Überspannungen direkt beanspruchen, selbst wenn ein Überspannungsschutz vorhanden ist (Steilheit der Wellenfront). Es sind also immer Aufspanntransformatoren vorzusehen. Ob dabei die Blockschaltung oder eine Sammelschiene mit Maschinenspannung und Sammelumspanner vorgesehen wird, muß genauen betrieblichen und wirtschaftlichen Überlegungen entnommen werden.

Welche Vorteile nun die freie Wahl der Maschinenspannung hinsichtlich der Betriebssicherheit und Wirtschaftlichkeit der Maschinen bringt, wird aus der nun folgenden *Behandlung der Ständerwicklung* klarwerden.[1]

Es ist selbstverständlich, daß die freie Wahl der Maschinenspannung eine optimale elektrische und magnetische Ausnutzung der Maschine ergibt und daß damit die günstigste Modellgröße gewählt werden kann, womit auch preislich Vorteile erzielt werden.

Für *Wasserkraftgeneratoren* werden heute bevorzugt zweischichtige gesehnte Bruchlochwicklungen verwendet, d. h. Wicklungen, bei denen die Zahl der Einzelspulen unter den einzelnen Polteilungen verschieden ist. Für Maschinen mit einer Nutenzahl pro Pol und Strang, die größer oder gleich 4 ist, können jedoch auch Ganzlochwicklungen zur Anwendung kommen, da dann die „Nutenharmonischen" schon ziemlich klein sind. Dies gilt auch noch für 3 Nuten je Pol und Strang, falls das Leerlaufkurzschlußverhältnis groß und das Verhältnis Luftspalt zu Polteilung $\delta/\tau_p > 25^0/_{00}$ ist und wenn weiter Sinusfeldpole gewählt werden und die Nutschrägung angewandt wird.

Die Teilbarkeit des Ständers oder auch die Forderung einer ungünstigen Nenndrehzahl (z. B. 333 U/min, die öfter vorkommt, nach REM, d. h.

---

[1] Vgl. auch Abschn. 6.

VDE 0530, aber nicht genormt ist) können jedoch die Ausführung einer Ganzlochwicklung auch sonst notwendig machen.

Bei zweipoligen *Turbogeneratoren* werden ein- und zweischichtige Ganzlochwicklungen angewandt [*50*].

Die Vorteile der Bruchlochwicklung sind nun folgende:

a) Größere Freiheit in der Wahl der Nutenzahl bei gegebener Polzahl gegenüber der Ganzlochwicklung.

b) Durch entsprechende Wahl der Spulenweite bzw. Sehnung können bestimmte Oberwellen vollkommen unterdrückt werden. Durch die Ausführung als Bruchlochwicklung treten die sogenannten ,,Nutenharmonischen" in der Spannungskurve weniger hervor als bei Ganzlochwicklungen.

Je nachdem, ob nun die Einzelspulen einen oder mehrere Leiter je Spulenseite enthalten, unterscheidet man *Stab-* und *Spulenwicklungen*. In beiden Fällen werden die fertigen Einzelspulen oder Stäbe in meist offene Nuten eingelegt. Die Einzelspulen sind dabei meist als sogenannte Faßspulen (gleichartige Formspulen) ausgeführt, d. h., die Wickelköpfe sind nur um einen geringen Winkel von meist weniger als 20° aus der Ebene der Spulenseite ausgebogen.

5.1 Die Stabwicklung

Bei Synchronmaschinen mit kleinen Betriebsspannungen und bei solchen mit sehr hohen Leistungen kommt man bei der Bemessung der Wicklung auf sehr geringe effektive Leiterzahlen je Nut und damit auf hohe Stromstärken. Mit Rücksicht auf hohe Betriebssicherheit und einfachen Wicklungsaufbau führt man diese Wicklungen dann als Stabwicklungen aus (als Spulenwicklungen wäre eine mehrfache Parallelschaltung notwendig). Dabei wählt man möglichst eine Zweistabwicklung.

Die Stabwicklung bietet ein Höchstmaß an Isolationssicherheit, da sie je Spulenseite nur einen Leiter enthält. Auch bezüglich der thermischen und mechanischen Festigkeit ist die Stabwicklung allen anderen Wicklungsformen überlegen.

Durch Verwendung von *Mehrstabwicklungen* (Drei- und Vierstabwicklungen) kann der Anwendungsbereich der Stabwicklung in Richtung der Spulenwicklung erweitert werden.

5.11 Zweistabwicklungen

Für Stabstromstärken bis etwa 800 A werden die Zweistabwicklungen noch mit Massivkupferstäben ausgeführt, ohne daß dabei die kritische Kupferhöhe wesentlich überschritten wird. Dies gilt insbesondere für Niederspannungsmaschinen (geringe Leistung) mit kurzer Eisenlänge.

Für längere Niederspannungsmaschinen werden Flechtstäbe ausgeführt. Dabei können die Stromverdrängungsverluste erheblich gegenüber der Ausführung mit Massivstäben herabgesetzt werden.

Bei hohen Stromstärken wird der Gitterstab (ROEBEL-Stab) angewandt, mit welchem die Stromverdrängungsverluste auf ein Minimum sinken. Die Stabströme betragen dabei im Mittel 1400 A, d. h., das mittlere Stromvolumen je Nut ist 2800 A. Im übrigen ist das Stromvolumen je Nut von der Polleistung abhängig und kann mit wachsender Polleistung bis etwa 4000 A je Nut und mehr ansteigen (vgl.: Abhängigkeit der Maschinenkonstante C von der Polleistung in Abschn. 4). Dafür ist natürlich eine günstige Belüftung und Isolation Voraussetzung, da das Stromvolumen thermisch begrenzt wird.

Aus diesen Überlegungen ersieht man, daß die Vorschrift einer bestimmten Spannung bei Zweistabwicklungen zu unbeherrschbaren oder zu sehr niedrigen Stabströmen führen kann, so daß eine optimale elektrische Dimensionierung nicht möglich ist.

Bei einem ganzzahligen Mehrfachen der zulässigen Stabstromwerte wird auf zwei- bzw. mehrfache Parallelschaltung übergegangen. Dies kommt besonders dann in Frage, wenn die Maschinenspannung zu niedrig vorgeschrieben wird oder wenn bei freier Wahl eine hohe Nennleistung ohne Parallelschaltung auf zu hohe Spannungswerte führt.

Der Entwurf von Stabwicklungen ist im Prinzip der gleiche wie für Spulenwicklungen, nur daß die Spulenwicklungen immer als Schleifenwicklungen, die Stabwicklungen aber normalerweise als Wellenwicklungen mit möglichst gleicher Schrittweite ausgeführt werden, um damit die Zahl der Schaltverbindungen so niedrig wie möglich zu halten. Bei acht- und zwölfpoligen Maschinen bringt die Ausführung der Stabwicklung als Schleifenwicklung jedoch manchmal auch Vorteile.

Die Sehnung der Stabwellenwicklung ist eine Zonensehnung, d. h., sie wird nicht durch die Spulenweite (Schrittsehnung bei Schleifenwicklung), sondern durch die Lage der Leiter in den Wicklungszonen bewirkt. Auch eine mehrfache Sehnung ist möglich, so daß man bei Verwendung einer Stabwellenwicklung mit praktisch oberwellenfreier Spannung rechnen darf.

Ist eine Parallelschaltung notwendig, so bringt die Wellenwicklung den Vorteil der ringlosen Schaltung.

5.12 Teilparallelgeschaltete Stabwicklungen

Kommt man bei einer Zweistabwicklung nicht mehr mit einer Reihenschaltung der Stäbe aus und ist der Sprung zur Parallelschaltung zu groß, so kann die Wicklung als teilparallelgeschaltete Wellenwicklung ausgeführt werden, wie sie im Prinzip für eine vierpolige Wellenwicklung mit 48 Nuten in Abb. 46 für eine 1,33fache Parallelschaltung dargestellt ist [32]. Jeder Strang der Wicklung besteht aus 4 Gruppen, von denen 2 Gruppen für den vollen Strom bemessen und in Reihe geschaltet sind, während die beiden anderen Gruppen für den halben Strom bemessen

116 5. Wahl der Maschinenspannung und Ausführung der Ständerwicklung

und parallelgeschaltet sind. Dementsprechend muß in jeder Nut ein Leiter für den vollen Strom und ein Leiter für den halben Strom liegen (Abb. 46). Die Aufbaugesetze dieser Wicklung lassen sich anhand des Wicklungsbildes und der Felderregerkurve leicht verfolgen.

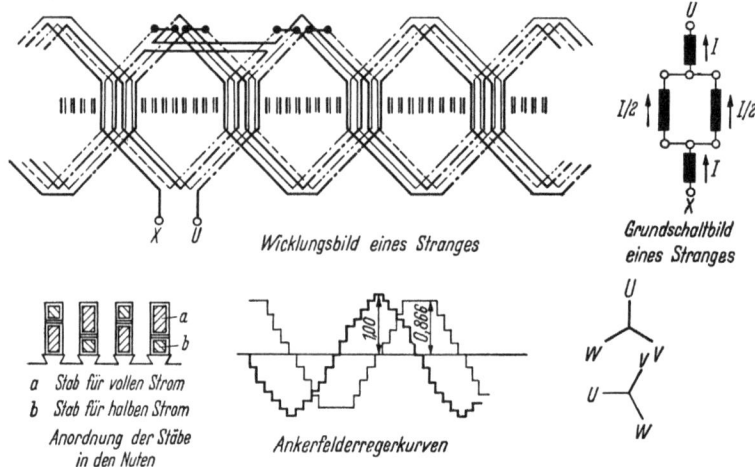

Abb. 46. Teilparallelgeschaltete Wellenwicklung mit 1¹/₂ Stäben je Nut

Die Teilparallelschaltung läßt sich vorteilhaft für eine Wicklungsumschaltung (z. B. Maschinen für 50 und 60 Hz) verwenden.

5.2 Die Spulenwicklung

Ist für eine Maschine die Betriebsspannung zu hoch vorgeschrieben, so daß der Stabstrom (Nennstrom = Stabstrom bei Zweistabwicklung ohne Parallelschaltung) zu gering und damit eine Zweistabwicklung nicht mehr günstig ist, so wird die Wicklung als Spulenwicklung ausgeführt.

Spulenwicklungen werden, wie bereits erwähnt, als Schleifenwicklungen mit Schrittsehnung ausgeführt. Eine Faßspulenwicklung setzt sich aus gleichartigen Einzelspulen zusammen, die gemäß der von der Polzahl abhängigen Nutenzahl je Pol und Strang zu Mehrfachspulen zusammengefaßt sind. Jede Einzelspule enthält mehrere Windungen, die bei größeren Stromstärken aus parallelgeschalteten Teilleitern bestehen.

Der Nutenfüllfaktor einer Spulenwicklung ist natürlich schlechter als der einer Stabwicklung. Damit wird die Modellausnutzung schlechter (Wärmeabgabe schwieriger, und C muß kleiner gewählt werden), und die Maschine wird gegenüber derjenigen mit frei wählbarer Spannung evtl. teurer.

Auf den Entwurf der Spulen- und Stabwicklung wollen wir hier nicht eingehen und verweisen hierzu auf die Spezialliteratur ([24, 46, 50, 51] usw.).

6. Kurvenform der Spannungskurve und Fernsprechformfaktor[1]

Nach VDE 0530/3.59(REM) § 26 müssen die *Spannungskurven* von Synchronmaschinen bei Leerlauf *praktisch sinusförmig* sein. Das gilt bei Drehstromgeneratoren in Sternschaltung für die verkettete Spannung, nicht aber für die Strangspannung, und bei Einphasengeneratoren (Zweiphasenstrom) für die Strangspannung.

Der Begriff „praktisch sinusförmig" wird dabei nach § 12 wie folgt definiert:

Eine Spannungskurve gilt als *praktisch sinusförmig*, wenn keiner ihrer Augenblickswerte a vom Augenblickswert gleicher Phase der Grundwelle g (1. Harmonische) um mehr als 5% des Scheitelwertes S der Grundwelle abweicht (vgl. Abb. 47; die amerikanischen Normen lassen maximal 10% zu; s. ASA C 50. 1—1955).

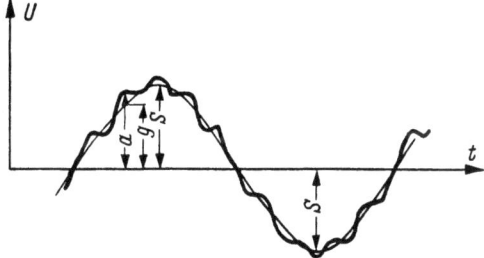

Abb. 47. Spannungskurve mit Grundwelle

Bei der Abnahme eines Generators wird der Verlauf der Spannungskurve oszillographisch festgestellt und überprüft (vgl. [1, 49]). Eine Maschine ist bezüglich der Kurvenform um so besser, je näher die Spannungskurve der Sinusform kommt, d. h. also, je geringer die maximale Kurvenformabweichung („Deviation factor")

$$k = \frac{(a_n - g_n)_{max}}{S} 100 \; [\%] \tag{87}$$

ist. Zur Erläuterung wird auf Abb. 47 hingewiesen (vgl. auch Polardiagramm der Literaturstelle [1]).

Bei modernen Großmaschinen liegt diese Abweichung heute meist unterhalb von 3%.

Weicht die Kurvenform von der Sinuskurve ab, so enthält sie Oberwellen ungerader Ordnungszahl (Kurven sind zur Abszisse gleichlaufend, da die Synchronmaschine symmetrisch aufgebaut ist), und zwar für Drehstromgeneratoren in Sternschaltung Oberwellen 5., 7., 11. usw. Ordnung, da infolge der Sternschaltung die Oberwellen 3., 9. usw. Ordnung sich aufheben und in der Klemmenspannung folglich nicht auftreten können. Das Zustandekommen der Oberwellen in der Leerlaufspannung hat folgende Ursachen:

Das spannungserzeugende Magnetfeld verläuft bei Synchronmaschinen nie ganz sinusförmig. Bei Schenkelpolmaschinen mit Rechteckfeld-

---
[1] Lit.: [1, 26, 40, 49].

polen ist die Feldkurve annähernd eine Rechtecktreppenkurve, und für Sinusfeldpole nähert sie sich etwas dem Sinusverlauf, während sie für Turbogeneratoren Trapezform hat. Die Feldkurve des Polradfeldes enthält also alle Oberwellen ungerader Ordnungszahlen (3., 5., 7. usw. Ordnung; bei Schenkelpolmaschinen verzerrt außerdem die Dämpferwicklungsnutung das Polfeld). Damit werden in der Ständerwicklung Oberwellen der gleichen Ordnungszahlen induziert, d. h., die Strangspannungen weisen alle diese Oberwellen auf. — Die Ständernutung zeigt ihren Einfluß dabei nur durch eine Verstärkung oder Verminderung gewisser Oberschwingungen in der Spannungskurve. Dies trifft besonders für die sogenannten ,,Nutenharmonischen'' zu. — Durch entsprechende Wahl der Spulenweite bzw. Sehnung und bei geeigneter Ausführung der Wicklung (zweischichtige Bruchlochwicklung) können die Oberwellen 3., 5., 7., 9., 11. usw. Ordnung klein gehalten werden, womit die Spannungskurve praktisch sinusförmig wird.

Außer diesen Oberwellen können unter den Oberwellen sehr hoher Ordnungszahl, wie schon erwähnt, besonders die ,,Nutenharmonischen'' hervortreten. Die besten Mittel zur Unterdrückung der Nutenharmonischen sind die Schrägung der Ständer- oder Dämpfernuten, die Schrägung der Polschuhe oder die Ausführung der Ständerwicklung als Bruchlochwicklung.

Die Oberwellen in der Spannungskurve erzeugen nun bei Belastung der Maschine schädliche Zusatzströme, die Zusatzwärmeverluste in der Maschine, den Umspannern und der Übertragungsanlage und auch Störungen in Fernmeldeanlagen herbeiführen. Sie erzeugen Bremsdrehmomente in Motoren und können zu einer Überlastung von angeschlossenen Kondensatoren führen. Schließlich erhöhen sie die Überspannungsgefahr. Die Stromkurve wird dabei gegenüber der Spannungskurve je nach Belastungsart noch mehr oder weniger verzerrt. So erhöhen kapazitive Belastungen die Oberwellen in der Stromkurve, während induktive Belastungen sie schwächen. Die Oberwellen der Spannungskurve können in Zusammenwirkung mit den Induktivitäten der Maschine und den Kapazitäten der Fernleitung vergrößert werden und sogar zur Resonanz kommen. Sie werden weiterhin vergrößert, wenn im Betrieb die Spannung zu sehr erhöht wird (+5% ist immer zulässig).

Daraus erkennt man, daß die Spannungskurve möglichst auch bei Belastung sinusförmig bleiben sollte und daß sie im Leerlauf auf alle Fälle praktisch sinusförmig sein muß.

Fernsprechformfaktor. Während für die Bestimmung der Kurvenformabweichung und damit für die Beeinflussung von Starkstromanlagen besonders die niedrigen ,,Harmonischen'' eine Rolle spielen, sind die hohen ,,Harmonischen'' (besonders die Nutenharmonischen) mit viel geringeren Amplituden für die Störwirkung auf Fernmeldeanlagen

(Telefonie, Telegrafie und Rundfunkanlagen) von Bedeutung. Zur Überprüfung dieser Störwirkung werden Geräuschspannungsmesser (nach ASA: TIF-Meßgeräte) verwendet. Dabei wird die Störspannung (oder der Störstrom) des Generators gemessen. Die Bewertung der Oberwellenspannungen erfolgt nach dem sogenannten „Störgewicht". Das „Störgewicht" berücksichtigt die unterschiedliche Empfindlichkeit des menschlichen Ohres und der Fernhörer für die einzelnen Frequenzen. Die „Störgewichte" der einzelnen Frequenzen von $16\frac{2}{3} \cdots 5000$ Hz sind vom CCIF festgelegt (Gelbbuch Teil IV, S. 189), und ihr Frequenzgang ist im A-Filter des Geräuschspannungsmessers nachgebildet. Die wichtigsten Kopplungsarten der Starkstrom- und Fernmeldeanlagen werden in dem Geräuschspannungsmesser ebenfalls nachgebildet (frequenzproportionale Kopplung, frequenzreziproke und frequenzunabhängige Kopplung).

Das Verhältnis der gemessenen Störspannung zur Betriebsspannung in Prozent ausgedrückt wird mit Fernsprechformfaktor der Spannung des Generators oder der Starkstromanlage bezeichnet. In ähnlicher Weise kann auch der Fernsprechformfaktor des Stromes bestimmt werden.

Mit dem Geräuschspannungsmesser können die verketteten Störspannungen und die Strangstörspannungen gemessen werden.

Die Amerikaner (ASA C 50. 1—1955, TIF-Messung) verwenden bisher noch eine vom A-Filter abweichende Bewertungskurve für das Störgewicht und multiplizieren diese zur Berücksichtigung der Kopplung mit einem frequenzproportionalen Faktor, womit sich die Frequenzhäufigkeitskurve von 1935 ergibt. Sie unterscheiden zwischen einem *„balancierten Telefon-Influenz-Faktor"* (TIF) der Synchronmaschine (das ist das Verhältnis der Quadratwurzel der Summe der Quadrate der Häufigkeitseffektivwerte der Grundwelle und der nicht durch drei teilbaren Oberwellen zum Effektivwert der Nennspannung bei Leerlauf; die Messung erfolgt zwischen 2 Strangklemmen) und der *Restkomponente des TIF* (das ist das Verhältnis der Quadratwurzel der Summe der Quadrate der Häufigkeitseffektivwerte eines Drittels der Grundwelleneffektivwerte und der Restspannungen der Oberwellen zu dem Effektivwert der Nennspannung; die Messung erfolgt in Dreieckschaltung der Maschine). Die Messung erfolgt mit dem sogenannten TIF-Meßgerät im Leerlauf der Maschine, da der „balancierte TIF" unter Last normalerweise geringer wird (soweit keine Kondensatoren gespeist werden, die die höheren Harmonischen verstärken). Der Einfluß der „Restkomponente des TIF" wird allerdings bei Belastung stärker, da z. B. höhere Leitungsströme höhere dritte Oberwellenbeträge zur Folge haben. Die Restkomponente kann aber nur bei Generatoren mit geerdetem Sternpunkt auftreten, und für diesen Fall müßten dann eben sehr niedrige Werte vorgeschrieben werden.

7. Die Erwärmung der Synchronmaschine[1]

Bei dem Betrieb der Synchronmaschine entstehen Verluste. Sie setzen sich aus den Kupferverlusten im Ständer und Läufer (Stromwärmeverluste), den Eisenverlusten (Hysterese- und Wirbelstromverluste), den Zusatzverlusten und den Reibungsverlusten (Lüftungs- und Lagerreibungsverluste) zusammen. Alle diese Verluste äußern sich in einer Erwärmung der Maschine. Wird eine Maschine vom kalten Zustand aus angefahren und mit Nennleistung betrieben, so steigt ihre Temperatur zunächst mit der Zeit proportional an. Erst wenn die Maschine eine gewisse Übertemperatur gegenüber ihrer Umgebung bzw. dem Kühlmittel hat, kann sie Wärme an diese abgeben. Damit wird die Temperaturzunahme verlangsamt und geht schließlich nach einigen Stunden in den stationären Zustand über, bei dem sich die Wärmeentwicklung und die Wärmeabgabe das Gleichgewicht halten. Der Verlauf der Erwärmungskurve über der Zeit folgt etwa einer e-Funktion [$\vartheta = \vartheta_{max}(1 - e^{-t/T})$, worin T die Zeit darstellt, in der die Maschine ϑ_{max} ohne Wärmeabgabe erreichen würde, und ϑ die Übertemperatur bedeutet]. Die einzelnen Bauelemente der elektrischen Maschine sind nun aber nach ihrem Aufbau verschieden wärmeempfindlich und werden im Betrieb auch unterschiedlich warm. Die wärmeempfindlichsten Teile sind die Isolierungen, die meist auch an der wärmsten Stelle liegen und damit die Leistung einer Maschine begrenzen und bei Überbeanspruchung ihre Lebensdauer herabsetzen.

In den „Regeln für elektrische Maschinen" (VDE 0530/3.59 § 33ff.) und in den ausländischen Maschinenvorschriften werden die zulässigen Grenzwerte der Erwärmung für die einzelnen Wicklungsarten — abhängig von den Isolierstoffklassen — und für die übrigen Bestandteile elektrischer Maschinen festgelegt. Dabei gilt fast ohne Ausnahme als Voraussetzung, daß die Temperatur des gasförmigen Kühlmittels 40 °C nicht überschreitet.

Die Grenzwerte der Wicklungserwärmungen ergeben sich dann aus der für die jeweilige Isolierstoffklasse höchstzulässigen Dauertemperatur abzüglich der Kühlmitteltemperatur von 40 °C und abzüglich eines Erfahrungswertes für den Unterschied zwischen der Temperatur an der der Messung nicht zugänglichen, vermutlich heißesten Stelle der Wicklung und der mittleren Wicklungstemperatur. Die Enderwärmungen bei Nennbetrieb dürfen dabei die zulässigen Grenzübertemperaturen nicht überschreiten.

Wenn die Temperatur des gasförmigen Kühlmittels am Aufstellungsort dauernd unter 40 °C liegt, dürfen bei ausdrücklicher Vereinbarung mit dem Hersteller die Grenzübertemperaturen um den gleichen Betrag

---
[1] Lit.: [*16, 36, 46, 56*].

erhöht werden, um den die Temperatur des Kühlmittels 40 °C unterschreitet.

Überschreitet die Kühlmitteltemperatur am Aufstellungsort 40 °C, so müssen die Grenzübertemperaturen so weit erniedrigt werden, daß die Grenztemperaturen den Wert der zulässigen Grenzübertemperatur zuzüglich 40 °C nicht überschreiten.

In den Normen werden weiterhin zulässige Überschreitungen der Grenzübertemperatur bei Betrieb mit den Grenzwerten der Spannung ($\pm 5\%$) und bei Unsymmetrie sowie die Grenztemperaturen bei Verwendung verschiedener Isolierstoffe festgelegt. Weiterhin werden die Abhängigkeit der Grenzübertemperatur von der Höhenlage für Aufstellungsorte über 1000 m (lt. REM 0,5 °C Abnahme je 100 m Höhenzunahme) und schließlich die Prüfungsbedingungen und Meßverfahren zur Ermittlung der Maschinenerwärmung festgelegt.

Nach diesen Vorschriften könnte man der Ansicht sein, die wärmeempfindlichsten Teile einer Maschine, also die Isolierungen, seien gerade noch in der Lage, thermisch den Grenzübertemperaturen standzuhalten, um bei Überschreitung derselben zerstört zu werden oder wenigstens die Betriebssicherheit der Maschine stark zu gefährden. Das ist aber nicht ganz richtig. Untersucht man ein Isoliermaterial auf sein Verhalten bei Erwärmung, so findet man keine scharfe Temperaturgrenze, an der das Material unbrauchbar wird, sondern man stellt nur je nach Temperatur eine langsamere oder raschere Veränderung der physikalischen Eigenschaften fest. In diesem Zusammenhang hat man den Begriff der Lebensdauer eingeführt (Lebensdauergesetz von MONTSINGER).

Amerikanische Forscher haben bei solchen Untersuchungen festgestellt, daß die Lebensdauer von Isolierungen im interessierenden Temperaturbereich etwa nach einer e-Funktion mit steigender Temperatur abnimmt. Nach den gefundenen Ergebnissen, die in Kurven dargestellt wurden, beträgt die thermisch bedingte Lebensdauer z. B. für eine Glimmerisolierung der Isolierstoffklasse B bei einer Wicklungstemperatur von 100 °C etwa $3 \cdot 10^5$ Stunden (etwa 35 Jahre), während sie bei einer um 10 °C[1] höheren Temperatur auf etwa die Hälfte (18 Jahre) und bei 120 °C (Grenztemperatur) auf etwa $\frac{1}{4}$ (etwa 9 Jahre) herabsinkt. Diese Gesetzmäßigkeit wurde durch umfangreiche praktische Untersuchungen an einer großen Zahl von Wasserkraftgeneratoren in Kanada im wesentlichen bestätigt [56].[1] Ähnlich sind die Verhältnisse bei Isolierstoffklasse A,

---

[1] Die Untersuchung von WAY [56] und andere Untersuchungen zeigen, daß statt der 10 °C je nach Ausführung der Isolierung Werte zwischen 10 °C und 20 °C erreichbar sind. Zu beachten ist hier auch, daß nach dem MONTSINGER-Gesetz Wicklungstemperaturen unter 100 °C uninteressant sind, da sie eine thermische Lebensdauer ergeben, die über der Lebensdauer der sonstigen maschinellen Ausrüstung und des Baues liegt (90 °C ergäben z. B. 70 Jahre).

wo einer Lebensdauer von $3 \cdot 10^5$ Stunden eine Wicklungstemperatur von etwa 87 °C entspricht und wo bei 95 °C die Lebensdauer nur noch halb so lang ist (8-°C-Regel von MONTSINGER) und bei 100 °C (Grenztemperatur) auf $\frac{1}{3}$, also auf 10^5 Stunden, absinkt.

Aus diesem Grunde, und auch weil die mechanischen Beanspruchungen der Isolierung mit zunehmenden Maschinenabmessungen ansteigen, lassen die amerikanischen Normen (ASA C—50.1—1955) für große Maschinen mit hohen Spannungen (über 5 kV) für die nach Isolierstoffklasse B isolierten Ständerwicklungen nur Grenzübertemperaturen von 60 °C bei Nennbetrieb zu. Die von dieser Regelung betroffenen Maschinen umfassen den Leistungsbereich von:

6250 kVA und darüber für Wasserkraftgeneratoren,
10000 kVAr und darüber für Blindleistungserzeuger,
10000 kVA und darüber für Turbogeneratoren.

Damit ist jede größere Maschine in der Lage, erwärmungsmäßig dauernd etwa die 1,15fache Nennleistung abzugeben, wobei natürlich die höhere Temperatur lebensdauerverkürzend wirkt. Die Generatornennleistung wird nach den ASA-Vorschriften auf die Turbinennormalleistung abgestimmt.

Zum gleichen Ergebnis führt die der europäischen (deutschen) Praxis entsprechende Festlegung der Generatornennleistung für die Turbinenmaximalleistung.

Diese normenmäßigen Empfehlungen oder praktischen Gepflogenheiten gehen jedoch immer von der Voraussetzung dauernder Vollast und konstanter Umgebungstemperatur, d. h. der Kühlmitteltemperatur von 40 °C, aus. In der Praxis kommt ein solcher Betrieb aber kaum in Frage, da sich die Leistungsabgabe z. B. für Wasserkraftgeneratoren nach dem Wasseranfall und dem Verbrauch richtet und außerdem die Kühlmitteltemperatur bei Maschinen ohne Umlaufkühlung meist weit unterhalb von 40 °C liegt.

Die Reserve in der Kühlmitteltemperatur wird fälschlicherweise seit der Einführung der Umlaufkühlung in vielen Fällen sehr eingeengt, weil die Planer zur Ermittlung eines möglichst billigen Kühlers von der maximal zulässigen Kaltlufttemperatur (40 °C) ausgehen. Da nun die Wassertemperatur wesentlich gleichmäßiger ist als die Temperatur der Umgebungsluft, so schwankt die Kühlluft nur wenig und liegt bei Vollast praktisch meist an der obersten zulässigen Grenze (40 °C). Aus diesem Grunde ist eine solche Kühlerbemessung für Großmaschinen grundsätzlich falsch, denn sie hat eine Herabsetzung der Belastbarkeit und der Lebensdauer der Maschine zur Folge, die mit der geringen Einsparung am Kühlerpreis in gar keinem Verhältnis steht.

Für die praktische Betriebsführung ist noch zu sagen, daß der Ausgangszustand (Maschine kalt oder betriebswarm) kein Maß für die, wenn auch nur kurzzeitige Überlastung der Maschine sein darf, da häufige Belastungsänderungen die Lebensdauer stärker beeinträchtigen als eine konstante Belastung, selbst wenn die letztere einer höheren mittleren Erwärmung entspricht (mechanische Beanspruchungen: Dehnung ungleich im Kupfer und Eisen usw.).

Die Vorausberechnung der Erwärmung stößt in der Praxis auf erhebliche Schwierigkeiten. Das hat folgende Gründe:

Die wärmste Stelle einer Maschinenständerwicklung liegt gewöhnlich innerhalb der Nut. Die Wärme muß von hier zunächst über die Isolierung zum Eisen und von da zur Kühlluft oder in den Kühlschlitzen direkt von der Isolierung an die Luft abgegeben werden. Zur Erwärmungsberechnung müßte also als erstes die mittlere Leitfähigkeit der Isolierung bestimmt werden. Weiter spielt die Größe der Luftzwischenräume, die durch das zum Einlegen der Wicklung notwendige Spiel bedingt sind, eine wichtige Rolle.

Der Wärmeübergang vom Kupfer über die Isolierung auf das Eisen bzw. in den Kühlschlitzen über die Isolierung direkt an die Kühlluft ist damit für die Vorausberechnung der Maschinenerwärmung ein Problem, das nur auf Grund praktischer Versuche und langjähriger Erfahrung richtig gelöst werden kann.

Aber auch die Vorausberechnung der Wärmeleitung innerhalb der Blechpakete und des Wärmeüberganges vom Eisen auf die Kühlluft bereitet Schwierigkeiten und basiert auf Erfahrungswerten. Die Strahlungsabgabe von Wärme im Innern der Maschine tritt dabei gegenüber der Wärmeabgabe durch erhöhte Luftströmung (Konvektion) meist zurück. — Diese Überlegungen zeigen, daß das Belüftungsproblem das Hauptproblem ist. Die genaue Kenntnis der Strömungsvorgänge im Innern der Maschine erfordert aber viel Versuchserfahrung, da eine Maschine nicht nach strömungstechnischen Gesichtspunkten konstruiert werden kann und somit Strömungsvorgänge auftreten, die rein theoretisch nicht mehr einwandfrei erfaßt werden können.

Die Erfahrung zeigt nun, daß die zur Welle parallelen Flächen in Rotoren schlechteren Kühlbedingungen unterliegen als die zur Welle senkrechten (Lüfter blasen Kühlluft senkrecht dazu, damit bessere Belüftung). Daraus folgt, daß die Pollänge und damit die Eisenlänge einer Maschine auf die Kühlverhältnisse entscheidend einwirkt. Die mittlere Wärmeübergangsziffer wird an der gesamten Oberfläche der Erregerwicklung mit wachsender Pollänge abnehmen.

Das gleiche gilt auch für den Stator, wo die Wickelköpfe am leichtesten zu kühlen sind und wo die Temperatur bis zu der Mitte des Blechpaketes zunimmt. Durch entsprechende Anordnung der Kühlschlitze (schmale Blechpakete in der Mitte) und richtige Ausführung der Lüfter (Eigenlüftung ist bei großen Maschinen immer notwendig) und der Luftführungskanäle innerhalb der Maschinen können solche Temperaturdifferenzen weitgehend verringert werden, und auch die Polkühlung wird dabei verbessert.

Das Problem ist immer die Vermeidung von großen Temperaturdifferenzen zwischen den einzelnen Teilen, wobei die absolute Höhe der Temperaturen nicht so sehr ins Gewicht fällt. Die an den Isolierungen in der Praxis beobachteten Schäden sind nämlich oft Schäden mechanischer Art, die ihren Ursprung in einer ungünstigen Kühlung (Temperaturdifferenz) haben und nicht in einer zu hohen Wicklungstemperatur.

Zur Berechnung der Erwärmung elektrischer Maschinen verweisen wir auf die Spezialliteratur des Elektromaschinenbaues ([*16, 45*]).

8. Die unsymmetrische Belastung von Synchronmaschinen[1]

Bezüglich der Symmetrie eines Mehrphasensystems und der relativen Schieflast gelten nach den REM folgende Bestimmungen (VDE 0530/3.59 §§ 13 und 27):

a) Relative Schieflast eines Drehstromgenerators ist das Verhältnis aus dem Strom des Gegensystems zum Nennstrom

$$s = \frac{I_2}{I_N} \quad \left(\text{oder in \%}: \quad s = \frac{I_2}{I_N} \cdot 100\right). \tag{88}$$

b) Ein Mehrphasenspannungssystem gilt als *praktisch symmetrisch*, wenn weder das Gegensystem noch das Nullsystem mehr als 2% des Mitsystems beträgt.

Bei gleichmäßig auf die 3 Stränge eines Drehstromgenerators verteilter Last bilden die Ströme ein symmetrisches System, d. h. ein reines Mitsystem. Bei überlagerter Einphasenlast ist das Stromsystem nicht mehr symmetrisch.

Jedes unsymmetrische Stromsystem läßt sich aber, wie wir bereits sahen (Abschn. 3.15: ,,Inversreaktanz"), nach der ,,Methode der Symmetrischen Komponenten" in drei symmetrische Stromsysteme, d. h. in ein mitläufiges, ein gegenläufiges und ein Nullsystem, zerlegen. Eine auf der Rechnung mit komplexen Zahlen beruhende Zerlegungsmethode wurde in Abb. 36 wiedergegeben (vgl. Anhang 5). Wir haben in Abschn. 3 auch bereits festgelegt, daß der Blindwiderstand (Reaktanz), den eine Maschine einem gegenläufigen System bietet, die Inversreaktanz ist.

Wir wollen hier nun auf die unsymmetrische Belastung etwas genauer eingehen und betrachten dazu eine Schenkelpolmaschine *mit vollständiger Dämpferwicklung* und freiem Sternpunkt. Ein Nullsystem kann also bei

---

[1] Lit.: [*4, 5, 12, 19, 33, 34, 35, 50*].

normalen Belastungsfällen (alle Belastungsfälle außer einpoligem Kurzschluß) nicht in Erscheinung treten.

Die unbedingte Notwendigkeit einer vollständigen Dämpferwicklung bei Schieflast geht aus folgender Überlegung hervor:

Das gegenläufige Drehfeld, das durch das gegenläufige Stromsystem hervorgerufen wird, läuft gegenüber dem Polrad mit doppelter synchroner Geschwindigkeit um und induziert in der Feldwicklung Ströme doppelter Netzfrequenz. Diese Ströme doppelter Netzfrequenz erzeugen in der einachsigen Feldwicklung ein Wechselfeld, das nun wieder in zwei gegenläufige Drehfelder zerlegt werden kann. Das eine dieser Drehfelder läuft in gleicher Richtung wie das gegenläufige Ständerdrehfeld und kompensiert dieses bis auf einen geringen Restbetrag. Das zweite aber läuft mit doppelter synchroner Geschwindigkeit in Richtung der Rotorbewegung und bewegt sich damit mit dreifacher Geschwindigkeit gegenüber dem ruhenden Ständer, induziert also in diesem Ströme dreifacher Frequenz. Diese entstehen auch bei einer Wicklung, deren Wicklungsfaktor für die 3. Oberwelle Null ist, denn eine Schwingung des Feldes entspricht 2 Polteilungen, und das Feld läuft nur mit dreifacher Geschwindigkeit über die Ständerwicklung hinweg, so daß der Wicklungsfaktor der Grundwelle maßgebend ist. Das Ständerwechselfeld dreifacher Frequenz kann nun wieder zerlegt werden usw., so daß im Läufer also Oberwellen 2., 4., 6. usw. Ordnung und im Ständer Oberwellen 3., 5., 7., 9. usw. Ordnung entstehen. Praktisch würde sich dies nun in einer starken Kurvenverzerrung der Ständerspannung und des Ständerstromes auswirken. Außerdem würden die Verluste sehr hoch, da nicht nur in der Feldwicklung, sondern auch in den konstruktiven Eisenteilen in der Nähe des Luftspaltes Ströme durch das gegenläufige Drehfeld induziert würden, deren Folge dann eine unzulässige Erwärmung wäre.

Das Vorhandensein einer vollständigen kräftigen Dämpferwicklung mit niedriger Inversreaktanz bewirkt nun die wirksame Abdämpfung des gegenläufigen Drehfeldes und verhindert folglich die Rückwirkung auf die Feldwicklung und damit die Bildung von Oberwellen und ihre Folgeerscheinungen. Aus diesem Grunde ist heute eine Dämpferwicklung für Generatoren praktisch unerläßlich.

Für eine unsymmetrische Belastung eines Synchrongenerators mit guter Dämpferwicklung gelten damit folgende Überlegungen:

Als Ankerrückwirkung tritt nur das mitläufige System in Erscheinung, da das gegenläufige System die Feldwicklung nicht beeinflussen kann.

Der Streuspannungsabfall in jedem Strang ist die geometrische Summe der Produkte aus der Streureaktanz mit der mitläufigen Stromkomponente und der Inversreaktanz mit der gegenläufigen Stromkomponente. Bezüglich der Polradspannung tritt als Folge der Dämpfung des Inversfeldes nur die Wirkung der reinen mitläufigen Komponente in Erschei-

126   8. Die unsymmetrische Belastung von Synchronmaschinen

nung, d. h., das Verhalten ist das gleiche wie bei einer symmetrischen Belastung mit dem Strom I_1 (vgl. Anhang 5, Einleitung und Abschn. 5.1).

Damit kann bei unsymmetrischer Belastung des Generators das Zeigerdiagramm der Abb. 48 (entsprechend Abb. 3) aufgezeichnet werden.

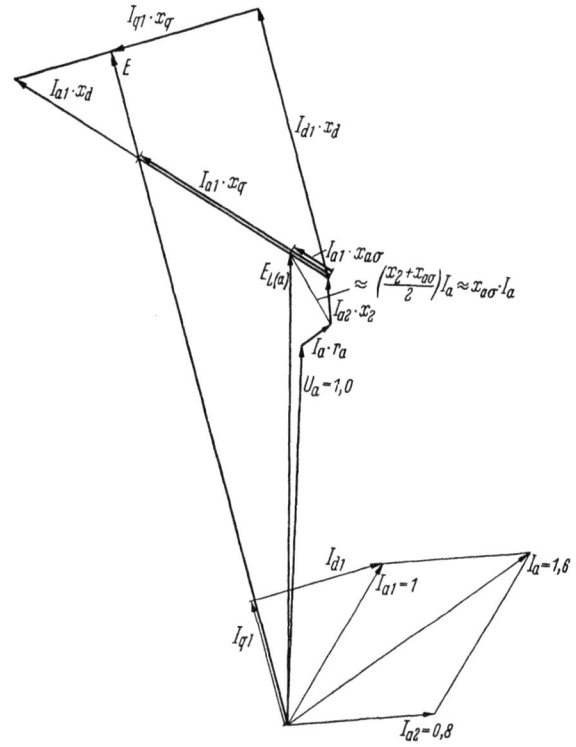

Abb. 48. Zeigerdiagramm für den Strang a eines Generators unter unsymmetrischer Last
$x_d = 1,0;\quad x_q = 0,6;\quad x_{a\sigma} = 0,12;\quad x_2 = 0,15;\quad r_a = 0,06$

Dabei wurde wieder für $x_{a\sigma} + x_{hd} = x_d$ und für $x_{a\sigma} + x_{hq} = x_q$ angesetzt. I_{a1} bedeutet die mitläufige Komponente des Stromes und I_{a2} die gegenläufige.

Der *Extremfall* der unsymmetrischen Belastung ist die *reine Einphasenlast* zwischen 2 Klemmen der Maschine (vgl. Anhang 5.2). Wir nehmen an, diese Last werde an den Klemmen V und W (Stränge b und c) entnommen. Dann gilt in der Zeigerschreibweise: $\boldsymbol{I} = \boldsymbol{I}_b = -\boldsymbol{I}_c$ und $\boldsymbol{I}_a = 0$ ($\boldsymbol{I}_b$ und $\boldsymbol{I}_c$ sind 180° el phasenverschoben), und nach Abb. 36 [vgl. Anhang 5.2, Gl. (A 170)] werden die symmetrischen Komponenten (Mit- und Gegensystem):

$$\boldsymbol{I}_{a1} = \frac{j\boldsymbol{I}}{\sqrt{3}}, \quad \boldsymbol{I}_{a2} = -\frac{j\boldsymbol{I}}{\sqrt{3}} \quad \text{und} \quad \boldsymbol{I}_0 = 0. \tag{89}$$

Die zugehörigen Komponenten des Stranges b ($I_{1(b)}$ und $I_{2(b)}$) liegen in einem Winkel von $\pm 30°$ zum Strom $I = I_b$ (Abb. 49).

Zeichnen wir das Zeigerdiagramm für die verketteten Spannungen auf, dann setzt sich die der verketteten Spannung U_{bc} entsprechende innere Spannung $E_{L(bc)}$ aus der verketteten Spannung U_{bc} und den Streuspannungs- und Ohmschen Spannungsabfällen nach Abb. 49 zusammen. Dabei haben wir angenommen $x_2 = x_{a\sigma}$, da sonst das Bild unübersichtlich wird. Für den Streuspannungs- und den Ohmschen Spannungsabfall sind nun jeweils die doppelten Widerstände maßgebend, da der Strom I in beiden Strängen b und c fließt. $jx_{a\sigma}I$ setzt sich dabei geometrisch aus $jx_{a\sigma}I_1$ und $jx_2 I_2$ zusammen. Unter der Annahme $x_{a\sigma} = x_2$ und da die Zeigersumme $I_2 + I_1 = I$ ergibt, gilt:

$$x_{a\sigma}(I_1 + I_2) = x_{a\sigma} I.$$

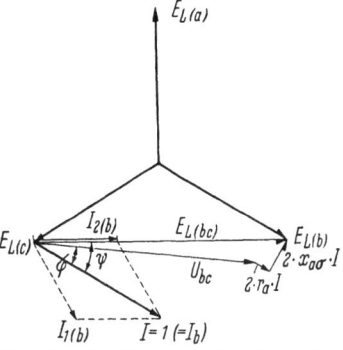

Abb. 49. Zeigerdiagramm eines Generators bei reiner Einphasenlast

Die Darstellung ist also nur unter dieser Voraussetzung exakt. Für praktische Versuche zur Kontrolle der angestellten Überlegungen müßte statt $x_{a\sigma}$ der Mittelwert zwischen Inversreaktanz und POTIER-Reaktanz angesetzt werden. Zu beachten ist (Abb. 49), daß die Mitkomponente $I_{1(b)}$ des Belastungsstromes mit der inneren EMK $E_{L(b)}$ auch den Winkel ψ einschließt ($\sphericalangle E_{L(bc)}, I$).

Nun sahen wir bereits weiter vorn, daß für die Ankerrückwirkung nur das mitläufige System maßgebend ist, also hier ein Strom vom Betrag $I_1 = I/\sqrt{3}$. Bei einer symmetrischen Belastung mit dem Strom $I_1 = I/\sqrt{3}$ und der einphasigen Belastung mit dem Strom I ist die Ankerrückwirkung also die gleiche. Natürlich gilt dies nur unter der Voraussetzung gleicher Winkel ψ zwischen Strömen und inneren EMKs. Damit kann man für den einphasigen Belastungsfall der Abb. 49 ein Spannungsdiagramm aufzeichnen, das wie dasjenige für den Fall symmetrischer Belastung aussieht (Abb. 50), wobei jedoch der Ständerwiderstand und die Streureaktanz verdoppelt werden müssen (Voraussetzung: $r_a \approx r_2$ und $x_{a\sigma} \approx x_2$). Die Spannungsvielecke der Abb. 49 und 50 sind ähnlich, da auch $U_b = U_{bc}/\sqrt{3}$ ist. Die Phasenwinkel φ sind also auch die gleichen.

Man kann zusammenfassend also sagen, daß ein Drehstromgenerator bei Einphasenbelastung mit dem Belastungsstrom I das gleiche Belastungszeigerdiagramm und damit auch die gleiche Lastkennlinie hat wie derselbe Generator unter symmetrischer Belastung mit dem Strom $I/\sqrt{3}$ bei gleichem $\cos\varphi$, wobei jedoch der doppelte Ständerwiderstand r_a

128   8. Die unsymmetrische Belastung von Synchronmaschinen

und die doppelte Streureaktanz $x_{a\sigma}$ (Mittelwert zwischen POTIER-Reaktanz und Inversreaktanz) anzusetzen sind. Dies kann versuchsmäßig nachgewiesen werden [19].

Die abgegebene Einphasenleistung ist nun (Abb. 49)[1]:

$$P_{se} = U_{bc}I = \sqrt{3}\,U_b I, \qquad (90)$$

und die Drehstromleistung des entsprechenden Mitsystems lautet mit $I_b = I_{b1} = I/\sqrt{3}$ (Abb. 50):

$$P_s = \sqrt{3}\,U_{\text{verk}}\,I_{\text{Strang}} = \sqrt{3}\,\sqrt{3}\,U_b I_b = \sqrt{3}\,U_b I. \qquad (91)$$

Die Einphasenleistung wird also allein aus dem Mitsystem des Stromes gedeckt. Die gegenläufige Komponente ist an der Leistungsabgabe nicht beteiligt, sondern sie tritt nur als Begleiterscheinung auf, die zusätzliche Verluste und Spannungsabfälle verursacht (Spannungsabfall an $2\,r_a$ und $2\,x_{a\sigma}$ für äquivalente symmetrische Drehstrombelastung). Diese Spannungsabfälle treten natürlich in unserem Beispiel nur in den Strängen b und c auf, und damit wird das Spannungssystem unsymmetrisch. Die Unsymmetrie wird durch die Übertragungsleitungen noch vergrößert, da auch hier Spannungsabfälle durch die Inversstromkomponente auftreten. Speist der Generator nun noch weitere (symmetrische) Drehstromverbraucher, z. B. Motoren, die hinter der Einphasenbelastung hängen, so können an diesen durch die Unsymmetrie des Spannungssystems schwere Stromunsymmetrien und damit Störungen auftreten. Aus diesem Grunde lassen die REM nur Netzspannungsunsymmetrien zu, bei denen das Gegensystem nicht mehr als 2% des Mitsystems beträgt. Beim Aufbringen einer Einphasenbelastung muß also ein Netz von diesem Gesichtspunkt aus untersucht werden.

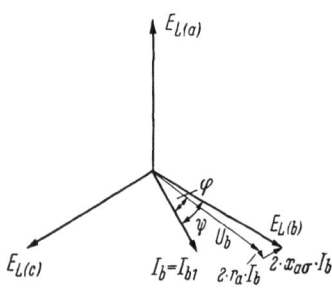

Abb. 50
Zeigerdiagramm eines Generators unter symmetrischer Last mit Zusatzwiderstand r_a und Zusatzreaktanz $x_{a\sigma}$

Generatoren ohne Dämpferwicklung können etwa mit 15% gegenläufigem Stromsystem belastet werden, wobei allerdings schädliche Rückwirkungen (Oberwellen in Spannungs- und Stromkurve) auf das Netz eintreten. Bei kleinen Generatoren macht das im Parallelbetrieb mit einem Netz nur wenig aus (Störungen im Alleinbetrieb, s. Abschn. 6). Größere Einheiten müssen aber schon aus diesem Grunde (Netzrückwirkung) unbedingt eine Dämpferwicklung erhalten. Die Dämpferwicklung kann dabei so bemessen werden, daß die Generatoren bis zur reinen

---

[1] Die Gln. (90) und (91) sind nicht im p.u.-System angeschrieben.

Die unsymmetrische Belastung von Synchronmaschinen   129

einphasigen Belastung mit Nennstrom belastet werden können, was einer relativen Schieflast von [Gl. (88)]

$$s = \frac{I_2}{I_N} \cdot 100 = \frac{\frac{I_N}{\sqrt{3}}}{I_N} \cdot 100 = \frac{1}{\sqrt{3}} \cdot 100 = 58\,\%$$

entspricht. Bei normalen Wasserkraftgeneratoren ist die Dämpferwicklung allerdings meist nur für 20% gegenläufiges Stromsystem bemessen.

Die zulässige relative Schieflast [Gl. (88)] gibt außer der Größe des zulässigen Inversstromes — dessen Drehfeld in der Dämpferwicklung Ströme induziert und damit ihre Bemessung beeinflußt — auch zugleich das Verhältnis der zulässigen Einphasenlast zur Nennleistung des Generators an (Multiplikation mit der verketteten Spannung):

also
$$s = \frac{I_2}{I_N} = \frac{\frac{I_e}{\sqrt{3}}}{I_N} = \frac{\frac{I_e}{\sqrt{3}}}{I_N} \cdot \frac{U_{\text{verk}}}{U_{\text{verk}}} = \frac{U_{\text{verk}} \frac{I_e}{\sqrt{3}}}{\frac{P_{sN}}{\sqrt{3}}},$$

$$s = \frac{P_{se}}{P_{sN}}. \qquad (92)$$

Beispiel: Mit $s = 0{,}2$ wird die zulässige Einphasenlast $P_{se} = 0{,}2\,P_{sN}$. — Mit I_e wird in obiger Gleichung der Einphasenstrom bezeichnet, also der Strom, den wir für die reine Einphasenbelastung mit I bezeichnet hatten.

Eine überlagerte Einphasenbelastung läßt sich aus jeder unsymmetrischen Belastung mit den 3 Strömen I_a, I_b und I_c auf einfache Weise herausschälen, indem man nach Abb. 36 den Inversstrom I_2 ermittelt und diesen mit $\sqrt{3}$ multipliziert. Es gilt also bei jedem unsymmetrischen Belastungsfall betragsmäßig für die überlagerte Einphasenlast: $I_e = I_2 \sqrt{3}$.

Der äußerste Grenzfall der einphasigen Belastung eines Generators ist der zweipolige Kurzschluß bzw. auch der Doppelerdschluß. Dieser wurde bereits in Abschn. 2.4 behandelt (vgl. auch Anhang 5.2).

Der einpolige Erdschluß verursacht bei ungeerdetem Sternpunkt keine Generatorbelastung, sondern nur eine Verlagerung der Spannungen gegen Erde, da kein oder nur ein sehr geringer Strom fließen kann (Erdstrom von galvanisch mit dem Generator verbundenen Leitungen bis zur Erdschlußstelle über die Kapazität dieser Leitungen und des Generators gegen Erde).

Der Vollständigkeit halber wollen wir nun noch kurz auf den Fall der unsymmetrischen Last mit Nullkomponente eingehen, also den in Stern geschalteten Generator mit Sternpunktserdung (amerikanische Praxis) bzw. mit Nulleiteranschluß im Sternpunkt (220/380 V-Generatoren) behandeln. Zweckmäßig sind diese Schaltungen beide nicht, und auf die

130   8. Die unsymmetrische Belastung von Synchronmaschinen

Gefahren beim einpoligen Erdschluß, der ja in diesem Fall dem einpoligen Kurzschluß entspricht, haben wir bereits früher hingewiesen (Abschn. 3.15). Ein in der Anlage benötigter Nulleiter sollte deshalb zweckmäßiger an den Sternpunkt eines zwischengeschalteten Transformators mit Stern/Dreieck-, Zickzack/Stern- oder Stern/Stern-Schaltung mit Ausgleichswicklung angeschlossen werden. Muß in einer Anlage jedoch die Erdung des Generatorsternpunktes durchgeführt werden (amerikanische Technik für kleinere Einheiten), so sollte auf alle Fälle bei dem Generatorhersteller vorher rückgefragt werden.

Das über die unsymmetrische Belastung ohne Nullkomponente Gesagte kann auch auf den Fall mit Nullsystem übertragen werden. Die Ankerrückwirkung wird durch das Nullsystem bei Generatoren mit Dämpferwicklung praktisch auch nicht verändert. Für die Gesamtstreuspannung tritt nun zu der Ständerstreu- und Inversreaktanz noch die Nullreaktanz x_0 hinzu. Es kommt also zu den Spannungsabfällen zwischen der inneren EMK E_L und der Klemmenstrangspannung noch der Spannungsabfall $I_0 x_0$ hinzu (vgl. Abb. 48 u. 51). Bei rein einphasiger Belastung mit dem Strom I_a zwischen der Ausgangsklemme des Stranges a z. B. und dem Sternpunkt ergeben sich dann die 3 Komponenten des mitläufigen, gegenläufigen und Nullsystems nach Abb. 36 zu (vgl. Anhang 5.3):

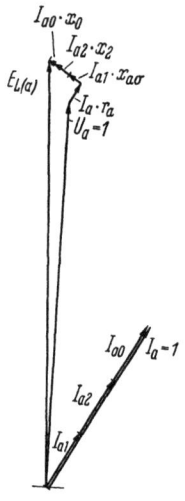

Abb. 51
Zeigerdiagramm eines Generators bei reiner Einphasenlast zwischen der Ausgangsklemme des Stranges a und dem Sternpunkt
$x_{a\sigma} = 0{,}12$; $x_2 = 0{,}15$;
$x_0 = 0{,}05$; $r_a = 0{,}06$

$$I_{a1} = I_{a2} = I_{a0} = \frac{1}{3} I_a,$$

die alle drei gleichphasig sind. Die Spannungsabfälle von der inneren EMK $E_{L(a)}$ bis zur Klemmenstrangspannung U_a sind somit:

$$x_{a\sigma} I_{a1} + x_2 I_{a2} + x_0 I_{a0},$$

und da die Stromkomponenten alle „in Phase" liegen, gilt auch:

$$(x_{a\sigma} + x_2 + x_0)\frac{I_a}{3} \quad \text{(Abb. 51)}.$$

Für die Ankerrückwirkung ist wieder nur das Mitsystem maßgebend, also hier nur der Strom I_{a1}, der gleich ⅓ des Belastungsstromes ist. Man sieht daraus, daß die Spannungsunsymmetrie durch eine Sternpunktlast noch größer wird als bei zweiphasiger Last. Die Nullkomponente ist jedoch meist klein im Verhältnis zur Mitkomponente, da x_0 sehr klein ist (vgl. Abschn. 3).

9. Der Verbundbetrieb[1]

In Abschn. 2 haben wir das elektrische Verhalten und die Leistungsfähigkeit von Synchronmaschinen im stationären Betrieb und bei plötzlichen Laständerungen betrachtet. In weiteren Abschnitten haben wir dann die einzelnen Größen, die bei diesen Betrachtungen in Erscheinung traten (Reaktanzen und Konstanten), diskutiert und ihre Einwirkung auf die Maschinenbemessung behandelt. Es wird nun Aufgabe dieses Abschnittes sein, Synchrongeneratoren und ganze Kraftwerke im Verbundbetrieb mit anderen Kraftwerken und mit Netzen zu betrachten.

Da große Wasserkraftgeneratoren normalerweise nicht am Verbrauchszentrum aufgestellt werden können, sondern eben dort, wo die entsprechenden Wasserkräfte vorhanden sind, werden Fernleitungen notwendig. Den Einfluß der Fernleitungen auf die Spannungs- und Leistungsverhältnisse der Generatoren und auf die stabile Leistungsübertragung bei langsamen (theoretisch unendlich langsam, praktisch langsam gegenüber der magnetischen Hauptfeldzeitkonstante, d. h. der Transientlastzeitkonstante) und plötzlichen Laständerungen werden Hauptpunkte unserer Überlegungen sein. Wir wollen also die statische und dynamische Stabilität eines Generators oder Kraftwerkes mit gleichartigen Maschinen beim Betrieb über Transformatoren und Fernleitungen auf ein starres Netz als Hauptaufgabe dieses Abschnittes ansehen. Rein qualitativ werden wir aber auch allgemein auf das Mehrmaschinenproblem und somit auf die Stabilität von Drehstromverbundsystemen eingehen.

9.1 Die statische Stabilität beim Betrieb über Fernleitungen auf ein starres Netz

9.11 Verlustlose Leitung und Fehlen von örtlichen Belastungen

Das elektrische Verhalten („Leistungsfähigkeit") eines Generators oder Kraftwerkes gleichartiger Maschinen bei direkter Speisung auf ein starres Netz haben wir in Abschn. 2.2 behandelt. Für Stabilitätsbetrachtungen ist nun die elektrisch an das Netz abgegebene Wirkleistung von Bedeutung. In Abb. 8 haben wir bereits die statische Wirkleistung der dort betrachteten Schenkelpolmaschine in Abhängigkeit vom Polradwinkel für verschiedene Erregungsstufen aufgetragen, und Gl. (8d) gibt die Abhängigkeit der Wirkleistung von Erregung und Polradwinkel (ϑ) an. Sie lautet:

$$P_w = \frac{EU}{x_d} \sin\vartheta + \frac{U^2}{2} \frac{x_d - x_q}{x_d x_q} \sin 2\vartheta.$$

---
[1] Lit.: [2, 5, 7, 9, 13, 14, 29, 48, 50, 52, 53, 54].

Beim Betrieb über eine Fernleitung auf ein starres Netz mit der Spannung U_2[1] bleibt nun die Generatorspannung U_1 bei konstanter Erregung nicht mehr konstant (Abb. 53). Für die statisch übertragbare Wirkleistung und damit auch für die statische Stabilität ist dabei nicht

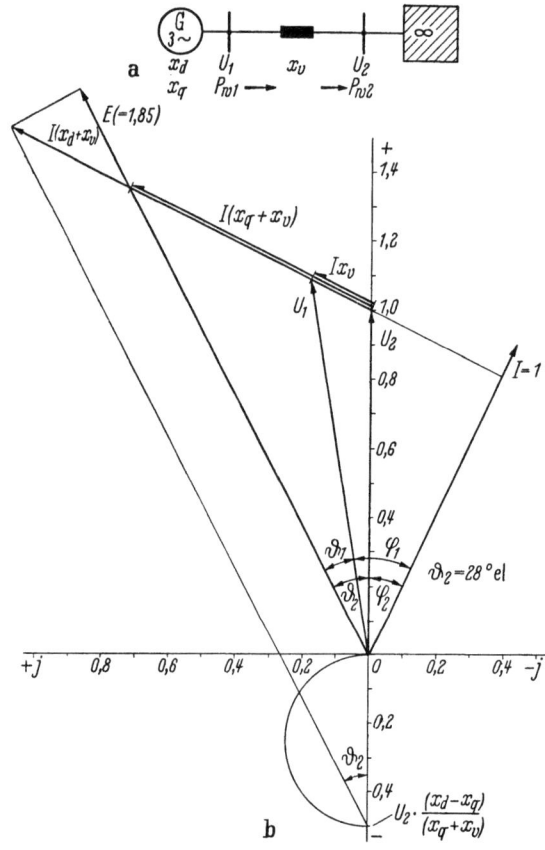

Abb. 52a u. b. Generator beim Betrieb über eine Fernleitung auf ein starres Netz
$U_2 = 1$; $I = 1$; $\cos \varphi_2 = 0{,}9$; $x_d = 1{,}0$; $x_q = 0{,}6$; $x_v = 0{,}2$
(z. B. $x_T = 0{,}1$; $x_{\text{Ltg}} = 0{,}1$; was für 110 kV-Leitung etwa einer Länge von 90 km bei Betrieb mit natürlicher Leistung entspricht)

mehr der Polradwinkel ϑ zwischen der Klemmenspannung U_1 und der Polradspannung E maßgebend, sondern der Winkel ϑ_2 zwischen der konstanten Netzspannung U_2 und der Polradspannung E.

Für die folgende mehr qualitative Betrachtung nehmen wir an, die Leitung einschließlich Blocktransformator habe nur eine Reaktanz x_v (Vor-

---

[1] Im Abschn. 9 bezeichnen die Indizes 1, 2, 3, usw. nicht die symmetrischen Komponenten.

reaktanz). Wir rechnen also mit dem Fall der verlustlosen Übertragung und vernachlässigen außerdem die Kapazität der Leitung. Abb. 52a stellt dann das einpolige Schaltbild, Abb. 52b das Zeigerdiagramm der Anordnung dar. Die *Sättigung* der Generatorreaktanzen wird in dieser und allen folgenden Betrachtungen des Abschn. 9, soweit nichts anderes gesagt wird, vernachlässigt. Für praktische Untersuchungen ergibt sich damit eine gewisse zusätzliche Sicherheit. Für genauere Untersuchungen sollte die Sättigung jedoch berücksichtigt werden, da durch die Spannungsregelung großer Generatoren die Stabilitätsgrenze sowieso noch zu größeren Polradwinkeln verschoben wird (künstliche Stabilisierung, vgl. Abschn. 10), womit der Sicherheitsabstand zu groß würde. Wir verweisen in diesem Zusammenhang auf Abschn. 3 und im besonderen auf den Abschn. 3.12, wo die Sättigung der Synchronreaktanz behandelt wird („äquivalente Reaktanz").

Vergleichen wir das Zeigerdiagramm der Abb. 52b mit dem Diagramm der Abb. 3, so stellen wir fest, daß die Reaktanz der Übertragungsteile (Fernleitung + Blocktransformator) x_v praktisch die gleiche Wirkung hat wie eine Vergrößerung der Synchronreaktanzen, wobei sich durch ihren Einfluß auch das Verhältnis der wirksamen Längsreaktanz $(x_d + x_v)$ zur Querreaktanz $(x_q + x_v)$ ändert. Die „Schenkeligkeit" verkleinert sich dabei. (In unserem Beispiel: $\frac{x_q}{x_d} = 0{,}60$; $\frac{x_q + x_v}{x_d + x_v} = 0{,}67$.) — Zu einer Verkleinerung der „Schenkeligkeit" führt im übrigen auch die Sättigung [$x_{d\,\text{äqu}} \approx (0{,}6 \cdots 0{,}8)\, x_d$, für Blindleistungsmaschinen sogar bis $x_{d\,\text{äqu}} \approx 0{,}4\, x_d$].

Da eine Maschine mit größerer Synchronreaktanz (Verhältnis x_q/x_d konstant bleibend angenommen), d. h. kleinerem Leerlaufkurzschlußverhältnis, aber „weicher" ist, so wird die statische Kippleistung beim Arbeiten über die Fernleitung auch kleiner sein als bei direkter Einspeisung in das starre Netz. Um das nachzuweisen, gehen wir genauso vor wie bei der Ermittlung der Diagramme der Abb. 6 und 8, d. h., wir konstruieren zunächst das Scheinleistungsdiagramm für jeweils konstante Erregung E und entnehmen dann daraus die Wirkleistung in Abhängigkeit vom Polradwinkel ϑ_2. Wie bereits das Zeigerdiagramm der Abb. 52b zeigt, wird der „innere" Polradwinkel ϑ_1 der Maschine immer kleiner sein als der äußere ϑ_2, und entsprechend werden sich auch die Kippwinkel verhalten.

Der Übergang vom Spannungsdiagramm der Abb. 52b zum entsprechenden Stromdiagramm erfolgt wieder durch Division aller Spannungen durch die wirksame Reaktanz $(x_d + x_v)$. Damit ergibt sich das Stromdiagramm der Abb. 53. In diesem Diagramm wurden, wie in Abb. 6, auch die Kurven für konstante Erregung $E = 1$ und $1{,}68$ eingetragen. Aus der Abbildung läßt sich auf einfache Weise die Wirk-

134 9. Verbundbetrieb, Statische Stabilität

leistung in Abhängigkeit vom äußeren Polradwinkel ϑ_2 ermitteln. Die entsprechenden Kurven für $E = 1,0$ und $1,68$ sind in Abb. 54 (durchgezogene Linien) aufgetragen. Zum Vergleich haben wir aus Abb. 8 für die gleichen Erregungen die Wirkleistungskurven (gestrichelt) über dem Polradwinkel ϑ auch eingezeichnet. Dabei ist zu beachten, daß für diesen Fall der innere Polradwinkel dem äußeren entspricht, da die Maschine

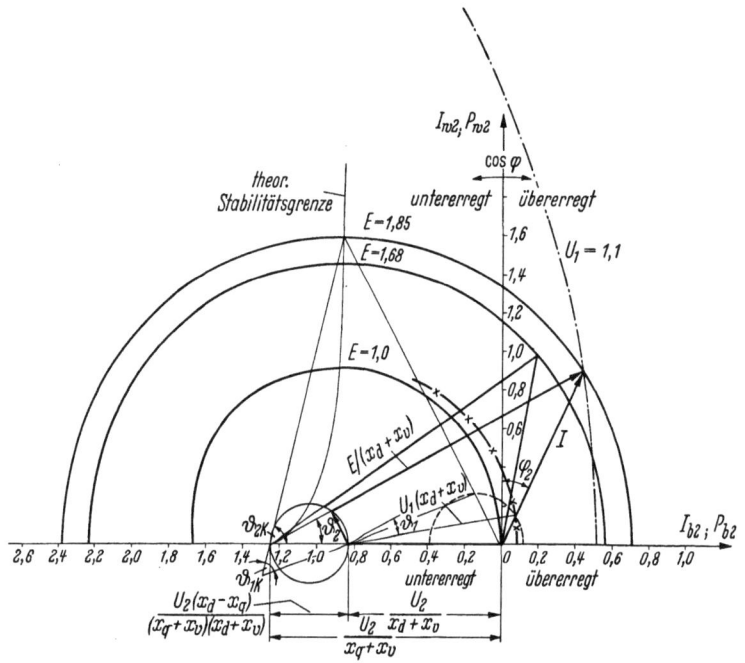

Abb. 53. Strom- und Leistungsdiagramm für konstante Netzspannung $U_2 = 1$ bei konstanter Erregung E (————) und bei konstanter Klemmenspannung U_1 (—·—)
$$x_d = 1,0; \quad x_q = 0,6; \quad x_v = 0,2$$
———— Ortskurve für $U_1/(x_d + x_v)$ bei konstanter Erregung $E = 1,85$;
—×— Ortskurve für $U_1/(x_d + x_v)$ bei konstanter Klemmenspannung $U_1 = 1,1$

direkt auf das starre Netz arbeitet. Durch Vergleich der zusammengehörigen Kurven erhält man den Einfluß der Fernleitung auf die an das starre Netz abgebbare Wirkleistung bei konstanter Erregung. Für Nennerregung, also $E = 1,68$, bei Direktbetrieb des Generators ($\cos\varphi_N = 0,9$) auf das starre Netz und für die gleiche Erregung bei Betrieb über die Fernleitung mit der Reaktanz x_v ergeben sich bei Übertragung der Nennwirkleistung $P_{wN} = 0,9$ unterschiedliche Polradwinkel (Anstieg von 23° auf 31° el). Damit wird die Reserve bis zur Kippgrenze geringer, obwohl die Synchronmaschine infolge der etwas geringeren „Schenkeligkeit" des gesamten Systems bei Vorhandensein der

Fernleitungsreaktanz x_v erst bei einem etwas höheren äußeren Polradwinkel ϑ_2 als bei Direktbetrieb kippt. Der zu ϑ_{2K} gehörende innere Kippwinkel ϑ_{1K} (zwischen U_1 und E) wurde in Abb. 53 für $E = 1,85$ auch eingetragen. Er ist kleiner als ϑ_{2K} und auch kleiner als ϑ_K bei Direktbetrieb.

Die *Klemmenspannung* der Maschine bleibt bei konstanter Erregung, z. B. bei $E = 1,85$, nicht konstant, sondern sie nimmt mit steigendem Polradwinkel ab (Abb. 53). Für konstant gehaltene Klemmenspannung (Regelung) würde sich der Strom- bzw. Leistungszeiger mit seiner Spitze auf der strichpunktierten Kurve der Abb. 53 bewegen (vgl. auch Abb. 54).

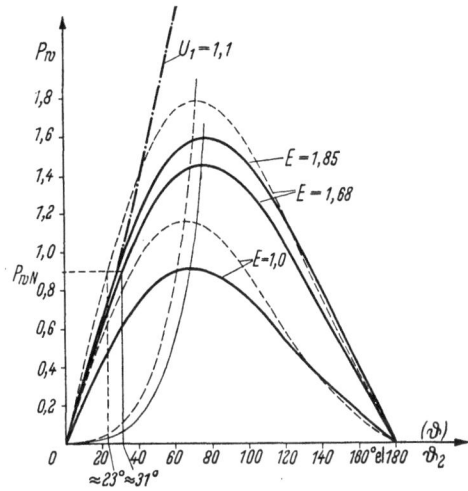

Abb. 54
Wirkleistung in Abhängigkeit vom Polradwinkel
- - - - $U_1 = U_2 =$ const für $x_v = 0$
——— $U_2 =$ const; $x_v = 0{,}2$; $U_1 \neq$ const
—·—·— $U_2 =$ const; $x_v = 0{,}2$; $U_1 =$ const (Spannungsregelung)

Das Verhältnis der Kippleistungen ohne und mit äußerer Reaktanz x_v ändert sich in Abhängigkeit von der Erregung und ist für höhere Erregungen kleiner. Entsprechend ist das Verhältnis am größten bei Erregung Null, wo es dem Verhältnis der Reaktionskreishalbmesser entspricht (in unserem Beispiel: 1,6). Für sehr große Erregung ist die „Schenkeligkeit" vernachlässigbar, und das Verhältnis nähert sich dem Verhältnis der entsprechenden Vollpolmaschine (in unserem Beispiel: $1{,}2 =$ const).

Aus Abb. 53 läßt sich nun für die Wirkleistung analog zu Gl. (8d) folgende Gleichung herleiten:

$$P_w = \frac{E U_2}{x_d + x_v} \sin \vartheta_2 + \frac{U_2^2 (x_d - x_q)}{(x_d + x_v)(x_q + x_v)} \sin \vartheta_2 \cos \vartheta_2$$

oder mit

$$\sin \vartheta_2 \cos \vartheta_2 = \frac{1}{2} \sin 2\vartheta_2:$$

$$P_w = \frac{E U_2}{x_d + x_v} \sin \vartheta_2 + \frac{U_2^2}{2} \frac{x_d - x_q}{(x_d + x_v)(x_q + x_v)} \sin 2\vartheta_2. \quad (93)$$

Die Gl. (93) gleicht der Gl. (8d), nur daß anstelle der Reaktanzen x_d und x_q nun die Reaktanzen $(x_d + x_v)$ und $(x_q + x_v)$ treten und anstelle des Polradwinkels ϑ, der gleichzeitig innerer und äußerer Polradwinkel war, der äußere Polradwinkel ϑ_2. Die Netzspannung U_2 weicht von der

Maschinenspannung U_1 auch ab und tritt in der Gleichung an deren Stelle als konstante Spannung (vgl. Abb. 53).

Da wir mit der verlustlosen Übertragung rechnen, ist $P_w = P_{w1} = P_{w2}$. Anders ist es jedoch mit der Blindleistung, was aus Abb. 52b sofort klar ersichtlich ist. Es gilt in p.u. für den dort aufgezeichneten Fall:

$$P_{w1} = U_1 I \cos\varphi_1 \approx 1{,}105 \cdot 1 \cdot 0{,}815 = 0{,}9,$$

also:
$$P_{w2} = U_2 I \cos\varphi_2 \approx 1 \quad \cdot 1 \cdot 0{,}9 = 0{,}9,$$

und
$$P_{w1} = P_{w2}$$

$$P_{b1} = U_1 I \sin\varphi_1 \approx 1{,}105 \cdot 1 \cdot 0{,}58 = 0{,}638,$$

also:
$$P_{b2} = U_2 I \sin\varphi_2 \approx 1 \quad \cdot 1 \cdot 0{,}436 = 0{,}436,$$

$$P_{b1} > P_{b2},$$

d. h., die an das Netz abgegebene Blindleistung ist kleiner als die vom Generator abgegebene. Ohne Überlastung des Feldkreises der in Abschn. 2 behandelten Maschine ($\cos\varphi_N = 0{,}9$) kann die obige Scheinleistung $\left(P_{s2} = \sqrt{P_{w2}^2 + P_{b2}^2}\right)$ im übrigen überhaupt nicht abgegeben werden, da die Nennerregung der Maschine zu niedrig liegt. Dies ist auch aus Abb. 53 ersichtlich, wo die PASCALsche Schneckenkurve für Nennerregung $E_N = 1{,}68$ innerhalb der für den Betrieb nach Abb. 52b maßgebenden ($E = 1{,}85$) liegt. Die Erscheinung, daß die primäre Blindleistungsabgabe bei Darstellung der Leitung durch eine reine Reaktanz größer sein muß als die an das Netz abgebbare, ist klar und bedarf keiner Erläuterung. Die Bemessung der Maschine müßte bei Forderung einer bestimmten sekundären Blindleistung P_{b2} eben dementsprechend erfolgen. Dies nur grundsätzlich, denn eine solche Forderung wird bei langen Leitungen wirtschaftlich untragbar, und man sollte die erforderliche Blindleistung möglichst im Verbraucherzentrum erzeugen, obwohl der Betrieb der Maschine mit einer höheren Nennerregung (Bemessung entsprechend) die Stabilität erhöht (Kippleistung wird etwas größer).

Die Darstellung der Übertragungsleitung durch eine reine Reaktanz (induktiver Blindwiderstand der Leitung und des Aufspanntransformators) ergibt für Spannungen über etwa 100 kV und Leitungslängen über 100 km zu ungenaue Ergebnisse, und die Leitungskapazität muß mitberücksichtigt werden. Für diesen Fall muß man dann von den Leitungsgleichungen ausgehen. Zweckmäßigerweise schlägt man hierbei die Transformatorreaktanz x_T auf die Generatorseite und behandelt also Generator und Transformator als Einheit.

Die Leitungsgleichungen bei Vernachlässigung der Leitungswirkwiderstände lauten nun (verlustlose Leitung: Dämpfungsmaß $\alpha = 0$;

Verlustlose Leitung und Fehlen von örtlichen Belastungen 137

Winkelmaß $\beta = \omega_n \sqrt{lc} = \lambda/l_{\mathrm{km}}$; l, c: Induktivität, Kapazität je km):

$$\boldsymbol{U}_1 = \boldsymbol{U}_2 \cos\lambda + j\boldsymbol{I}_2 Z \sin\lambda, \tag{94a}$$

$$\boldsymbol{I}_1 = j\frac{\boldsymbol{U}_2}{Z}\sin\lambda + \boldsymbol{I}_2 \cos\lambda. \tag{94b}$$

Darin bedeuten:

Z den Wellenwiderstand (in Ω: $Z = \sqrt{l/c} \approx 375\ \Omega$ für Hochspannungseinfachleitungen) der Leitung auf Generatordaten bezogen:

$$Z = \frac{1}{\dfrac{I_{\mathrm{nat}}}{I_N}} = \frac{1}{\dfrac{P_{\mathrm{nat}}}{P_{sN}}},$$

wobei P_{nat} die natürliche Leistung der Leitung ist (induktiver und kapazitiver Spannungsabfall heben sich auf, d. h., an jedem Punkt der Leitung haben Strom und Spannung die gleiche Phasenlage zueinander):

$$P_{\mathrm{nat}} = \frac{U_v^2}{Z}\ [\mathrm{W}].$$

Beispiel. 110-kV-Leitung mit $Z = 375\ \Omega$ ergibt:

$P_{\mathrm{nat}} = 32{,}0$ MVA (vgl. auch Tab. 1, S. 315).

λ den Leitungswinkel[1]: $\lambda = \dfrac{l_{\mathrm{km}} \cdot 360}{6000} = 0{,}06 \cdot l_{\mathrm{km}}$ [°el] für 50 Hz.

Die durch Fettdruck hervorgehobenen Buchstaben bedeuten wieder, daß es sich um Zeiger handelt.

Das Zeigerdiagramm der Abb. 52 geht damit in das Zeigerdiagramm der Abb. 55 über. Dieses Diagramm ergibt sich aus folgenden Überlegungen:

Legt man $\boldsymbol{U}_2$ in die reelle Achse, so ergibt sich $\boldsymbol{U}_1$ aus den Gln. (94a) und (94b) zu:

$$\boldsymbol{U}_1 = U_2 \cos\lambda + jZ\sin\lambda\left(-j\frac{U_2}{Z}\frac{\sin\lambda}{\cos\lambda} + \frac{\boldsymbol{I}_1}{\cos\lambda}\right)$$
$$= U_2\cos\lambda + U_2\frac{\sin^2\lambda}{\cos\lambda} + jZ\boldsymbol{I}_1\tan\lambda = \frac{U_2}{\cos\lambda} + j\boldsymbol{I}_1 Z \tan\lambda. \tag{95}$$

Daraus erkennt man, daß der Spannungsabfall $\boldsymbol{I}_1 Z \tan\lambda$ senkrecht zu $\boldsymbol{I}_1$ an der Spannung $U_2/\cos\lambda$ anzutragen ist.

Der Betrag des Generatorstromes I_1 ergibt sich allgemein, wenn laut Abb. 55 $\boldsymbol{I}_2 = I_2(\cos\varphi_2 \mp j\sin\varphi_2)$ — das negative Vorzeichen gilt für den dargestellten Fall (Blindleistungsabgabe) — angesetzt wird, aus Gl. (94) zu:

$$I_1 = \cos\lambda\sqrt{(I_2\cos\varphi_2)^2 + \left[\left(\frac{U_2}{Z}\right)\tan\lambda \mp I_2\sin\varphi_2\right]^2}, \tag{96}$$

---

[1] Der Leitungswinkel λ ergibt sich aus dem Winkelmaß β multipliziert mit der Leitungslänge: $\lambda = \omega_n\sqrt{lc}\,l_{\mathrm{km}}$. Für das Winkelmaß gilt bei verlustloser Leitung auch $\beta = \omega_n/v = 314/300000$ Radian/km $= 360/6000$ [°el/km].

138   9. Verbundbetrieb, Statische Stabilität

und für den Winkel zwischen I_1 und U_2 gilt:

$$\tan\alpha = \frac{\Im m(I_1)}{\Re e(I_1)} = \frac{\left(\dfrac{U_2}{Z}\right)\tan\lambda \mp I_2 \sin\varphi_2}{I_2 \cos\varphi_2}. \tag{97}$$

Damit kann das Zeigerdiagramm der Abb. 55b aufgezeichnet werden. Man ersieht daraus, daß sich der Generator so verhält, als wenn er an

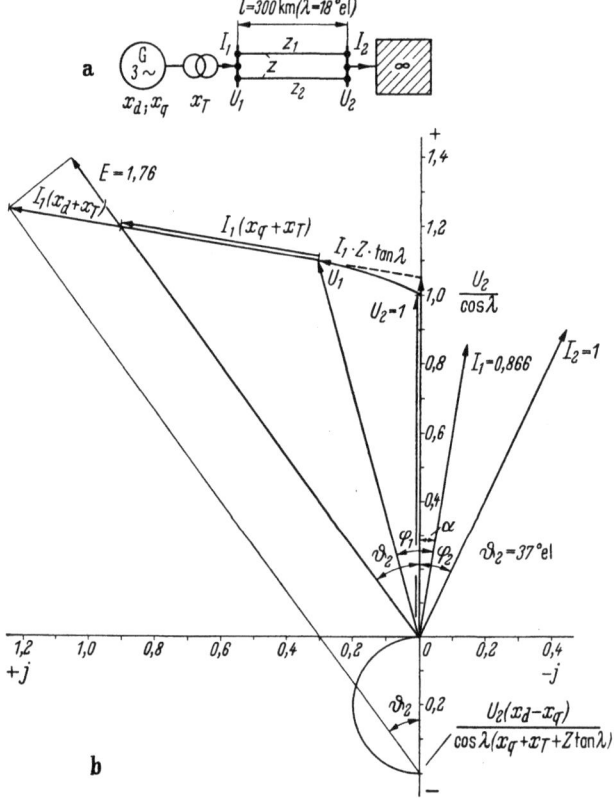

Abb. 55a u. b. Generator beim Betrieb über eine Fernleitung auf ein starres Netz unter Berücksichtigung der Leitungskapazität

$U_2 = 1;$ $I_2 = 1;$ $\cos\varphi_2 = 0{,}9;$ $x_d = 1;$ $x_q = 0{,}6;$ $x_T = 0{,}1$

$$\frac{I_{\mathrm{nat}}}{I_N} = 0{,}9; \quad Z = \frac{1}{0{,}9} = 1{,}11$$

der fiktiven Netzspannung $U_2/\cos\lambda$ hinge und ihm noch die Transformatorreaktanz x_T und die Leitungsreaktanz $Z\tan\lambda$ vorgeschaltet wären.

Wir können nun weiter genauso vorgehen, wie wir es in den Abb. 53 und 54 für den Fall ohne Leitungskapazität getan haben, und die entsprechenden Diagramme ermitteln. Der einzige Unterschied gegen-

Verlustlose Leitung und Fehlen von örtlichen Belastungen

über diesen Abbildungen ist der, daß anstelle der Netzspannung U_2 der Abb. 53 nun jeweils die Ersatzspannung $U_2/\cos\lambda$ und statt der Vorreaktanz x_v nun $(x_T + Z\tan\lambda)$ anzusetzen ist. Die Gleichung für die Wirkleistung, die ja für die Stabilität des Betriebes maßgebend ist, lautet damit gemäß Gl. (93):

$$P_{w2} = \frac{\dfrac{EU_2}{\cos\lambda}}{(x_d + x_T + Z\tan\lambda)}\sin\vartheta_2 + \frac{\left(\dfrac{U_2}{\cos\lambda}\right)^2}{2} \times$$

$$\times \frac{x_d - x_q}{(x_d + x_T + Z\tan\lambda)(x_q + x_T + Z\tan\lambda)}\sin 2\vartheta_2. \qquad (98)$$

Der Polradwinkel ϑ_2 und der Kippwinkel ϑ_{2K} lassen sich aus den entsprechend konstruierten Diagrammen ablesen.

Aus Gl. (98) erkennt man den Einfluß der Leitungslänge l. Mit zunehmendem Leitungswinkel $\lambda = 0{,}06 \cdot l_{km}$ [°el] (bei 50 Hz), d. h. also mit zunehmender Leitungslänge, vermindert sich bei gleichbleibender Erregung E und gleichem Polradwinkel ϑ_2 die statische Wirkleistung P_{w2} und erreicht ihr Minimum bei [53]:

$$\tan\lambda_{\max} = \frac{Z}{x_d + x_T}. \qquad (99)$$

Daraus ergibt sich auch die größte Leitungslänge, auf die ein Generator noch arbeiten kann, ohne daß beim Zuschalten des unerregten Generators auf die am Ende offene Leitung Selbsterregung (ohne automatische Spannungsregelung) eintritt. Die maximale Leitungslänge ohne Selbsterregung für unser Beispiel wird (Abb. 55):

also:
$$\tan\lambda_{\max} = \frac{1{,}11}{1 + 0{,}1} = 1{,}01,$$

$$\lambda_{\max} \approx 45{,}3°\text{el} \quad \text{und} \quad l_{\max} = \frac{45{,}3}{0{,}06} = 755 \text{ km}.$$

Vergleicht man die Abb. 3 und 52b bzw. 55b, so sieht man, daß sich der Polradwinkel (äußerer Polradwinkel) bei gleicher Abgabeleistung an das Netz beim Arbeiten über eine Fernleitung vergrößert (Abb. 3: $\vartheta = 23°\text{el}$; Abb. 52b: $\vartheta_2 = 28°\text{el}$; Abb. 55b: $\vartheta_2 = 37°\text{el}$). Die Reserve bis zur Kippgrenze wird also geringer, und die statische Kippleistung geht zurück, selbst wenn die Erregung entsprechend gleicher Abgabeleistung an das Netz vergrößert wird.

Mit Gl. (98) läßt sich auch nachweisen, daß für kurze Leitungslängen (unter 100 km) mit dem reinen Reaktanzwert gerechnet werden kann.

Beispiel. Annahme der Leitungslänge: $l = 100$ km, dann wird:

$$\lambda = 0{,}06 \cdot 100 = 6° \text{ el} = 0{,}1047$$

und
$$\cos\lambda = 0{,}995 \quad \text{bzw.} \quad \tan\lambda = 0{,}105 \approx \lambda,$$

also
$$\frac{U_2}{\cos\lambda} = \frac{U_2}{0{,}995} \approx U_2$$
und
$$Z\tan\lambda = Z \cdot 0{,}105 \approx Z\lambda = x_{\text{Ltg}};^1$$

da z. B. für 110-kV-Leitung $Z \approx 375\,\Omega$ und x/km etwa $0{,}4\,\Omega$ ist, wird:
$$Z\tan\lambda = 375 \cdot 0{,}105 = 39\,\Omega \quad\text{und}\quad x_{\text{Ltg}} \approx 0{,}4 \cdot 100 = 40\,\Omega,$$
also
$$Z\tan\lambda \approx x_{\text{Ltg}}.^1$$

Der Zusammenhang $Z\tan\lambda \approx x_{\text{Ltg}}$ gilt bei 110 kV auch für Leitungslängen über 100 km noch mit genügender Genauigkeit [Gl. (98)], aber die Abweichung $U_2/\cos\lambda$ von U_2 führt dabei schon zu bedeutenden Fehlern (Abb. 55), so daß man dann zweckmäßig mit der Leitungsgleichung rechnet.

Die Gln. (93) und (98) für die übertragene stationäre Wirkleistung gelten jedoch, wie bereits gesagt, nur für verlustlose Leitungen. Außerdem wurde vorausgesetzt, daß keine örtlichen Belastungen bzw. Belastungsabnahmestellen im Zuge der Leitung bis zur starren Netzspannung vorhanden sind. Liegen diese Voraussetzungen nicht vor, so werden die Zusammenhänge bei Berücksichtigung der ,,Schenkeligkeit'' der Synchronmaschine wesentlich komplizierter. Wir wollen deshalb für die rein qualitative Betrachtung dieser Vorgänge die ,,Schenkeligkeit'', die infolge der Sättigung sowieso gering ist, vernachlässigen und also Vollpolmaschinen (Turbogeneratoren) voraussetzen (vgl. 3.12, Sättigungseinfluß). Der Blindwiderstand der Leitung soll hierbei wieder der Einfachheit halber nur durch den induktiven Blindwiderstand dargestellt werden (Abb. 52a). Auf den Einfluß der Spannungsregelung, die bei geeigneter Bemessung eine Erweiterung des Stabilitätsbereiches (künstliche Stabilisierung) zur Folge hat, werden wir, wie schon erwähnt, in Abschn. 10 eingehen.

9.12 Statische Stabilität beim Betrieb einer Maschine auf ein starres Netz über eine verlustbehaftete Leitung mit beliebigen örtlichen Belastungen

Vernachlässigt man die ,,Schenkeligkeit'', was, wie wir weiter oben schon betonten, bei Berücksichtigung der Sättigung und Vorhandensein einer Vorreaktanz meist zulässig ist (vgl. Abschn. 3.12), so fällt in Gl. (93) das zweite Glied weg, und die Gleichung für die abgegebene Wirkleistung lautet:
$$P_w = \frac{E\,U_2}{(x_d + x_v)} \sin\vartheta_{12}, \tag{100}$$

wobei wir statt ϑ_2 nun in Abstimmung auf die im Anschluß zu behandelnden Probleme (Mehrmaschinenprobleme) ϑ_{12} angesetzt haben.

---

[1] Beweis: $Z\tan\lambda \approx Z\lambda = \sqrt{l/c}\,\sqrt{l\,c}\,\omega_n\,l_{\text{km}} = \omega_n\,l\,l_{\text{km}} = x_{\text{Ltg}}$.

Verlustbehaftete Leitung mit beliebigen örtlichen Belastungen 141

Werden nun beliebige örtliche Belastungen und eine verlustbehaftete Leitung angenommen, dann gilt für die abgegebene Wirkleistung folgende Beziehung ([2, 14]):

$$P_w = E^2 Y_{11} \sin \gamma_{11} + E U_2 Y_{12} \sin(\vartheta_{12} - \gamma_{12}) \quad (101\,\text{a})$$

oder

$$P_w = E^2 Y_{11} \cos \alpha_{11} + E U_2 Y_{12} \cos(\vartheta_{12} - \alpha_{12}), \quad (101\,\text{b})$$

eine für die rechnerische Behandlung günstigere Form. Dieser Zusammenhang ist graphisch in Abb. 56 als eine beliebig gegen das Koordinatensystem verschobene Sinuslinie dargestellt.

Die Wirkleistung wird in den Gln. (101) durch 2 Glieder ausgedrückt, wobei das erste von dem Polradwinkel unabhängig ist. Dieses Glied wird als „individuelle Ortslast" bezeichnet und ergibt eine Verschiebung der Sinuslinie in der Ordinatenrichtung um den Betrag

$$P_{KK} = E^2 Y_{11} \cos \alpha_{11}.$$

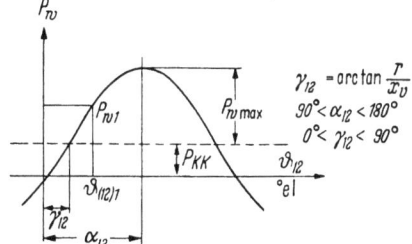

Die Amplitude der Sinuslinie, gemessen von der Geraden $P_w = P_{KK}$ aus, beträgt:

$$P_{w\,\text{max}} = E U_2 Y_{12}.$$

Für den Spezialfall der verlustlosen Leitung und ohne jede örtliche Belastung ergibt sich aus Gl. (101b) wieder die be-

Abb. 56. Allgemeine Lage der Wirkleistungskurve bei verlustbehafteter Leitung und beliebiger Belastung

kannte Abhängigkeit vom Sinus des Polradwinkels gemäß Gl. (100), also eine Sinuslinie, die gegenüber dem Koordinatensystem nicht verschoben ist (Abb. 57):

$$\alpha_{11} = 90°\,\text{el}; \quad \alpha_{12} = 90°\,\text{el};$$

damit wird

$$P_w = P_{w\,\text{max}} \sin \vartheta_{12}.$$

Das Zustandekommen der Gln. (101) kann man sich mit Hilfe des Überlagerungssatzes klarmachen. Dividiert man z. B. die Gl. (101b) durch die Polradspannung E, so entsteht ein Strom, der sich aus der Summe zweier überlagerter Ströme zusammensetzt und den Strom an der Generatoreinspeisestelle darstellt. Die beiden Stromanteile sind durch die beiden in diesem Fall vorhandenen Einspeisungen in das betrachtete Netzgebilde, d. h. durch den Generator und das Netz, gegeben. Bei mehreren Einspeisestellen setzt sich der Strom aus so vielen Summanden zusammen, wie Einspeisestellen vorhanden sind. Die Bedeutung der Admittanzen Y_{11} und Y_{12} geht am einfachsten aus der Überlegung hervor, daß bei kurzgeschlossener Netzklemmenspannung U_2 und

142　9. Verbundbetrieb, Statische Stabilität

alleiniger treibender Spannung E ein Stromanteil auf der Generatorseite in das Netzgebilde fließt, der durch den Ausdruck $E\,Y_{11}$ gegeben ist, und daß weiterhin bei Kurzschluß der Polradspannung E und angelegter Netzspannung U_2 vom starren Netz aus der zweite Stromanteil geliefert wird, der dem ersten rechnerisch überlagert werden muß. Dies ist das bekannte Verfahren, nach dem man Ströme in komplizierten Netzgebilden bei mehrfacher Einspeisung berechnet.

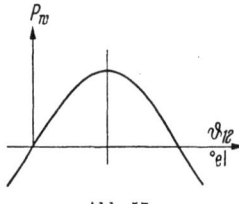

Abb. 57
Wirkleistungskurve bei verlustloser Leitung und ohne örtliche Belastung

Man sieht daraus, daß sich die Wirkleistung im allgemeinen Fall aus so vielen Summanden aufbauen läßt, wie Einspeisestellen vorhanden sind.

9.2 Statische Stabilität beim Zwei- und Mehrmaschinenproblem

Beim Betrieb einer Maschine (oder eines Kraftwerkes mit gleichartigen Maschinen) auf ein starres Netz konnten wir die statische Stabilität anhand der etwa sinusförmig verlaufenden Kurven der Abb. 54 für die Schenkelpolmaschine (ohne Sättigung) oder anhand von reinen Sinuskurven für die Vollpolmaschine (z. B. Abb. 56) leicht beurteilen. Wesentlich schwieriger wird die Aufgabe jedoch, wenn anstelle des starren Netzes ebenfalls eine Maschine oder Maschinengruppe mit einer Leistung in der gleichen Größenordnung wie die der betrachteten Maschine tritt. Der Grenzfall dieses Problems ist das reine Zweimaschinenproblem, wobei die eine Maschine als Generator und die zweite als Motor arbeitet (Abb. 58).

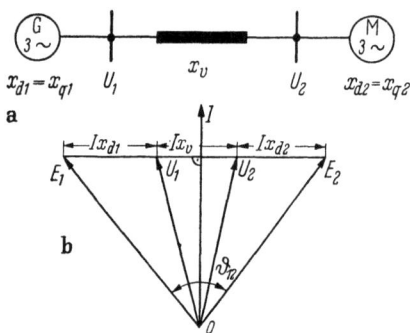

Abb. 58a u. b. Parallelbetrieb von 2 Kraftwerken über eine reine Reaktanz $x_v = 2\,x_T + x_{\text{Ltg}}$

Da ähnliche Verhältnisse z. B. bei der Speisung eines Pumpspeicherwerkes im Pumpbetrieb von einem entfernten Kraftwerk aus auftreten können (weiterhin bei Schiffsantrieb: Propellermotor und Schiffsturbo), so wollen wir auf diesen Fall wieder etwas genauer eingehen. Es ist dies der überlegungsmäßig und rechnerisch einfachste, betriebstechnisch aber schwierigste Fall des Parallelbetriebes von Maschinen. — Wir werden uns in den Abschn. 9.21 bis 9.24 an die Darstellungsweise von TIMASCHEFF [52] halten und auch die von ihm angegebenen Abbildungen übernehmen, da sie einfach und übersichtlich sind (vgl. auch Lit. [9]).

9.21 Parallelbetrieb von 2 Kraftwerken über eine reine Reaktanz

Bei den folgenden Betrachtungen vernachlässigen wir die „Schenkeligkeit" der Einfachheit halber wieder, was jedoch für den Fall zulässig ist, daß ein Dampfkraftwerk als generatorisches Werk auftritt (Normalfall z. B. im Pumpspeicherbetrieb), da eine scheinbare Verminderung der „Schenkeligkeit" des als Motor arbeitenden Wasserkraftgenerators durch das Übertragungssystem eintritt und die Sättigung diese Erscheinung unterstützt.

Eine weitere, ebenfalls einfache, aber exaktere Darstellungsmöglichkeit wäre die, statt der Synchronlängsreaktanzen die „äquivalenten Reaktanzen" der beiden Maschinen anzusetzen und die Polradspannungen auf die entsprechenden fiktiven Polradspannungen zu vermindern (vgl. Abschn. 3.12).

Weiter nehmen wir wieder eine verlustlose Leitung an und setzen für deren Blindwiderstand die Reaktanz x_{Ltg} und für der Blocktransformatoren x_T an. Die Reaktanz der Kupplung lautet dann: $x_v = 2x_T + x_{Ltg}$. Die Ohmschen Widerstände der Ständerkreise der Synchronmaschinen werden vernachlässigt. Das Zeigerdiagramm für diesen Fall ist in Abb. 58b dargestellt. Für das stabile Arbeiten der Anordnung ist der Differenzwinkel zwischen den beiden Polradspannungen E_1 und E_2, also ϑ_{12}, maßgebend, da E_2 an die Stelle der inneren Spannung U des starren Netzes tritt. Entsprechend Gl. (93) und Abb. 52 lautet die Gleichung für die übertragene Wirkleistung:

$$P_w = \frac{E_1 E_2}{x_{d1} + x_v + x_{d2}} \sin \vartheta_{12}. \tag{102}$$

Die Kippleistung wird bei $\vartheta_{12} = 90°\text{el}$ erreicht und lautet:

$$P_K = \frac{E_1 E_2}{x_{d1} + x_v + x_{d2}}. \tag{103}$$

Abb. 58b und Gl. (102) zeigen, daß die Stabilitätsbedingungen für den Betrieb besonders ungünstig sind, da der Polradwinkel ϑ_{12} schon bei kleinen Leistungen durch die Summenreaktanz der 2 Maschinen sehr groß wird.

Die statische Kennlinie der Kraftübertragung, d. h. also die Kennlinie der übertragenen Wirkleistung $(P_w = f(\vartheta_{12}))$ für konstante Erregungen nach Gl. (102), ist in Abb. 59 graphisch dargestellt. Dabei ist die abgegebene Wirkleistung als positiv über dem Polradwinkel ϑ_{12} aufgetragen. Die voll ausgezogene Sinuskurve P_{w1} ist somit die Wirkleistung des generatorischen Kraftwerkes (1) und die gestrichelt dargestellte Sinuskurve P_{w2} die Wirkleistung des motorischen Kraftwerkes (2) (Pumpspeicherwerk).

Betrachtet man einen Betriebszustand entsprechend dem Polradwinkel $\vartheta_{12} = \vartheta_o$, so ist der Zustand beider Kraftwerke durch die

Punkte a und b gekennzeichnet, wobei die Ordinate von a ($\overline{am}$) gleichzeitig die dem Generator zugeführte Leistung darstellt und die Ordinate von b ($\overline{bm}$) die vom Motor abgegebene mechanische Leistung (Verluste in beiden Fällen vernachlässigt).

Zur Untersuchung der Stabilität des Parallelbetriebes für veränderten Polradwinkel ϑ_{12} zwischen den Polrädern der 2 Maschinen nehmen wir an, die mechanischen Leistungen $P_{\text{mech}\,1}$ (Turbine) und $P_{\text{mech}\,2}$ (Pumpe) seien vom Polradwinkel unabhängig und konstant.

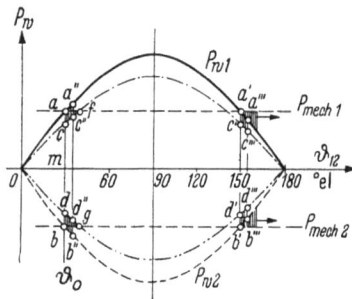

Abb. 59. Statische Kennlinie $P_w = f(\vartheta_{12})$ bei Kupplung von 2 Kraftwerken über eine reine Reaktanz

Die Betriebspunkte, die wir auf Stabilität untersuchen wollen, seien die Punkte a und b für einen Polradwinkel $\vartheta_{12} = \vartheta_0 < 90°$ el und a', b' für $\vartheta_{12} > 90°$ el.

Ändert sich z. B. durch irgendeinen Umstand (Störung) die Kupplungsreaktanz x_v zwischen den beiden Kraftwerken für kurze Zeit um einen kleinen Betrag im Sinne einer Zunahme, so geht die elektrisch übertragene Leistung etwas zurück [vgl. Gln. (102) und (103)]. Die elektrischen und mechanischen Regler mögen während dieser Zeit keine Änderung in ihrer Stellung vornehmen, also ohne Einfluß bleiben (Erregung konstant und Turbinen- und Pumpenleistung ebenfalls konstant).

Betrachten wir den Betriebszustand (a, b), so bleibt im Augenblick der Vergrößerung (vorübergehende Vorgänge vernachlässigt) der Kupplungsreaktanz der Differenzwinkel zwischen den trägen Polrädern zunächst noch unverändert. Die elektrisch übertragene Leistung geht aber von $\overline{am} = \overline{bm}$ auf $\overline{cm} = \overline{dm}$ zurück. Damit überwiegt im generatorischen Kraftwerk (1) die mechanische Leistung (Turbinenleistung) um die Überschußleistung $\overline{ac}$, und die Generatoren erfahren eine Beschleunigung, während im motorischen Werk (2) die elektrisch zugeführte Leistung nicht mehr ausreicht ($\overline{bd}$), womit eine Verzögerung erfolgt. Beide Zustände wirken in Richtung einer Vergrößerung des ursprünglichen Polradwinkels ϑ_0. Die Betriebspunkte c und d verschieben sich also in Richtung f und g, wo wieder Gleichgewicht herrschen würde.

Wir nehmen nun an, die Störung sei nach einem kurzen Zeitintervall wieder verschwunden. Dieser Zeitpunkt soll vor dem Erreichen der Punkte f und g, und zwar bei c'' und d'', liegen. Den neuen Betriebszustand kennzeichnen dann die Punkte a'' und b''. Damit überwiegen die elektrischen Leistungen, womit das generatorische Kraftwerk eine Verzögerung und das motorische eine Beschleunigung erfährt. Beide

Parallelbetrieb von zwei Kraftwerken über eine Kupplungsimpedanz 145

Tatsachen wirken in Richtung einer Verkleinerung des Polradwinkels bis wieder der ursprüngliche Winkel ϑ_o erreicht ist, was bei Berücksichtigung der Dämpfung in kurzer Zeit der Fall sein wird.

Ganz anders ist das Verhalten, wenn für den Betriebszustand (a', b') die gleiche vorübergehende Reaktanzvergrößerung (Störung) erfolgt. Die elektrische Leistung geht auf die Punkte c', d', und das generatorische Kraftwerk wird infolge des Überschußdrehmomentes $\overline{a'c'}$ beschleunigt, während das motorische Kraftwerk infolge des Überschußdrehmomentes $\overline{b'd'}$ verzögert wird. Damit vergrößert sich der Polradwinkel. Wird die Störung in den Betriebspunkten c''' und d''' wieder behoben, so reicht die elektrische Leistung in den neuen Betriebspunkten a''' und b''' immer noch nicht aus, wenn auch die Differenzdrehmomente geringer werden. Damit nimmt der Polradwinkel weiter zu, und die Werke fallen außer Tritt.

Aus obigen Überlegungen erkennt man, daß der Betriebszustand (a,b) stabil ist, da eine zufällige kleine Vergrößerung des Polradwinkels eine Bremsung des generatorischen und eine Beschleunigung des motorischen Kraftwerkes erzeugt, wie aus Abb. 59 ersichtlich ist. Die entstandene Abweichung wird also wieder vermindert. Da alle Betriebspunkte zwischen 0 und 90° el diese Eigenschaft haben, spricht man hier von stabilen Zuständen; der Bereich zwischen 90 und 180° el hingegen ist labil, da eine zufällige kleine Abweichung des Polradwinkels im Sinne einer Vergrößerung hier eine weitere Beschleunigung des generatorischen und Verzögerung des motorischen Kraftwerkes verursacht, wobei die Winkelzunahme weiter steigt.

9.22 Parallelbetrieb von 2 Kraftwerken über eine Kupplungsimpedanz

Die Voraussetzungen des eben behandelten Falles (9.21) werden durch Berücksichtigung der Ohmschen Widerstände in der Kupplung

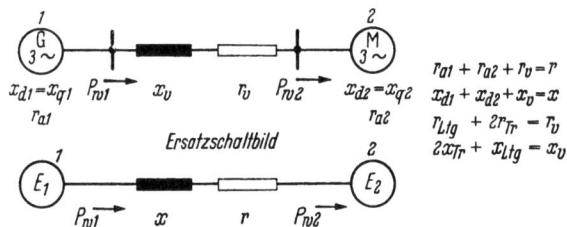

Abb. 60. Kupplung von 2 Kraftwerken über Reaktanzen und Widerstände

ergänzt. x soll dabei die Gesamtreaktanz $(x = x_{d\,1} + x_{d\,2} + x_v)$ und r den Ohmschen Gesamtwiderstand $(r = r_{a\,1} + r_{a\,2} + r_v$; vgl. Abb. 60) darstellen. Die Untersuchung dieses Falles ist als Vorstufe für die Betrachtung des wichtigen Falles der Kraftübertragung von 2 Kraft-

Bonfert, Synchronmaschine 10

9. Verbundbetrieb, Statische Stabilität

werken nach einer gemeinsamen Belastung von Bedeutung. Außerdem kann man auf Grund des weiter unten stehenden formelmäßigen Ergebnisses auch den Aufbau der Gln. (101) leichter verstehen.

Um die Wirkleistungen zu ermitteln, ist es hier zweckmäßig, auf die Rechnung mit komplexen Größen überzugehen. Das Zeigerdiagramm für die Anordnung (Abb. 60) ist in Abb. 61 dargestellt. Zur Ermittlung der Austauschwirkleistung zwischen den 2 Kraftwerken in Abhängigkeit vom Differenzpolradwinkel ϑ_{12} bestimmen wir zunächst den Strom I:

$$I = \frac{E_1 - E_2}{r + jx}. \quad (104)$$

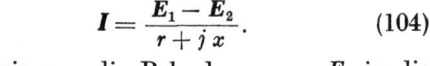

Abb. 61
Zeigerdiagramm zu Abb. 60

Legen wir nun die Polradspannung E_1 in die reelle Achse, so gilt:

$$\boldsymbol{E}_1 = |\boldsymbol{E}_1| = E_1; \quad (105)$$
$$\boldsymbol{E}_2 = |\boldsymbol{E}_2| e^{-j\vartheta} = E_2 e^{-j\vartheta}. \quad (106)$$

(Zur Vereinfachung setzen wir statt ϑ_{12} hier ϑ an.)

Die Scheinleistung des generatorischen Kraftwerkes (1) ergibt sich nach den Regeln über die Anwendung der komplexen Rechnung in der Wechselstromtechnik damit zu:

$$P_{s1} = \boldsymbol{I} \boldsymbol{E}_1^*,$$

wobei $\boldsymbol{E}_1^*$ die konjugiert komplexe Polradspannung darstellt. Damit wird:

$$P_{s1} = \boldsymbol{I} \boldsymbol{E}_1^* = \frac{E_1^2 - E_1 E_2 e^{-j\vartheta}}{r + jx} = \frac{E_1^2 - E_1 E_2 (\cos\vartheta - j\sin\vartheta)}{r + jx}$$
$$= \left(\frac{E_1^2 r - E_1 E_2 r \cos\vartheta + E_1 E_2 x \sin\vartheta}{r^2 + x^2} \right) +$$
$$+ j \left(\frac{E_1 E_2 r \sin\vartheta - E_1^2 x + E_1 E_2 x \cos\vartheta}{r^2 + x^2} \right). \quad (107)$$

Nun ist die Wirkleistung gleich dem reellen Teil des Ausdruckes für die Scheinleistung P_{s1}. Mit $\arctan r/x = \alpha$ lautet diese dann:

$$P_{w1} = \frac{E_1^2}{\sqrt{r^2 + x^2}} \sin\alpha + \frac{E_1 E_2}{\sqrt{r^2 + x^2}} \sin(\vartheta - \alpha). \quad (108\,\text{a})$$

In ähnlicher Weise erhält man durch die Multiplikation $\boldsymbol{I} \boldsymbol{E}_2^*$ die vom motorischen Kraftwerk (2) aufgenommene Wirkleistung zu:

$$P_{w2} = \frac{E_1 E_2}{\sqrt{r^2 + x^2}} \sin(\vartheta + \alpha) - \frac{E_2^2}{\sqrt{r^2 + x^2}} \sin\alpha. \quad (109\,\text{a})$$

Für $E_1 = E_2$, also gleiche Beträge der Polradspannungen, lauten die Gln. (108) und (109):

$$P_{w1} = A \sin\alpha + A \sin(\vartheta - \alpha) = A(\sin\alpha + \sin(\vartheta - \alpha)), \quad (108\,\text{b})$$
$$P_{w2} = -A \sin\alpha + A \sin(\vartheta + \alpha) = A(-\sin\alpha + \sin(\vartheta + \alpha)) \quad (109\,\text{b})$$

mit $A = \dfrac{E_2^2}{\sqrt{r^2+x^2}} = \dfrac{E_1^2}{\sqrt{r^2+x^2}} = \dfrac{E_1 E_2}{\sqrt{r^2+x^2}}$ und $\vartheta = \vartheta_{12}$.

Da das zweite Kraftwerk motorisch arbeitet, müssen wir ansetzen:

$$P_{w2(\text{mot})} = -P_{w2} = A\bigl(\sin\alpha - \sin(\vartheta + \alpha)\bigr). \tag{109c}$$

Die Gln. (108b) und (109c) sind in Abb. 62 dargestellt. Die Abbildung zeigt, daß bei Berücksichtigung des Ohmschen Widerstandes das Maximum der vom motorischen Kraftwerk aufgenommenen Leistung bei einem Polradwinkel $\vartheta_{12} < 90°$el, und zwar bei $(90°\text{el} - \alpha)$, und das Maximum der vom generatorischen Kraftwerk abgegebenen Leistung

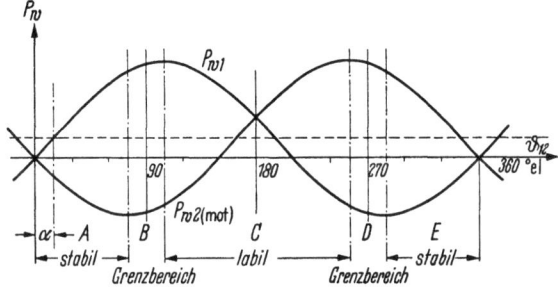

Abb. 62. Ermittlung der stabilen und labilen Bereiche beim stationären Betrieb zu dem Fall der Abb. 60

bei einem Winkel $\vartheta_{12} > 90°$el, und zwar bei $(90°\text{el} + \alpha)$, liegt. Die physikalische Erklärung hierfür liegt in der Tatsache, daß im Gebiet um $\vartheta_{12} = 90°$el der Austauschstrom zwischen den beiden Kraftwerken sehr groß ist und daß bei Vergrößerung des Polradwinkels ϑ_{12} über $(90°\text{el} - \alpha)$ wohl die motorische Leistung fällt, gleichzeitig aber die Ohmschen Verluste (Stromwärme) so rasch ansteigen, daß die vom generatorischen Kraftwerk insgesamt gelieferte Leistung noch bis zum Erreichen von $\vartheta_{12} = (90°\text{el} + \alpha)$ ansteigt. Man erkennt aus der Abbildung auch die Wirkung des Ohmschen Widerstandes auf die übertragbare Leistung. Er bewirkt eine Herabsetzung der maximal übertragbaren (vom Motor aufgenommenen) Leistung. Die stabilen Gebiete ergeben sich aus Abb. 62 in Analogie zu dem zu Abb. 59 Gesagten. Für die Zwischengebiete (Stabilitätsgrenzbereiche B und D) ist eine eindeutige Aussage zunächst jedoch nicht möglich. Greift man aus dem Gebiet B (Abb. 62) einen Betriebspunkt heraus (z. B. $\vartheta_{12} = 90°$el) und nimmt eine kleine vorübergehende Vergrößerung des Polraddifferenzwinkels an, so ergibt sich eine Bremsung für beide Kraftwerke und infolgedessen ein Rückgang der mittleren Frequenz des gesamten Systems. Um zu erkennen, ob der Differenzwinkel ϑ_{12} weiter zunimmt, muß außer den Trägheitsmomenten die Abhängigkeit der elektrischen

Systemgrößen (Spannungen und Impedanzen) von der Frequenz und ebenso der Eingriff der Drehzahlregler berücksichtigt werden. Im vorliegenden Fall zeigt allerdings folgende Überlegung, daß die Grenzgebiete instabil sind:

Die elektrische Leistung ist im wesentlichen proportional dem Produkt von 2 Polradspannungen und umgekehrt proportional der Reaktanz x. Nun ändern sich sowohl die Spannungen als auch die Reaktanzen proportional mit der Frequenz, womit bei Abnahme der Frequenz die elektrische Leistung sinken muß. Damit wird aber die Verzögerung des generatorischen Kraftwerkes immer kleiner, die des motorischen immer größer, bis die Kraftwerke außer Tritt fallen. Die statische Stabilitätsgrenze liegt also beim Maximum der Leistungsaufnahme des motorischen Kraftwerkes, d. h. wesentlich unter 90° el (Spannungsregelung vernachlässigt oder nur träge Regler vorausgesetzt).

9.23 Parallelbetrieb von 2 Kraftwerken mit gemeinsamer induktiver Belastung
Sonderfall: Kurzschluß im Abzweig der Fernleitung

Nach der in Abb. 63a dargestellten Schaltung arbeitet Kraftwerk (1) wieder als Generator, das die gesamte Wirkleistung dem Kraftwerk (2) (Motor) zuführt. In x_1 sind dabei die Synchronreaktanz des Generators (1), die Transformatorreaktanz x_{T1} und der Teil der Leitungsreaktanz bis zum Abzweig enthalten. In gleicher Weise baut sich x_2 auf.

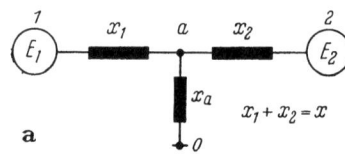

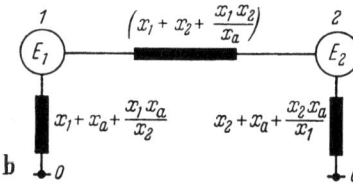

Abb. 63a u. b. Kupplung von 2 Kraftwerken über eine Reaktanz mit Reaktanzabzweig
a) Schaltbild; b) Ersatzschaltbild

Das Vorhandensein einer induktiven Belastung (Abzweig) äußert sich in der Erhöhung der wirksamen Kupplungsreaktanz zwischen den beiden Polradspannungen: Durch Stern/Dreieck-Umformung geht die Schaltung nach Abb. 63a in die Schaltung nach Abb. 63b über. Man sieht, daß außer der Erhöhung der Kupplungsreaktanz noch unmittelbare Blindbelastungen an den Maschinen auftreten, die aber für die Kupplung ohne Belang sind.

Durch das Zuschalten des Querzweiges x_a ändert sich die übertragene Wirkleistung nach Gl. (102) und erhält die Form:

$$P_w = \frac{E_1 E_2}{x_1 + x_2 + \dfrac{x_1 x_2}{x_a}} \sin \vartheta_{12}. \tag{110}$$

Die Erhöhung der Kupplungreaktanz äußert sich in der graphischen Darstellung in einer Erniedrigung der Amplitude der Sinuskurve der Wirkleistung (Abb. 64). Bei konstanten Polradspannungen ist damit zur Übertragung der ursprünglichen Wirkleistung ohne Querabzweig (ϑ_o) ein größerer Polraddifferenzwinkel (ϑ_o') erforderlich. Die Kupplung wird also loser. Bezüglich der Stabilitätsbereiche ändert sich nichts gegenüber dem Fall ohne Querabzweig ($\vartheta_{12max} = 90°$ el).

Der besprochene Fall tritt beim Betrieb im stationären Dauerkurzschluß auf. In diesem Fall kann die Reaktanz x_a des kurzgeschlossenen Abzweiges sehr klein und damit die resultierende Kupplungsreaktanz sehr groß ausfallen (vgl. Abb. 63b). Die Wirkleistungskurve wird

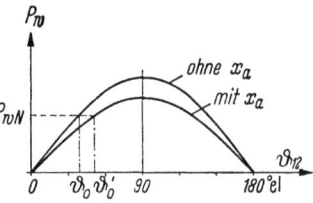

Abb. 64
Einfluß des Reaktanzabzweiges auf die statische Kennlinie $P_w = f(\vartheta_{12})$

also im Arbeitspunkt noch flacher verlaufen, als es in Abb. 64 dargestellt wurde. Da aber die Neigung der Wirkleistungskurve im jeweiligen Betriebspunkt gleich der synchronisierenden Leistung ist:

$$\frac{dP_w}{d\vartheta_{12}} = P_{ws} \qquad (111)$$

$\left(\text{z. B. für Gl. (102): } P_{ws} = \frac{E_1 E_2}{x_{d1} + x_v + x_{d2}} \cos\vartheta_{12}\right)$, erklärt sich auf diese Weise der Rückgang der synchronisierenden Kräfte im Kurzschlußfall.

Wir wollen nun noch kurz auf den wichtigen Fall der Kraftübertragung von 2 Kraftwerken auf eine gemeinsame Belastung eingehen.

9.24 Zusammenarbeiten von 2 Kraftwerken auf eine gemeinsame Belastung

Das Ersatzschaltbild ist in Abb. 65 dargestellt. Für alle Zweige der T-Schaltung sind hier Impedanzen angenommen, und die positiven Zählrichtungen der Ströme sind durch Pfeile gekennzeichnet. In z_1 sind die Impedanzen des Generators (1), des Aufspanntransformators und der Leitung bis zur Abzweigstelle eingeschlossen. Das gleiche gilt für z_2 und Kraftwerk (2). Es gilt dann:

$$E_1 = z_1 I_1 + z_a I_a, \qquad (112)$$
$$I_a = I_1 + I_2, \qquad (113)$$
$$E_2 = z_2 I_2 + z_a I_a. \qquad (114)$$

Legen wir nun E_1 wieder in die reelle Achse, so gilt:

$$E_1 = E_1 \qquad (115)$$

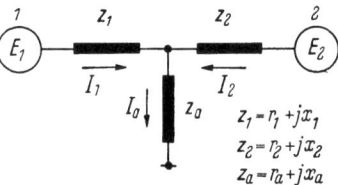

Abb. 65. Kupplung von 2 Kraftwerken über eine allgemeine T-Schaltung

und
$$E_2 = E_2 e^{-j\vartheta} \quad (\vartheta_{12} = \vartheta \text{ gesetzt}), \tag{116}$$

und die Gleichungen für die Scheinleistungen lauten:

$$P_{s1} = I_1 E_1^* = \frac{1+\frac{z_2}{z_a}}{z_v} E_1^2 - \frac{E_1 E_2}{z_v} e^{-j\vartheta}, \tag{117}$$

$$P_{s2} = I_2 E_2^* = \frac{1+\frac{z_1}{z_a}}{z_v} E_2^2 - \frac{E_1 E_2}{z_v} e^{j\vartheta}, \tag{118}$$

wobei
$$z_v = z_1 + z_2 + \frac{z_1 z_2}{z_a} \tag{119}$$

angesetzt wurde. Die reellen Teile der Gln. (117) und (118) stellen die Wirkleistungen P_{w1} und P_{w2} dar.

Nach Umformung [52] und Vernachlässigung der Wirkwiderstände der Maschinen erhält man für die abgegebenen Wirkleistungen Gleichungen der Form:

$$P_{w1} = A_1 E_1^2 + B E_1 E_2 \sin(\vartheta + \beta), \tag{120}$$

$$P_{w2} = A_2 E_2^2 - B E_1 E_2 \sin(\vartheta - \beta), \tag{121}$$

wobei die Konstanten A_1, A_2 und B im nicht bezogenen System die Dimension $1/\Omega$ haben. Der Winkel β gibt hier die Lage des Maximums der sinusförmigen Austauschleistung (veränderliches Glied der Wirkleistungskurven) an. Er kann sowohl positive wie auch negative Werte annehmen. Bei negativen Werten entspricht die Lage der Sinuskurve dem Fall des reinen Parallelbetriebes über Reaktanz und Widerstand. Besitzt der Winkel β den Wert Null, so liegt die sinusförmige Kurve der Austauschleistung genauso wie bei direkter Kupplung über eine reine Reaktanz.

Für positive Werte des Winkels β ergeben sich für die Wirkleistungen Kurven, wie sie in Abb. 66 schematisch dargestellt sind (positive Ordinatenwerte: Generatorbetrieb; negative Ordinatenwerte: Motorbetrieb).

Wir wollen hier noch kurz die statisch stabilen Bereiche anhand dieser Abbildung ermitteln:

Für Schaltungen mit $\beta < 0$ (9.22: Parallelbetrieb über eine Kupplungsimpedanz) hatten wir gezeigt, daß die statische Stabilitätsgrenze bei $\vartheta_{12} = (90°\text{el} - |\beta|)$ liegt. Im Grenzfall $\beta = 0$ (9.21: Parallelbetrieb über reine Reaktanz) lag sie bei $\vartheta_{12} = 90°\text{el}$. Für $\beta > 0$, d. h. den in Abb. 66 dargestellten Fall, kann über die „Stabilitätsgrenzbereiche" nichts allgemeines ausgesagt werden. Geht man von irgendeinem Gleichgewichtszustand in diesem Gebiet aus und nimmt eine kleine Änderung des Polraddifferenzwinkels ϑ_{12} um $\Delta\vartheta$ an, so ergibt sich eine gleichzeitige Beschleunigung oder Verzögerung beider Kraftwerke und damit eine Änderung der mittleren Frequenz des gesamten

Netzsystems. Es muß daher nun die Frequenzabhängigkeit aller Elemente des Systems beachtet werden. Außer den Trägheitsmomenten der Synchronmaschinen spielen insbesondere auch die Frequenzabhängigkeit der Belastung (z. B. Asynchronmotoren) und die Empfindlichkeit der Drehzahlregler dabei eine Rolle. Sicher bleibt jedoch, daß Stabilität

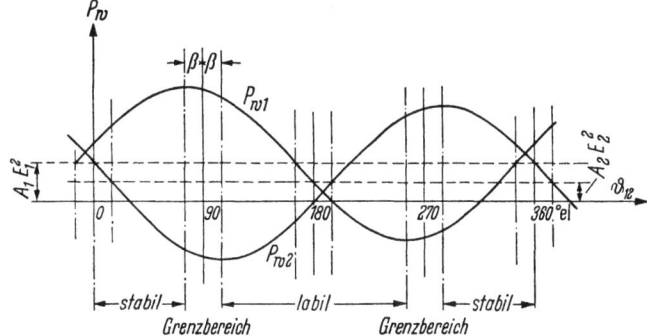

Abb. 66. Ermittlung der stabilen und labilen Bereiche für den allgemeinen Fall der Abb. 65 bei positivem β [Gl. (120) und (121)]

bis zum Winkel $\vartheta_{12} = (90°\text{el} - |\beta|)$ besteht. Daß auch im Grenzbereich ein stabiles Arbeiten durchaus möglich ist, wird z. B. von BAUER [2] gezeigt.

Aus den Abschn. 9.22 und 9.24 über das Zweimaschinenproblem geht hervor, daß die Trägheitsmomente der Maschinen bereits für die statische Stabilität von Bedeutung sein können. Dies gilt auch für das Mehrmaschinenproblem, während beim Einmaschinenproblem (Maschine am starren Netz) den Schwungmomenten keine Bedeutung zukommt.

9.25 Das Mehrmaschinenproblem

Zur mathematischen Untersuchung der statischen Stabilität eines Systems wird die „Methode der kleinen Schwingungen" angewandt. Dabei wird mit den statischen Werten der Leistungen und der anderen Größen gerechnet (vgl. Mechanik).

Für den allgemeinen Fall des Zweimaschinenproblems mit Kupplung der 2 Kraftwerke über eine verlustbehaftete Leitung und zwei örtlichen Belastungen lassen sich die an die Verbraucher abgegebenen Wirkleistungen entsprechend den Gln. (120) und (121) in folgender Form [2] anschreiben [vgl. Gln. (101)]:

$$P_{w1} = E_1^2 Y_{11} \cos\alpha_{11} + E_1 E_2 Y_{12} \cos(\vartheta_{12} - \alpha_{12}),$$
$$P_{w2} = E_2 E_1 Y_{21} \cos(\vartheta_{21} - \alpha_{21}) + E_2^2 Y_{22} \cos\alpha_{22} \quad (122)$$

mit
$$\vartheta_{12} = -\vartheta_{21}$$

und
$$\alpha_{12} = \alpha_{21}.$$

Die Achsen der Polräder werden dabei auf eine beliebig gewählte Achse bezogen. Daraus folgt, daß der Polraddifferenzwinkel ϑ_{12} von Maschine (1) betrachtet gleich $(-\vartheta_{21})$ von der Maschine (2) aus betrachtet sein muß. Das Zustandekommen der Einzelglieder der Gl. (122) kann man sich wieder nach dem Überlagerungsprinzip [vgl. Gln. (101)] so vorstellen, daß man einmal E_1 und einmal E_2 kurzgeschlossen denkt. Die auftretenden Teilströme werden dann unter Berücksichtigung ihrer Phasenlage überlagert. Wie bereits weiter vorn erwähnt, treten beim n-Maschinenproblem in der Wirkleistungsgleichung jeder Maschine n Glieder obiger Art auf.

Die Leistungsbilanz für den Fall einer Störung des Gleichgewichtes einer schwingungsfähigen Maschine lautet nun allgemein:

$$P_A = P_\Theta + P_w, \tag{123}$$

wobei P_A die Antriebsleistung darstellt und P_Θ die Beschleunigungsleistung, die durch das Trägheitsmoment und die Änderung der Anstiegsgeschwindigkeit des Polradwinkels in p. u. folgendermaßen ausgedrückt werden kann:

$$P_\Theta = \frac{\Theta}{P_{sN}} \omega_n \frac{d^2\vartheta}{dt^2} = \omega_n \frac{\Theta}{P_{sN}} \frac{d\omega}{dt} = \frac{T_A}{\omega_n} \frac{d^2\vartheta}{dt^2}, \tag{124}$$

wobei Θ das Trägheitsmoment der äquivalenten zweipoligen Maschine darstellt. Es gilt also:

$$p^2 \Theta = \frac{GD^2}{4g} \text{ [kpms}^2\text{]} = \frac{GD^2}{4} \text{ [Ws}^3\text{]},$$

wobei das Schwungmoment GD^2 in kpm² und die Erdbeschleunigung g in m/s² (9,81 m/s²) einzusetzen sind.

Die Gln. (123) und (124) können auch direkt als Momentengleichungen angeschrieben werden, da in p. u. Wirkleistungen und Drehmomente den gleichen Zahlenwert besitzen. Wir wollen das jedoch hier der Übersichtlichkeit wegen nicht tun.

Durch Einsetzen der Gln. (122) für die elektrische Leistung in Gl. (123) erhält man die Gleichungen:

$$\begin{aligned} P_{\Theta 1} &= P_{A1} - \left(E_1^2 Y_{11} \cos\alpha_{11} + E_1 E_2 Y_{12} \cos(\vartheta_{12} - \alpha_{12})\right), \\ P_{\Theta 2} &= P_{A2} - \left(E_2 E_1 Y_{21} \cos(\vartheta_{21} - \alpha_{21}) + E_2^2 Y_{22} \cos\alpha_{22}\right) \end{aligned} \tag{125}$$

oder beim Mehrmaschinenproblem für die i-te Maschine:

$$P_{\Theta i} = P_{Ai} - \sum_{k=1}^{n} P_{ik} \cos(\vartheta_{ik} - \alpha_{ik}) \quad \text{mit} \quad i = 1, 2, 3, \ldots, n, \tag{126}$$

wobei der Summenausdruck die durch die i-te Maschine ins Netz abgegebene Wirkleistung bedeutet. P_{ik} stellt den Ausdruck $E_i E_k Y_{ik}$ dar. Für $k = i$ ergibt sich damit das Glied $E_i^2 Y_{ii} \cos\alpha_{ii}$, das vom Winkel zwischen den Polradspannungen unabhängig ist [vgl. Gln. (101)].

Im stationären Zustand ist das Beschleunigungsmoment Null, da sich Antriebsdrehmoment und elektrisches Drehmoment (Abbremsung des Generators durch das Netz) das Gleichgewicht halten. Denkt man sich nun sehr kleine Änderungen δ an den Polradwinkeln aufgebracht, so ergeben sich Differenzdrehmomente, die zu Schwingungen führen, wobei das gesamte System durch n Differentialgleichungen je zweiter Ordnung beschrieben werden kann. Man setzt hierzu P_Θ gemäß Gl. (124) an und formt die Gleichungen um. Das Differentialgleichungssystem erhält dann die Form ([2, 14]):

$$\frac{d^2 \delta_i}{dt^2} = \delta_i A_{ii} - \sum_{\substack{k=1 \\ k \neq i}}^{n} \delta_k A_{ik} \tag{127}$$

mit den Substitutionen:

und
$$A_{ik} = \frac{P_{ik}}{T_{Ai}} \omega_n \sin(\vartheta_{ik} - \alpha_{ik})$$
$$A_{ii} = \sum_{\substack{k=1 \\ k \neq i}}^{n} A_{ik}, \quad i = 1, 2, 3, \ldots, n, \tag{128}$$

wobei T_{Ai} die Anlaufzeitkonstante der i-ten Maschine bedeutet.

Für das Zweimaschinenproblem läßt sich das homogene Differentialgleichungssystem durch einen geeigneten Lösungsansatz auf ein lineares homogenes Gleichungssystem zurückführen und daraus die Stabilität beurteilen. Es kommt dabei lediglich darauf an, zu beurteilen, ob aufschaukelnde Schwingungen entstehen. Ist das nicht der Fall, so ist der untersuchte Lastfall statisch stabil, da in der Rechnung die Dämpfung (Dämpferkäfige usw.) nicht berücksichtigt wurde, die in Wirklichkeit aber immer vorhanden ist. Durch ihre Wirkung könnten für den betrachteten Fall keine dauernden Schwingungen auftreten.

Man sieht hieraus, daß das Problem bei mehr als 2 Maschinen schon außerordentlich kompliziert wird, da n Differentialgleichungen je zweiter Ordnung zu beurteilen sind. Mit Hilfe eines Wechselstromnetzmodells kann man das mathematische Prinzip der kleinen Schwingungen auch modellmäßig realisieren und damit die Schwierigkeit der mathematischen Lösung umgehen.

Die Berücksichtigung der „Schenkeligkeit" der beteiligten Schenkelpolmaschinen führt mathematisch zu unübersehbaren Schwierigkeiten. Mit Hilfe des Netzmodells kann aber auch dieses Problem gelöst werden, wobei jedoch die Wirkung der Sättigung nicht vergessen werden darf ($x_{d\,\mathrm{ges}}$ nähert sich meist x_q, und x_q kann ungesättigt angesetzt werden).

9.3 Dynamische Stabilität

Die elektrischen Eigenschaften, d. h. das elektrische Verhalten der Synchronmaschine bei plötzlichen Laständerungen, wurden im Abschn. 2.4 behandelt. Im Unterabschnitt 2.42 haben wir auf die Bedeutung der

„Transientgrößen" für die Betrachtung von Ausgleichsvorgängen hingewiesen. In Abb. 23 wurde in diesem Zusammenhang das Zeigerdiagramm eines Generators im Alleinbetrieb bei einer plötzlichen Belastungsänderung (z. B. Fernkurzschluß mit daraus folgendem Spannungseinbruch) gebracht und in den Abb. 24 und 25 Zeigerdiagramme einer direkt am starren Netz liegenden Maschine. Die Diagramme der Abb. 24 und 25 zeigen das dynamische Verhalten der Maschine bei Wirklaststößen. In den Diagrammen der Abb. 23 bis 25 wurden die subtransienten Vorgänge vernachlässigt. Als Begründung für die Zulässigkeit dieser Vernachlässigung bei der Betrachtung von Ausgleichsvorgängen hatten wir das rasche Abklingen dieser Vorgänge angegeben. Sie sind nämlich nach spätestens $0{,}1 \cdots 0{,}2$ s ($T''_d \approx 0{,}02 \cdots 0{,}05$ s) beendet, während die „transienten Vorgänge" wesentlich langsamer verlaufen ($T'_{dL} \approx 1 \cdots 3$ s). Wir können damit für Betrachtungen, wie sie für Stabilitätsuntersuchungen von Bedeutung sind (wenige Zehntelsekunden), mit einiger Berechtigung die Hauptfeldspannung E'_{d0} als konstant ansetzen. — Für Turbogeneratoren mit Massivrotoren und $x'_q < x_q$ (vgl. Tab. 2, S. 316) tritt anstelle von E'_{d0} eine innere Spannung, die etwas größer ist als E'_{d0} und sich in Betrag und Lage E'_0, d. h. der Spannung hinter der Transientreaktanz (vgl. Abb. 23), nähert, so daß man für solche Maschinen in erster Näherung E'_0 konstant ansetzen darf. — Diese Annahmen sind um so richtiger, je wirkungsvoller die Spannungsregelung auf einen Stoßvorgang reagiert (Unterstützung der Eigencompoundierung z. B. durch stromabhängige Stoßerregung). Die Abb. 27, in welcher die statische und dynamische Wirkleistung für eine Schenkelpolmaschine am starren Netz mit $x_d = 1$; $x_q = 0{,}6$; $x'_d = 0{,}3$; $x'_q = 0{,}6$ dargestellt ist, zeigt, daß man bei Stoßvorgängen für solche Maschinen nicht mit einer annähernd sinusförmig verlaufenden Kurve rechnen darf. Ähnliche Verhältnisse gelten exakt auch für Turbogeneratoren. In beiden Fällen hat die Kurve der dynamischen Wirkleistung über dem Polradwinkel ihr Maximum nämlich bei einem größeren Winkel als die der statischen Wirkleistung (110°el in Abb. 27). Diese Verschiebung ist eine Folge der für Schenkelpolmaschinen veränderten und für Turbogeneratoren nun auch vorhandenen Einachsigkeit der Maschine. Wir hatten in Gl. (55b) auch bereits die Gleichung der dynamischen Wirkleistung beim direkten Arbeiten auf ein starres Netz ($x'_q = x_q$!) angeschrieben. Sie lautete:

$$P'_w = \frac{E'_{d0} U_1}{x'_d} \sin \vartheta + \frac{U_1^2}{2} \frac{x'_d - x_q}{x'_d x_q} \sin 2\vartheta,$$

wobei wir hier die Generatorklemmenspannung U_0 mit U_1 bezeichnet haben. — Die Herleitung dieser Gleichung kann auch auf Grund der folgenden geometrischen Überlegung erfolgen: Man zerlegt zunächst den Belastungsstrom I in die beiden Komponenten I_d und I_q, wie es z. B.

in Abb. 3 geschehen ist. Dann ergibt sich die Polradspannung E durch geometrische Addition der Spannungsabfälle $j\,\boldsymbol{I}_d\,x_d$ und $j\,\boldsymbol{I}_q\,x_q$ zu der Klemmenspannung, was ebenfalls in Abb. 3 dargestellt wurde. Addiert man nun in dieser Abbildung für den Fall der Schenkelpolmaschine mit $x_q' = x_q$ noch den Spannungsabfall $j\,\boldsymbol{I}_d\,x_d'$ geometrisch zu der Klemmenspannung, so sieht man, daß man in allen Gleichungen, in denen die Polradspannung E vorkommt, diese durch die Hauptfeldspannung E_{do}' ersetzen kann, wenn man gleichzeitig anstelle der Synchronlängsreaktanz die Transientlängsreaktanz ansetzt. — Die Verschiebung des Kippwinkels gegenüber 90°el läßt sich aus Gl. (55b) durch die Wirkung des zweiten Gliedes („Schenkeligkeit") erklären. Bei kleineren Winkeln ist dieses Glied durch das Vorkommen der Transientreaktanzen (Schenkelpolmaschine z. B.: $x_q' = x_q$ und $x_d' < x_q$) zunächst negativ. Über $\vartheta = 45°$ el wird sein Betrag aber immer kleiner, um bei $\vartheta = 90°$ el Null zu sein. Überschreitet der Polradwinkel 90° el, so wird das Glied positiv und P_w' wächst, womit sich der Kippwinkel zu höheren Werten von ϑ verschiebt.

Arbeitet eine *Maschine* nun über eine *Leitung* mit der Reaktanz x_v ($x_v = x_T + x_{\text{Ltg}}$) auf ein entferntes *starres Netz*, so muß dieser Umstand, genau wie für den statischen Fall, berücksichtigt werden, da nun nicht mehr die Klemmenspannung der Maschine starr ist, sondern die Netzspannung U_2. Für den stationären Fall galt Gl. (93) (vgl. Abb. 52 und 53):

$$P_w = \frac{E\,U_2}{x_d + x_v}\sin\vartheta_2 + \frac{U_2^2}{2}\frac{(x_d - x_q)}{(x_d + x_v)(x_q + x_v)}\sin 2\vartheta_2.$$

Für den dynamischen Fall gilt analog:

$$P_w' = \frac{E_{do}'\,U_2}{x_d' + x_v}\sin\vartheta_2 + \frac{U_2^2}{2}\frac{(x_d' - x_q)}{(x_d' + x_v)(x_q + x_v)}\sin 2\vartheta_2, \qquad (129)$$

wobei wieder der Fall der Schenkelpolmaschine mit $x_q' = x_q$ angenommen wurde.

Die Gl. (129) kann man auch für Turbogeneratoren mit lamelliertem Rotor verwenden, da diese Maschinen im transienten Bereich die gleiche „Schenkeligkeit" besitzen wie Schenkelpolmaschinen. Turbogeneratoren mit Massivrotoren (übliche Ausführung) jedoch haben auch im transienten Gebiet nur eine geringere „Schenkeligkeit" ($x_q' \approx 2x_d'$), d. h., für den Bereich der transienten Vorgänge ist die *wirksame* Querreaktanz kleiner als x_q und im zeitlichen Mittel etwa gleich $2x_d'$, da im Massiveisen auch in der Querrichtung Ströme induziert werden, die der Flußänderung einen Widerstand entgegensetzen. In erster Näherung wird daher oft das zweite Glied der Gl. (129) vernachlässigt. Anstelle der Hauptfeldspannung E_{do}' tritt dann die innere Spannung E_o' (hinter der Transientreaktanz) und anstelle des Polradwinkels ϑ_2 der Winkel zwischen E'_o und U_2, den wir ϑ'_2 nennen wollen (Kippunkt bei $\vartheta'_2 = 90°$ el, also bei $\vartheta_2 > 90°$ el!).

Man kann nun für den in Abb. 52 dargestellten Fall mit $x_v = 0{,}2$ genauso vorgehen, wie wir es für den Fall der direkten Kupplung mit dem starren Netz in Abb. 25b dargestellt haben. Damit erhält man dann die dynamische Kennlinie für den Betrieb über eine Vorreaktanz x_v. Die äußere Reaktanz x_v wirkt, wie die Gl. (129) zeigt, wie eine Vergrößerung der nun maßgebenden Reaktanz der Maschine x'_d. Da die Transientreaktanz x'_d aber wesentlich kleiner ist als die Synchronreaktanz und die äußeren Reaktanzen — also die Reaktanz des Blocktransformators (Kurzschlußreaktanz x_T) und der Leitung (x_{Ltg}) — bei Störungen die gleichen bleiben wie für den stationären Zustand, geht die Kippleistung gegenüber dem Fall der direkten Kupplung mit dem starren Netz wesentlich zurück. Um diese Verhältnisse etwas deutlicher zu veranschaulichen, wurde in Abb. 67b (entnommen aus [2]) die Reaktanz des Übertragungssystems (Transformator und Leitung) mit $x_v = 0{,}5$ angenommen, was bei einer Transformatorkurzschlußreaktanz von 0,1 etwa einer 110-kV-Leitung von 375 km Länge bei Betrieb mit natürlicher Leistung entspricht.

Überschlagsrechnung:

110-kV-Leitung: $P_{nat} \approx 32$ MVA.

Annahme: Generatorleistung $P_{sN} = 32$ MVA, damit wird der Bezugswiderstand bei 110 kV $x_{bz} = \dfrac{110^2}{32} \approx 375\ \Omega$, und mit $x/km = 0{,}4\ \Omega$ für die 110-kV-Freileitung wird:

$$x_{110\,kV} = l \cdot 0{,}4 \text{ oder bezogen } \frac{x_{110}}{x_{bz}} = \frac{l \cdot 0{,}4}{375} \approx l \cdot 0{,}00107 = x_{Ltg}.$$

Nun ist die Leitungsreaktanz andererseits

$$x_{Ltg} = x_v - x_T = 0{,}5 - 0{,}1 = 0{,}4$$

und damit die Länge $l = 0{,}4/0{,}00107 = 375$ km.

Für den Generator gelten dabei wieder die Werte

$$x_d = 1{,}0;\quad x_q = 0{,}6;\quad x'_d = 0{,}3;\quad x'_q = x_q = 0{,}6.$$

Für den stationären Betrieb über die Fernleitung wird der Einfachheit halber angenommen: $|U_1| = |U_2| = 1{,}0$; d. h., es wird ein Belastungsstrom vorausgesetzt, der den Phasenwinkel zwischen U_1 und U_2 halbiert (Sonderfall).

In den beiden Fällen der Abb. 67 — a) Direkte Kupplung mit dem starren Netz, b) Kupplung über eine Fernleitung — wird die Wirkleistung für die Vorbelastung mit $P_w = 1$ angenommen ($I = 1{,}035$ entsprechend $\cos\varphi = 0{,}966$ aus Abb. 67b).

Im Falle a), also bei unmittelbarer Kupplung mit dem starren Netz, wird die Wirkleistung $P_w = 1$ bei einem Polradwinkel von nahezu $30°$ el abgegeben. Beim Betrieb über die Fernleitung (mit $x_v = 0,5$) jedoch steigt der Polradwinkel (hier der Winkel zwischen U_2 und E) bei der gleichen abgegebenen Wirkleistung ($P_w = 1$) auf fast 60° el (Verdoppelung!). Damit werden sowohl die statische als auch die dynamische Reserve bis zu den Kipppunkten geringer. Tritt nun eine Störung (z. B. Wirklaststoß) ein, so gilt zunächst jeweils die dynamische Kennlinie. Betrachten wir also die beiden dynamischen Kennlinien der Abbildung, so stellen wir fest, daß die dynamische Kippleistung durch die Vorreaktanz sogar unter den Wert der statischen Kippleistung für den Fall ohne Vorreaktanz gesunken ist. Während die statische Kippleistung infolge der Wirkung der Leitungsreaktanz nur von 1,7 auf etwa 1,1 ($\approx 35\%$) vermindert wurde, sinkt die dynamische Kippleistung von etwa 4 auf etwa 1,4 ($\approx 65\%$). Diese Erscheinung erklärt sich, wie bereits angedeutet, aus dem Verhältnis der jeweils wirksamen Generatorreaktanz zur Reaktanz des Übertragungssystems. Damit ist auch klar, daß eine Verkleinerung der Transientreaktanz um einen bestimmten Prozentsatz zur Erreichung besserer dynamischer Stabilitätsverhältnisse beim Betrieb über ein Übertragungssystem mit verhältnismäßig großer Reaktanz für die dynamische Stabilität weniger wirksam ist als die gleiche prozentuale Verkleinerung der Synchronreaktanz für die statische Stabilität (vgl. Abschn. 3.22).

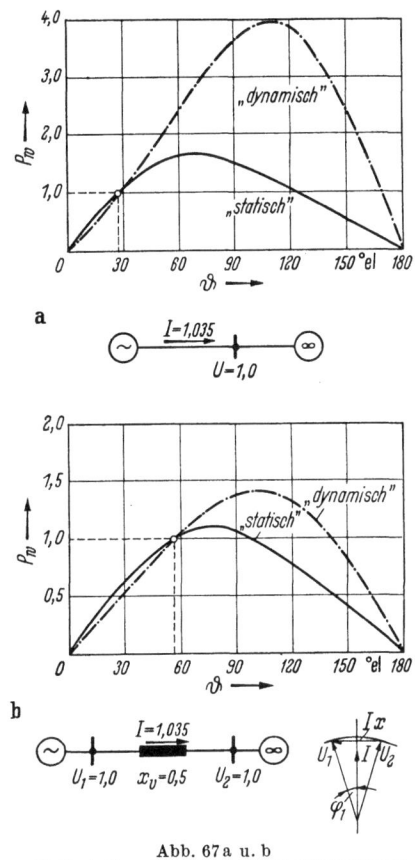

Abb. 67a u. b
„Statische" und „dynamische" Wirkleistung in Abhängigkeit vom Polradwinkel
$x_d = 1,0;\quad x_d' = 0,3;\quad x_q = x_q' = 0,6$
a) Direkte Kupplung mit dem starren Netz. Vorbelastung: $U = 1,0;\ I_{wN} = I \cos\varphi_N = 1,0;$
$\cos\varphi_N = 0,966;$ b) Kupplung über eine Fernleitung mit $x_v = x_T + x_{Ltg} = 0,5.$ Vorbelastung:
$U_1 = 1,0;\ I_{w1} = I \cos\varphi_1 = 1,0;$
$\cos\varphi_1 = 0,966$

Der bisher behandelte Vorgang bei plötzlichen Laständerungen war der rein elektrische Ausgleichsvorgang. Bei einem Leitungskurzschluß oder einer sonstigen plötzlichen Laständerung wird nun aber das vorherige Gleichgewicht zwischen der Antriebsleistung P_A und der elektrisch abgegebenen Wirkleistung P_w gestört, und die über- oder unterschüssige Antriebsleistung führt zu einer Beschleunigung oder Bremsung des Polrades der am Netz hängenden Maschine. Die Gleichung für die Leistungsbilanz lautet [vgl. Gl. (123)]:

$$P_\Theta + P'_w = P_A \qquad (130\text{a})$$

oder bei Mitberücksichtigung der Dämpfungsleistung P_D:

$$P_\Theta + P_D + P'_w = P_A, \qquad (130\text{b})$$

worin P_Θ wieder die Beschleunigungsleistung [vgl. Gl. (124)] ist:

mit
$$P_\Theta = \frac{\Theta \, \omega_n}{P_{sN}} \frac{d^2 \vartheta}{dt^2} = \frac{\Theta \, \omega_n^2}{P_{sN}} \frac{1}{\omega_n} \frac{d^2 \vartheta}{dt^2} = \frac{T_A}{\omega_n} \frac{d^2 \vartheta}{dt^2}$$

$$T_A = \frac{\Theta \, \omega_n^2}{P_{sN}} = \frac{G D^2 \, n_N^2}{365 P_{sN}} \quad [\text{vgl. Gl. (71a) u. } \Theta \text{ in Gl. (124)}].$$

P'_w stellt die „transiente Wirkleistung" nach Gl. (55b) bzw. (129) dar, je nach Kupplungsart der Maschine mit dem starren Netz.

Die Dämpfungsleistung kann man gemäß Gl. (69) in p.u. (Bezugsgröße für P_D ist P_{sN}) anschreiben [vgl. Abschn. 3.16 und Anhang 6, Gl. (A 237)]:

$$P_D = -C_D s = \frac{C_D}{\omega_n} \frac{d \vartheta}{dt}, \qquad (131)$$

worin C_D wieder die Dämpfungskonstante (Beitrag der Dämpferwicklung allein; die Wirkung der Feldwicklung ist in P'_w enthalten) ist. Damit kann die Gl. (130b) auch in der folgenden Form angeschrieben werden [vgl. Anhang 6, Gl. (A 238)]:

$$\frac{T_A}{\omega_n} \frac{d^2 \vartheta}{dt^2} + \frac{C_D}{\omega_n} \frac{d \vartheta}{dt} + P'_w = P_A. \qquad (132)$$

Diese Gleichung ist nur mit Rechengeräten direkt lösbar, weil das dritte Glied, also P'_w, gemäß Gl. (55b) bzw. (129) die Winkelfunktionen $\sin \vartheta$ und $\sin 2\vartheta$ enthält und sich der Polradwinkel während der Störung ändert und weil genaugenommen — ohne Vorhandensein einer geeigneten Erregeranordnung und Spannungsregelung — auch die Annahme $E'_{do} = $ const nicht exakt ist.

Man kann die Gleichung aber durch schrittweise numerische Integration lösen. Die jeweilige Überschußleistung ergibt sich unter Verwendung der Gln. (131) und (132) zu:

$$\Delta P_w = P_\Theta = P_A + C_D s - P'_w = \frac{T_A}{\omega_n} \frac{d^2 \vartheta}{dt^2}. \qquad (133)$$

Die Schlupfzunahme im n-ten Zeitintervall Δt ergibt sich nach einmaliger Integration der Gl. (133) [vgl. Gl. (131)] zu:

$$\Delta s_{(n)} = -\frac{\Delta P_w}{T_A} \Delta t \qquad (134)$$

und die Winkelzunahme $\Delta \vartheta_{(n)}$ nach nochmaliger Integration zu:

$$\Delta \vartheta_{(n)} = -\left[s_{(n-1)} + \frac{\Delta s_{(n)}}{2}\right] \omega_n \Delta t. \tag{135}$$

Der Gesamtwinkel ϑ nach dem n-ten Zeitintervall ist damit:

$$\vartheta_{(n)} = \vartheta_o + \sum_0^n \Delta \vartheta. \tag{136}$$

Obwohl nun die Hauptfeldspannung E'_{do} mit der jeweils maßgebenden Lastzeitkonstante T'_{dL} abnimmt, kann sie in dem für die Stabilitätsbetrachtung ausschlaggebenden Zeitabschnitt von einigen Zehntelsekunden bei Annahme einer ausreichenden Erregungsgeschwindigkeit in erster Näherung als konstant angesetzt werden. Ja selbst ohne Spannungsregelung (vgl. Abschn. 10) ist dies noch eine gute Näherung.

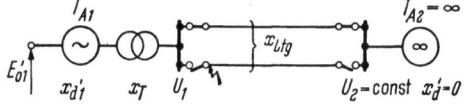

Abb. 68. Dreiphasiger Kurzschluß und Abschaltung eines Systems. Dynamische Stabilität
Generator: E'_{o1}; x'_{d1}; T_{A1}
Starres Netz: U_2; $x'_d = 0$ und $T_{A2} = \infty$
Fernleitung: x_{Ltg}

Damit kann für plötzliche Laststöße die dynamische Wirkleistung P'_w in erster Näherung nach den Gln. (55b) bzw. (129) (mit $\vartheta = \vartheta_2$) ermittelt werden. Auf die Änderung der Hauptfeldspannung unter dem Einfluß der Spannungsregelung werden wir im nächsten Abschnitt (10.32) noch eingehen. Mit dem exakten Wert der Hauptfeldspannung [Gl. (157)] kann dann P'_w auch genauer berechnet werden.

Bricht die Generatorklemmenspannung bei Speisung des starren Netzes (U_2) über Fernleitungen jedoch etwas ein, z. B. infolge eines dreipoligen Kurzschlusses auf einem der Doppelleitungssysteme nach Abb. 68 (Teilkurzschluß), dann wird die Ermittlung der dynamischen Wirkleistung schwieriger. Die Maschine verhält sich nun so, als wenn sie auf ein Netz mit verminderter Spannung U'_2 arbeite und ihr anstelle der Leitungsreaktanz x_{Ltg} die Ersatzreaktanz x'_{Ltg} vorgeschaltet wäre (vgl. [54]). Dabei gilt für U'_2:

$$U'_2 = U_2 \frac{x_f}{x_f + 2 x_{Ltg}} \tag{137}$$

mit $x_f = (2x/km) l_k$ als Reaktanz bis zur Kurzschlußstelle, wobei l_k die Leitungslänge in km vom Generator bis zur Kurzschlußstelle bedeutet und $2x/km$ die Reaktanz eines Systems je km darstellt. x/km ist dann die kilometrische Reaktanz des Doppelleitungssystems und $(x/km) l = x_{Ltg}$. Für die Ersatzreaktanz x'_{Ltg} gilt schließlich:

$$x'_{Ltg} = \frac{x_f 2 x_{Ltg}}{x_f + 2 x_{Ltg}}. \tag{138}$$

9. Verbundbetrieb, Dynamische Stabilität

In Gl. (129) ist dann zur Ermittlung der dynamischen Wirkleistung für U_2, U_2' anzusetzen und für $x_v : x_v' = x_T + x_{\text{Ltg}}'$.

Die Gleichung lautet damit:

$$P_w' = \frac{E_{do}' U_2'}{x_d' + x_v'} \sin\vartheta_2 + \frac{U_2'^2}{2} \frac{x_d' - x_q}{(x_d' + x_v')(x_q + x_v')} \sin 2\vartheta_2. \tag{139}$$

Beim Klemmenkurzschluß wird $P_w' = 0$, da U_2' nach Gl. (137) Null wird, d. h., die synchronisierenden Kräfte verschwinden vollkommen.

Da sich im Augenblick des Kurzschlusses die Reaktanz x_v auf die Reaktanz x_v' schlagartig ändert und ebenso stoßartig U_2 auf U_2' zusammenbricht, bricht auch die elektrische Wirkleistung schlagartig zusammen, und die synchronisierenden Kräfte (Neigung bzw. Differentialquotient der Wirkleistung) sinken, und zwar um so stärker, je näher der Kurzschluß an den Generatorklemmen liegt [Gl. (137) für $x_f = 0$: Klemmenkurzschluß].

Die Antriebsleistung P_A wird für die Rechnung mit den Gln. (133) bis (136) infolge des verhältnismäßig langsamen Arbeitens der Kraftmaschinenregler als konstant angenommen. Damit erhält man durch schrittweise numerische Integration der Gl. (132) den zeitlichen Verlauf der Polradlage gegenüber der jeweils maßgebenden Netzspannung (U_1 bei direkter Speisung, U_2 bei Speisung über Fernleitung).

Die schrittweise numerische Integration wird zweckmäßig unter Zuhilfenahme des Netzmodells durchgeführt, was besonders bei Mehrmaschinenproblemen praktisch unerläßlich ist. Dazu vernachlässigt man die Dämpfungsleistung P_D und erhält dann anstelle der Gl. (133) nach Division mit T_A/ω_n die Gleichung:

$$\frac{d^2\vartheta}{dt^2} = \frac{\omega_n}{T_A}(P_A - P_w'). \tag{140}$$

Der Generator wird auf dem Netzmodell durch die Spannung hinter der Transientreaktanz E_o' (Abb. 68) dargestellt, die nach Abb. 23 durch geometrische Addition des Spannungsabfalles $j\boldsymbol{I} x_d'$ zur Klemmenspannung U entsteht und die auch bei Spannungseinbruch unter der Voraussetzung $E_{do}' = \text{const}$ noch als konstant angesetzt werden kann. Es wird weiter vorausgesetzt, daß diese Spannung E_o' ihre Lage gegenüber der Hauptfeldspannung E_{do}' in dem in Frage kommenden Zeitraum beibehält (einige Zehntelsekunden). Der dabei entstehende Fehler ist vernachlässigbar. Als Polradwinkel (ϑ_2') wird der Winkel zwischen dieser Spannung E_o' und der konstanten Netzspannung U_2 errechnet und angegeben. Die dynamische Kippleistung liegt damit also bei $\vartheta_2' = 90°$ el.

Auf diese Weise können auch Leitungskurzschlüsse mit Spannungseinbruch der Generatorklemmenspannung ohne große Schwierigkeiten untersucht werden. Das Vorgehen ist dabei z. B. für den in Abb. 68 dargestellten Fall des dreiphasigen Kurzschlusses auf einem System einer Doppelleitung das folgende:

Die in der Abbildung aufgeführten Daten werden auf dem Netzmodell eingestellt, und die in das Netz abgegebene Wirkleistung wird gemessen (P_A entspricht der Turbinenleistung; alle Größen gelten in p. u.). Dann wird der Kurzschluß aufgebracht, und die dem neuen Zustand entsprechende Wirkleistung wird wieder gemessen. Während vor dem Fehler Gleichgewicht zwischen der Antriebsleistung und der übertragenen Wirkleistung bestand, entsteht nun durch die Störung eine Differenzleistung (Differenzmoment!). Mit Hilfe dieser Differenzleistung errechnet man für den betrachteten kleinen Zeitabschnitt Δt (z. B. $t = 0 \cdots 0{,}1$ s oder $t = 0 \cdots 0{,}05$ s) unter Zugrundelegung der Anlaufzeitkonstante T_A des Maschinensatzes (Abb. 68) den Weg des Polrades [Gl. (140)].

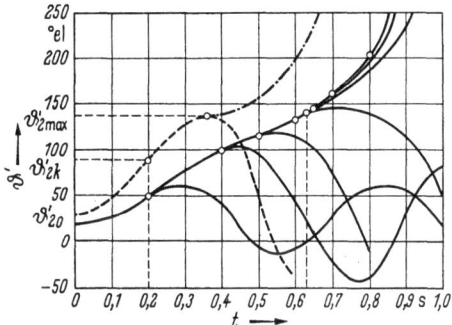

Abb. 69. Schwingkurven und kritische Kurzschlußzeit für den Fall der Maschine am starren Netz, nach Abb. 68

Durch Hinzufügen des ermittelten Polradwinkelweges zum Ausgangswinkel erhält man den neuen Winkel ϑ_2' ($t = 0 + \Delta t$). Dieser (und die entsprechenden Daten) wird nun auf dem Netzmodell eingestellt, und es wird wieder die Differenzleistung (Differenzmoment) ermittelt usw. Damit erhält man punktweise den Verlauf des Winkels ϑ_2' zwischen der konstant angenommenen Netzspannung U_2 und E_o' über der Zeit.

Je nach Dauer der Kurzschlußzeit erhält man so verschiedene Rückschwingvorgänge des Winkels ϑ_2' (Abb. 69, entnommen aus [2]).

Bei Verlängerung der Kurzschlußzeit bis 0,62 s erhält man für das Beispiel nach Abb. 69 schließlich ein Außertrittfallen. In der Abbildung ist noch ein zweites Beispiel (gestrichelte Kurven) mit der Abschaltzeit von 0,2 s eingezeichnet. Nach 0,2 s war der Winkel ϑ_2' (Winkel zwischen U_2 und E_o') bereits auf etwa 80 ° el angestiegen. Durch die Differenzdrehzahl bezüglich des synchron weiterlaufenden starren Netzes hat das Polrad (es wurde ja eine starre Lage der Spannung E_o' zur Polradspannung vorausgesetzt) eine zusätzliche Schwungenergie in sich aufgenommen, so daß ein Überschwingen bis auf etwa 140° el stattfindet. Trotzdem braucht der Fall, wie auch das Beispiel zeigt, nicht instabil zu verlaufen, weil ja die Maschine auch jenseits von 90° el noch Wirkleistung in das Netz abgeben kann und damit von diesem gebremst wird. Maßgebend ist dabei lediglich, daß die aufgespeicherte Differenzschwungenergie nach Abschalten des Fehlers durch eine höhere in das Netz abgegebene Wirkleistung vollständig aufgezehrt wird, bevor (zeitlich) ein bestimmter Grenzwinkel $\vartheta'_{2\,\text{max}}$, der hier 140° el beträgt, überschritten wird. Diese Zusammenhänge sind in Abb. 70 dargestellt. — ,,Schenkeligkeit" tritt in der Abbildung nicht auf, da E'_0 als Ersatzpolradspannung und ϑ'_2 als Ersatzpolradwinkel eingeführt wurden, womit die Kurven sinusförmig verlaufen. Die Sinuskurve mit der höchsten Amplitude gilt dabei für das gesunde Doppelsystem nach Abb. 68 ($t < 0$). Durch den Kurzschluß wird nun die Kupplungsimpedanz wesentlich vergrößert. Die Sinuskurve mit der kleinsten Amplitude gilt für die ins Netz abgebbare Wirkleistung während des Bestehens des Kurzschlusses ($0 < t < 0{,}2$). Die mittlere Sinuskurve soll den Fall mit einem System, d. h. nach Abschalten der fehlerhaften Leitung, darstellen ($t > 0{,}2$: vergrößerte Kupplungsreaktanz gegenüber Doppelleitung!). Vor der Störung wurde eine Wirkleistung $P_{w1} = P'_{w1} = P_{A1}$ bei einem Polradwinkel ϑ'_{2o} übertragen (Arbeitspunkt 1). Die während des Kurzschlusses übertragbare Wirkleistung, dargestellt durch die unterste Sinuskurve, ist durchweg kleiner als die Antriebsleistung P_{A1} an der Welle des Generators. Die Maschine wird also beschleunigt, d. h., der fiktive Polradwinkel ϑ'_2 wird bis ϑ'_{2k} vergrößert (Punkte 2 und 3). Bei ϑ'_{2k} wird angenommen, daß die fehlerhafte Leitung herausgetrennt wird. Der Winkel ϑ'_{2k} ist nach Abb. 69 und 70 etwa 80° el und soll nach der Kurzschlußzeit von 0,2 s erreicht werden. Es findet nun ein plötzlicher Übergang (genau wie von 1 nach 2) auf den neuen Zustand, der durch das eine gesunde System gegeben ist, statt (Punkt 4). Damit ist die Maschine in der Lage, eine wesentlich größere Wirkleistung in das Netz abzugeben, als ihr an der Welle zugeführt wird (P_{A1}). Sie wird also wieder abgebremst. Da aber während der Störzeit in der Maschine eine der Fläche A_1 entsprechende Schwungenergie aufgespeichert wurde, so muß diese Energie nun auch wieder aufgebraucht werden. Der fiktive Polradwinkel vergrößert sich also zunächst weiter bis zu dem Wert $\vartheta'_{2\,\text{max}}$, bei dem die Maschine eine Wirkleistung in das Netz abgibt, die gerade wieder gleich der an der Welle mechanisch zugeführten Leistung P_{A1} ist. Ist in diesem Zeitpunkt die Fläche A_2 genauso groß wie die Fläche A_1, was hier vorausgesetzt wird, dann entspricht die vorher aufgespeicherte Differenzschwungenergie genau der in das Netz abgegebenen Überschußleistung, und der Polradwinkel geht

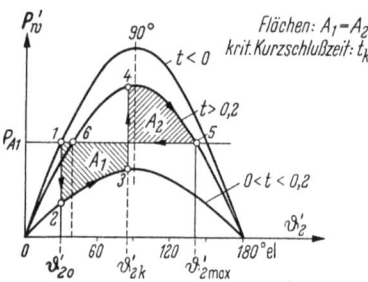

Abb. 70. Darstellung der aufgespeicherten Schwungenergie A_1 und der abgegebenen Schwungenergie A_2

selbsttätig wieder auf den dem Punkt *6* entsprechenden kleineren Winkel über, der etwas größer ist als ϑ'_{20}, da nun die Wirkleistung nur über ein System übertragen wird. — Bei guter Dämpferwicklung reicht die Flächenbedingung: $A_2 \geqq 0{,}7 A_1$ meist noch zur Erhaltung der Stabilität aus.

Der in Abb. 70 dargestellte Fall ist also so gewählt, daß die Störzeit von 0,2 s bei Rechnung ohne Dämpferwicklungen nicht überschritten werden darf, wenn die dynamische Stabilität gewährleistet sein soll. Erfolgt die Abschaltung der Störstelle etwas später, dann wird ϑ'_{2k} größer als 80° el und damit die Fläche A'_1 größer als A'_2, d. h., die aufgespeicherte Schwungenergie A'_1, die ja größer ist als A_1, kann bis zum Erreichen des Winkels $\vartheta'_{2\max}$ nicht mehr vernichtet werden, und die Maschine wird über diesen Winkel vorgetrieben. Damit wird aber die ins Netz abgebbare Wirkleistung kleiner als die an der Welle zugeführte, und die Maschine wird weiter beschleunigt und fällt außer Tritt.

Man sieht aus diesem einfachen Beispiel, daß mit dem dynamischen Stabilitätsproblem auch die Schutz- und Schaltertechnik eng verknüpft sind. Schutz- und Schaltertechnik spielen sogar die wichtigste Rolle und bilden das Fundament für die Untersuchung der dynamischen Stabilität.

Handelt es sich nun nicht um eine Maschine am starren Netz, sondern um ein *Mehrmaschinenproblem* (*n* Maschinen) und werden außerdem die Leitungsverluste mitberücksichtigt, dann gilt grundsätzlich immer noch Gl. (140) für jede der Maschinen, nur daß nun anstatt P'_w, also anstelle der Leistung der am starren Netz betrachteten Maschine, ein Summenausdruck erscheint, der sich genauso aufbaut, wie wir ihn für die Untersuchung der statischen Stabilität des Mehrmaschinenproblems in Gl. (126) aufgestellt haben. Die Gleichung lautet dann z. B. für die erste Maschine in der Form, wie wir sie für die Untersuchung mit Hilfe des Netzmodells brauchen:

$$\frac{d^2 \vartheta'_1}{dt^2} = \frac{\omega_n}{T_{A1}} \left(P_{A1} - \sum_{k=1}^{n} P'_{1k} \cos(\vartheta'_{1k} - \alpha'_{1k}) \right). \qquad (141)$$

Nachdem hier aber nicht mehr mit sehr kleinen Schwingungen gerechnet werden darf, erscheinen in der Summe die dynamischen Wirkleistungen. Die Lösung erfolgt in der gleichen Weise wie für das Einmaschinenproblem durch numerische Integration mit Hilfe des Netzmodells. Dabei ermittelt man die Differenzleistung wieder durch Messung der elektrischen Leistung (Summenausdruck) für jede Polradlage mit Hilfe des Netzmodells. Dies macht man für alle Maschinen und erhält dann punktweise den Verlauf der gegenseitigen Polradstellungen in Abhängigkeit von der Zeit. (Beispiel einer ausgeführten Stabilitätsuntersuchung in Lit. [2].)

10. Die Aufgaben der Spannungsregelung[1,2]

Der Parallel- und Verbundbetrieb von Stromerzeugungsanlagen hat gegenüber dem Inselbetrieb als der zweiten hauptsächlich vorkommenden Betriebsart infolge der fortschreitenden Vermaschung der Netze immer mehr an Bedeutung gewonnen. Dabei ist man zu stets größeren Einheiten übergegangen. Die Anforderungen an die Erregung sind dadurch besonders hinsichtlich Leistungsfähigkeit, Schnelligkeit (Einstellzeit) und Empfindlichkeit erheblich gestiegen, was sich in den Neuentwicklungen der Spannungsregler, aber auch in Änderungen im Aufbau der gesamten Erregeranordnung äußert. Über den neuesten Stand im Aufbau von Erregeranordnungen (Erreger- und Regeleinrichtung) und die praktisch damit erzielbaren Ergebnisse berichten Arbeiten in der ETZ 1960[3].

Auf die Grundschaltungen der Erregeranordnungen (z. B. Erregeranordnungen mit fremderregter Erregermaschine; Erregeranordnungen mit selbsterregter Erregermaschine und Verstärkermaschine; Erregeranordnungen mit fremd- oder selbsterregter Erregermaschine und zusätzlicher Reihenschlußerregung; Erregeranordnungen mit gittergesteuerten Gleichrichtern; Erregeranordnungen mit Trockengleichrichtern usw.) sowie auf das regeltechnische Verhalten der Einzelglieder und des gesamten Regelkreises, zu dem außer der weiter unten definierten Erregeranordnung auch der Generator und das Netz gehören, soll an dieser Stelle nicht weiter eingegangen werden. Wir verweisen hierzu auf die umfangreiche Spezialliteratur (Literaturhinweise in [6] und in [44]). Wir wollen hier vielmehr nur etwas näher auf die Aufgaben der Spannungsregelung eingehen und zeigen, was sich mit einer geeignet bemessenen Erreger- und Regeleinrichtung (Erregeranordnung) bezüglich der Verbesserung des Verhaltens der Synchronmaschine erreichen läßt [6].

10.1 Grundsätzliches

Zur Erregeranordnung sollen in diesem Abschnitt immer alle Einrichtungen zählen, welche die Aufgabe haben, dem Synchrongenerator die jeweils erforderliche Erregerleistung zur Verfügung zu stellen, also mithin der Regler, die Haupterregermaschine oder der Verstärker (z. B. auch der Gleichrichter) und die Rückführung bzw. Stabilisierung. Die Bedeutung der Rückführung ist infolge der Entwicklung zu leistungsfähigeren, schnelleren und empfindlicheren Erregungsanordnungen gestiegen; sie

---
[1] Lit.: [6, 8, 9, 30, 38, 44, 48, 53, 54].
[2] Um diesen Abschnitt klar gestalten zu können, müssen des öfteren Wiederholungen aus früheren Abschnitten in Kauf genommen werden.
[3] ETZ A 81 (1960) H. 6 u. 7 [44].

begrenzt, da eine ausreichende Dämpfung, besonders auch bei Leistungspendelungen, erforderlich ist, die Schnelligkeit der Erregung in gewissem Maße.

Bei unmittelbarer Spannungsregelung einer Synchronmaschine, wie sie z. B. praktisch heute bei Gleichrichtererregung und Regelung mit Röhrenregler über das Steuergitter verwirklichbar ist, kann man sehr große Regelgeschwindigkeiten erzielen. Erfolgt die Erregung jedoch über eine Erregermaschine, so können selbst bei Verwendung des gleichen Reglers leicht Pendelungen auftreten, da der Regeleingriff zu spät kommt. Die Einfügung der Erregermaschine verringert also die Stabilität der Regelung in dem Maße, wie ihre Zeitkonstante T_e wächst, und die notwendigerweise „härtere" Einstellung der Rückführung mit größer werdendem T_e vermindert die Schnelligkeit. Die Schnelligkeit der Erregung ist nun durch die wirksame Zeitkonstante der Erregermaschine im jeweiligen Arbeitspunkt sowie durch den Zeitverzug im Regler und durch die Rückführung gekennzeichnet. Die *Änderungsgeschwindigkeit* der Erregerspannung im jeweiligen Arbeitspunkt wird durch die gleichen Größen und je nach Art und Bemessung des Reglers zusätzlich durch die Höhe der Abweichung der zu regelnden Spannung der Synchronmaschine von ihrem Sollwert bestimmt.

Einen Sonderfall der Änderungsgeschwindigkeit der Erregerspannung stellt die sogenannte *Erregungsgeschwindigkeit* (VDE 0530/3.59) dar. Um ihre Bedeutung zu erkennen und um sie im Aufgabenbereich von Erregeranordnungen richtig einzuordnen, werden zunächst die Hauptaufgaben im ungestörten Lastbetrieb erläutert. Es zeigt sich, daß die Erregungsgeschwindigkeit für diesen Teil der Aufgaben von Erregeranordnungen ohne Bedeutung ist. Für die Fälle schwerer Störungen, die z. B. durch Kurzschlüsse in Netzen hervorgerufen werden und die Stabilität der Übertragung gefährden, ist sie aber wichtig, und sie hat auch in diesem Aufgabengebiet ihren Ursprung.

10.2 Aufgaben einer schnellen Erregung im ungestörten Lastbetrieb

Im ungestörten Lastbetrieb (Normalbetrieb) sind die Hauptanforderungen an die Erregeranordnung: Einschränkung der Spannungsschwankungen, stabile Blindlastverteilung und Erweiterung des statischen Stabilitätsbereiches der Synchronmaschinen. Hierher gehören ferner Aufgaben, wie sie an die Erregeranordnung von Wasserkraftgeneratoren gestellt werden, die über lange Hochspannungsleitungen arbeiten. Die Leitungen müssen unter anderem im Leerlauf von den Generatoren unter Spannung gesetzt werden können. Die dabei auftretende Forderung der Blindleistungsaufnahme durch den Generator stellt an die Schnelligkeit und Stabilität der Spannungsregelung besondere Anforderungen.

166   10. Aufgaben der Spannungsregelung

10.21 Begrenzung der Spannungsschwankungen auf kleine Werte

Das Kleinhalten von Spannungsschwankungen gehört zu den ältesten Forderungen, die an eine Erregeranordnung gestellt werden. Eine Erregeranordnung wäre ideal, wenn sie die Spannung an den Klemmen des Generators oder an einer sonstigen Stelle in der Verbindungsleitung zum Netz unter allen Umständen konstant halten könnte. Das ist natürlich eine Forderung, die wohl kaum jemals vollkommen erfüllt werden kann,

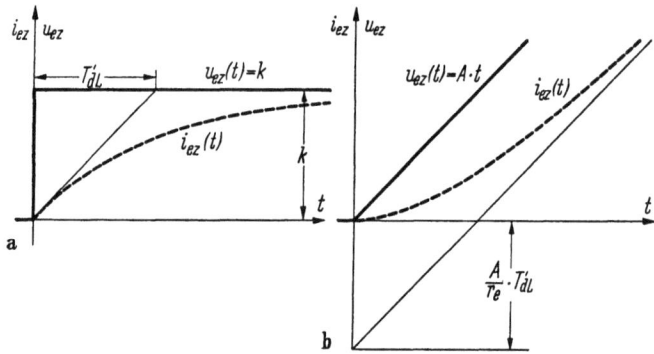

Abb. 71 a u. b. Zeitabhängiger Verlauf des Erregerzusatzstromes i_{ez} und der Erregerzusatzspannung u_{ez} beim Synchrongenerator
a) Bei sprungförmiger Änderung der Erregerspannung um den Wert k und b) bei Änderung der Erregerspannung mit der Geschwindigkeit A

und im Verbundbetrieb, bei dem ja eine Senkung des Netzspannungsniveaus zu Überlastung der Einzelmaschine führen würde, ist ihre Verwirklichung gar nicht mehr zulässig.

In diesem Abschnitt seien zunächst etwas gemilderte Forderungen an die Erregeranordnung gestellt. Es handelt sich hier nämlich um verhältnismäßig kleine Spannungsschwankungen oder bei größeren um langsamere. Die Höhe der Spannungsschwankungen ist abhängig von der Möglichkeit einer schnellen Beeinflussung des Polradstromes der Synchronmaschine durch die Erregeranordnung, d. h. von dem Reglerzeitverzug (Zeitkonstanten und gegebenenfalls Totzeiten) und der wirksamen Zeitkonstante der Haupterregermaschine im jeweiligen Arbeitspunkt. — Die Feldzeitkonstante der Synchronmaschine wird als vorgegebene feste Größe angenommen.

Denkt man sich nun die Erregerspannung an den Schleifringen der Synchronmaschine bei einer Spannungsabweichung vom Sollwert z. B. sprungartig erhöht, dann würde der Erregerstrom nach einer Exponentialfunktion mit der Lastzeitkonstante der Synchronmaschine T'_{dL} folgen (Abb. 71). Eine solche sprungartige Änderung der Erregerspannung ist z. B. mit der Gleichrichtererregung mit Gittersteuerung verwirklichbar. Bei normalen Erregeranordnungen mit Haupterregermaschine jedoch

Begrenzung der Spannungsschwankungen

ändert sich die Erregerspannung der Synchronmaschine nicht sprungartig, sondern nur mit einer von der wirksamen Zeitkonstante der Erregermaschine und meist auch von der Höhe der Regelabweichung abhängigen, für den Arbeitspunkt der Erregermaschine geltenden *Anstiegsgeschwindigkeit A*, wie es Abb. 71b zeigt. Der Erregerstrom kann mithin nicht mehr sofort ansteigen. Aber die Anstiegsgeschwindigkeit des Erregerstromes erhöht sich um so rascher, je größer die Anstiegsgeschwindigkeit der Erregerspannung ist, und diese wächst mit kleiner werdender Feldzeitkonstante der Erregermaschine. Als Beweis hierzu ist folgendes zu sagen: Da kleine Spannungsschwankungen in erster Linie Folgen geringer Blindlaständerungen sind, kann man die innere Kennlinie der Synchronmaschine in dem Arbeitspunkt durch eine Gerade ersetzen, aus deren Neigung sich eine fiktive, für diesen Arbeitspunkt gültige Lastinduktivität (l'_L) ergibt. Arbeitet die Maschine auf ein großes Netz, so entspricht die Lastinduktivität der Kurzschlußinduktivität (l'), da Blindleistungsänderungen im relativ zur Maschine starren Netz für den Generator einen Kurzschluß bedeuten. Die Gleichung für den Zusatzstrom im Feldkreis der Synchronmaschine bei Änderungen der Erregerspannung gegenüber dem stationären Wert lautet somit:

$$l'_L \frac{di_{ez}}{dt} + r_e i_{ez} = u_{ez}(t). \qquad (142a)$$

Hierin bedeuten i_{ez} den Augenblickswert des Erregerzusatzstromes, r_e den Widerstand der Feldwicklung und u_{ez} die Erregerzusatzspannung.

Würde nun sprungartig der stationäre Wert $u_{ez} = k$ angelegt, was, wie gesagt, z. B. mit Gleichrichtererregung möglich wäre, so würde sich der Anstieg des Polradstromes aus dem Ansatz

$$l'_L \frac{di_{ez}}{dt} + r_e i_{ez} = k \qquad (142b)$$

mit der Lösung

$$i_{ez}(t) = \frac{k}{r_e}\left(1 - e^{-\frac{r_e}{l'_L}t}\right) = \frac{k}{r_e}\left(1 - e^{-\frac{t}{T'_{dL}}}\right) \qquad (143)$$

ergeben. Dabei ist $T'_{dL} = l'_L/r_e$ die Lastzeitkonstante.

Die Anstiegsgeschwindigkeit zum Zeitpunkt t wird:

$$\frac{di_{ez}}{dt} = \frac{k}{r_e}\frac{r_e}{l'_L} e^{-\frac{t}{T'_{dL}}} = \frac{k}{l'_L} e^{-\frac{t}{T'_{dL}}}. \qquad (144a)$$

Man sieht, daß für $t = 0$ der Anstieg des Zusatzstromes nur durch das Verhältnis k/l'_L bestimmt wird, d. h. durch die Höhe der angelegten Spannung und die fiktive Induktivität des Feldkreises (Abb. 71). Dadurch, daß nun aber die an das Polrad angelegte Spannung im allgemeinen nicht sprungartig ansteigen kann, sondern eben nur entsprechend der

Anstiegsgeschwindigkeit der Erregerspannung im jeweiligen Arbeitspunkt [Tangente an die Kurve $u_e = f(t)$], tritt anstelle des Ansatzes nach Gl. (142b) der Ansatz

$$l'_L \frac{di_{ez}}{dt} + r_e i_{ez} = A\,t \tag{144b}$$

mit der Anstiegsgeschwindigkeit A der Erregerspannung als einer Größe der gesamten Erregeranordnung. Die Lösung lautet:

$$i_{ez}(t) = \frac{A}{r_e}\left[t - T'_{dL}\left(1 - e^{-\frac{t}{T'_{dL}}}\right)\right]. \tag{144c}$$

Die Anstiegsgeschwindigkeit für i_{ez} bei $t = 0$ ergibt sich aus:

$$\frac{di_{ez}}{dt} = \frac{A}{r_e}\left(1 - e^{-\frac{t}{T'_{dL}}}\right) \tag{144d}$$

zu Null. Der Anstieg erfolgt für $t > 0$ um so rascher, je größer A, die Anstiegsgeschwindigkeit der Erregerspannung, ist. Dies ergibt sich aus der zweiten Ableitung:

$$\frac{d^2 i_{ez}}{dt^2} = \frac{A}{l'_L} e^{-\frac{t}{T'_{dL}}}. \tag{145}$$

Für $t = 0$ ist

$$\left(\frac{d^2 i_{ez}}{dt^2}\right)_{t=0} = \frac{A}{l'_L}, \tag{146}$$

d. h., die Änderung der Anstiegsgeschwindigkeit des Erregerstromes erfolgt um so rascher, je größer die Anstiegsgeschwindigkeit der Erregerspannung ist, und diese wächst mit kleiner werdender Feldzeitkonstante der Erregermaschine, was zu beweisen war.

Voraussetzung sind bei diesen Überlegungen empfindliche Regler und Verstärker, d. h. ein empfindliches trägheitsloses Meßsystem und Regler sowie Verstärker mit möglichst kleinen Zeitkonstanten sowie eine ausreichende Rückführung. Es nützt nämlich nicht viel, wenn die Feldzeitkonstante der Erregermaschine klein gehalten und dann ein Regler mit geringer Empfindlichkeit des Meßsystems und großer Stellzeit gewählt wird. Es muß also immer die gesamte Erregeranordnung betrachtet werden, da A die Anstiegsgeschwindigkeit der Erregerspannung an den Schleifringen der Synchronmaschine bedeutet. Treten nun in dem Verbrauchernetz periodische Spannungsschwankungen auf, wie sie z. B. durch regelmäßige Blindlaststöße von Lichtbogenöfen oder gleichrichtergespeisten Walzenantrieben verursacht werden können, so ist zu beachten, daß die Erregereinrichtung den Schwankungen je nach Schnelligkeit immer nur mit einem gewissen Verzug folgen kann. Kommt man dabei in das Gebiet der Eigenfrequenz der Erregeranordnung, so kann eine Anfachung der Spannungsschwankungen entstehen. Die Höhe der Eigenfrequenz der Erregeranordnung ist aber eine Funktion ihrer Schnelligkeit, und zwar steigt sie mit dieser an. Das heißt, wenn man mit periodischen, verhältnismäßig schnellen (bis 1 Hz) Spannungsschwankungen rechnen muß, ist eine Erregungsanordnung mit Erregermaschine praktisch unbrauchbar, da ihre Eigenfrequenz in der Größenordnung von einigen zehntel Hz bis etwa 1 Hz liegt. Man muß dann zur Gleichrichtererregung mit gittergesteuerten Gleichrichtern greifen und Röhren- oder Transistorregler verwenden. Aber auch damit kommt man je nach Lastzeitkonstante der Synchronmaschine nur in die Größenordnung von einigen Hertz. Das gleiche gilt für Erregeranordnungen von Synchronmaschinen mit Compoundierungseinrichtung (über Gleichrichter) in Stromschaltung.

Zusammenfassend kann gesagt werden, daß das Kleinhalten von Spannungsschwankungen um so besser erreicht wird, je schneller die Erregeranordnung arbeitet und je empfindlicher sie ist. Eine solche Regeleinrichtung aber ist für Anordnungen mit Haupterregermaschine durch geringe magnetische Trägheit der Erregermaschine selber, schnelle Regler und Verstärker sowie gute Stabilisierung gekennzeichnet.

10.22 Stabile Blindlastverteilung

Solange ein geregelter Synchrongenerator *allein* auf ein Verbrauchernetz arbeitet, treten hinsichtlich der Blindleistungsabgabe — die Wirkleistungsabgabe wird ja durch den Turbinenregler eingestellt — keine Stabilitätsprobleme auf. Ob die Regelkennlinie dabei statisch (Spannung fällt mit Blindlast) oder astatisch (Spannung ist unabhängig von der Blindlast konstant) verläuft, ist lediglich für die Frage der Genauigkeit der Spannungshaltung von Bedeutung.

Im *Parallelbetrieb* mit anderen Generatoren auf gemeinsame Verbraucher oder auch unmittelbar auf ein starres Netz muß aber die Spannungsregelung der Synchronmaschine zusätzlich beeinflußt werden. Genau wie die Wirkleistung auf die verschiedenen Maschinengruppen durch eine statische Einstellung der Drehzahl-Regelkennlinie verteilt wird, wird auch die stabile Blindleistungsverteilung auf die einzelnen Generatoren eines Netzes durch Einstellen einer geeigneten Regelkennlinie erreicht. Dabei läßt man üblicherweise einen passend gewählten Strom über eine Impedanz — im einfachsten Fall Wirkwiderstand als Statikwiderstand — auf den Meßkreis des Spannungsreglers einwirken. Da das Aufschalten der Störgröße zum Erreichen der erforderlichen geneigten Regelkennlinie im Meßkreis des Spannungsreglers stattfindet, wird die Schnelligkeit der gesamten Erregeranordnung dadurch nicht weiter beeinflußt. Die stabile Blindleistungsverteilung bereitet also im Normalbetrieb keine besonderen zusätzlichen Schwierigkeiten hinsichtlich der Schnelligkeit der Erregung der Synchronmaschine.

10.23 Erweiterung des statischen Stabilitätsbereiches

Über dieses Thema, d. h. über die künstliche Stabilisierung des Betriebes der Synchronmaschine auch außerhalb des statischen Stabilitätsbereiches mit Hilfe einer schnellen und zweckmäßig bemessenen und beeinflußten Regelung, ist schon viel berichtet worden (Lit. zu [6]). Zum besseren Verständnis der Anforderungen an die Erregeranordnung sei zunächst nochmal kurz auf das natürliche Verhalten der Synchronmaschine eingegangen.

Erhöht man bei einer Synchronmaschine die Wirkleistung bei konstanter Erregung und ermittelt den zu jedem Lastpunkt gehörenden Polradwinkel ϑ, dann ergibt sich für eine Schenkelpolmaschine bei einer bestimmten Erregung (z. B. Nennerregung) der in Abb. 27 dargestellte Kurvenverlauf. Kurve 1 hat dabei für einen Turbogenerator praktisch Sinusform. Ihr Maximum (Kippunkt P_K) verschiebt sich für die Schenkelpolmaschine infolge der unterschiedlichen magnetischen Leitwerte in Längs- und Querachse ($x_q \approx 0{,}6 x_d$) zu einem unterhalb von 90° el liegenden Polradwinkel ($P_K = 1{,}785$ bei $\vartheta = 71{,}5°$ el). Für die Wirkleistung in Abhängigkeit vom Polradwinkel wurde in Abschn. 2.2. die Gleichung [Gl. (8d)]

$$P_w = \frac{EU}{x_d} \sin\vartheta + \frac{U^2}{2} \frac{x_d - x_q}{x_d x_q} \sin 2\vartheta$$

hergeleitet, die für den Turbogenerator mit $x_d = x_q$ die Form hat [Gl. (8e)]:

$$P_w = \frac{EU}{x_d} \sin\vartheta .$$

Die Wirkung einer Erhöhung der Erregung (Polradspannung E) und einer Änderung des Leerlaufkurzschlußverhältnisses ist daraus zu ersehen.

Vergrößert man das Leerlaufkurzschlußverhältnis, das ja bei Vernachlässigung der Sättigung gleich dem Kehrwert der Synchronreaktanz x_d ist, dann erhöht sich die Kippleistung und ebenso die synchronisierende Leistung im stabilen Bereich [vgl. Gl. (56a u. b)]. Dabei verteuert sich natürlich die Synchronmaschine, weil das Modell vergrößert werden muß.

Ein Einschalten von Transformator und Fernleitung zwischen Maschine und Verbrauchernetz hingegen erniedrigt sowohl die Kippleistung als auch die synchronisierende Leistung, wirkt also wie eine Verkleinerung des Leerlaufkurzschlußverhältnisses auf die Stabilitätsverhältnisse verschlechternd ein. Die Abb. 53 und 54 zeigen dies und erläutern außerdem die Wirkung einer Spannungsregelung ($U_1 =$ const) im statisch stabilen Gebiet.

Nun zum Verhalten bei plötzlichen Laständerungen: Man denke sich bei einer entsprechend dem Nennbetrieb erregten Synchronmaschine den Feldwiderstand zu Null gemacht, dann hält die Feldwicklung den mit ihr verketteten Fluß bei allen weiteren Vorgängen konstant. Vergrößert man nun z. B. wiederum den Polradwinkel durch Vergrößerung der Wirkbelastung, dann ergibt sich in Abb. 27 die Kurve 2 (vgl. auch Abb. 26). Die Maschine kippt nun erst bei einem Polradwinkel, der größer als 90° el ist ($\vartheta' = 110°$ el und $P'_K = 4{,}125$). Wie im Abschn. 2.42 gezeigt wurde, gilt für diese Kurve für Schenkelpolmaschinen und Vollpolmaschinen (Turbogenerator) eine Gleichung, die genauso aufgebaut ist wie Gl. (8d) [vgl. Gl. (55b)], nur daß anstelle der Polradspannung E die Hauptfeldspannung E'_d und anstelle der Synchronreaktanzen x_d und x_q die Transientreaktanzen x'_d und x'_q zu setzen sind. Da nun aber $x'_q > x'_d$ ist, so hat sich für die konstante Flußverkettung, d. h. konstantes Hauptfeld, die sogenannte „Schenkeligkeit" (d. h. das Verhältnis von Längs- und Querreaktanz) umgekehrt, woraus sich auch die Verschiebung der Kippwinkel auf Werte über 90° el ergibt. Um hier nun die Kippleistung oder die synchronisierende Leistung zu erhöhen, müßte man die Übergangsreaktanz x'_d kleiner machen, was natürlich, wie auch die Verkleinerung der Synchronreaktanz, eine Verteuerung des Maschinenmodells zur Folge hätte. Eine vorgeschaltete Leitung verschlechtert die Stabilitätsverhältnisse noch erheblich mehr als im Fall konstanter Erregung, weil das Verhältnis der Übergangsreaktanz x'_d zur Leitungsreaktanz viel ungünstiger liegt als das der Synchronreaktanz zur Leitungsreaktanz.

In Wirklichkeit ist nun der Feldwiderstand der Synchronmaschine nicht Null, so daß das Hauptfeld nicht konstant bleibt, sondern mit der je nach Betriebszustand unterschiedlichen Feldzeitkonstante, der sogenannten Lastzeitkonstante T'_{dL}, abklingt. Trotzdem ist es möglich, auch zwischen den Kippgrenzen der beiden Kennlinien in Abb. 27 stabile Betriebspunkte zu erreichen, wenn man einen geeigneten Eingriff in die Erregung vornimmt. Man kann dazu aber nicht mehr „von Hand regeln", sondern man muß moderne, kontinuierlich wirkende, schnelle Regler und Erregeranordnungen mit zweckmäßigen Zusatzeinrichtungen benutzen.

Es ist bekannt, daß zur Verbesserung der Stabilitätsverhältnisse jedoch auch ein anderer Weg beschritten werden kann, nämlich der, die Feldzeitkonstante durch Compoundierung der Erregung scheinbar zu vergrößern [vgl. Gl. (147)]. Eine ideale Reihenschlußerregung kann nämlich bei richtiger Abstimmung theoretisch den Feldwiderstand der Synchronmaschine vollständig kompensieren, so daß die Feldwicklung dann den mit ihr verketteten Fluß konstant hält, d. h. stabile Betriebsverhältnisse bis an die Stabilitätsgrenze für konstantes Hauptfeld (Verbindung der Kippunkte gemäß Abb. 27 für verschiedene E'_d) erlaubt. Ein Anwendungsbeispiel dieser Überlegung sind die lastabhängig über Gleichrichter erregten Synchronmaschinen.

Etwa gleichwertige Ergebnisse erhält man durch eine zusätzliche Beeinflussung der schnellen Spannungsregelung nach bestimmten Parametern, wie z. B. dem Polradwinkel, seiner Ableitung oder auch direkt der Hauptfeldspannung, die es ja konstant zu halten gilt. Aber auch die in der Praxis bisher meist übliche Regelung in Abhängigkeit von der Spannung an einem bestimmten Punkt der Übertragung, z. B. durch Messung der Spannung an den Generatorklemmen und Kompensation in Abhängigkeit vom Belastungsstrom, bringt, wenn die Erregungsanordnung schnell genug und kontinuierlich wirkend ist, eine erhebliche Verbesserung gegenüber der ungeregelten Maschine. So zeigt Abb. 72[1] z. B. das Ergebnis einer Untersuchung an einer 300-kVA-Modellmaschine, die mit einem einfachen und normalen Wälzregler und Haupt- und Hilfserregermaschine ausgerüstet war. Mit Erreganordnungen mit besseren dynamischen Eigenschaften sind jedoch auch im Bereich der Gegenerregung größere Polradwinkel ($\vartheta > 90°$ el) erzielbar. Kommt man jedoch in die Nähe der sogenannten ,,dynamischen Stabilitätsgrenze'' (vgl. Stabilitätsgrenze für konstantes Hauptfeld in Abb. 26), so wird das Verhalten des gesamten Regelkreises unerfreulich (Pendeln). Es ist deshalb zweckmäßig, hier dann Begrenzungseinrichtungen zu verwenden (z. B. in Abhängigkeit vom Polradwinkel), die von einem bestimmten Grenzwert an einen geänderten Sollwert vortäuschen und die Erregung erhöhen. Man verzichtet dabei zugunsten der Stabilität auf die Einhaltung der Klemmenspannung.

Untersuchungen [30] haben gezeigt, daß zum Erreichen eines stabilen Betriebsverhaltens außerhalb der Stabilitätsgrenze für konstante Erregung das Verhältnis der wirksamen ,,Ersatz''-Zeitkonstante T_e der gesamten Erregeranordnung zur Leerlaufzeitkonstante der Synchronmaschine T'_{d0} folgender Bedingung genügen muß:

$$\frac{T_e}{T'_{d0}} \leq -\frac{x'_d}{x_d}\frac{P'_{ws}}{P_{ws}}. \tag{147}$$

Hierin ist P_{ws} die synchronisierende Leistung bei konstanter Erregung [Gl. (56)] und P'_{ws} diejenige bei konstantem Hauptfeld [Gl. 57)]. Da nun T_e

---

[1] Die Stabilitätsgrenzen wurden gemäß der folgenden, mit Hilfe des Zeigerdiagramms (Abb. 52) ermittelten Gleichungen aufgezeichnet. Statischer Fall:

$$\left[\frac{P_w x_q}{U_1^2}\right]^2 + \left[\frac{P_b x_q}{U_1^2} - \frac{1-\frac{x_v}{x_q}}{2\frac{x_v}{x_q}}\right]^2 +$$

$$+ \frac{\left[\frac{x_d}{x_q}-1\right]\left[1+\frac{x_v}{x_q}\right]^2}{\left[\frac{x_d}{x_q}+\frac{x_v}{x_q}\right]\frac{x_v}{x_q}} \frac{\left[\frac{P_w x_q}{U_1^2}\right]^2}{\left[1-\frac{P_b x_q}{U_1^2}\right]^2+\left[\frac{P_w x_q}{U_1^2}\right]^2} = \frac{\left[1+\frac{x_v}{x_q}\right]^2}{\left[2\frac{x_v}{x_q}\right]^2}.$$

Dynamischer Fall: Für diesen Fall ist in obenstehender Formel x_d durch x'_d zu ersetzen, wobei allerdings U_1 dann nicht mehr konstant ist (E'_{d0} = const).

niemals Null ist, kann die Stabilitätsgrenze für konstantes Hauptfeld nie ganz erreicht werden. Die Gleichung beweist im übrigen auch die Überlegungen über die Wirksamkeit einer Kompensation des Feldwiderstandes, die ja zur Vergrößerung von T'_{do} führt.

Wie schon betont wurde, verschlechtert die Zwischenschaltung von Transformatoren und Leitungen die Stabilitätsverhältnisse der ungeregel-

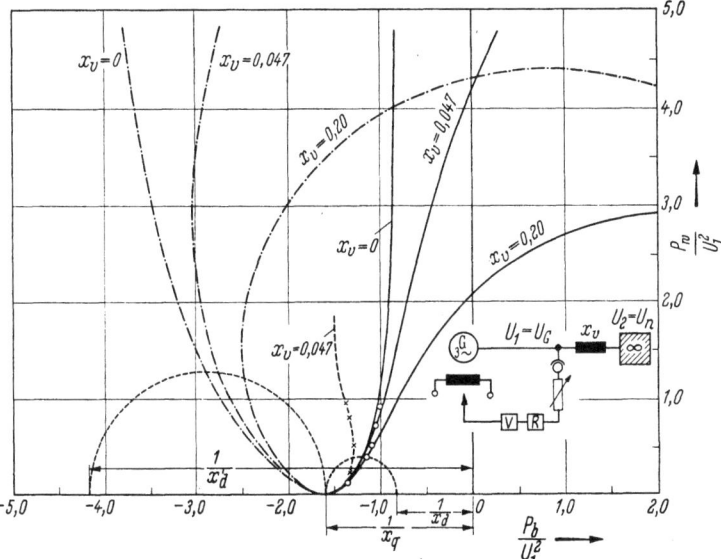

Abb. 72. Erweiterung des statischen Stabilitätsbereiches mit Hilfe der Spannungsregelung (P_w, P_b-Diagramm)

$$x_d = 1{,}215; \quad x'_d = 0{,}24; \quad x_q = 0{,}627$$

Stabilitätsgrenzen:
——— für Handregelung bzw. nicht kontinuierliche Regelung auf $U_G = U_N$;
——·—— für kontinuierliche, automatische Regelung auf E'_{do} = const ($U_G \neq$ const)

Meßpunkte ($x_v = 0{,}047$):
○ Handregelung auf $U_G = U_N$
× Regelung mit Wälzregler (R) und Haupt- und Hilfserregermaschine (V) auf $U_G \approx U_N$ (Reglerstatik etwa 3%)

ten Synchronmaschine. Das gleiche gilt natürlich auch für die geregelte Maschine, da ja der Bereich bis zu den Stabilitätsgrenzen für konstantes Hauptfeld oder konstante Erregung kleiner wird. Es sind also sowohl die synchronisierenden Kräfte als auch der Sicherheitsabstand bis zum Kippen kleiner geworden. Aus diesem Grunde kommt bei langen Übertragungsleitungen zu der Forderung der Schnelligkeit der Erregeranordnung, die sich in einem kleinen T_e äußert, auch die Forderung nach einer hohen Stoßerregung. Die letztere hat allerdings erst für schwere Laststöße Bedeutung.

Durch die Möglichkeit einer schnellen Regelung wird man also in die Lage versetzt, bestimmte Stabilitätsforderungen mit einem kleineren Leerlaufkurzschlußverhältnis zu erfüllen und damit ein kleineres Maschinenmodell zu verwenden. Da die Höhe des Leerlaufkurzschlußverhältnisses heute aber meist durch den untererregten Blindleistungsmaschinenbetrieb festgelegt wird, soll dieser auch noch kurz behandelt werden (vgl. Abschn. 2.21).

10.24 Betrieb leer laufender Hochspannungsleitungen und Kabelnetze

Leer laufende Hochspannungsleitungen und Kabelnetze stellen kapazitive Belastung dar und erregen somit die Synchronmaschine über die Ankerklemmen. Um die Spannung konstant zu halten, muß man also den Erregerstrom verkleinern. Ist der kapazitive Blindwiderstand der Leitung x_C gleich der Synchronlängsreaktanz x_d der Synchronmaschine, so liefert bei konstanter Nennklemmenspannung die Leitung die gesamte Magnetisierungsleistung für die Synchronmaschine, und der erforderliche Erregerstrom ist Null. Wird die kapazitive Belastung noch weiter vergrößert, d. h. ist x_C kleiner als x_d, aber noch größer als x_q[1], so muß der Erregerstrom negativ werden. Bei $x_C = x_q$ ist er wieder Null ($\vartheta = 90°$ el; bei der Ermittlung müssen nämlich die Verluste berücksichtigt werden). Den Bereich zwischen $x_d \geqq x_C \geqq x_q$ bezeichnet man als Bereich der langsamen Selbsterregung. Das besagt, daß mit Hilfe einer schnellen Erregeranordnung in diesem Bereich stabile Betriebspunkte zu erreichen sind.

Im Bereich $x_C < x_q$ vollzieht sich die Selbsterregung infolge Kippen der Spannung um 180° el wieder bei positivem Erregerstrom, so daß eine normale Spannungsregelung unmöglich wird ([8, 48]), weil der Regler in falscher Richtung arbeitet und die Generatorspannung auf einen hohen, nur durch die Sättigung begrenzten Wert hochregelt. Dieser Bereich ist also auf alle Fälle zu meiden. Untersuchungen haben gezeigt, daß die im Bereich der langsamen Selbsterregung an die Schnelligkeit der Erregeranordnung gestellten Forderungen praktisch von allen modernen Anordnungen erfüllt werden, d. h., es wird keine übertrieben große Schnelligkeit gefordert. Die Anforderungen an die Erregeranordnung werden jedoch erhöht durch die Tatsache, daß bei Lastabwurf am Ende der Hochspannungsleitung durch den Drehzahlanstieg eine Vergrößerung der kapazitiven Belastung entsteht. Der Bereich der langsamen Selbsterregung verschiebt sich damit und lautet nun mit n als der bezogenen Drehzahl

$$n\,x_d > \frac{x_C}{n} > n\,x_q.$$

Die Synchronmaschinen müssen also so bemessen werden, daß bei maximalem Drehzahlanstieg nach Lastabwurf (Überschwingweite) die Syn-

---
[1] Bei Vollpolmaschinen ist $x_q \approx (0{,}9 \cdots 0{,}95)\,x_d$.

chronquerreaktanz einschließlich der Kurzschlußreaktanz des Aufspanntransformators noch kleiner ist als die dann geltende kapazitive Reaktanz der Leitung. Dabei muß natürlich der Eingriff in die Erregung ausreichend schnell und in der Nähe des Punktes U^2/x_q durch zusätzliche Beeinflussung, z. B. in Abhängigkeit vom Polradwinkel, stattfinden. Die in Abschn. 10.23 erwähnte Begrenzungseinrichtung ist hier unerläßlich. Verschärft werden die Anforderungen bezüglich Schnelligkeit auch durch den zusätzlichen plötzlichen Spannungsanstieg nach dem Lastabwurf. Man sieht daraus, daß nicht nur eine schnelle Erregung, sondern auch eine schnelle ,,Entregung" wichtig ist.

10.3 Aufgaben bei Störungen des Parallelbetriebes

Bei schweren Störungen des Parallelbetriebes ist es erforderlich, das Hauptfeld der betroffenen Synchronmaschinen zu stützen, d. h., die Erregung muß in kurzer Zeit möglichst stark erhöht werden. Diese Forderung führte zur Begriffsbestimmung der Erregungsgeschwindigkeit.

10.31 Physikalische Kennzeichnung der Erregungsgeschwindigkeit

Die Spannung einer Synchronmaschine ist im Leerlauf und bei Belastung abhängig vom Hauptfeld und damit auch von der Flußverkettung mit der Feldwicklung. Um aber das Generatorfeld zu ändern, benötigt man eine bestimmte Erregerspannungszeitfläche (Gl. 153).

Für den Erregerkreis der Synchronmaschine mit dem Feldwiderstand r_e und der Feldwindungszahl w_e gilt die bekannte Beziehung (nicht in p. u.!):

$$w_e \frac{d\Phi_e}{dt} + r_e i_e = u_e(t). \qquad (148)$$

Hierin sei $u_e(t)$ die von der Erregeranordnung an den Schleifringen bereitgestellte Spannung in Abhängigkeit von der Zeit, die im stationären Betrieb konstant und $u_e = r_e i_e$ ist. Multipliziert man beide Seiten der Gl. (148) mit x_{hd}/r_e, d. h. mit dem Verhältnis von Hauptfeldreaktanz x_{hd} zum Feldwiderstand r_e der Synchronmaschine, und setzt in bekannter Weise (vgl. Abb. 23 u. Abschn. 2.41.23) mit ψ_e als Spulenfluß ($\psi_e = w_e \Phi_e$):

$$\frac{x_{hd}}{r_e} \psi_e = \frac{l_e}{r_e} \frac{x_{hd}}{l_e} \psi_e = T'_{do} E'_d \sqrt{2} \quad [\text{p. u.}] \qquad (149)$$

und weiter statt (die weiteren Gleichungen sind wieder immer in p.u. angeschrieben):

$$x_{hd} \frac{u_e(t)}{r_e} = x_{hd} i_e(t) = E_R(t) \sqrt{2} \qquad (150\,\text{a})$$

sowie

$$x_{hd} i_e = E \sqrt{2}, \qquad (150\,\text{b})$$

so lautet Gl. (148) nun:

$$E_R(t) = E + T'_{do} \frac{dE'_d}{dt} \qquad (150\,\text{c})$$

oder
$$\frac{dE_d'}{dt} = \frac{E_R(t) - E}{T_{do}'}. \qquad (151)$$

Hierin bedeuten E_d' die Hauptfeldspannung, die proportional zur Flußverkettung mit der Feldwicklung ist [Gl. (31)], $E_R(t)$ den zu einem bestimmten Zeitpunkt vorhandenen „Effektivwert" der Erregerspannung auf den Anker umgerechnet und E den zum gleichen Zeitpunkt vorhandenen Wert der Polradspannung. Die Sättigung wird dabei vernachlässigt. Mit dieser Gleichung ist die Feldänderung für jeden Lastfall bestimmbar. Dabei kann die Erregerspannung $E_R(t)$ konstant bleiben oder auch nachgeregelt werden. Die Polradspannung E läßt sich aus dem Spannungszeigerdiagramm für irgendeinen Zeitpunkt nach der folgenden Gleichung bestimmen:
$$E = E_d' + I_d(x_d - x_d'). \qquad (152)$$

Gl. (151) besagt nun, daß über ein bestimmtes definiertes Zeitintervall die Änderung der Hauptfeldspannung, also auch der Flußverkettung mit der Feldwicklung, proportional ist der Differenzfläche der Spannungszeitflächen von Erregerspannung $E_R(t)$ und Polradspannung E (Erregerstrom):
$$T_{do}' E_d' \Big|_{t_1}^{t_2} = T_{do}' \Delta E_d' = k \Delta \psi_e = \int_{t_1}^{t_2} [E_R(t) - E]\, dt. \qquad (153)$$

Nach dieser Feststellung scheint es auch naheliegend und zulässig, die wirkliche Spannungszeitcharakteristik der Erregerspannung einer Erregeranordnung durch eine Gerade zu ersetzen, wobei diese eine solche Neigung haben muß, daß sie im vorgesehenen Zeitintervall die gleiche Fläche mit der Zeitachse einschließt wie die wirkliche Kennlinie (vgl. VDE 0530/3.59 § 6). Damit ist die Grundlage für die Begriffsbestimmung der Erregungsgeschwindigkeit einer Erregeranordnung oder auch einer einzelnen Erregermaschine geschaffen. Als Zeitintervall wurden für Erregermaschinen 0,5 s als die Zeit einer halben Schwingungsperiode eines normalen Maschinensatzes am starren Netz gewählt. Wie später noch gezeigt wird, ist nämlich bei Störungen des Parallelbetriebes die Erregungsgeschwindigkeit erst nach dem ersten Vorschwingen von praktischer Bedeutung.

Man braucht nun also nur die Spannungszeitcharakteristik einer Erregeranordnung aufzunehmen (stoßartige Änderung der Eingangsspannung des Reglermeßwerkes) und durch eine Gerade zu ersetzen, die mit der Zeitachse die gleiche Fläche einschließt wie die wirkliche Kurve. Dann kann man genau wie für eine Erregermaschine (VDE 0530/3.59 §6) die Erregungsgeschwindigkeit ablesen. Die Grenzbedingungen müssen dabei — bis auf die Belastung — genauso gewählt werden wie für die Erregermaschine allein. — Maßgebend für die Festlegung einer Erregungsgeschwindigkeit ist nämlich die Änderung des Hauptfeldes der Synchronmaschine, d. h., die Erregermaschine oder die Erregeranordnung muß auf die Feldwicklung der Synchronmaschine arbeiten, und sie ist damit nicht mehr im Leerlauf, wie es die Normen vorsehen (VDE 0530/3.59; ASA C 42.10.36), sondern belastet. Für die Feldänderungen spielt natürlich auch noch die Belastung der Synchronmaschine eine Rolle. — Es muß sich somit um die Änderung der Schleifringspannung bei Belastung handeln und nicht um die Änderung der Leerlaufankerspannung der Erregermaschine oder der Erregeranordnung (Unterschied durch Ankerspannungsabfall und Ankerrückwirkung; Messung nach [6] mit OHMscher Belastung).

Leider ist diese Begriffsbestimmung der Erregungsgeschwindigkeit für den vorliegenden Verwendungszweck aber noch nicht eindeutig genug. Wird nämlich nur Flächengleichheit vorausgesetzt, dann läßt sich eine bestimmte Erregungsgeschwindigkeit nach den normenmäßigen Festlegungen auf unterschiedliche Weise (Abb. 73) verwirklichen. Daß die Wirkung auf das Hauptfeld dabei verschieden ist, wird in Abb. 73 am Verlauf der Polradspannung für den Laststoß auf eine mit Nennerregung arbeitende Blindleistungsmaschine gezeigt. Der Fall der Blindleistungsmaschine wurde gewählt, um die Rechnung zu vereinfachen (Blindlaststöße bei vorheriger Blindlast, d. h. statt mit Stoßimpedanz wird mit Stoßreaktanz gerechnet, und der Polradwinkelcompoundierungsanteil wird nicht berücksichtigt, was allerdings auch sonst nicht erforderlich ist, da der Verlauf des Hauptfeldes maßgebend ist). — Auf die Berücksichtigung einer Wirklast wird im Abschnitt 10.32 eingegangen. — Man kann hier dann so vorgehen, daß man den Verlauf der Polradspannung (Erregung) als Folge des Blindlaststoßes (Sprung auf die Polradspannung E' und Abklingen mit der Lastzeitkonstante) und den Verlauf der Polradspannung als Folge der Regelung ermittelt und dann beide überlagert. Die Wirkung der Dämpferwicklung wird dabei für die Ermittlung des Erregerstromverlaufes vernachlässigt. Für die Betrachtung wird die Sättigung der Erregeranordnung (Kurve *1*, *2*, *1'* und *2'* in Abb. 73) nicht berücksichtigt, um rechnerische Lösungen zu ermöglichen und um den zeitlichen Verlauf der Erregerspannung bei Belastung durch die Gleichung einer *e*-Funktion darstellen zu können. Diese Darstellungsweise ist auch für die Praxis zulässig, wenn man den wirklichen Verlauf der Erregerspannung durch den Verlauf nach einer Exponentialfunktion ersetzt [38]. Der Verlauf der Erregerspannung nach Kurve *3* läßt sich z. B. mit Gleichrichtererregung und Röhren- oder Transistorregler in guter Näherung verwirklichen. Kurve *4* entspricht in dem durch die Definition festgelegten Zeitraum von 0,5 s dem normenmäßigen Verfahren zur Ermittlung der Erregungsgeschwindigkeit. Der Zeitverzug der Regler und Verstärker wurde bei diesen Überlegungen auch ver-

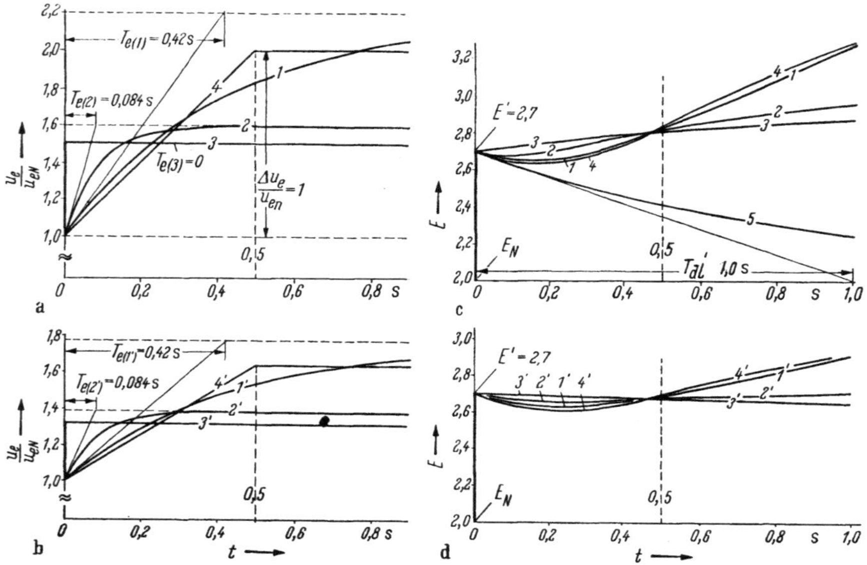

10. Aufgaben der Spannungsregelung

Teil-bild	Kurve	$(u_e/u_{eN})_{max}$	Teil-bild	End-werte von E
73a	1	2,2	73c	4,4
	2	1,6		3,2
	3	1,5		3
	4	2		4
73b	1'	1,77	73d	3,54
	2'	1,39		2,77
	3'	1,32		2,64
	4'	1,65		3,29
5	Polradspannung ohne Regelung			
	$E = E_N + (E' - E_N) e^{-t/T'_{dL}}$			

T_e Zeitkonstante der Erregeranordnung
T'_{dL} Lastzeitkonstante

a) $\dfrac{u_e}{u_{eN}} = f(t)$ bei $a = \dfrac{\Delta u_e/u_{eN}}{0,58} = 2,0\,\text{s}^{-1}$

b) $u_e/u_{eN} = f(t)$, jedoch bei $a = 1,29\,\text{s}^{-1}$

c) $E = f(t)$ bei $a = 2,0\,\text{s}^{-1}$

d) $E = f(t)$ bei $a = 1,29\,\text{s}^{-1}$

(Maschinendaten: $x_d = 1,0$; $x'_d = 0,3$; $x_q = 0,6$; $T'_{dL} = 1\,\text{s}$)

Abb. 73a—d. Zeitlicher Verlauf der auf die Nenn-Erregerspannung u_{eN} bezogenen Erregerspannung u_e und der Polradspannung E bei verschiedenen Erregungsgeschwindigkeiten a

Vorbelastung: $I = I_N = 1$; $U = U_N = 1$; $\cos\varphi_u = 0$; Laststoß: $I = I_{St} = 2{,}85$; Maschine direkt am starren Netz nachlässigt. Das Vorgehen bei der Ermittlung der Diagramme der Abb. 73 wird in Abschn. 10.4 erläutert.

Trotz gleicher Erregungsgeschwindigkeit (VDE 0530/3.59 § 6) für den Erregerspannungsverlauf nach den Kurven 1 bis 3 der Abbildung zeigt sich ein Unterschied im Verlauf der Polradspannungen. Dabei entsteht eine gute Annäherung der Kurve 4 nur durch Kurve 1, während die Kurven 2 und 3 schon erheblich davon abweichen. Die Abweichung wird dabei um so größer, je kleiner die Zeitkonstante T_e der Erregeranordnung ist. Im Fall $T_e = 0$, d. h. für den Verlauf der Erregerspannung nach Kurve 3, hat die Polradspannung während der 0,5 s überhaupt kein Minimum mehr, sondern sie steigt im Fall nach Abb. 73c nur noch konstant an. Außerhalb des Bereiches der 0,5 s ist infolge der hohen Deckenspannung[1] der Verlauf nach Kurve 1 günstiger als der nach Kurve 2, und dieser wiederum günstiger als der nach Kurve 3. Es muß nun von Fall zu Fall überlegt werden, welcher Verlauf erwünscht ist. Ein kleines T_e ist immer günstig für die normalen Aufgaben der Spannungsregelung und auch zur Verbesserung der statischen Stabilitätsverhältnisse, d. h. zur künstlichen Stabilisierung im Bereich eines konstanten Hauptfeldes. Bei schweren Laststößen und für den Betrieb über lange Hochspannungsleitungen kann jedoch die hohe Deckenspannung günstig sein. Zur einwandfreien Festlegung der Verhältnisse muß jedenfalls zusätzlich zu der Angabe der Erregungsgeschwindigkeit mindestens noch die maximale Erregerspannung, d. h. die Deckenspannung, angegeben werden, was dann, soweit im Erregerkreis kein weiterer Zeitverzug (Verstärker und Regler) auftritt, der Festlegung einer mittleren Zeitkonstante für den Verlauf der Erregerspannung an den Schleifringen der Synchronmaschine entspricht. Wirkliche Erregeranordnungen enthalten aber immer einen zusätzlichen Zeitverzug. Man kann diesen, wie später noch erläutert werden soll, z. B. in einer ,,Ersatztotzeit'' näherungsweise berücksichtigen, wodurch sich am grundsätzlichen Verlauf der Polradspannung — bis auf die Verschiebung um die Totzeit und damit einem tieferen Einbruch — bei den verschiedenen Erregermaschinen-Zeitkonstanten T_e (Kurven 1 und 2) gegenüber der Darstellung in Abb. 73 nichts ändert. Die ,,definitionsmäßigen'' Erregungsgeschwindigkeiten werden dabei aber unterschiedlich, und zwar bei kleinerem T_e größer als bei großen Werten von T_e.

Für eine genaue Vorausbestimmung der erforderlichen Werte für Erregungsgeschwindigkeit oder mittlere Zeitkonstante und Deckenspannung entstehen erhebliche Schwierigkeiten, wenn man den wirklichen Verlauf der Schleifringspannung verfolgen will, und man muß dann versuchen, eine Lösung durch genaue Nachbildung, z. B. mit Hilfe eines

---

[1] Mit Deckenspannung ist die maximale Erregerspannung bezeichnet, die auf die Nennerregerspannung bezogen wird.

10. Aufgaben der Spannungsregelung

Analogiegerätes, herbeizuführen, wobei alle Teile der Erregeranordnung und auch die Synchronmaschine selbst mit dargestellt werden müssen.

Für eine überschlägliche Vorausberechnung genügen jedoch folgende Überlegungen: Nachdem, wie eingangs festgestellt wurde, für die Änderung der Hauptfeldspannung, also auch der Flußverkettung mit der Feldwicklung, die Größe der Spannungszeitfläche der Erregerspannung ein ausreichendes Maß ist, genügt zur näherungsweisen Festlegung des stabilitätsmäßig erforderlichen Wertes der Erregungsgeschwindigkeit, bis auf Extremfälle, die einfache Begriffsbestimmung derselben, wie sie für eine Erregermaschine normenmäßig festgelegt ist. Diese wird zweckmäßig erweitert, indem der Zeitverzug und die Deckenspannung in die Begriffsbestimmung einbezogen werden und anstelle des Leerlaufes der Lastzustand gesetzt wird. Man bildet also für das Zeitintervall von 0,5 s, das der Begriffsbestimmung zugrunde liegt, die Erregungsgeschwindigkeit (Abb. 73), indem man eine Gerade durch die Kurve $u_e = f(t)$ legt, die in den 0,5 s die gleiche Spannungszeitfläche ergibt wie die wirkliche Kurve.

Nun muß man festlegen, welche Forderungen an die Erregeranordnungen gestellt werden sollen. Durch eine geeignete Stoßerregung ist es nämlich möglich, wie Abb. 73c zeigt, die Polradspannung z. B. bei reinem Blindleistungsmaschinenbetrieb nach den 0,5 s nicht nur auf ihrem Anfangswert E' (Sprungwert nach dem Blindlaststoß) zu halten, sondern sie sogar zu steigern. — Das gleiche gilt damit auch für die Hauptfeldspannung, die aber selbstverständlich keinen „Sprungwert" hat, sondern im ersten Augenblick konstant bleibt. — Bei normalen Erregeranordnungen bestimmt man jedoch, um eine Überbemessung zu vermeiden, die Erregungsgeschwindigkeit so, daß bei einem bestimmten Laststoß (z. B. dem 2- bis 2,5fachen Nennstrom bei Nennspannung[1] aus vorheriger Nennlast) die Polradspannung ihren „transienten" Wert E' ohne Berücksichtigung des Anteiles durch die Polradwinkeländerung spätestens nach 0,5 s wieder erreicht (Abb. 73d), d. h. mit anderen Worten: nach 0,5 s muß die Hauptfeldspannung wieder ihren Ausgangswert vor Eintritt des Laststoßes erreicht haben.[2] Führt man diese Randbedingungen in die formelmäßige Lösung für den Verlauf der Polradspannung nach Kurve 4 ein (vgl. Abschn. 10.4), so ergibt sich eine zur Erfüllung dieser Forderung notwendige Erregungsgeschwindigkeit a von [Gl. (169)]:

$$a = \frac{A}{i_{eN} r_e} = \frac{\left(\dfrac{E'}{E_N} - 1\right)\left(1 - e^{-\frac{0,5\,s}{T'_{dL}}}\right)}{0,5\,s - T'_{dL}\left(1 - e^{-\frac{0,5\,s}{T'_{dL}}}\right)}. \tag{154}$$

---

[1] Die Stoßlast in Abb. 73 ist also etwas zu groß: $x_{St} \approx 0,35$.

[2] Voraussetzung: Stoßimpedanz — hier Stoßreaktanz — $z_{St} = $ const während der 0,5 s.

Der entsprechende Verlauf der Polradspannung nach dem Stoß ist in Abb. 73d durch die Kurve 4' dargestellt. — Man stellt wiederum fest, daß für kleine Zeitkonstanten der Erregermaschine (Kurven 2' und 3') der Verlauf der Polradspannung ein anderer ist.

10.32 Dynamische Stabilität

Während die Schnelligkeit der Erregung im stationären Betrieb, wie im Abschnitt „Erweiterung des statischen Stabilitätsbereiches" erläutert wurde, von großer Bedeutung sein kann, weil sie die Möglichkeit einer Erweiterung des stabilen Betriebes bis zu Polradwinkeln außerhalb der „statischen Stabilitätsgrenze" bietet, ist die Stabilität bei schweren Störungen, wie sie z. B. durch plötzliche Kurzschlüsse auf Leitungen entstehen, für die meisten Störungsfälle weniger eine Frage der Schnelligkeit der Erregung als vielmehr eine Schutz- und Schalterfrage. Man muß dabei allerdings unterscheiden zwischen der Bedeutung der Erregungsgeschwindigkeit der Erregeranordnung (nach Definition, also Kurve 4 in Abb. 73) für die erste Halbschwingung nach dem Laststoß und dem Verhalten bei weiteren Schwingungen.

Hier sei der Fall des Betriebes einer Synchronmaschine über eine Doppelleitung auf ein starres Netz behandelt. Wie bereits angedeutet, spielt die Art des Fehlers eine große Rolle. Für leichtere Fehler, z. B. einpolige Erdschlüsse in geerdeten Netzen, ist der Gewinn durch Erhöhen der Erregungsgeschwindigkeit groß, wobei sich aber keine extrem hohen Werte als erforderlich erwiesen haben [9]. Für Fehler in mehr als einem Strang bleibt jedoch, außer bei sehr schneller Beseitigung derselben, die Erhöhung der Erregungsgeschwindigkeit ohne wesentlichen Erfolg. Es zeigt sich also die Bedeutung der Schalter- und Schutzeinrichtungen. Nach Beseitigung des Fehlers spielt dann allerdings die Schnelligkeit der Erregeranordnung eine bedeutende Rolle. Abb. 74 zeigt das Ergebnis einer Untersuchung von CRARY [9], wobei der Einfluß der Erregungsgeschwindigkeit für die erste Halbschwingung auf die Wirkleistungsübertragung bei Herausschaltung der fehlerhaften Leitung sofort nach Auftreten des Fehlers dargestellt ist (Kurve 1). Kurve 2 gilt für konstante Hauptfeldspannung. In dem betrachteten Fall zeigt eine Erregungsgeschwindigkeit[1] von 0,5 s^{-1} das gleiche Ergebnis wie der Fall mit konstanter Hauptfeldspannung. Dabei ist natürlich die Erregungsgeschwindigkeit der gesamten Erregeranordnung gemeint.

Der Einfluß der Erregungsgeschwindigkeit ist danach nicht sehr groß, trotzdem als Abschaltzeit die Zeit $t=0$ angenommen wurde. Bei Steigerung der Abschaltzeit bis in die Größenordnung von 0,1s wird der Einfluß der Erregungsgeschwindigkeit immer geringer, so daß selbst

---

[1] International ist es üblich, die Einheit s^{-1} hierbei wegzulassen.

182   10. Aufgaben der Spannungsregelung

Erregungsgeschwindigkeiten von 2 s^{-1} und mehr, die wirtschaftlich nicht mehr vertretbar sind, nur noch weniger ausmachen als 2 bis 3 Perioden Schaltzeitverkürzung. Während der ersten Halbschwingung hat die Erregungsgeschwindigkeit also praktisch nur sekundäre Bedeutung für die Steigerung der Stabilität, während sie bei der Betrachtung der fol-

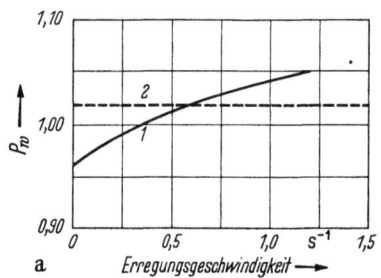

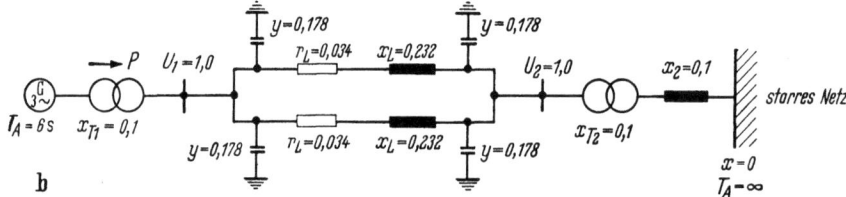

Abb. 74a u. b. Einfluß der Erregungsgeschwindigkeit a auf die dynamische Stabilität (Kurve 1) bei Ausfall eines Systems einer Doppelleitung. Kurve 2 gilt für konstante Hauptfeldspannung E'_d [9].

a) Abhängigkeit der Wirkleistung P_w von der Erregungsgeschwindigkeit; b) Schaltbild; Konstanten des Synchrongenerators:

$x_d = 1{,}0; \quad x'_d = 0{,}4; \quad x_q = 0{,}6; \quad T_A = 6 \text{ s}; \quad T'_{do} = 4 \text{ s}$

genden Pendelungen sehr wichtig sein kann. Meist sind aber hierfür Erregungsgeschwindigkeiten in der Größenordnung von 1 s^{-1} ausreichend (vgl. [6, S. 255, Sp. 1]).

Die Bedeutung der Regelung für das Verhalten der Synchronmaschine bei schweren plötzlichen Laständerungen während und nach der ersten Polradschwingung geht aus den Oszillogrammen in Abb. 75 und 76 hervor [54]. Die Oszillogramme wurden an einer Modelleitungsanlage aufgenommen. Die Erregungsgeschwindigkeit der Erregeranordnung, bestehend aus Haupterregermaschine mit Schnellregler und Hilfserregermaschine, hatte etwa einen Betrag von 1,4 s^{-1}. Das Oszillogramm in Abb. 75a zeigt einen Wirklaststoß aus dem Leerlaufzustand auf die 300-kVA-Modelleitungsmaschine, die über eine 300 km lange Fernleitung an das starre Netz gekuppelt war (Laststoß in der Antriebsleistung). Der Wirklaststoß ging bis nahe an die statische Kippleistung. Die Erregung wurde nicht nachgestellt. Die Maschine schwingt dabei sicher in den neuen Lastzustand über. Das Oszillogramm in Abb. 75b zeigt bei gleicher Erregung den Verlauf bei einem auf $P_w/P_K = 1,4$ erhöhten Wirklaststoß. Die Maschine führt nun nur noch eine einzige

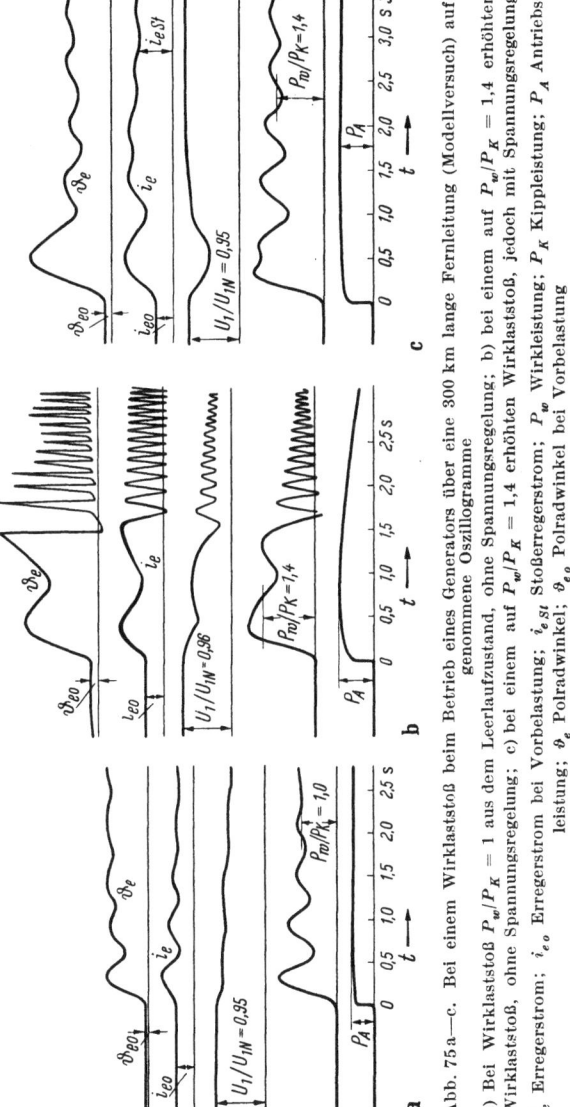

Abb. 75a—c. Bei einem Wirklaststoß beim Betrieb eines Generators über eine 300 km lange Fernleitung (Modellversuch) aufgenommene Oszillogramme
a) Bei Wirklaststoß $P_w/P_K = 1$ aus dem Leerlaufzustand, ohne Spannungsregelung; b) bei einem auf $P_w/P_K = 1,4$ erhöhten Wirklaststoß, ohne Spannungsregelung; c) bei einem auf $P_w/P_K = 1,4$ erhöhten Wirklaststoß, jedoch mit Spannungsregelung
i_e Erregerstrom; i_{eo} Erregerstrom bei Vorbelastung; i_{eSt} Stoßerregerstrom; P_w Wirkleistung; P_K Kippleistung; P_A Antriebsleistung; ϑ_e Polradwinkel; ϑ_{eo} Polradwinkel bei Vorbelastung

Pendelung aus, und kommt nach etwa 1,5 s zum Kippen. Wird aber gleichzeitig die Erregung mittels Schnellregler nachgestellt, dann bleibt die Anordnung stabil. Dabei hat sich jedoch an dem ersten Vorschwingen des Polradwinkels nur wenig gegenüber dem Fall ohne Regelung geändert (Oszillogramm in Abb. 75c), trotzdem die Erregungsgeschwindigkeit schon verhältnismäßig groß ist. — Mit dem Index „o" wird in den Oszillogrammen der stationäre Vorbelastungszustand bezeichnet.

Abb. 76 zeigt den Fall eines Teilkurzschlusses auf der 300-km-Fernleitung zum starren Netz. Dabei wurde unmittelbar an der Synchronmaschine, die auf 90% der statischen Kippleistung belastet war, ein Kurzschluß über eine Reaktanz $x_f = 0{,}5$ erzeugt. Das Oszillogramm in Abb. 76a zeigt wieder den Fall ohne Regelung. Die Maschine kippt nach 2,5 s. Mit Spannungsregelung (Abb. 76b) bleibt sie dagegen stabil und schwingt je nach Dämpfung der Maschine einschließlich Leitung und Regelung schneller oder langsamer auf den neuen Lastzustand ein.

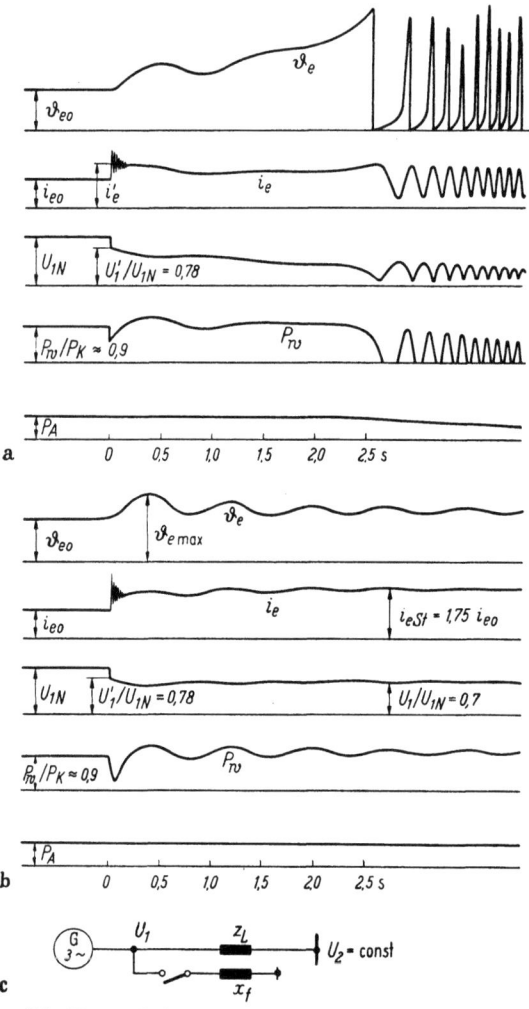

Abb. 76a—c. Bei einem Teilkurzschluß eines Generators ($x_f = 0{,}5$, $U_2 = $ const) beim Betrieb über eine 300 km lange Fernleitung aufgenommene Oszillogramme
a) Ohne Spannungsregelung; b) mit Spannungsregelung; c) Schaltbild
x_f Kurzschlußreaktanz (Reaktanz des Fehlers)
i'_e Übergangserregerstrom
i_{eo} Erregerstrom bei Vorbelastung
U'_1 Übergangsspannung (übrige Kurzzeichen wie in Abb. 75)

Die Versuche zeigen die Bedeutung einer schnellen Regelung für die Stabilität, besonders beim Einschwingen der Synchronmaschine auf den neuen Lastzustand, und leiten damit auch zu dem nächsten Abschnitt über. Es ist klar, daß der geringere Sicherheitsabstand von der Stabilitätsgrenze und die Verkleinerung der synchronisierenden Kraft bei Vorhandensein einer

Leitung bei gleicher Zeitkonstante der Erregermaschine eine höhere Stoßerregung, also eine höhere Deckenspannung, erforderlich machen.

Zur Berücksichtigung der Erregungsänderung durch die Erregeranordnung bei Untersuchungen der dynamischen Stabilität formt man Gl. (151) zweckmäßig folgendermaßen um (zunächst ohne Berücksichtigung der Leitung). Man führt in Gl. (152) für die Längskomponente des Ankerstromes laut Spannungsdiagramm in Abb. 23 ein:

$$I_d = \frac{1}{x_d'}(E_d' - U\cos\vartheta). \tag{155}$$

Gl. (155) setzt man in Gl. (151) ein und erhält nach einigen Umformungen:

$$\frac{dE_d'}{dt} = \frac{\frac{x_d'}{x_d}E_R(t) - E_d' + \frac{x_d - x_d'}{x_d}U\cos\vartheta}{T_{d_0}'\frac{x_d'}{x_d}}. \tag{156}$$

Zur Berücksichtigung der Übertragungsleitung und der Transformatorreaktanzen sowie der Netzreaktanz (ein starres Netz hat die Reaktanz Null) sind die Generatorreaktanzen durch Ersatzreaktanzen zu ersetzen. $E_R(t)$ ist für jedes Intervall entsprechend seinem für dieses geltenden stationären Mittelwert anzusetzen. Für die Einzelintervalle formt man die Differentialgleichung (156) in die entsprechende Differenzengleichung um, die dann folgende Form erhält (vgl. auch Abschn. 9.3):

$$\Delta E_d' = \frac{\Delta t}{T_{d_0}'}\left[E_R(t) - \frac{x_{d_e}}{x_{d_e}'}E_d' + \frac{x_d - x_d'}{x_{d_e}'}U_e\cos\vartheta_e\right], \tag{157}$$

wobei ϑ_e der Winkel zwischen der Hauptfeldspannung der Synchronmaschine und der starren Netzspannung ist (oder der entsprechenden inneren Spannung, wenn das Netz nicht die Reaktanz Null hat). Die Wirkung der Erregungsgeschwindigkeit ist also hier in der Erregerspannung $E_R(t)$ enthalten.

In Gl. (157) und in den Abb. 75 u. 76 bedeutet der Index „e" (außer bei i_e), daß es sich, wie schon oben aufgeführt, um den jeweiligen Ersatzwert der Größe handelt. Für U_e gilt dabei $U_e = U_n/\cos\lambda$; hierin ist U_n die Netzspannung und λ der Leitungswinkel (vgl. Abb. 55).

10.33 Stabilität bei Pendelungen

Üblicherweise führt man Stabilitätsuntersuchungen bei schweren Laststößen am Netzmodell ohne genaue Berücksichtigung der Spannungsregelung durch und setzt dabei konstante Hauptfeldspannung voraus. Dies ist für die erste Halbschwingung der Polräder auch ohne ausgesprochene Stoßerregung, wenn die maßgebenden Lastzeitkonstanten nicht sehr klein sind, berechtigt (Abb. 74). Man betrachtet also nur die erste Halbschwingung und setzt voraus, daß die Dämpfung im Anker- und Feldkreis der Synchronmaschine (Regelung) ausreichend ist, um die Stabilität auch bei den weiteren Schwingungen, d. h. beim Einpendeln auf den neuen Lastzustand, zu gewährleisten. Daß eine schnelle Regelung aber die Dämpfung der Schwingungen auch verkleinern kann, zeigt der Vergleich der Oszillogramme a) und c) in Abb. 75.

Nach jedem Laststoß führt die Synchronmaschine am Netz Pendelungen aus. Der Einfachheit halber wird hier wieder eine Maschine betrachtet, die über eine Leitung an das starre Netz gekuppelt ist und deren Eigenfrequenz, wie Abb. 75 es auch zeigt, in der Größenordnung von $1 \cdots 0{,}5$ Hz liegt. Diese Pendelungen des Polrades bzw. des Polradwinkels um den dem neuen Lastzustand entsprechenden stationären Winkel werden natürlich, wie Oszillogramm a) in Abb. 75 zeigt, von Pendelungen der Wirkleistung und damit auch des Stromes und der Spannung begleitet.

Die Spannungspendelungen bringen die Erregeranordnung über den Regler zum Ansprechen. Diese könnte, da sie immer nur verzögert folgen kann, wie bereits erläutert wurde, eine Anfachung der Schwingungen verursachen, die schließlich zum Außertrittfallen führen kann. Einer solchen Schwingungsanfachung kann man durch Vergrößern der Dämpfung der Synchronmaschine entgegenwirken und auch durch Verstärken der Rückführung in der Erregeranordnung, womit dann leider auch meist ein Rückgang der Schnelligkeit für schwere Stöße verbunden ist.

10.4 Bestimmung der erforderlichen Erregungsgeschwindigkeit

Es soll hier noch kurz auf die Ermittelung der Kurven in Abb. 73 eingegangen werden.

Als Anforderung an die Erregeranordnung bezüglich der Höhe der Erregungsgeschwindigkeit wird, wie wir schon in Abschn. 10.31 sahen, die Bedingung gestellt, daß die Hauptfeldspannung ihren Ausgangswert vor Eintritt des Laststoßes spätestens 0,5 s nach dem Laststoß wieder erreicht. Als Laststoß wird dabei vornehmlich ein Blindlaststoß (Teilkurzschluß) vom 2- bis $2^{1}/_{2}$fachen Nennstrom bei Nennspannung aus vorheriger Nennlast angenommen [Fehlerimpedanz $\approx (0{,}5 \cdots 0{,}4)$]. — Diese Bedingung ist gleichbedeutend mit der Forderung, daß die Polradspannung ihren „transienten" Wert E' ohne Berücksichtigung des Anteiles durch die Polradwinkeländerung (Compoundierungsanteil) nach spätestens 0,5 s wieder erreicht. Ohne Regelung würde die Hauptfeldspannung und damit auch die Polradspannung nämlich mit der Lastzeitkonstante abklingen. — Die Überlegung zeigt, daß man die Synchronmaschine hier in guter Näherung wie eine Blindleistungsmaschine bei einem Blindlaststoß behandeln darf, wobei dann für andere Betriebsfälle die Ausgangswerte, also E'_{d_0} und E' z. B., aus dem Zeigerdiagramm zu entnehmen sind und die Lastzeitkonstante entsprechend dem Stoßlastfall zu bestimmen ist (vgl. z. B. Abb. 23; die Synchronmaschine reagiert bei einem Blindlaststoß ähnlich wie im Alleinbetrieb, wobei allerdings eine eventuell noch vorhandene Kopplung zum Netz zu beachten ist). Damit kann aber der Verlauf der Polradspannung in einfacher Weise durch Überlagerung des Polradspannungsverlaufes (= Erregerstromverlaufes) ohne Regelung und des durch die Regelung bewirkten Anteiles erfolgen. Die Wirkung der Dämpferwicklung wird dabei vernachlässigt.

Für die Betrachtung wollen wir auch die Sättigung der Erregeranordnung (Fälle 1 und 2, 1' und 2' der Abb. 73) vernachlässigen, um, wie weiter vorn bereits gesagt, rechnerische Lösungen zu ermöglichen und um den zeitlichen Verlauf der Erregerspannung bei der Stoßerregung durch die Gleichung einer e-Funktion darstellen zu können [38]. Es gilt dann für die Erregerspannung der Synchronmaschine (Schleifringspannung) bei Erregung mittels fremderregter Erregermaschine:

$$u_e(t) = u_{eN} + (u_{e\max} - u_{eN})\left(1 - e^{-\frac{t}{T_e}}\right), \quad (158)$$

wobei mit T_e wieder die Feldzeitkonstante der Haupterregermaschine bezeichnet wird. Regler und Verstärker sollen die Zeitkonstante Null haben.

Nun zu den einzelnen Fällen der Abb. 73:

a) Zunächst nehmen wir an, die Erregeranordnung könne den durch die Definition der Erregungsgeschwindigkeit gegebenen Verlauf (Kurve 4) verwirklichen. Dann gilt im Bereich $t = 0 \cdots 0{,}5$ s für die zusätzliche Wirkung der Erregeranordnung die Gleichung:

$$u_e(t) - u_{eN} = A\,t = \frac{1}{0{,}5\,\text{s}}(u_{e\max(4)} - u_{eN})\,t, \quad (159)$$

mit A als Anstiegsgeschwindigkeit der Erregerspannung an den Schleifringen.

Der zeitliche Verlauf des Erregerstromes und damit auch der Polradspannung ohne Regelung, d. h. für konstante Erregung $\left(E = \frac{i_e}{\sqrt{2}}x_{hd}\,!\right)$, ergibt sich für den Blindlaststoß in bekannter Weise aus der Gleichung:

bzw.
$$i_e(t)_{(oR)} = (i'_e - i_{eN})\,e^{-\frac{t}{T'_{dL}}} + i_{eN} \quad (160\,\text{a})$$

$$E(t)_{(oR)} = (E' - E_N)\,e^{-\frac{t}{T'_{dL}}} + E_N. \quad (160\,\text{b})$$

i'_e bzw. E' bedeuten dabei die „transienten" Werte von Erregerstrom bzw. Polradspannung, die beim Blindlaststoß sprungartig erreicht

10. Aufgaben der Spannungsregelung

werden, entsprechend der Forderung auf konstantes Hauptfeld. Der Zusatzanteil im Erregerstrom bzw. in der Polradspannung durch den Eingriff in die Erregung gemäß Gl. (159) ergibt sich durch Lösung der Differentialgleichung (148) [vgl. auch Abschn. 10.21, Gln. (144b) und (144c)] zu:

$$i_{ez}(t) = \frac{1}{0{,}5\,\mathrm{s}} (i_{e\,\max(4)} - i_{eN}) \left[t - T'_{dL}\left(1 - e^{-\frac{t}{T'_{dL}}}\right) \right] \quad (161\,\mathrm{a})$$

oder

$$E_z(t) = \frac{1}{0{,}5\,\mathrm{s}} (E_{\max(4)} - E_N) \left[t - T'_{dL}\left(1 - e^{-\frac{t}{T'_{dL}}}\right) \right]. \quad (161\,\mathrm{b})$$

Durch Überlagerung der Gln. (160) und (161) erhält man dann für den Verlauf des Erregerstromes im Bereich von $t = 0 \cdots 0{,}5$ s:

$$i_e(t) = \left[i'_e - i_{eN} + \frac{T'_{dL}}{0{,}5\,\mathrm{s}} (i_{e\,\max(4)} - i_{eN}) \right] e^{-\frac{t}{T'_{dL}}} +$$
$$+ \frac{1}{0{,}5\,\mathrm{s}} (i_{e\,\max(4)} - i_{eN})(t - T'_{dL}) + i_{eN} \quad (162\,\mathrm{a})$$

oder für den Verlauf der Polradspannung:

$$E(t) = \left[E' - E_N + \frac{T'_{dL}}{0{,}5\,\mathrm{s}} (E_{\max(4)} - E_N) \right] e^{-\frac{t}{T'_{dL}}} +$$
$$+ \frac{1}{0{,}5\,\mathrm{s}} (E_{\max(4)} - E_N)(t - T'_{dL}) + E_N. \quad (162\,\mathrm{b})$$

Für $t > 0{,}5$ s läßt sich auf ähnlichem Wege [5] mit $t^* = t - 0{,}5$ s, d. h. für $t^* > 0$, die Gleichung aufstellen:

$$i_e(t^*) = \left\{ \left[i'_e - i_{eN} + \frac{T'_{dL}}{0{,}5\,\mathrm{s}} (i_{e\,\max(4)} - i_{eN}) \right] e^{-\frac{0{,}5\,\mathrm{s}}{T'_{dL}}} - \right.$$
$$\left. - \frac{T'_{dL}}{0{,}5\,\mathrm{s}} (i_{e\,\max(4)} - i_{eN}) \right\} e^{-\frac{t^*}{T'_{dL}}} + i_{e\,\max(4)} \quad (163\,\mathrm{a})$$

oder

$$E(t^*) = \left\{ \left[E' - E_N + \frac{T'_{dL}}{0{,}5\,\mathrm{s}} (E_{\max(4)} - E_N) \right] e^{-\frac{0{,}5\,\mathrm{s}}{T'_{dL}}} - \right.$$
$$\left. - \frac{T'_{dL}}{0{,}5\,\mathrm{s}} (E_{\max(4)} - E_N) \right\} e^{-\frac{t^*}{T'_{dL}}} + E_{\max(4)}. \quad (163\,\mathrm{b})$$

b) Für die Fälle *1* und *2* der Abb. 73, deren Kurvenverlauf entsprechend der Definition der Erregungsgeschwindigkeit durch Gleichsetzen der Flächen bis $t = 0{,}5$ s (vgl. VDE 0530/3. 59) nach der Gleichung

$$a = \frac{2}{(0{,}5\,\mathrm{s})^2} \frac{u_{e\,\max} - u_{eN}}{u_{eN}} \left[0{,}5\,\mathrm{s} - T_e\left(1 - e^{-\frac{t}{T_e}}\right) \right] \quad (164)$$

Bestimmung der erforderlichen Erregungsgeschwindigkeit   189

bestimmt wurde, gilt für den Zusatzstrom durch die Erregeranordnung die Differentialgleichung [vgl. Gl. (142a)]:

$$u_e(t) - u_{eN} = (u_{e\max} - u_{eN})\left(1 - e^{-\frac{t}{T_e}}\right) = r_e i_{ez} + l'_L \frac{d i_{ez}}{dt} \quad (165)$$

mit der Lösung:

$$i_{ez}(t) = (i_{e\max} - i_{eN})\left[\left(1 - e^{-\frac{t}{T'_{dL}}}\right) + \frac{T_e}{T'_{dL} - T_e}\left(e^{-\frac{t}{T_e}} - e^{-\frac{t}{T'_{dL}}}\right)\right], \quad (166)$$

wobei wir, wie auch in der Gl. (161a),

$$\frac{u_{e\max} - u_{eN}}{r_e} = i_{e\max} - i_{eN}$$

gesetzt haben.

Damit lautet die Gleichung für den Erregerstromverlauf mit Regelung bei einem Blindlaststoß:

$$i_e(t) = \left[i'_e - i_{e\max} - (i_{e\max} - i_{eN})\frac{T_e}{T'_{dL} - T_e}\right] e^{-\frac{t}{T'_{dL}}} +$$
$$+ (i_{e\max} - i_{eN})\frac{T_e}{T'_{dL} - T_e} e^{-\frac{t}{T_e}} + i_{e\max} \quad (167\,\text{a})$$

oder für die Polradspannung:

$$E(t) = \left[E' - E_{\max} - (E_{\max} - E_N)\frac{T_e}{T'_{dL} - T_e}\right] e^{-\frac{t}{T'_{dL}}} +$$
$$+ (E_{\max} - E_N)\frac{T_e}{T'_{dL} - T_e} e^{-\frac{t}{T_e}} + E_{\max}. \quad (167\,\text{b})$$

c) Für die extremen Fälle mit $T_e = 0$ (Kurven *3* und *3'*) gelten für $i_e(t)$ bzw. $E(t)$ ebenfalls die Gln. (167a) und (167b). Dieser Fall ist in den Definitionen der Normen jedoch nicht mit erfaßt (Gleichrichtererregung). Auf die Diskussion der Kurven wurde bereits in Abschn. 10.31 eingegangen.

Geht man nun für die Vorausberechnung der erforderlichen Erregungsgeschwindigkeit wiederum von der Definition der Normen aus (Kurve *4*), so ergibt sich mit der Forderung

$$i_{e(t=0,5\,\text{s})} = i'_e$$

bzw.

$$E_{(t=0,5\,\text{s})} = E'$$

aus Gl. (162a):

$$i'_e = \left[i'_e - i_{eN} + \frac{T'_{dL}}{0,5\,\text{s}}(i_{e\max} - i_{eN})\right] e^{-\frac{0,5\,\text{s}}{T'_{dL}}} + i_{eN} +$$
$$+ \frac{1}{0,5\,\text{s}}(i_{e\max} - i_{eN})(0,5\,\text{s} - T'_{dL}). \quad (162\,\text{c})$$

Daraus ergibt sich die erforderliche Anstiegsgeschwindigkeit der Erregerspannung an den Schleifringen zu [vgl. Gl. (159)]:

$$A = \frac{u_{e\max} - u_{eN}}{0{,}5\,\text{s}} = \frac{(i_{e\max} - i_{eN})\,r_e}{0{,}5\,\text{s}} = \frac{(i'_e - i_{eN})\left(1 - e^{-\frac{0{,}5\,\text{s}}{T'_{dL}}}\right)}{0{,}5\,\text{s} - T'_{dL}\left(1 - e^{-\frac{0{,}5\,\text{s}}{T'_{dL}}}\right)}\,r_e. \quad (168)$$

Wir sind bisher immer von Nennerregung ausgegangen, so daß wir nun A nur noch durch die Nennerregerspannung $u_{eN} = i_{eN}\,r_e$ zu dividieren brauchen, um die Erregungsgeschwindigkeit a zu erhalten. Es ergibt sich:

$$a = \frac{A}{i_{eN}\,r_e} = \frac{\left(\dfrac{i'_e}{i_{eN}} - 1\right)\left(1 - e^{-\frac{0{,}5\,\text{s}}{T'_{dL}}}\right)}{0{,}5\,\text{s} - T'_{dL}\left(1 - e^{-\frac{0{,}5\,\text{s}}{T'_{dL}}}\right)} \quad (169\text{a})$$

oder mit dem Begriff der Polradspannung [53]:

$$a = \frac{\left(\dfrac{E'}{E_N} - 1\right)\left(1 - e^{-\frac{0{,}5\,\text{s}}{T'_{dL}}}\right)}{0{,}5\,\text{s} - T'_{dL}\left(1 - e^{-\frac{0{,}5\,\text{s}}{T'_{dL}}}\right)}. \quad (169\text{b})$$

Mit der Erregungsgeschwindigkeit lautet die Gleichung für den Verlauf des Erregerstromes im Bereich von $0 \cdots 0{,}5\,\text{s}$ [Gl. (162a)]:

$$i_e(t) = (i'_e - i_{eN} + a\,i_{eN}\,T'_{dL})\,e^{-\frac{t}{T'_{dL}}} + i_{eN} + a\,i_{eN}(t - T'_{dL}) \quad (170\text{a})$$

und für den Verlauf der Polradspannung:

$$E(t) = (E' - E_N + a\,E_N\,T'_{dL})\,e^{-\frac{t}{T'_{dL}}} + E_N + a\,E_N(t - T'_{dL}). \quad (170\text{b})$$

Das Minimum der Polradspannung ergibt sich daraus durch Nullsetzen des Differentialquotienten $dE(t)/dt$. Man erhält zunächst den Zeitpunkt $t_{\min}$ zu:

$$t_{\min} = T'_{dL}\ln\frac{E' - E_N(1 - a\,T'_{dL})}{a\,T'_{dL}\,E_N} \quad (171)$$

und dafür dann das Minimum der Polradspannung, das möglichst nicht mehr als 5% unterhalb des Wertes von E' liegen soll:

$$E_{\min} = E_N\left[1 + a\,T'_{dL}\ln\left(\frac{E' - E_N}{a\,T'_{dL}\,E_N} + 1\right)\right]. \quad (172)$$

Die Ergebnisse der Gln. (168) bis (172) und besonders die Gln. (171) und (172) sind, wie gesagt, nur für eine überschlägige Vorausberechnung der erforderlichen Erregungsgeschwindigkeit der Erregeranordnung gedacht, weil sie nur für eine gute Annäherung des Kurvenverlaufes der Schleifringspannung $u_e = f(t)$ durch die Gerade $A\,t$ im Bereich $t = 0 \cdots 0{,}5\,\text{s}$ gelten (vgl. Abb. 73, Kurven 4 und 1 bzw. 2). Für genauere

Untersuchungen dient dann, wie ebenfalls bereits betont, der Analogrechner, wobei man von dem Begriff der Erregungsgeschwindigkeit abgeht und das Zeitverhalten der gesamten Erregeranordnung, eventuell unter Mitverwendung des wirklichen Reglers, nachbildet, um daraus Festlegungen für die Einzelglieder zu treffen.

Obwohl nun die aus Gl. (169) ermittelte Erregungsgeschwindigkeit nur als Näherung betrachtet werden darf, wollen wir dafür zum Schluß noch ein *Zahlenbeispiel* durchrechnen, um vor allem ein graphisches Verfahren für die Ermittlung des Verlaufes der Polradspannung zu zeigen, das auch für einen von der Definition der Erregungsgeschwindigkeit nach Kurve *4* in Abb. 73a oder b abweichenden Verlauf der Erregerspannung anwendbar ist.

Dazu verwenden wir das Beispiel der Abb. 23 (Alleinbetrieb!) und nehmen an, die Leerlaufzeitkonstante T'_{do} habe den Wert von 3,0 s. Bei Laständerung von der Vorbelastung mit $z_o = 0,9 + j \cdot 0,436$, die dem Nennbetrieb entspricht, auf die Belastungsimpedanz $z = 0,4 + j \cdot 0,3$ bricht die Klemmenspannung auf 0,81 zusammen. Dabei springt die Polradspannung vom Nennwert 1,68 (genauer 1,675) auf 2,178. Die wirksame magnetische Lastzeitkonstante errechnet sich aus Gl. (52b) (vgl. Abschn. 2.42) zu:

$$T'_{dL} = T'_{do} \frac{E'_{do}}{E'} = T'_{do} \frac{R_B^2 + (x_q + x_B)(x'_d + x_B)}{R_B^2 + (x_q + x_B)(x_d + x_B)}$$
$$= 3,0 \cdot \frac{0,4^2 + (0,6 + 0,3)(0,3 + 0,3)}{0,4^2 + (0,6 + 0,3)(1,0 + 0,3)} = 1,579 \quad (\approx 1,58)$$

oder auch durch Ablesen direkt aus dem Diagramm zu:

$$T'_{dL} = T'_{do} \frac{E'_{do}}{E'} = 3 \frac{1,146}{2,178} \approx 1,58.$$

Dabei haben wir, wie auch im Diagramm, die Sättigung vernachlässigt. Man kann sie angenähert berücksichtigen, indem man für x_d, x_q und x'_d die gesättigten Werte ansetzt und ebenso für T'_{do}. Dadurch wird T'_{dL} dann kleiner.

Wir haben nun alle Größen und können nach Gl. (169b) die notwendige Erregungsgeschwindigkeit ermitteln:

$$a = \frac{\left(\frac{2,178}{1,675} - 1\right)\left(1 - e^{-\frac{0,5}{1,58}}\right)}{0,5 - 1,58\left(1 - e^{-\frac{0,5}{1,58}}\right)} \approx 1,13 \text{ s}^{-1}.$$

Die notwendige Erregungsgeschwindigkeit hat also den Betrag 1,13 s^{-1} (113%). Ist nun die Nennerregerspannung z. B. 200 V, dann ist die notwendige Anstiegsgeschwindigkeit in V/s:

$$A \text{ [V/s]} = a \, u_{eN} \text{ [V]} = 1,13 \cdot 200 = 226 \text{ V/s}$$

192   10. Aufgaben der Spannungsregelung

und die erforderliche maximale Erregerspannung bei Belastung:

$$u_{e\max} [\text{V}] = u_{eN} [\text{V}] + A [\text{V/s}] \cdot 0{,}5 [\text{s}] = 200 + 113 = 313 \text{ V}.$$

Die erforderliche Übererregerspannung ist also:

$$\frac{u_{e\max}}{u_{eN}} = \frac{313}{200} = 1{,}565.$$

Der Verlauf des Erregerstromes $I_e = \dfrac{i_e}{i_{eo}}$ [um die Darstellungen von Erregerstrom, Erregerspannung und Polradspannung graphisch ineinander überführen zu können, müssen Erregerstrom und -spannung

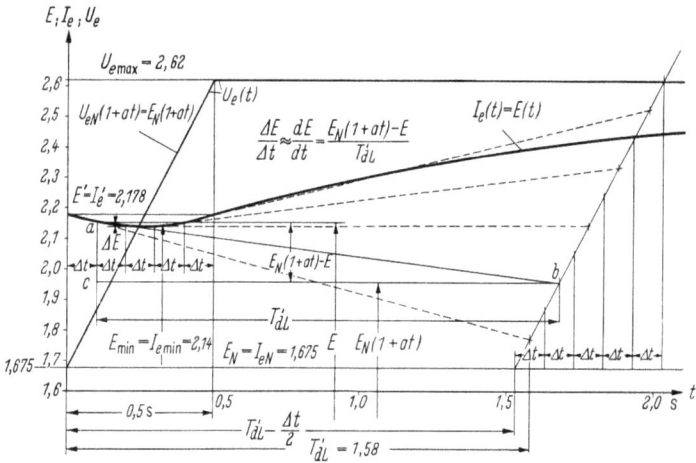

Abb. 77. Verlauf des Erregerstromes bzw. der Polradspannung nach dem Erregungssprung von 1,675 auf 2,178 bei sofort von außen einsetzender Zusatzerregung mit der Erregungsgeschwindigkeit $a = 1{,}13$

für die Konstruktion auf die Leerlaufwerte bezogen werden; vgl. Gln. (149) bis (151)] bzw. der Polradspannung E (Erregung) mit der eben ermittelten erforderlichen Erregungsgeschwindigkeit ist in Abb. 77 dargestellt. Der Erregerspannungsverlauf soll nach Erreichen der maximal erforderlichen Erregerspannung von 313 V, d. h. von

$$U_{e\max} = \frac{u_{e\max}}{u_{eo}} = 2{,}62$$

an (es gilt: $I_{eN} = E_N = U_{eN} = 1{,}675$, damit: $U_{e\max} = U_{eN} + a U_{eN} 0{,}5\,\text{s}$
$= 1{,}675 + 1{,}13 \cdot 1{,}675 \cdot 0{,}5 = 2{,}62$), über der Zeit waagerecht sein, d. h., die Erregerspannung bleibt von $t = 0{,}5$ s an konstant.

Das Minimum im Verlauf wird nach Gl. (172):

$$E_{\min} = I_{e\min} = 1{,}675 \left[1 + 1{,}13 \cdot 1{,}58 \cdot \ln \frac{2{,}178 - 1{,}675(1 - 1{,}13 \cdot 1{,}58)}{1{,}13 \cdot 1{,}58 \cdot 1{,}675} \right]$$
$$= 1{,}675 + 2{,}99 \cdot \ln 1{,}168 = 2{,}139,$$

Bestimmung der erforderlichen Erregungsgeschwindigkeit 193

und der Zeitpunkt, in welchem es erreicht wird, wird nach Gl. (171):

$$t_{min} = 1{,}58 \cdot \ln 1{,}168 = 0{,}245 \text{ s}.$$

Die Polradspannung sinkt also von 2,178 auf 2,139 ab, d. h. um nur 1,8%. Die Hauptfeldspannung bricht dementsprechend auch etwa um 1,8% zusammen, und man könnte in diesem Fall mit praktisch konstanter Hauptfeldspannung rechnen.

Die Abbildung zeigt auch, wie man den Verlauf graphisch in einfacher Weise ermittelt, indem man die Kennlinie (hier Gerade) für den Anstieg der Erregerspannung ($a U_{eN} t$) um T'_{dL} nach rechts verschiebt, die 0,5 s in z. B. fünf gleiche Abschnitte Δt unterteilt und dann von dem Sprungwert $E' = 2{,}178$ ausgehend $E(t)$ aufzeichnet.

Die Richtigkeit dieser Konstruktion, die ja eine graphische Integration ist, läßt sich durch folgende einfache Überlegung nachweisen:

Wir nehmen an, der Erregerstrom sei beim Stoß auf i'_e gesprungen. Unter dem Einfluß der einsetzenden Zusatzerregung ($A t$ zu u_{eN}) ändert er sich dann nach dem Gesetz [vgl. Gl. (144b)]:

$$u_{eN} + A t = r_e i_e + l'_L \frac{d i_e}{dt} \tag{173}$$

oder

$$\frac{u_{eN}}{r_e} + \frac{A t}{r_e} = i_{eN} + a t i_{eN} = i_e + T'_{dL} \frac{d i_e}{dt},$$

woraus sich die Änderung des Stromes i_e (Neigung) in jedem Zeitpunkt t ergibt:

$$\frac{d i_e}{dt} = \frac{(i_{eN} + a i_{eN} t) - i_e}{T'_{dL}} \tag{174}$$

oder in Polradspannungen ausgedrückt:

$$\frac{dE}{dt} = \frac{E_N (1 + a t) - E}{T'_{dL}}. \tag{175}$$

$E_N (1 + a t)$ ist dann zu jedem Zeitpunkt der jeweilige Dauerwert, den der Augenblickswert E erreichen würde.

Die Konstruktion wird genauer, wenn man die Kennlinie $E_N (1 + a t)$ nur um $(T'_{dL} - \Delta t/2)$ verschiebt, was der Annahme einer mittleren Neigung je Intervall Δt gleichkommt.

Die Konstruktion in Abb. 77 wurde in dieser Weise durchgeführt, und die Abbildung zeigt, daß das Ergebnis eine sehr gute Näherung für den wirklichen Verlauf darstellt. Die Konstruktion läßt sich für jeden beliebig verlaufenden Erregerspannungsanstieg durchführen.

Anhang

1. Spannungs- und Stromgleichungen der Synchronmaschine

1.1 Zeigerdarstellung und komplexe Rechnung

Sinusförmig mit konstanter Frequenz sich ändernde Ströme und Spannungen kann man durch Zeiger veranschaulichen („symbolische Darstellung"). Dabei entspricht die Länge des Zeigers dem Effektivwert der Wechselstromgröße. Der Winkel zwischen den Wechselstromgrößen wird in Graden ausgedrückt, die der zeitlichen Verschiebung entsprechen, wobei einer Voreilung eine Drehung im Gegenuhrzeigersinn zugeordnet sein soll. Die Projektionen der Zeiger auf eine im Uhrzeigersinn mit der Winkelgeschwindigkeit

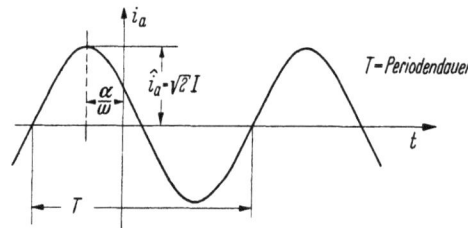

Abb. A 1. Stromverlauf gemäß Gl. (A 1)

$\omega = \omega_n = 2\pi f_n$ rotierende Zeitachse ergeben mit $\sqrt{2}$ multipliziert die Augenblickswerte der Wechselstromgrößen.

Der Augenblickswert des sinusförmig sich ändernden Stromes des Stranges a einer Synchronmaschine sei z. B.

$$i_a = \hat{i}_a \cos(\omega t + \alpha). \tag{A 1}$$

Er wird in Abb. A 1 veranschaulicht.

Man kann nun Schwingungen einer Größe, wie sie z. B. für i_a in schon eingeschränkter Form durch Gl. (A 1) dargestellt werden, einen Zeiger in der komplexen Ebene zuordnen, der sie vollkommen beschreibt. Es gilt für den allgemeinen Fall:

$$\boldsymbol{J} = \sqrt{2}\, I [\cos(\omega t + \alpha) + j \sin(\omega t + \alpha)] = \sqrt{2}\, I\, e^{j(\omega t + \alpha)}. \tag{A 2}$$

Der Zeiger $\boldsymbol{J}$ läuft mit der konstanten Winkelgeschwindigkeit ω im Gegenuhrzeigersinn um und behält seinen Betrag $\sqrt{2}\, I$ dabei bei. Vergleichen wir die Gln. (A 1) und (A 2), so stellen wir fest, daß der Augenblickswert i_a des Strangstromes in jedem Augenblick dem reellen Teil des Zeigers J, d. h. also seiner Projektion auf die reelle Achse, entspricht. Man kann also anschreiben:

$$i_a = \Re(J) = \Re\left\{\sqrt{2}\,I\,e^{j(\omega t + \alpha)}\right\}. \tag{A 3a}$$

Nach der eingangs gegebenen Beschreibung der Zeigerdarstellung muß damit der Zeiger I für die Darstellung des Wechselstromes im Strang a (Augenblickswert i_a) — wobei hier also die Zeitachse durch die reelle Achse dargestellt wird und der Zeiger selbst im Gegenuhrzeigersinn mit der Winkelgeschwindigkeit $\omega = \omega_n$ rotiert — definiert sein als:

d. h. es gilt:
$$I = I\,e^{j\alpha}, \tag{A 4}$$

und damit auch
$$J = \sqrt{2}\,I\,e^{j\omega t}$$
$$i_a = \Re\left(\sqrt{2}\,I\,e^{j\omega t}\right). \tag{A 3b}$$

Gl. (A 4) zeigt, wie man einen Zeiger durch eine komplexe Zahl darstellen kann. Der Zeiger I hat den Betrag I und ist um den Winkel α gegenüber der reellen Achse im Gegenuhrzeigersinn verschoben.

Zu bemerken ist zusammenfassend, daß in der komplexen Ebene eine Multiplikation mit $e^{j\alpha}$ eine Drehung des betroffenen Zeigers um den Winkel α im Gegenuhrzeigersinn und eine Multiplikation mit $e^{-j\alpha}$ eine solche im Uhrzeigersinn bedeutet, da

gilt.
$$e^{\pm j\alpha} = \cos\alpha \pm j\sin\alpha \tag{A 5}$$

Mit $\alpha = \pi/2$ ergibt sich daraus:

$$e^{\pm j\frac{\pi}{2}} = \cos\frac{\pi}{2} \pm j\sin\frac{\pi}{2} = 0 \pm j.$$

Die Multiplikation mit $\pm j$ bedeutet also eine entsprechende Drehung um 90°.

Für die Wechselstromzeiger gelten auch sonst die Gesetze der komplexen Rechnung.

1.2 Spannungs- und Stromgleichungen

Aus dem für den Generatorbetrieb nach dem Erzeugerzählpfeilsystem aufgezeichneten Spannungszeigerdiagramm der Abb. 1a des Hauptteiles liest man ab:

$$U = E - I_q(r_a + j\,x_q) - I_d(r_a + j\,x_d). \tag{A 6}$$

Das Koordinatensystem der komplexen Ebene wurde in der Abbildung so gelegt, daß die reelle Achse mit der Richtung und Lage des Klemmenspannungszeigers übereinstimmt. Damit erscheint die Wirkkomponente des Ständerstromes I als reell und die Blindkomponente für Blindleistungsabgabe in der $(-j)$-Richtung. Für andere Aufgabenstellungen, z. B. beim Arbeiten mit den Achsengrößen (Zweiachsentheorie), kann

196 Anhang 1: Spannungs- und Stromgleichungen der Synchronmaschine

es zweckmäßig sein, das Koordinatensystem so zu drehen, daß die Polachse in die reelle Achse fällt und die Querachse in die imaginäre (vgl. Anhang 2.2, S. 206).

Zerlegen wir nun die Klemmenspannung in ihre Längs- und Querkomponente, wie das im Spannungszeigerdiagramm der Abb. 1 (Hauptteil) z. B. für die Luftspaltspannung geschehen ist, wobei die Längskomponenten der Spannungen in die Polquerachse fallen, so ergibt sich:

und
$$\boldsymbol{U} = \boldsymbol{U}_d + \boldsymbol{U}_q = U \cos \vartheta \, e^{j\vartheta} - j U \sin \vartheta \, e^{j\vartheta} \quad \text{(A 7)}$$

sowie
$$\boldsymbol{U}_d = U \cos \vartheta \, e^{j\vartheta} = \boldsymbol{E} - \boldsymbol{I}_q r_a - j \boldsymbol{I}_d x_d$$
$$\boldsymbol{U}_q = -j U \sin \vartheta \, e^{j\vartheta} = -\boldsymbol{I}_d r_a - j \boldsymbol{I}_q x_q. \quad \text{(A 8)}$$

Durch Auflösen der Gleichungen nach $\boldsymbol{I}_d$ und $\boldsymbol{I}_q$ und Zusammensetzen (geometrische Addition) dieser beiden Zeiger ergibt sich die Gleichung für den Strom $\boldsymbol{I}$ als Funktion von $\boldsymbol{U}$ bzw. $\boldsymbol{E}$ oder ϑ. Zur Vereinfachung nehmen wir nun, wie auch in dem Hauptteil des Buches, an, der Ankerwiderstand sei vernachlässigbar, setzen also $r_a = 0$. Dann ergibt sich aus den Gln. (A 8):

und
$$\boldsymbol{I}_q = \frac{U \sin \vartheta \, e^{j\vartheta}}{x_q}; \quad \boldsymbol{I}_d = j \frac{U \cos \vartheta \, e^{j\vartheta}}{x_d} - j \frac{E}{x_d}$$

$$\boldsymbol{I} = \boldsymbol{I}_d + \boldsymbol{I}_q = -j \frac{E}{x_d} + j \frac{U \cos \vartheta \, e^{j\vartheta}}{x_d} + \frac{U \sin \vartheta \, e^{j\vartheta}}{x_q} \quad \text{(A 9a)}$$

oder nach Einsetzen von
$$\cos \vartheta = \frac{e^{j\vartheta} + e^{-j\vartheta}}{2},$$
$$\sin \vartheta = \frac{e^{j\vartheta} - e^{-j\vartheta}}{2j}$$

$$\boldsymbol{I} = -j \frac{E}{x_d} + j \frac{U}{2} \left(\frac{x_d + x_q}{x_d x_q} \right) - j \frac{U}{2} \left(\frac{x_d - x_q}{x_d x_q} \right) e^{2j\vartheta}. \quad \text{(A 9b)}$$

Dies ist die Gleichung der PASCALschen Schneckenkurven für $\boldsymbol{I}$ bei jeweils konstantem E und U in Abhängigkeit vom Polradwinkel ϑ. Wir wollen sie noch etwas umschreiben, um die aus Abb. 6 abgelesenen Gln. (8) und (9) des Hauptteiles für Wirk- und Blindstrom und für Wirk- und Blindleistung zu erhalten. Dazu greifen wir wieder auf die Gl. (A 9a) zurück. Mit Abb. 1a gilt zunächst für die Polradspannung ($\boldsymbol{U}$ liegt in der reellen Achse, ist also gleich U zu setzen):

$$\boldsymbol{E} = E \cos \vartheta + j E \sin \vartheta.$$

Unter Benutzung dieser Aufteilung und der Gl. (A 5) ergibt sich dann aus Gl. (A 9a):

$$\boldsymbol{I} = \frac{E}{x_d} (-j \cos \vartheta + \sin \vartheta) + j \frac{U}{x_d} \cos^2 \vartheta - \frac{U}{x_d} \sin \vartheta \cos \vartheta +$$
$$+ j \frac{U}{x_q} \sin^2 \vartheta + \frac{U}{x_q} \sin \vartheta \cos \vartheta. \quad \text{(A 9c)}$$

Der Realteil dieser Gleichung muß den Wirkstrom und der Imaginärteil den negativen Blindstrom (Blindstromaufnahme) ergeben:

$$\left.\begin{aligned}I_w = \Re(I) &= \frac{E}{x_d}\sin\vartheta + \left(\frac{U}{x_q} - \frac{U}{x_d}\right)\sin\vartheta\cos\vartheta \\ &= \frac{E}{x_d}\sin\vartheta + \frac{U}{2}\left(\frac{x_d - x_q}{x_d\,x_q}\right)\sin 2\vartheta\,. \\ -I_b = \Im(I) &= -\frac{E}{x_d}\cos\vartheta + \frac{U}{x_d}\cos^2\vartheta + \frac{U}{x_q}\sin^2\vartheta \\ &= -\frac{E}{x_d}\cos\vartheta + \frac{U}{x_d}\left(1 + \frac{x_d - x_q}{x_q}\sin^2\vartheta\right),\end{aligned}\right\} \quad \text{(A 10a)}$$

d. h. für Blindstromabgabe gilt:

$$I_b = \frac{E}{x_d}\cos\vartheta - \frac{U}{x_d}\left(1 + \frac{x_d - x_q}{x_q}\sin^2\vartheta\right). \quad \text{(A 10b)}$$

Die Gleichungen sind die gleichen wie die Stromgleichungen (8) und (9) des Hauptteiles. Die entsprechenden Leistungsgleichungen ergeben sich durch Multiplikation mit der Klemmenspannung U.

2. Die allgemeinen Gleichungen der Synchronmaschine[1]

2.1 Transformationsgleichungen für die Synchronmaschine

Die Synchronmaschine mit ausgeprägten Polen ohne Dämpferwicklung ist in Abb. 2 des Hauptteiles dargestellt. Man könnte nun für jeden Strang die allgemeinen Spannungsgleichungen unter Berücksichtigung der Ströme in der Feldwicklung und auch der Dämpferwicklung aufstellen. Die Gleichungen wären aber sehr kompliziert, da der magnetische Leitwert längs des Ankerumfangs unterschiedlich ist und die Gleichungen also mit dem Winkel Θ veränderliche Koeffizienten enthalten würden. Eine erhebliche Vereinfachung der Gleichungen ergibt sich, wenn man die Stranggrößen (a, b, c) in Achsengrößen $(d, q, 0)$ transformiert, wodurch die Koeffizienten der Gleichungen zu Konstanten werden. Diese *Transformation* ist zunächst einmal ein rein *mathematisches Hilfsmittel*, wir werden aber sehen, daß man den neuen Größen auch bestimmte physikalische Eigenschaften zuordnen kann.

Die allgemeinen Spannungsgleichungen der Synchronmaschine in der Zweiachsendarstellung wurden erstmalig durch PARK [A 12] angegeben. Sie wurden für eine „idealisierte Maschine" aufgestellt und gelten für alle Betriebszustände, also sowohl für den stationären Betrieb, als auch für Ausgleichsvorgänge und auch für veränderliche Drehzahl.

---

[1] Lit.: [A 1, A 2, A 9, A 12, A 19, A 22, 1, 37, 57].

Die „Idealisierung" der Synchronmaschine, wie wir sie hier voraussetzen wollen, beinhaltet folgende vereinfachende Annahmen:

1. Vernachlässigung der Sättigung der Eisenwege und der Hysterese. Ein bestimmter Sättigungszustand kann natürlich durch entsprechende Wahl der Konstanten berücksichtigt werden.
2. Vernachlässigung der Wirbelstromeffekte.
3. Vernachlässigung der Temperaturabhängigkeit aller Wicklungswiderstände.
4. Annahme, daß der magnetische Kreis und alle Rotorwicklungen symmetrisch zur Längsachse, d. h. der Polachse, und zur Querachse, d. h. zu der 90° el gegen die Polachse verschobenen Achse (Pollücke), sind.
5. Annahme, daß die Ströme aller Wicklungen im Luftspalt sinusförmig verteilte Strombeläge und folglich auch solche Durchflutungen erzeugen, d. h., es werden nur die Grundwellen betrachtet und diese werden in ihre Längs- und Querkomponenten zerlegt.
6. Annahme, daß die Längskomponente der Durchflutung ein sinusförmig verteiltes Feld erzeugt, das ebenfalls nur in der Längsrichtung wirkt. Eine analoge Festlegung gilt für die Querrichtung, wobei natürlich die magnetischen Leitwerte in den beiden Achsen für die Schenkelpolmaschine verschieden sind.
7. Zur Vereinfachung wird weiter angenommen, daß in Längs- und Querrichtung jeweils eine vereinfachte Ersatzdämpferwicklung vorhanden sein soll.

Wir denken uns nun die normal im Ständer angeordnete dreisträngige Wicklung (a, b, c) auf dem Läufer aufgebracht und die Polwicklungen (Feldwicklung e und Dämpferwicklungen D_d und D_q) im Stator angeordnet (Außenpolmaschine). In Abb. 2 (Hauptteil) muß dann in Übereinstimmung hiermit das Polrad als stillstehend angesehen werden und der Ständer als mit der Winkelgeschwindigkeit ω rotierend. In dem dargestellten Augenblick besteht zwischen der Achse des Stranges a und der Polachse der Winkel Θ. Die Achsen b und c haben zum gleichen Zeitpunkt zur Polachse die Winkel $\left(\Theta - \frac{2\pi}{3}\right)$ und $\left(\Theta - \frac{4\pi}{3}\right)$. Der Augenblickswert der Winkelgeschwindigkeit ist $\omega = d\Theta/dt$. — Betrachtet wird hier *immer eine zweipolige Maschine* ($p = 1$), auf die sich jede Maschine zurückführen läßt, womit $\omega_{\text{mech} N} = \omega_{\text{el} N} = \omega_n = 2\pi f_n$ ist. Allgemein gilt: $\omega_{\text{el}} = \omega_{\text{mech}} \, p = (\pi n/30) \, p$.

Nach der Zweiachsentheorie soll nun die dreisträngige, umlaufend angenommene Ankerwicklung durch eine stationär *gedachte*, äquivalente zweisträngige Wicklung mit den „Strängen" d und q, also einem Strang in der Längsrichtung und einem in der Querrichtung, ersetzt werden (PARK-Transformation). Abb. A 2 zeigt die Anordnung für die „Ersatzmaschine" in schematischer Darstellungsweise (alle *Wicklungen rechtsgängig* gedacht). Die Ankerwicklung d und die Polwicklungen e und D_d in der Längsrichtung sind miteinander wie Transformatorwicklungen gekoppelt und ebenso die Wicklungen in der Querachse q und D_q. Zum Unterschied vom Transformator werden jedoch durch die Rotation zusätzlich Spannungen induziert. Die gedachten Achsenwicklungen haben nämlich die Eigenschaft, daß die in ihnen fließenden Ströme wohl stationär im Raum sind, daß aber die einzelnen Leiter sich bewegen und daß in ihnen durch die Rotation Spannungen induziert werden können. Wir haben damit die Synchronmaschine auf eine Gleichstrommaschine zurückgeführt, wobei die Klemmenspannungen u_d und u_q der Ankerwicklung an Bürsten unter den Polen und in der Querachse (neu-

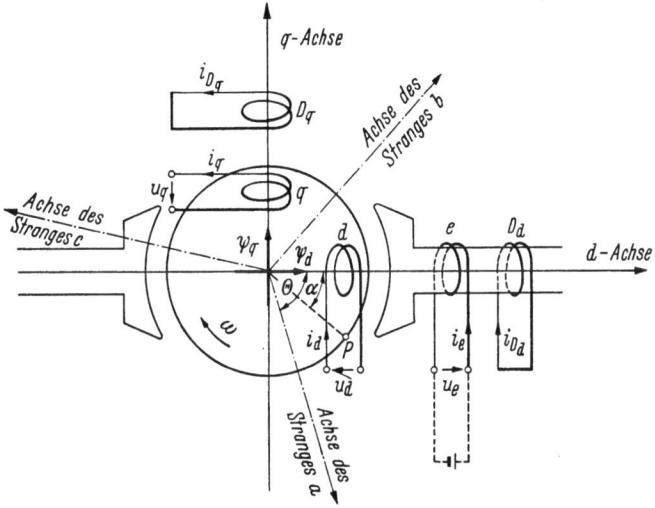

Abb. A 2. Schematische Darstellung der idealisierten Synchronmaschine

trale Zone bei Gleichstrommaschinen) abgegriffen werden könnten. Die entsprechenden Größen der 3 Stränge a, b und c könnte man über Schleifringe abnehmen [A 9].

Wir betrachten nun zunächst die Ankerdurchflutung. Als Bezugswert für die Ankerdrehdurchflutung setzen wir ihren Nennwert an, d. h. das $m/2$-fache (Strangzahl $m = 3$ normal) des Maximalwertes der durch einen Strang bei Nennstrom erzeugten Wechseldurchflutung. Im Punkt P der Abb. A 2 mit dem Winkel α zur d-Achse gilt also z. B. für den Augenblickswert der Durchflutung des Stranges a in p.u.: $\frac{2}{3} i_a \cos(\Theta - \alpha)$. Um einfache Beziehungen zwischen den transformierten Größen und den Größen des Zeigerdiagramms im stationären Betrieb zu erhalten, sollen die gedachten Wicklungen in der Längs- und Querachse $\frac{3}{2}$ mal so viel Windungen haben wie die einzelnen Stränge [A 1].

Damit nun die Ströme i_d und i_q die Strangströme i_a, i_b, i_c in jedem Augenblick ersetzen können, müssen sie in jedem Augenblick die gleiche Drehdurchflutung und also auch das gleiche Luftspaltfeld ergeben. Dabei genügt es, wenn die Projektionen der Durchflutungen der 3 Strangströme i_a, i_b und i_c auf die d-Achse gleich i_d und auf die q-Achse gleich i_q sind. Im Punkt P gilt also z. B. mit der Zuordnung der Abb. A 2:

$$\frac{2}{3}\left[i_a\cos(\Theta-\alpha)+i_b\cos\left(\Theta-\frac{2\pi}{3}-\alpha\right)+i_c\cos\left(\Theta-\frac{4\pi}{3}-\alpha\right)\right]$$
$$= i_d\cos\alpha - i_q\sin\alpha.$$

Durch Anwendung der trigonometrischen Formel
$$\cos(\alpha-\beta) = \cos\alpha\cos\beta + \sin\alpha\sin\beta$$
erhält man daraus:

$$\frac{2}{3}\left\{i_a[\cos\Theta\cos\alpha+\sin\Theta\sin\alpha]+\right.$$
$$+ i_b\left[\cos\left(\Theta-\frac{2\pi}{3}\right)\cos\alpha+\sin\left(\Theta-\frac{2\pi}{3}\right)\sin\alpha\right]+$$
$$\left.+ i_c\left[\cos\left(\Theta-\frac{4\pi}{3}\right)\cos\alpha+\sin\left(\Theta-\frac{4\pi}{3}\right)\sin\alpha\right]\right\}$$
$$= i_d\cos\alpha - i_q\sin\alpha.$$

Die Gleichung gilt für alle Werte von α, womit sich durch Gleichsetzen der Komponenten mit $\cos\alpha$ und $\sin\alpha$ ergibt:

$$i_d = \frac{2}{3}\left[i_a\cos\Theta+i_b\cos\left(\Theta-\frac{2\pi}{3}\right)+i_c\cos\left(\Theta-\frac{4\pi}{3}\right)\right],$$
$$i_q = -\frac{2}{3}\left[i_a\sin\Theta+i_b\sin\left(\Theta-\frac{2\pi}{3}\right)+i_c\sin\left(\Theta-\frac{4\pi}{3}\right)\right].$$
(A 11)

Wollen wir diese Gleichungen nach den Strangströmen auflösen, d. h. also die Strangströme in Achsenströmen darstellen, so reichen 2 Gleichungen für die 3 Unbekannten nicht aus. Da aber i_d und i_q das Luftspaltfeld vollständig bestimmen, muß der fehlende Strom solcher Art sein, daß er keinen Beitrag zum Luftspaltfeld leistet. Ein solcher Strom ist der Nullstrom

$$i_0 = \frac{1}{3}(i_a + i_b + i_c). \tag{A 12}$$

Er kann nur fließen, wenn die Ankerwicklung in Dreieck geschaltet ist, oder bei Sternschaltung mit Sternpunktsleiter (Nullstrom = $\frac{1}{3}$ des Nullleiter-, d. h. Sternpunktsstromes). Bei Sternschaltung ohne Sternpunktserdung (außer einsträngigem Kurzschluß) ist die Summe der 3 Strangströme also immer gleich Null.

Mit Gl. (A 12) ergeben sich die 3 Strangströme nun zu:

$$\left.\begin{aligned} i_a &= i_d\cos\Theta & -\ i_q\sin\Theta & + i_0,\\ i_b &= i_d\cos\left(\Theta-\frac{2\pi}{3}\right) & -\ i_q\sin\left(\Theta-\frac{2\pi}{3}\right) & + i_0,\\ i_c &= i_d\cos\left(\Theta-\frac{4\pi}{3}\right) & -\ i_q\sin\left(\Theta-\frac{4\pi}{3}\right) & + i_0. \end{aligned}\right\} \tag{A 13}$$

Für die Klemmenspannungen lassen sich nach entsprechendem Ansatz die Gleichungen für u_d, u_q und u_0 bestimmen. Sie lauten:

$$\left.\begin{aligned}u_d &= \frac{2}{3}\left[u_a\cos\Theta + u_b\cos\left(\Theta - \frac{2\pi}{3}\right) + u_c\cos\left(\Theta - \frac{4\pi}{3}\right)\right],\\ u_q &= -\frac{2}{3}\left[u_a\sin\Theta + u_b\sin\left(\Theta - \frac{2\pi}{3}\right) + u_c\sin\left(\Theta - \frac{4\pi}{3}\right)\right],\\ u_0 &= \frac{1}{3}(u_a + u_b + u_c).\end{aligned}\right\} \quad \text{(A 14)}$$

Ebenso findet man die Umkehrungen:

$$\left.\begin{aligned}u_a &= u_d\cos\Theta & - u_q\sin\Theta & + u_0,\\ u_b &= u_d\cos\left(\Theta - \frac{2\pi}{3}\right) & - u_q\sin\left(\Theta - \frac{2\pi}{3}\right) & + u_0,\\ u_c &= u_d\cos\left(\Theta - \frac{4\pi}{3}\right) & - u_q\sin\left(\Theta - \frac{4\pi}{3}\right) & + u_0.\end{aligned}\right\} \quad \text{(A 15)}$$

Um die Spannungsgleichung, die die Verknüpfung der Spannung des betrachteten Stranges (z. B. u_a) mit dem zugehörigen Strom (i_a) und der Flußverkettung (ψ_a) durch das Induktionsgesetz enthält, in Achsengrößen zu erhalten, werden auch die Flußverkettungen der 3 Stränge in Achsengrößen benötigt. Es lassen sich 3 Gleichungen herleiten, die genau denselben Aufbau haben wie die oben hergeleiteten Strom- und Spannungstransformationsgleichungen.

Die Anwendung des Induktionsgesetzes auf einen stromdurchflossenen Strang lautet nun im hier verwendeten Erzeugerzählpfeilsystem:

$$u_a = -i_a r_a - \frac{d\psi_a}{dt}. \quad \text{(A 16)}$$

Die Transformationsgleichungssysteme für die Flußverkettung lauten:

$$\left.\begin{aligned}\psi_d &= \frac{2}{3}\left[\psi_a\cos\Theta + \psi_b\cos\left(\Theta - \frac{2\pi}{3}\right) + \psi_c\cos\left(\Theta - \frac{4\pi}{3}\right)\right],\\ \psi_q &= -\frac{2}{3}\left[\psi_a\sin\Theta + \psi_b\sin\left(\Theta - \frac{2\pi}{3}\right) + \psi_c\sin\left(\Theta - \frac{4\pi}{3}\right)\right],\\ \psi_0 &= \frac{1}{3}(\psi_a + \psi_b + \psi_c)\end{aligned}\right\} \quad \text{(A 17)}$$

und für die Rücktransformation:

$$\left.\begin{aligned}\psi_a &= \psi_d\cos\Theta & - \psi_q\sin\Theta & + \psi_0,\\ \psi_b &= \psi_d\cos\left(\Theta - \frac{2\pi}{3}\right) & - \psi_q\sin\left(\Theta - \frac{2\pi}{3}\right) & + \psi_0,\\ \psi_c &= \psi_d\cos\left(\Theta - \frac{4\pi}{3}\right) & - \psi_q\sin\left(\Theta - \frac{4\pi}{3}\right) & + \psi_0.\end{aligned}\right\} \quad \text{(A 18)}$$

Nun soll entsprechend Gl. (A 16) die Ableitung der Flußverkettung nach der Zeit gebildet werden, wobei beachtet werden muß, daß die

202 Anhang 2: Die allgemeinen Gleichungen der Synchronmaschine

Achsengrößen ψ_d, ψ_q und ψ_0 nicht nur Funktionen der Zeit sind, sondern auch des Winkels Θ.

Damit lautet die Gleichung für $d\psi_a/dt$:

$$\frac{d\psi_a}{dt} = \frac{d\psi_d}{dt}\cos\Theta - \psi_d \sin\Theta \frac{d\Theta}{dt} - \frac{d\psi_q}{dt}\sin\Theta - \psi_q \cos\Theta \frac{d\Theta}{dt} + \frac{d\psi_0}{dt}. \quad (A\,19)$$

Setzen wir nun in Gl. (A 16) auch u_a und i_a in Achsengrößen an, so ergibt sich mit Gl. (A 19):

$$u_d \cos\Theta - u_q \sin\Theta + u_0 = -i_d r_a \cos\Theta + i_q r_a \sin\Theta - i_0 r_a -$$
$$- \frac{d\psi_d}{dt}\cos\Theta + \psi_d \sin\Theta \frac{d\Theta}{dt} + \frac{d\psi_q}{dt}\sin\Theta + \psi_q \cos\Theta \frac{d\Theta}{dt} - \frac{d\psi_0}{dt}. \quad (A\,20)$$

Da diese Gleichung für jeden beliebigen Wert von t, also auch von Θ, erfüllt sein muß, müssen alle Koeffizienten der Cosinus- und Sinusglieder und die von Θ freien Glieder auf beiden Seiten einander gleich sein. Damit ergeben sich die Gleichungen:

$$\left.\begin{array}{l} u_d = -i_d r_a - \dfrac{d\psi_d}{dt} + \psi_q \dfrac{d\Theta}{dt}, \\[1ex] u_q = -i_q r_a - \dfrac{d\psi_q}{dt} - \psi_d \dfrac{d\Theta}{dt}, \\[1ex] u_0 = -i_0 r_a - \dfrac{d\psi_0}{dt}. \end{array}\right\} \quad (A\,21)$$

Die Spannungsgleichungen für u_d und u_q setzen sich also jeweils aus einem Ohmschen Anteil, einer Transformations-EMK und einer Rotations-EMK zusammen. Dabei wird die Transformations-EMK jeweils durch die Ströme, die in der gleichen Achse wie die Spannung liegen, hervorgerufen und die Rotations-EMK durch die Ströme in der anderen Achse. Im stationären Zustand ist $d\Theta/dt$, d. h. also die Winkelgeschwindigkeit ω, konstant $\omega = \omega_n$ (Achtung, zweipolige Maschine, d.h. $\omega_{\text{mech}} = \omega_{\text{el}} = \pi n/30 = 2\pi f$) und transformatorisch wird keine Spannung induziert, womit die Transformations-EMK-Glieder entfallen und die Gleichungen sich vereinfachen.

Im weiteren setzen wir nun immer eine in *Stern* geschaltete Ankerwicklung voraus.

2.2 Die allgemeinen Spannungsgleichungen

Um die allgemeinen Spannungsgleichungen aufstellen zu können, fehlen uns noch die Gleichungen für die Flußverkettungen in der Längs- (ψ_d) und Querrichtung (ψ_q). Die gesamte Flußverkettung in einer bestimmten Achse setzt sich nun im allgemeinsten Fall aus der Summe der Flußverkettungskomponenten zusammen, die durch die Ströme in allen Wicklungen in dieser Achse hervorgerufen werden.

Die allgemeinen Spannungsgleichungen

Jede Flußverkettungskomponente setzt sich dabei aus dem Strom in der betrachteten Wicklung und der entsprechenden Selbst- oder Gegeninduktivität zusammen.

Wir werden jede Gesamtinduktivität (Selbstinduktivität) aus der Summe von Haupt- (Gegen-) und Streuinduktivität zusammensetzen. In der Querrichtung gibt es also dann eine Hauptinduktivität l_{hq}, die Streuinduktivität der Ankerquerachsenwicklung, die ja gleich derjenigen in der Längsrichtung ist und damit einfach mit $l_{a\sigma}$ bezeichnet wird, und die Streuinduktivität der Dämpferquerwicklung $l_{Dq\sigma}$. Schwieriger wird die Aufteilung in der *Längsrichtung*, weil hier drei gekoppelte Wicklungen vorhanden sind, womit sich, exakt gesehen, auch unterschiedliche Haupt- (Gegen-) Induktivitäten für die 3 Wicklungspaare ergeben. Wir nehmen nun an, die 3 *Hauptinduktivitäten* seien untereinander *gleich* und hätten den Betrag l_{hd}. Die Gesamtinduktivitäten der einzelnen Wicklungen ergeben sich dann aus der Summe dieser Hauptinduktivität und der Streuinduktivität der jeweiligen Wicklung (alle Größen auf den Anker umgerechnet). Diese Vereinfachung ist für normal dimensionierte Synchronmaschinen zulässig, da der Streufluß des Dämpferkäfigs praktisch vom Streufluß der Feldwicklung unabhängig ist[1], womit der gleiche Hauptfluß diese beiden Wicklungen mit der Ankerwicklung verkettet. Die einzelnen Streuinduktivitäten werden, wie wir bereits sahen, mit den Indizes der jeweiligen Wicklung und „σ" gekennzeichnet, genau wie die entsprechenden Reaktanzen, die sich ja aus den Induktivitäten durch Multiplikation mit ω_n ergeben.

Unter diesen Voraussetzungen lauten die Gleichungen für die Flußverkettungen mit der Ankerwicklung ψ_d und ψ_q unter Verwendung der Bezugsrichtungen der Abb. A 2 (alle Wicklungen rechtsgängig):

$$\begin{aligned}\psi_d &= -l_{hd}\,i_e + l_{hd}\,i_{Dd} + (l_{hd} + l_{a\sigma})\,i_d,\\ \psi_q &= \phantom{-l_{hd}\,i_e +{}} l_{hq}\,i_{Dq} + (l_{hq} + l_{a\sigma})\,i_q.\end{aligned} \quad (A\,22)$$

Damit werden die Spannungsgleichungen der Längs- und Querrichtung (A 21) mit $l_{hd} + l_{a\sigma} = l_d$, $l_{hq} + l_{a\sigma} = l_q$ und $d\Theta/dt = \omega$:

$$\begin{aligned}u_d &= -r_a\,i_d - l_d\frac{di_d}{dt} + l_{hd}\frac{di_e}{dt} - l_{hd}\frac{di_{Dd}}{dt} + \omega\,l_{hq}\,i_{Dq} + \omega\,l_q\,i_q,\\ u_q &= -r_a\,i_q - l_q\frac{di_q}{dt} + \omega\,l_{hd}\,i_e - \omega\,l_{hd}\,i_{Dd} - l_{hq}\frac{di_{Dq}}{dt} - \omega\,l_d\,i_d.\end{aligned} \quad (A\,23)$$

Wir wollen im weiteren nun für die Berechnung der Ausgleichsvorgänge vorerst von der LAPLACE-Transformation in der vereinfachten Form der Operatorenrechnung Gebrauch machen [*A 18*], d. h., wir setzen die Anfangsbedingungen zu Null an. Wir können dann die beiden Glei-

---

[1] Für Turbogeneratoren mit Dämpferwicklung trifft dies nicht zu, trotzdem ist die Annahme drei gleicher Hauptinduktivitäten für die Praxis ausreichend genau.

chungen für die Ankerspannung unter Einführung des „Differentialoperators" $p = d/dt$ folgendermaßen anschreiben (transformierte Größen behalten die Bezeichnungen der Normalgrößen):

$$u_d = p\,l_{hd}\,i_e - p\,l_{hd}\,i_{Dd} - (r_a + p\,l_d)\,i_d + \omega\,l_{hq}\,i_{Dq} + \omega\,l_q\,i_q,$$
$$u_q = \omega\,l_{hd}\,i_e - \omega\,l_{hd}\,i_{Dd} - \omega\,l_d\,i_d - p\,l_{hq}\,i_{Dq} - (r_a + p\,l_q)\,i_q. \quad \text{(A 24)}$$

Die Flußverkettungen für die anderen Wicklungen der Längsachse lauten:

$$\psi_e = (l_{hd} + l_{e\sigma})\,i_e - l_{hd}\,i_{Dd} - l_{hd}\,i_d,$$
$$\psi_{Dd} = -l_{hd}\,i_e + (l_{hd} + l_{Dd\sigma})\,i_{Dd} + l_{hd}\,i_d,$$

und für die Querachse:

$$\psi_{Dq} = (l_{hq} + l_{Dq\sigma})\,i_{Dq} + l_{hq}\,i_q. \quad \text{(A 25)}$$

Da der Nullstrom, wie bereits festgestellt, keinen Beitrag zum Luftspaltfeld liefert, also auch keine Rückwirkung auf die d- und q-Achse ausübt, kann man ansetzen:

$$\psi_0 = i_0\,l_0. \quad \text{(A 26)}$$

$l_0\,\omega_n = x_0$ ist die sogenannte Nullreaktanz, die nach Abb. 38 des Hauptteiles (S. 87) ermittelt werden kann.

Die Feldwicklung liegt nun an einer äußeren Spannungsquelle (Erregermaschine, Gleichrichter usw.), daher gilt für sie:

$$u_e = r_e\,i_e + \frac{d\psi_e}{dt}. \quad \text{(A 27)}$$

Durch Einsetzen der Gl. (A 25) erhält man daraus mit $l_{hd} + l_{e\sigma} = l_e$:

$$u_e = (r_e + p\,l_e)\,i_e - p\,l_{hd}\,i_{Dd} - p\,l_{hd}\,i_d. \quad \text{(A 28)}$$

Für die Dämpferwicklungen der Längs- und Querachse gilt, da sie kurzgeschlossen sind:

$$0 = r_{Dd}\,i_{Dd} + \frac{d\psi_{Dd}}{dt},$$
$$0 = r_{Dq}\,i_{Dq} + \frac{d\psi_{Dq}}{dt}, \quad \text{(A 29)}$$

d. h., mit $l_{hd} + l_{Dd\sigma} = l_{Dd}$ und $l_{hq} + l_{Dq\sigma} = l_{Dq}$ und den Gln. (A 25) lauten diese Gleichungen:

und
$$0 = -p\,l_{hd}\,i_e + (r_{Dd} + p\,l_{Dd})\,i_{Dd} + p\,l_{hd}\,i_d$$
$$0 = (r_{Dq} + p\,l_{Dq})\,i_{Dq} + p\,l_{hq}\,i_q. \quad \text{(A 30)}$$

Damit haben wir alle wichtigen Gleichungen für die idealisierte Synchronmaschine hergeleitet.

Mit den Gln. (A 24), (A 28) und (A 30) haben wir 5 Spannungsgleichungen, die zur Festlegung der 5 Ströme bei gegebenen Konstanten

(Induktivitäten und Widerstände) und der Winkelgeschwindigkeit ω ausreichen, wenn die 3 Spannungen u_d, u_q, u_e und die Anfangswerte der Ströme gegeben sind.

Im allgemeinsten Fall der Ausgleichsvorgänge ist der Augenblickswert der Winkelgeschwindigkeit ω in obigen Gleichungen eine Funktion der Zeit t. Für Störungsfälle, wie Kurzschlüsse und andere Blindlaststöße jedoch, kann in guter Näherung angenommen werden, daß die Winkelgeschwindigkeit während des Ausgleichsvorganges konstant bleibt und gleich der Nennwinkelgeschwindigkeit ω_N ist. Es gibt aber auch Fälle, wie z. B. den Fall des Kompressorantriebes durch Synchronmotoren oder den Fall des Dieselantriebes für Generatoren, wo die Drehzahl und damit die Winkelgeschwindigkeit nicht mehr konstant sind, sondern erzwungene Pendelungen ausführen. Weitere Fälle, deren Nachrechnung die Berücksichtigung der Zeitabhängigkeit der Winkelgeschwindigkeit erfordert, sind der Anlauf von Synchronmotoren und die selbsterregten Pendelungen. Auf diese Einzelfälle werden wir noch zurückkommen. Vor allem werden wir natürlich versuchen, die wichtigen Kurzschlußfälle zu analysieren.

Zunächst wollen wir nun aber den Zusammenhang der in den allgemeinen Spannungsgleichungen festgelegten Größen im stationären Betrieb mit den Größen der Zeigerdiagramme ermitteln, d. h., wir wollen versuchen, den transformierten Größen physikalische Eigenschaften zuzuordnen. Zur Vereinfachung ist es dabei zweckmäßig, das Koordinatensystem der komplexen Ebene, das in den Abb. 1 ff. (Hauptteil) so gelegt wurde, daß die Wirkkomponenten der Größen mit der reellen Achse zusammenfallen, so zu drehen, daß die Polachse in die reelle Achse und die Querachse in die positive imaginäre Achse zu liegen kommen.

Wie bereits im Anhang 2.1 angedeutet, entfallen im stationären Betrieb die Transformations-EMK in Gl. (A 21), und die Winkelgeschwindigkeit ω ist gleich der Nennwinkelgeschwindigkeit $\omega_N = \omega_n$. Auf die expliziten Gln. (A 24), (A 28) und (A 30) angewandt, heißt das, daß in diesen Erregerstrom und Erregerspannung konstant anzusetzen sind und daß die Dämpferströme gleich Null sind.

Setzt man nun für den Strang a nach Abb. A 2 für Θ an: $\Theta = \omega_n t$, wobei hier ja für $f = 50\,\text{Hz}$, $\omega_{\text{mech}\,N} = \omega_{\text{el}\,N} = \omega_n = 2\pi f_n = 314\,\text{s}^{-1}$ ist (zweipolige Maschine), so kann man für den Augenblickswert der Klemmenspannung und des Stromes in diesem Strang mit den Gln. (A 13) und (A 15) schreiben:

$$u_a = u_d \cos\omega_n t - u_q \sin\omega_n t, \qquad (A\,31)$$
$$i_a = i_d \cos\omega_n t - i_q \sin\omega_n t.$$

Aus den Gln. (A 24), (A 28) und (A 30) ergibt sich unter Verwendung von Gl. (A 22) mit $i_{Dd} = i_{Dq} = 0$, $\omega = \omega_n$, $\omega_n l = x$ und $p = d/dt = 0$,

d. h. Null gesetzten Transformations-EMK:

$$\left.\begin{aligned} u_d &= -r_a i_d + x_q i_q & &= -r_a i_d + \omega_n \psi_q \text{ (stationär)}, \\ u_q &= -r_a i_q - x_d i_d + x_{hd} i_e &&= -r_a i_q - \omega_n \psi_d \text{ (stationär)}, \\ u_e &= r_e i_e. \end{aligned}\right\} \quad (A\,32)$$

Nun zur Darstellung im Zeigerdiagramm, d. h. zur Darstellung der sich sinusförmig mit konstanter Frequenz ändernden Größen von Strom und Spannung in der komplexen Ebene (vgl. Anhang 1.1).

Der Strom im Strang a läßt sich in allgemeiner Form wie folgt darstellen:

$$i_a = \sqrt{2}\, J \cos(\omega_n t - \varphi) \tag{A 33}$$

oder in komplexer Schreibweise:

$$i_a = \Re\left[\sqrt{2}\, I\, e^{j(\omega_n t - \varphi)}\right] = \Re\left(\sqrt{2}\, I\, e^{j\omega_n t} e^{-j\varphi}\right) = \Re\left(\sqrt{2}\, \boldsymbol{I}\, e^{j\omega_n t}\right), \tag{A 34}$$

wobei $\boldsymbol{I} = I\, e^{-j\varphi}$ gesetzt wurde.

Der Zeiger $\boldsymbol{I}$ setzt sich nun (mit dem hier gewählten komplexen Koordinatensystem mit der reellen Achse in der Polachse) zusammen aus:

$$\boldsymbol{I} = \boldsymbol{I}_d + \boldsymbol{I}_q = I_d + j I_q. \tag{A 35}$$

Damit gehen wir in Gl. (A 34):

$$i_a = \Re\left[\sqrt{2}(I_d + j I_q)\, e^{j\omega_n t}\right] = \sqrt{2}(I_d \cos\omega_n t - I_q \sin\omega_n t). \tag{A 36a}$$

Analog ergibt sich für die Klemmenspannung des Stranges a:

$$u_a = \sqrt{2}(U_q \cos\omega_n t - U_d \sin\omega_n t), \tag{A 36b}$$

wobei zu beachten ist, daß in dem Zeigerdiagramm die in der deutschsprachigen Literatur (Transformatordiagramm) übliche Darstellungsweise gewählt wurde, in der die Polachse der Querachse der Spannungen entspricht (E_{Ld}, U_d s. Hauptteil Abb. 1a).

Vergleichen wir die Gln. (A 36) mit den Gln. (A 31), so ergeben sich, da beide Gleichungspaare für alle Werte von t gültig sein müssen, durch Gleichsetzen der entsprechenden Glieder folgende Zusammenhänge:

$$\begin{aligned} u_d &= \sqrt{2}\, U_q, & u_q &= \sqrt{2}\, U_d, \\ i_d &= \sqrt{2}\, I_d, & i_q &= \sqrt{2}\, I_q, \end{aligned} \tag{A 37}$$

d. h., in den transformierten Gleichungen entsprechen die Beträge der Achsengrößen von Ankerstrom und -spannung den Amplituden der entsprechenden Größen des Zeigerdiagramms, und die *Spannungskomponenten haben außerdem ihre Indizes vertauscht*. In den transformierten Gleichungen werden also sowohl die Strom- als auch die Spannungskomponenten nach den Polachsen bezeichnet. Mit dem hier gewählten

Koordinatensystem der komplexen Ebene liegt die Polradspannung in der positiven imaginären Achse. Mit Gl. (A 7) (Anhang 1.2) und den Gln. (A 37) wird damit:

$$\boldsymbol{U} = \boldsymbol{U}_d + \boldsymbol{U}_q = j\, U_d + U_q = \frac{1}{\sqrt{2}} (j\, u_q + u_d), \qquad (A\,38)$$

und mit den Gln. (A 32) wird daraus:

$$\boldsymbol{U} = \frac{1}{\sqrt{2}} (u_d + j\, u_q) = \frac{1}{\sqrt{2}} [-r_a i_d + x_q i_q + j(-r_a i_q - x_d i_d + x_{hd} i_e)]$$

$$= \frac{1}{\sqrt{2}} [j\, x_{hd} i_e - i_q (j\, r_a - x_q) - i_d (r_a + j\, x_d)]. \qquad (A\,39\text{a})$$

Dies muß also Gl. (A 6) (Anhang 1.2, S. 195) im neuen Koordinatensystem mit der reellen Achse in der Polachse sein. Gl. (A 6) lautet in diesem Koordinatensystem:

$$\boldsymbol{U} = j\, E - I_q (j\, r_a - x_q) - I_d (r_a + j\, x_d). \qquad (A\,39\,\text{b})$$

Aus den Gln. (A 39 a) und (A 39 b) ersieht man, daß für die Polradspannung E zu setzen ist:

$$E = \frac{x_{hd} i_e}{\sqrt{2}}. \qquad (A\,40)$$

Im stationären Betrieb kann man den Achsengrößen also bestimmte physikalische Eigenschaften zuschreiben, d. h., man kann sie in direkten Zusammenhang mit den Stranggrößen der Zeigerdiagramme bringen.

2.3 Die Operatorenkoeffizienten

Wir eliminieren nun aus den Gleichungen der Längsachsenkomponenten (A 22), (A 28) und (A 30) i_e und i_{Dd}. Die Gleichungen lauteten:

$$\psi_d = -l_{hd} i_e + l_{hd} i_{Dd} + l_d i_d,$$

$$u_e = (r_e + p\, l_e) i_e - p\, l_{hd} i_{Dd} - p\, l_{hd} i_d,$$

$$0 = -p\, l_{hd} i_e + (r_{Dd} + p\, l_{Dd}) i_{Dd} + p\, l_{hd} i_d.$$

Aus den beiden letzten Gleichungen ergibt sich für i_{Dd} und i_e:

$$i_{Dd} = \frac{p\, l_{hd} u_e - [p^2 (l_{hd} l_e - l_{hd}^2) + p\, l_{hd} r_e] i_d}{r_{Dd} r_e + p (l_{Dd} r_e + l_e r_{Dd}) + p^2 (l_{Dd} l_e - l_{hd}^2)} \qquad (A\,41)$$

und

$$i_e = \frac{(r_{Dd} + p\, l_{Dd}) u_e + [p^2 (l_{Dd} l_{hd} - l_{hd}^2) + p\, l_{hd} r_{Dd}] i_d}{r_{Dd} r_e + p (l_{Dd} r_e + l_e r_{Dd}) + p^2 (l_{Dd} l_e - l_{hd}^2)}. \qquad (A\,42)$$

Die Gln. (A 41) und (A 42) führen wir in Gl. (A 22) ein, wobei wir den Nenner der Gln. (A 41) und (A 42), um Schreibarbeit zu sparen, gleich $A(p)$ setzen ([A 12, A 19]):

$$A(p) = r_{Dd} r_e + p (l_{Dd} r_e + l_e r_{Dd}) + p^2 (l_{Dd} l_e - l_{hd}^2). \qquad (A\,43)$$

Anhang 2: Die allgemeinen Gleichungen der Synchronmaschine

Damit wird ψ_d:

$$\psi_d = -\frac{l_{hd}\,r_{Dd} + p(l_{hd}\,l_{Dd} - l_{hd}^2)}{A(p)}\,u_e +$$
$$+ \left[l_d - \frac{p(l_{hd}^2\,r_{Dd} + l_{hd}^2\,r_e) + p^2(l_{hd}^2\,l_{Dd} - 2l_{hd}^3 + l_{hd}^2\,l_e)}{A(p)}\right]i_d$$
$$= -G_e(p)\,u_e + l_d(p)\,i_d. \hspace{2cm} \text{(A 44)}$$

Die Abkürzungen bedeuten [A 12]:

$$G_e(p) = \frac{l_{hd}\,r_{Dd} + p(l_{hd}\,l_{Dd} - l_{hd}^2)}{A(p)} \hspace{1cm} \text{(A 45a)}$$

und

$$l_d(p) = l_d - \frac{p(l_{hd}^2\,r_{Dd} + l_{hd}^2\,r_e) + p^2(l_{hd}^2\,l_{Dd} - 2l_{hd}^3 + l_{hd}^2\,l_e)}{A(p)}. \hspace{0.5cm} \text{(A 46a)}$$

Man kann diese beiden Operatorenkoeffizienten durch Einführen der folgenden Zeitkonstanten umschreiben:

$$T'_{do} = \frac{l_{hd} + l_{e\sigma}}{r_e},$$

Leerlaufzeitkonstante der Erregerwicklung oder im üblichen Sprachgebrauch einfach „Leerlaufzeitkonstante",

$$T'_{hd} = \frac{l_{hd}}{r_e},$$

Hauptfeldzeitkonstante der Erregerwicklung oder einfach „Hauptfeldzeitkonstante im Leerlauf",

$$T_{Ddo} = \frac{l_{hd} + l_{Dd\sigma}}{r_{Dd}},$$

Leerlaufzeitkonstante der Dämpferwicklung in der Längsachse,

$$T'_d = \frac{1}{r_e}\left(l_{e\sigma} + \frac{l_{hd}\,l_{a\sigma}}{l_{hd} + l_{a\sigma}}\right),$$

Kurzschlußzeitkonstante der Erregerwicklung oder einfach „Transient-Kurzschlußzeitkonstante",

$$T_{Dd} = \frac{1}{r_{Dd}}\left(l_{Dd\sigma} + \frac{l_{hd}\,l_{a\sigma}}{l_{hd} + l_{a\sigma}}\right),$$

Kurzschlußzeitkonstante der Dämpferwicklung in der Längsachse,

$$T_{Dd\sigma} = \frac{l_{Dd\sigma}}{r_{Dd}},$$

Streufeldzeitkonstante der Dämpferwicklung,

$$T''_{do} = \frac{1}{r_{Dd}}\left(l_{Dd\sigma} + \frac{l_{hd}\,l_{e\sigma}}{l_{hd} + l_{e\sigma}}\right),$$

Subtransient-Leerlaufzeitkonstante,

$$T''_d = \frac{1}{r_{Dd}}\left(l_{Dd\sigma} + \frac{l_{hd}\,l_{e\sigma}\,l_{a\sigma}}{l_{hd}\,l_{a\sigma} + l_{hd}\,l_{e\sigma} + l_{e\sigma}\,l_{a\sigma}}\right),$$

Subtransient-Kurzschlußzeitkonstante.

Auf diese und weitere Zeitkonstanten werden wir noch zu sprechen kommen und ihre Bedeutung diskutieren.

Mit diesen Zeitkonstanten lauten die Operatorenkoeffizienten $G_e(p)$ und $l_d(p)$:

$$G_e(p) = \frac{1 + p\,T_{Dd\sigma}}{1 + p(T'_{do} + T_{Ddo}) + p^2\,T'_{do}\,T''_{do}}\, T'_{hd}, \qquad (A\,45\,b)$$

$$l_d(p) = \frac{l_d + p(l_d\,T'_d + l_d\,T_{Dd}) + p^2\,l''_d\,T'_{do}\,T''_{do}}{1 + p(T'_{do} + T_{Ddo}) + p^2\,T'_{do}\,T''_{do}} \qquad (A\,46\,b)$$

mit
$$l''_d = l_{a\sigma} + \frac{l_{hd}\,l_{Dd\sigma}\,l_{e\sigma}}{l_{hd}\,l_{Dd\sigma} + l_{hd}\,l_{e\sigma} + l_{Dd\sigma}\,l_{e\sigma}}$$

als der Subtransientinduktivität.

Durch Multiplikation mit $\omega = \omega_n$ erhält man aus Gl. (A 46 b) den entsprechenden Reaktanzoperatorkoeffizienten:

$$x_d(p) = \frac{x_d + p(x_d\,T'_d + x_d\,T_{Dd}) + p^2\,x''_d\,T'_{do}\,T''_{do}}{1 + p(T'_{do} + T_{Ddo}) + p^2\,T'_{do}\,T''_{do}} \qquad (A\,46\,c)$$

oder mit $T'_d = T'_{do}\dfrac{x'_d}{x_d}$ und $T''_d = T''_{do}\dfrac{x''_d}{x'_d}$:

$$x_d(p) = \frac{x_d[1 + p(T'_d + T_{Dd}) + p^2\,T'_d\,T''_d]}{1 + p(T'_{do} + T_{Ddo}) + p^2\,T'_{do}\,T''_{do}}. \qquad (A\,46\,d)$$

$x_d(p)$ ist der Proportionalitätsfaktor zwischen dem Strom i_d und der mit ω_n multiplizierten Flußverkettung ψ_d in der Schreibweise der Operatorenrechnung (in der Schreibweise der LAPLACE-Transformation: zwischen den entsprechenden Bildfunktionen). Er wird daher als Reaktanzoperator der Längsachse bezeichnet. Für großes p, d. h. $p \to \infty$ (also $t \to 0$), strebt $x_d(p)$ nach Gl. (46 c) gegen x''_d und für kleines p, d. h. $p \to 0$ ($t \to \infty$), gegen x_d. Die Subtransientreaktanz x''_d ist also die maßgebliche Reaktanz im ersten Augenblick eines Ausgleichsvorganges, und die Synchronreaktanz x_d bestimmt den Dauerzustand.

Die quadratischen Ausdrücke im Zähler und Nenner von $x_d(p)$ haben je 2 Nullstellen, die für ausgeführte Maschinen (für alle physikalischen Systeme) beide reell und negativ sind. Man kann die negativen Wurzeln dieser quadratischen Ausdrücke in p in der üblichen Weise bestimmen und dann versuchen, durch Abschätzen der Beträge der einzelnen Zeitkonstanten die Wurzelausdrücke zu vereinfachen. Eine solche Abschätzung und Vereinfachung erweist sich jedoch als schwierig, obwohl sie sich natürlich ausführen läßt. Einfacher erscheint der Weg, Näherungen für die Wurzeln anzunehmen und diese nach dem Verfahren von NEWTON [A 22] zu verbessern. Dazu schreiben wir die Gleichung für den Reaktanzoperator (A 46 d) in der Form an:

$$x_d(p) = x_d\,\frac{T'_d\,T''_d}{T'_{do}\,T''_{do}}\,\frac{\dfrac{1}{T'_d\,T''_d} + p\,\dfrac{T'_d + T_{Dd}}{T'_d\,T''_d} + p^2}{\dfrac{1}{T'_{do}\,T''_{do}} + p\,\dfrac{T'_{do} + T_{Ddo}}{T'_{do}\,T''_{do}} + p^2} = x_d\,\frac{T'_d\,T''_d}{T'_{do}\,T''_{do}}\,\frac{f(p)}{g(p)}. \qquad (A\,46\,e)$$

Als Näherungen für die Wurzeln des Zählers $f(p)$ nehmen wir auf Grund einfacher überschläglicher Überlegungen ($T'_d \gg T''_d$ und T_{Dd}, z. P. $T'_d = 1$, $T''_d = 0{,}05$, $T_{Dd} \approx 0{,}06$) an:

$$p_{10} \approx -\frac{1}{T'_d} \quad \text{und} \quad p_{20} \approx -\frac{1}{T''_d}.$$

Man kann die Näherungswerte für die Wurzeln nach NEWTON nun verbessern, indem man für die erste Näherung schreibt:

$$p_{11} = p_{10} - \frac{f(p_{10})}{\dot{f}(p_{10})}.$$

Es ist nun:

$$f(p_{10}) = \frac{1}{T'_d T''_d} - \frac{1}{T'_d} \frac{T'_d + T_{Dd}}{T'_d T''_d} + \frac{1}{T'^2_d}$$

und

$$\dot{f}(p_{10}) = \frac{T'_d + T_{Dd}}{T'_d T''_d} - \frac{2}{T'_d}.$$

Damit wird die erste Näherung:

$$p_{11} = -\frac{1}{T'_d}\left(1 - \frac{T_{Dd} - T''_d}{T'_d + T_{Dd} - 2T''_d}\right) \approx -\frac{1}{T'_d},$$

da $T'_d \gg T''_d$, T_{Dd}. Es muß nun noch nachgewiesen werden, daß das Verfahren konvergiert. Konvergenz ist vorhanden, wenn

$$\left| \frac{f(p)\ddot{f}(p)}{(\dot{f}(p))^2} \right| < 1.$$

Mit $\ddot{f}(p_{10}) = 2$ ergibt sich dafür:

$$\left| \frac{f(p_{10})\ddot{f}(p_{10})}{(\dot{f}(p_{10}))^2} \right| = \left| \frac{2(T_{Dd} - T''_d)T''_d}{(T'_d + T_{Dd} - 2T''_d)^2} \right| < 1,$$

d. h., Konvergenz ist vorhanden.

Ermittelt man nach dem gleichen Verfahren nun eine zweite Näherung, so ergibt sich:

$$p_{12} = -\frac{1}{T'_d} \times$$

$$\times \left\{1 - \frac{(T_{Dd}-T''_d)[(T'_d+T_{Dd}-2T''_d)^2 + 2T''_d(T_{Dd}-T''_d)] - T''_d(T_{Dd}-T''_d)^2}{(T'_d+T_{Dd}-2T''_d)[(T'_d+T_{Dd}-2T''_d)^2 + 2T''_d(T_{Dd}-T''_d)]}\right\}.$$

Da nun T''_d und T_{Dd} sehr kleine Größen sind, kann man das Quadrat ihrer Differenz auf alle Fälle vernachlässigen, womit dann $p_{12} = p_{11}$ wird, d. h., man erkennt, daß p_{11} eine sehr gute Näherung für die wirkliche Wurzel sein muß. In gleicher Weise läßt sich nachweisen, daß

$$p_{21} = -\frac{1}{T''_d}\left(1 + \frac{T_{Dd} - T''_d}{T'_d - T_{Dd}}\right) \approx -\frac{1}{T''_d}$$

ist. Damit läßt sich $f(p)$ anschreiben:

$$f(p) \approx \left(p + \frac{1}{T'_d}\right)\left(p + \frac{1}{T''_d}\right).$$

Analog ergibt sich für den Nenner:
$$g(p) \approx \left(p + \frac{1}{T'_{do}}\right)\left(p + \frac{1}{T''_{do}}\right),$$
da für die Leerlaufwerte ebenfalls gilt:
$$T'_{do} \gg T_{Ddo} \quad \text{und} \quad T''_{do}.$$
Damit ergibt sich für Gl. (A 46e):

$$x_d(p) \approx x_d \frac{T'_d T''_d}{T'_{do} T''_{do}} \frac{\left(p + \frac{1}{T'_d}\right)\left(p + \frac{1}{T''_d}\right)}{\left(p + \frac{1}{T'_{do}}\right)\left(p + \frac{1}{T''_{do}}\right)} = x''_d \frac{\left(p + \frac{1}{T'_d}\right)\left(p + \frac{1}{T''_d}\right)}{\left(p + \frac{1}{T'_{do}}\right)\left(p + \frac{1}{T''_{do}}\right)}$$

oder (A 46f)

$$x_d(p) \approx x_d \frac{(1 + p T'_d)(1 + p T''_d)}{(1 + p T'_{do})(1 + p T''_{do})}. \tag{A 46g}$$

Diese Näherungen[1] sind für die Praxis sehr wichtig, da man die vorkommenden Zeitkonstanten in einfacher Weise durch Messung bestimmen kann [Abschaltversuch aus dem Dauerkurzschluß und Stoßkurzschluß bzw. Schaltversuche im Feldkreis; beachte den Sättigungszustand (vgl. Anhang 2.71)].

---

[1] Eine bessere Näherung für $x_d(p)$ ergibt sich, wenn man in Gl. (A 46f) in der Form mit x''_d statt der Zeitkonstanten T'_d, T''_d, T'_{do} und T''_{do} die negativen Kehrwerte der Wurzeln p_{11}, p_{21}, p_{11o}, p_{21o} einsetzt, d. h.:
$$T_{11} = T'_d \left(1 + \frac{T_{Dd} - T''_d}{T'_d - T''_d}\right),$$
diese ist meist gleich T'_d, da der Bruch in der Klammer praktisch Null ist,
$$T_{21} = T''_d \left(1 - \frac{T_{Dd} - T''_d}{T'_d - T''_d}\right),$$
hier gilt das gleiche wie für T_{11}, und die Näherung lautet $T_{21} \approx T''_d$,
$$T_{11o} = T'_{do} \left(1 + \frac{T_{Ddo} - T''_{do}}{T'_{do} - T''_{do}}\right) \approx T'_{do} + T_{Ddo},$$
da normalerweise T_{Ddo} ein Mehrfaches von T''_{do} ist,
$$T_{21o} = T''_{do} \left(1 - \frac{T_{Ddo} - T''_{do}}{T'_{do} - T''_{do}}\right),$$
hier kann man meist auch $T_{21o} \approx T''_{do}$ ansetzen.

Die Näherungen sollten immer überprüft werden. Statt mit $x_d(p)$ nach Gl. (A 46g) müßte man also, wenn die gröberen Näherungen nicht ausreichend sind, mit Gl. (A 46f) und den Zeitkonstanten $T_{11} \cdots T_{21o}$ rechnen, die sich auch meßtechnisch direkt ergeben (vgl. Anhang 2.71). Mit diesen Zeitkonstanten wird auch Gl. (A 46g) eine bessere Näherung. Der exakte Wert für $x_d(p)$ ergibt sich aus Gl. (A 46g) bzw. (A 46f) durch Ersetzen der Zeitkonstanten durch die negativen Kehrwerte der nach der Lösungsformel ermittelten Wurzeln der quadratischen Ausdrücke in Gl. (A 46d).

Die entsprechende Näherung für $G_e(p)$ lautet:

$$G_e(p) \approx \frac{1 + pT_{Dd\sigma}}{(1 + pT'_{d0})(1 + pT''_{d0})} T'_{hd}. \qquad \text{(A 45c)}$$

Für die Querachsengrößen ergibt sich durch Eliminieren von i_{Dq} aus den Gln. (A 22) und (A 30):

$$\psi_q = l_{hq} i_{Dq} + l_q i_q,$$

$$0 = (r_{Dq} + p l_{Dq}) i_{Dq} + p l_{hq} i_q,$$

$$i_{Dq} = -\frac{p l_{hq} i_q}{r_{Dq} + p l_{Dq}} \qquad \text{(A 47)}$$

und damit:

$$\psi_q = \left(l_q - \frac{p l_{hq}^2}{r_{Dq} + p l_{Dq}}\right) i_q = l_q(p) i_q, \qquad \text{(A 48)}$$

d. h.:

$$l_q(p) = l_q - \frac{p l_{hq}^2}{r_{Dq} + p l_{Dq}}. \qquad \text{(A 49a)}$$

Dieser Operatorkoeffizient läßt sich auch umschreiben, wenn man setzt:

$$T_{Dq0} = \frac{l_{hq} + l_{Dq\sigma}}{r_{Dq}} = T''_{q0},$$

Leerlaufzeitkonstante der Dämpferwicklung in der Querachse. Da keine Erregerwicklung in dieser Achsrichtung vorhanden ist, entspricht T_{Dq0} der Subtransient-Leerlaufzeitkonstante.

$$T_{Dq} = \frac{1}{r_{Dq}} \left(l_{Dq\sigma} + \frac{l_{hq} l_{a\sigma}}{l_{hq} + l_{a\sigma}}\right) = T''_q,$$

Kurzschlußzeitkonstante der Dämpferwicklung in der Querachse, die gleich der Subtransient-Kurzschlußzeitkonstante ist.

Der Operatorkoeffizient lautet dann:

$$l_q(p) = \frac{l_q + p l_q T''_q}{1 + p T''_{q0}} \qquad \text{(A 49b)}$$

oder in der Reaktanzform:

$$x_q(p) = \frac{x_q + p x_q T''_q}{1 + p T''_{q0}} = x_q \frac{1 + p T''_q}{1 + p T''_{q0}}. \qquad \text{(A 49c)}$$

Wir wollen nun noch kurz den Fall der *Maschine ohne Dämpferwicklung* betrachten, der zwar für die Praxis heute keine Bedeutung mehr hat, aber für die Definition der transienten Größen von Interesse ist. Aus den Gln. (A 22) und (A 28) ergibt sich mit $i_{Dd} = 0$:

d. h.:

$$\psi_d = -\frac{l_{hd}}{r_e + p l_e} u_e + \left(l_d - \frac{p l_{hd}^2}{r_e + p l_e}\right) i_d, \qquad \text{(A 50)}$$

$$G_e(p) = \frac{l_{hd}}{r_e + p l_e} = \frac{T'_{hd}}{1 + p T'_{d0}} \qquad \text{(A 51)}$$

und

$$l_d(p) = l_d - \frac{p l_{hd}^2}{r_e + p l_e} = \frac{l_d r_e + p(l_e l_d - l_{hd}^2)}{r_e + p l_e} \qquad \text{(A 52a)}$$

oder
$$l_d(p) = \frac{l_d + p\,l'_d\,T'_{do}}{1 + p\,T'_{do}}, \qquad \text{(A 52 b)}$$
wobei die Transientinduktivität l'_d angesetzt wurde:
$$l'_d = l_{a\sigma} + \frac{l_{hd}\,l_{e\sigma}}{l_{hd} + l_{e\sigma}}.$$
Als Reaktanzoperator angeschrieben ergibt sich damit:
$$x_d(p) = \frac{x_d + p\,x'_d\,T'_{do}}{1 + p\,T'_{do}} \qquad \text{(A 52 c)}$$
und mit
$$T'_d = \frac{x'_d}{x_d}\,T'_{do}:$$
$$x_d(p) = x_d\,\frac{1 + p\,T'_d}{1 + p\,T'_{do}} = x'_d\,\frac{p + \dfrac{1}{T'_d}}{p + \dfrac{1}{T'_{do}}}. \qquad \text{(A 52 d)}$$

Gl. (A 52 c) zeigt, daß für $p \to \infty$, d. h. $t \to 0$, $x_d(p)$ gegen x'_d strebt. Die Transientreaktanz x'_d ist also die maßgebliche Reaktanz einer Maschine ohne Dämpferwicklung im ersten Augenblick eines Ausgleichsvorganges.

Wie wir noch sehen werden, spielt in den Anwendungen häufig der Operator $1/x_d(p)$ eine Rolle. Er läßt sich mit Gl. (46d) oder (46g) sofort angeben. Wir wollen ihn noch in der Form, wie er in der amerikanischen Literatur gebräuchlich ist, anschreiben [vgl. Stoßkurzschluß Gln. (A 81) und (A 62)]:

$$\frac{1}{x_d(p)} \approx \frac{1}{x_d} + \left(\frac{1}{x'_d} - \frac{1}{x_d}\right)\frac{p}{p + \dfrac{1}{T'_d}} + \left(\frac{1}{x''_d} - \frac{1}{x'_d}\right)\frac{p}{p + \dfrac{1}{T''_d}} \qquad \text{(A 53 a)}$$
oder
$$\frac{1}{x_d(p)} \approx \frac{1}{x_d} + \left(\frac{1}{x'_d} - \frac{1}{x_d}\right)\frac{p\,T'_d}{p\,T'_d + 1} + \left(\frac{1}{x''_d} - \frac{1}{x'_d}\right)\frac{p\,T''_d}{p\,T''_d + 1}. \qquad \text{(A 53 b)}$$

Diese Form des Reaktanzoperators läßt sich durch Partialbruchzerlegung als Näherung für den Fall $T''_d \ll T'_d$, $T''_{do} \ll T'_{do}$ aus Gl. (A 46d) herleiten; wir wollen darauf hier jedoch nicht weiter eingehen [*A 9*].

Für die Querachse läßt sich der Reaktanzoperator entsprechend anschreiben als:
$$\frac{1}{x_q(p)} = \frac{1}{x_q} + \left(\frac{1}{x''_q} - \frac{1}{x_q}\right)\frac{p\,T''_q}{p\,T''_q + 1}. \qquad \text{(A 54)}$$

Durch Einsetzen von $x''_q = x_q\,\dfrac{T''_q}{T''_{qo}}$ läßt sich diese Gleichung exakt in den Kehrwert der Gl. (A 49c) überführen. x''_q, d. h. die Subtransientquerreaktanz, ist der Wert des Reaktanzoperators $x_q(p)$ für $p \to \infty$ ($t \to 0$). Man erhält sie in der angegebenen Form aus Gl. (A 49c) durch Einsetzen von $p = \infty$.

2.4 Leistungs- und Drehmomentengleichungen

In dem Abschnitt über das „per-unit-System" wurde als Bezugswert für die Leistung die Nennscheinleistung eines Stranges festgelegt. Geht man nun, wie wir es hier im Anhang getan haben, auf die 2 „Ersatzstränge" d und q über, dann gelten die Nennscheinleistungen dieser Ersatzstränge als Bezugswerte.

Mit den normalen 3 Strängen a, b und c gilt:

$$p_s = \frac{1}{3}(u_a i_a + u_b i_b + u_c i_c). \tag{A 55}$$

Setzt man hierin die Größen der Transformationsgleichungen (A 13) und (A 15) ein, so ergibt sich für die „Ersatzstränge" d und q:

$$p_s = \frac{1}{2}(u_d i_d + u_q i_q) + u_0 i_0. \tag{A 56}$$

Im stationären Betrieb (immer Sternschaltung vorausgesetzt) mit symmetrischer Belastung sind u_0 und i_0 gleich Null, und damit stimmt die oben auch für die „Ersatzstränge" angewandte Festlegung der Bezugsleistung (Maschine mit den 2 Strängen d und q).

Führen wir für u_d und u_q die Ausdrücke der Gln. (A 23) ein und schreiben für $u_0 i_0$ gemäß der letzten Gleichung von (A 21) und Gl. (A 26):

$$u_0 i_0 = -i_0^2 r_a - i_0 \frac{d\psi_0}{dt} = -i_0^2 r_a - i_0 l_0 \frac{di_0}{dt}, \tag{A 57}$$

so ergibt sich:

$$p_s = \frac{1}{2}\left[-i_d^2 r_a - l_d i_d \frac{di_d}{dt} + l_{hd} i_d \frac{di_e}{dt} - l_{hd} i_d \frac{di_{Dd}}{dt} + \omega l_{hq} i_d i_{Dq} + \right.$$
$$+ \omega l_q i_d i_q - i_q^2 r_a - l_q i_q \frac{di_q}{dt} - l_{hq} i_q \frac{di_{Dq}}{dt} + \omega l_{hd} i_q i_e - \omega l_{hd} i_q i_{Dd} -$$
$$\left. - \omega l_d i_q i_d\right] - i_0^2 r_a - i_0 l_0 \frac{di_0}{dt}. \tag{A 58}$$

In dieser Gleichung bedeutet die Summe des ersten und siebenten Gliedes in dem Klammerausdruck und des ersten danach die Ohmschen Verluste in der Ankerwicklung, die nicht zur Drehmomentbildung beitragen. Die Glieder 2, 3, 4, 8 und 9 des Klammerausdruckes und das zweite Glied nach der Klammer stellen ebenfalls keinen Beitrag zum Drehmoment, da sie nur eine Änderung der in der Maschine gespeicherten magnetischen Energie darstellen. Zum Drehmoment tragen also nur die Glieder 5, 6, 10, 11 und 12 des Klammerausdruckes bei, d. h., die dem Drehmoment entsprechende abgegebene Wirkleistung p_w ergibt sich zu:

$$p_w = \frac{1}{2}[\omega i_d(l_{hq} i_{Dq} + l_q i_q) - \omega i_q(-l_{hd} i_e + l_{hd} i_{Dd} + l_d i_d)]. \tag{A 59a}$$

Ersetzt man die Klammerausdrücke (hinter $\omega\, i_d$ bzw. $\omega\, i_q$) nach den Gln. (A 22) durch die Flüsse ψ_d und ψ_q, so ergibt sich:

$$p_w = \frac{\omega}{2}(i_d\,\psi_q - i_q\,\psi_d). \tag{A 59b}$$

Das elektrische Drehmoment ergibt sich aus der Beziehung $p_w = \frac{\omega}{\omega_n} m_E$ (m_E und p_w in p.u., ω und ω_n in 1/s) zu:

$$m_E = \frac{p_w}{\omega/\omega_n} = \frac{\omega_n}{2}(i_d\,\psi_q - i_q\,\psi_d). \tag{A 60}$$

Der Nullstrom liefert keinen Beitrag zum Grundfeld, also auch keinen zum Drehmoment. Ebenso ergab das Zusammenwirken von Strömen und Flüssen in der gleichen Achsrichtung keinen Beitrag zum Drehmoment (s. vorige Seite).

Zum vollständigen Gleichungssystem für Ausgleichsvorgänge fehlt uns nun nur noch die Bewegungsgleichung der Synchronmaschine, auf die wir nun kurz eingehen wollen.

2.5 Die Bewegungsgleichung der Synchronmaschine

Die Summe der Trägheitsmomente von Synchronmaschine und Antriebs- (Generatorbetrieb) bzw. Arbeitsmaschine (Motorbetrieb) werde mit Θ_m bezeichnet (wieder auf zweipolige Maschine umgerechnet, d. h. $\Theta_m = \Theta_{mech}/p^2$) und das von der Kraftmaschine an der Welle ausgeübte Drehmoment mit m_A. Dann gilt allgemein (noch nicht in p.u.!):

$$\Theta_m \frac{d\omega}{dt} = m_A - m_E, \tag{A 61a}$$

wobei ω wieder die elektrische Winkelgeschwindigkeit ist, da außer Θ_m natürlich auch m_A und m_E auf die zweipolige Maschine umgerechnet wurden. Das heißt, es gilt $m_A = m_{A\,mech}/p$ und $m_E = m_{E\,p>1}/p$.

Wir drücken nun das Trägheitsmoment in bezogenen Größen aus, d. h., wir gehen zur Trägheitskonstante H [s] über bzw. zur Anlaufzeitkonstante T_A (vgl. Hauptabschnitt 3.17):

d. h. $$T_A = 2H = \frac{\Theta_m\,\omega_n^2}{P_{sN}} = \frac{\Theta_m\,\omega_n}{M_N},$$

$$\Theta_m = \frac{T_A M_N}{\omega_n},$$

womit Gl. (A 61a) lautet:

$$\frac{T_A M_N}{\omega_n}\frac{d\omega}{dt} = m_A - m_E \quad [\text{mkp}]$$

oder nach Division durch M_N, womit die Gleichung in bezogenen (p.u.-) Größen erscheint:

$$\frac{T_A}{\omega_n}\frac{d\omega}{dt} = m_A - m_E. \tag{A 61b}$$

Mit m_E gemäß Gl. (A 60) und $\omega = d\Theta/dt$ ergibt sich schließlich:

$$\frac{T_A}{\omega_n}\frac{d^2\Theta}{dt^2} + \frac{\omega_n}{2}(i_d\,\psi_q - i_q\,\psi_d) = m_A. \tag{A 61c}$$

2.6 Zusammenstellung des gesamten Gleichungssystems

Bei der Lösung von praktischen Problemen ist es meist zweckmäßig, die Spannungsgleichungen in der Form, wie sie durch die Gln. (A 21), (A 27) und (A 29) gegeben sind, beizubehalten und die Gleichungen für die Flußverkettungen getrennt anzuschreiben. Für die Verknüpfung der Veränderlichen u_d, u_q, u_0, u_e, i_d, i_q, i_0, i_e, i_{Dd}, i_{Dq} und ψ_d, ψ_q, ψ_0, ψ_e, ψ_{Dd}, ψ_{Dq} sowie des Winkels Θ, der die räumliche Lage des Polrades angibt, und des äußeren Drehmomentes m_A gelten dann folgende Differentialgleichungen:

$$\left. \begin{aligned} u_d &= -i_d r_a - \frac{d\psi_d}{dt} + \psi_q \frac{d\Theta}{dt}, \\ u_q &= -i_q r_a - \frac{d\psi_q}{dt} - \psi_d \frac{d\Theta}{dt}, \\ u_0 &= -i_0 r_a - \frac{d\psi_0}{dt}, \end{aligned} \right\} \quad \text{(A 21)}$$

$$u_e = i_e r_e + \frac{d\psi_e}{dt}, \quad \text{(A 27)}$$

$$\left. \begin{aligned} 0 &= i_{Dd} r_{Dd} + \frac{d\psi_{Dd}}{dt}, \\ 0 &= i_{Dq} r_{Dq} + \frac{d\psi_{Dq}}{dt}, \end{aligned} \right\} \quad \text{(A 29)}$$

$$m_A = \frac{T_A}{\omega_n} \frac{d^2\Theta}{dt^2} + \frac{\omega_n}{2}(i_d \psi_q - i_q \psi_d). \quad \text{(A 61c)}$$

Dazu kommen sechs lineare Gleichungen für den Zusammenhang zwischen den Flußverkettungen und den Strömen:

$$\left. \begin{aligned} \psi_d &= i_d l_d + i_{Dd} l_{hd} - i_e l_{hd}, \\ \psi_q &= i_q l_q + i_{Dq} l_{hq}, \end{aligned} \right\} \quad \text{(A 22)}$$

$$\psi_0 = i_0 l_0, \quad \text{(A 26)}$$

$$\left. \begin{aligned} \psi_e &= -i_d l_{hd} - i_{Dd} l_{hd} + i_e l_e, \\ \psi_{Dd} &= i_d l_{hd} + i_{Dd} l_{Dd} - i_e l_{hd}, \\ \psi_{Dq} &= i_q l_{hq} + i_{Dq} l_{Dq}. \end{aligned} \right\} \quad \text{(A 25)}$$

Die Gln. (A 22) für die Ankerflußverkettungskomponenten ψ_d und ψ_q lassen sich, wie in Anhang 2.3 gezeigt wurde, mit Hilfe der Reaktanzoperatoren unter Elimination von i_e und i_{Dd} bzw. i_{Dq} auch wie folgt ausdrücken:

$$\psi_d = \frac{x_d(p)}{\omega_n} i_d - G_e(p) u_e, \quad \text{(A 44)}$$

$$\psi_q = \frac{x_q(p)}{\omega_n} i_q, \quad \text{(A 48)}$$

wobei für die Reaktanzoperatoren die Näherungen (vgl. auch Fußn. 1, S. 211) gelten:

$$x_d(p) \approx \frac{(1 + p\,T_d')\,(1 + p\,T_d'')}{(1 + p\,T_{do}')\,(1 + p\,T_{do}'')}\,x_d \qquad (A\,46\,g)$$

und

$$x_q(p) = \frac{1 + p\,T_q''}{1 + p\,T_{qo}''}\,x_q \qquad (A\,49\,c)$$

und für den Operator $G_e(p)$ (vgl. auch Fußn. 1, S. 211):

$$G_e(p) \approx \frac{1 + p\,T_{Dd\sigma}}{(1 + p\,T_{do}')\,(1 + p\,T_{do}'')}\,T_{hd}'. \qquad (A\,45\,c)$$

Bei Verwendung der Gln. (A 44) und (A 48) werden die Gln. (A 27), (A 29), (A 22) und (A 25) überflüssig (vgl. Ableitung im Anhang 2.3), so daß wir statt 13 nur noch 7 Gleichungen und statt 18 nur noch 12 Unbekannte haben. Meistens sind nun die 4 Spannungen u_d, u_q, u_0 und u_e und das Antriebsdrehmoment m_A gegeben, so daß die 7 Gleichungen gerade genügen, um die sieben fehlenden Größen zu bestimmen.

Wie wir bereits bei der Herleitung der allgemeinen Spannungsgleichungen in Anhang 2.2 andeuteten (ω nicht konstant), ist die Lösung dieses Gleichungssystems für den allgemeinen Fall sehr schwierig, weil die Glieder $\psi_q \dfrac{d\Theta}{dt}$ und $\left(-\psi_d \dfrac{d\Theta}{dt}\right)$ in den Gln. (A 21) und die Produkte $i_d\,\psi_q$ und $(-i_q\,\psi_d)$ in Gl. (A 61 c) nicht linear sind. Wie wir ebenfalls bereits andeuteten, gibt es aber eine Reihe sehr wichtiger Fälle (Kurzschlüsse, Blindlaststöße), in denen die Winkelgeschwindigkeit $\omega = d\Theta/dt$ während des Vorganges konstant bleibt oder in erster Näherung als konstant angenommen werden darf. In diesen Fällen werden die Gleichungen bis auf die Bewegungsgleichung linear. Diese wird aber für die Bestimmung der Ströme und Flußverkettungen nicht gebraucht.

Bevor wir nun auf praktische Fälle eingehen, wollen wir zum Schluß des Abschnittes „Anhang 2" noch eine Zusammenstellung der in diesem Abschnitt neu aufgetretenen und als „Konstanten" bezeichneten Größen der Synchronmaschine bringen, die in Wirklichkeit infolge der Sättigungserscheinungen jedoch keine Konstanten im üblichen Sinne sind.

2.7 Die Konstanten der Synchronmaschine

Wie oben angedeutet, sind die im folgenden aufgeführten „Konstanten" der Synchronmaschine, d. h. ihre Zeitkonstanten und Reaktanzen, alle mehr oder weniger sättigungsabhängig, was besonders bei ihrer meßtechnischen Ermittlung ([1, 37, 57]) zu beachten ist (vgl. auch Hauptabschnitt 3, S. 76, 82, 84, 86 u. 87).

In den Gleichungen für die Konstanten sind alle Größen außer den Zeitkonstanten und der Winkelgeschwindigkeit $\omega_n = 2\pi f_n$ in bezogenen Größen (p. u.) angegeben. Die Zeitkonstanten werden in Sekunden und

218 Anhang 2: Die allgemeinen Gleichungen der Synchronmaschine

die Winkelgeschwindigkeit wird in Radian je Sekunde (1/s) angegeben. — Die Definitionen der Größen stimmen mit den in den amerikanischen Vorschriften ASA C 42.10.31.005 ff [A 2] angegebenen Beschreibungen überein.

In den weiter unten aufgeführten Gleichungen bedeuten:

r_a den Ankerwiderstand (= Ständerwiderstand),
r_e den Widerstand der Erregerwicklung (Feldwiderstand),
r_{Dd} den Widerstand der Längsdämpferwicklung (Ersatzwicklung),
r_{Dq} den Widerstand der Querdämpferwicklung (Ersatzwicklung),
$x_{hd} = \omega_n l_{hd}$ die Hauptreaktanz in der Längsrichtung,
$x_{hq} = \omega_n l_{hq}$ die Hauptreaktanz in der Querrichtung,
$x_{a\sigma} = \omega_n l_{a\sigma}$ die Streureaktanz des Ankers (Ständers),
$x_{e\sigma} = \omega_n l_{e\sigma}$ die Streureaktanz der Erregerwicklung,
$x_{Dd\sigma} = \omega_n l_{Dd\sigma}$ die Streureaktanz der Längsdämpferwicklung,
$x_{Dq\sigma} = \omega_n l_{Dq\sigma}$ die Streureaktanz der Querdämpferwicklung.

Wir betrachten zunächst noch einmal die Gleichung für den Kehrwert des Reaktanzoperators (A 53). Der Zusammenstellung von Ober- (Original- oder t-Bereich) und Unter- (Bild- oder p-Bereich) Funktionen am Schluß des Buches über die „Operatorenrechnung und LAPLACE-Transformation" von K. W. WAGNER [A 18] entnehmen wir für die Unterfunktion $p/(p+\alpha)$ die Oberfunktion $e^{-\alpha t}$, d. h., Gl. (A 53) lautet im Original- oder Zeitbereich:

$$\frac{1}{x_d(p)} \triangleq \frac{1}{x_d} + \left(\frac{1}{x_d'} - \frac{1}{x_d}\right)e^{-\frac{t}{T_d'}} + \left(\frac{1}{x_d''} - \frac{1}{x_d'}\right)e^{-\frac{t}{T_d''}}. \quad (A\ 62)$$

Daraus erkennt man, wie mit wachsender Zeit die Reaktanz von ihrem Anfangswert ($t = 0$) x_d'' auf den Endwert x_d übergeht. Man sieht daraus weiter, daß der Übergang von x_d'' auf x_d' sehr rasch erfolgt ($T_d'' \ll T_d'$), während der Übergang von x_d' auf x_d langsam vor sich geht (vgl. Tab. 2 und 3, S. 316).

Analog läßt sich mit Gl. (A 54) im Zeitbereich für die Querrichtung anschreiben:

$$\frac{1}{x_q(p)} \triangleq \frac{1}{x_q} + \left(\frac{1}{x_q''} - \frac{1}{x_q}\right)e^{-\frac{t}{T_q''}}. \quad (A\ 63)$$

Die einzelnen, in den Gleichungen für die Operatorenkoeffizienten bzw. ihre Kehrwerte genannten Reaktanzen und Zeitkonstanten haben wir im Anhang 2.3 definiert. Es ergaben sich (beachte: $l\omega_n = x$ und $T = l/r = x/\omega_n r$):

$x_d = x_{a\sigma} + x_{hd}$ für die Synchronreaktanz der Längsachse,

$x_q = x_{a\sigma} + x_{hq}$ für die Synchronreaktanz der Querachse,

$x_d' = x_{a\sigma} + \dfrac{x_{hd}\, x_{e\sigma}}{x_{hd} + x_{e\sigma}} = x_d\, \dfrac{T_d'}{T_{do}'}$ für die Transientreaktanz der Längsachse,

Die Konstanten der Synchronmaschine

($x'_q = x_q$ für die Transientreaktanz der Querachse),

$$x''_d = x_{a\sigma} + \frac{x_{hd}\,x_{e\sigma}\,x_{Dd\sigma}}{x_{hd}\,x_{e\sigma} + x_{hd}\,x_{Dd\sigma} + x_{e\sigma}\,x_{Dd\sigma}} = x'_d\,\frac{T''_d}{T''_{do}} = x_d\,\frac{T'_d\,T''_d}{T'_{do}\,T''_{d'}}$$

für die Subtransientreaktanz der Längsachse,

$$x''_q = x_{a\sigma} + \frac{x_{hq}\,x_{Dq\sigma}}{x_{hq} + x_{Dq\sigma}} = x_q\,\frac{T''_q}{T''_{qo}} \quad \text{für die Subtransientreaktanz der Querachse.}$$

Die Ersatzschaltbilder für die Transient- und Subtransientreaktanzen sind in den Abb. 32 und 35 des Hauptabschnittes 3 angegeben.

Für die Zeitkonstanten wurde festgelegt:

$$T'_{do} = \frac{1}{\omega_n\,r_e}\,(x_{hd} + x_{e\sigma})$$

für die Transient-Leerlaufzeitkonstante der Längsachse oder die Leerlaufzeitkonstante der Erregerwicklung,

$$T'_d = \frac{1}{\omega_n\,r_e}\left(x_{e\sigma} + \frac{x_{hd}\,x_{a\sigma}}{x_{hd} + x_{a\sigma}}\right)$$

für die Transient-Kurzschlußzeitkonstante der Längsachse oder die Kurzschlußzeitkonstante der Erregerwicklung,

$$T'_{hd} = \frac{x_{hd}}{\omega_n\,r_e}$$

für die Hauptfeldzeitkonstante der Erregerwicklung,

$$T''_{do} = \frac{1}{\omega_n\,r_{Dd}}\left(x_{Dd\sigma} + \frac{x_{hd}\,x_{e\sigma}}{x_{hd} + x_{e\sigma}}\right)$$

für die Subtransient-Leerlaufzeitkonstante der Längsachse,

$$T''_d = \frac{1}{\omega_n\,r_{Dd}}\left(x_{Dd\sigma} + \frac{x_{hd}\,x_{a\sigma}\,x_{e\sigma}}{x_{hd}\,x_{a\sigma} + x_{hd}\,x_{e\sigma} + x_{a\sigma}\,x_{e\sigma}}\right)$$

für die Subtransient-Kurzschlußzeitkonstante der Längsachse,

$$T''_{qo} = \frac{1}{\omega_n\,r_{Dq}}\,(x_{hq} + x_{Dq\sigma})$$

für die Subtransient-Leerlaufzeitkonstante der Querachse,

$$T''_q = \frac{1}{\omega_n\,r_{Dq}}\left(x_{Dq\sigma} + \frac{x_{hq}\,x_{a\sigma}}{x_{hq} + x_{a\sigma}}\right)$$

für die Subtransient-Kurzschlußzeitkonstante der Querachse,

$$T_{Ddo} = \frac{1}{\omega_n\,r_{Dd}}\,(x_{hd} + x_{Dd\sigma})$$

für die Leerlaufzeitkonstante der Dämpferwicklung in der Längsachse,

$$T_{Dd} = \frac{1}{\omega_n\,r_{Dd}}\left(x_{Dd\sigma} + \frac{x_{hd}\,x_{a\sigma}}{x_{hd} + x_{a\sigma}}\right)$$

für die Kurzschlußzeitkonstante der Dämpferwicklung in der Längsachse und schließlich

$$T_{Dd\sigma} = \frac{x_{Dd\sigma}}{\omega_n\,r_{Dd}}$$

für die Streufeldzeitkonstante der Dämpferwicklung in der Längsachse.

220 Anhang 2: Die allgemeinen Gleichungen der Synchronmaschine

Weitere entsprechende Zeitkonstanten lassen sich analog definieren (Hauptfeldzeitkonstanten und Streufeldzeitkonstanten), werden aber nicht benötigt. Daher wollen wir bei den im Anhang 2.3 festgelegten verbleiben.

Nähere Erläuterungen zu den Zeitkonstanten und ihrer meßtechnischen Ermittlung sind in den nächsten Abschnitten zu finden.

2.71 Ersatzschaltbilder für die Zeitkonstanten und Versuchsanordnungen zu ihrer Messung

Die Darstellung der Reaktanzoperatoren (Operatorenkoeffizienten) nach den Gln. (A 46d bzw. g) und (A 49c) zeigt, welche Bedeutung der möglichst exakten Kenntnis der Reaktanzen und vor allem der Zeitkonstanten zukommt. Auf die Messung der Reaktanzen wurde schon im Hauptteil eingegangen. Es soll deshalb hier noch ergänzend kurz auf die Darstellung der Zeitkonstanten in Ersatzschaltbildern und auf ihre meßtechnische Bestimmung eingegangen werden.

Die Zeitkonstanten wurden zunächst als Abkürzungen in die Gleichungen der Operatoren $l_d(p)$ und $l_q(p)$ eingeführt [Gln. (A 46b) und (A 49b)]. Gemäß diesen Abkürzungen ergeben sich die im folgenden aufgeführten Ersatzschaltungen und daraus wieder die zur Bestimmung der Zeitkonstanten erforderlichen Meßanordnungen und Meßverfahren:

1. Die Transientzeitkonstanten[1]. Unterschieden werden die Leerlauf- und die Kurzschlußzeitkonstante (Abb. A 3 und A 4). Die Leerlaufzeitkonstante ist am einfachsten aus dem Oszillogramm des Ständerspannungsverlaufes nach Kurzschließen des Feldkreises — und damit auch der Erregermaschine — zu bestimmen und die Transient-Kurzschlußzeitkonstante entsprechend aus dem Ständerkurzschlußstromverlauf (Sättigungs- und

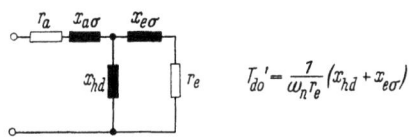

Abb. A 3. Transient-Leerlaufzeitkonstante

Remanenzwerte beachten)[1]. Ein weiteres Meßverfahren behandeln wir bei der Diskussion von T''_{do} und T''_d. Abb. A 4 zeigt, daß die Bestimmungsmethode für T'_d auch für Maschinen ohne Dämpferwicklung nur eine Näherung ist, denn der Ankerwiderstand r_a erscheint in der Gleichung für T'_d nicht.

---

[1] Achtung! An ausgeführten Maschinen werden etwa die Zeitkonstanten, wie sie in der Fußnote zu den Gln. (A 46f) und (A 46g) als sehr gute Näherungen angegeben sind, gemessen, und es muß jeweils überprüft werden, ob die gröberen Näherungen $T_{11o} \approx T'_{do}$, $T_{21o} \approx T''_{do}$, $T_{11} \approx T'_d$ und $T_{21} \approx T''_d$ zulässig sind. Für ganz extrem liegende Fälle muß auf die Kehrwerte der exakten Wurzeln von Zähler und Nenner der Gl. (A 46e) zurückgegriffen werden (vgl. Hinweis S. 209).

T'_d ist die Zeitkonstante, mit der der Feldstrom und das Hauptfeld der Synchronmaschine, z. B. beim plötzlichen Kurzschluß des Ständers, abklingen, also auch gleichzeitig die Zeitkonstante, mit der sich der Übergangsanteil des Ständerwechselstromes ändert. Da diesem Übergang also im Ständer eine Wechselstrom- und Wechselflußkomponente entspricht, kann der Ankerwiderstand gegenüber der Ankerreaktanz vernachlässigt werden. Der Läuferwiderstand hingegen spielt eine andere Rolle, weil er für das Abklingen des Gleichstromes und Gleichflusses maßgebend ist. Er darf folglich nicht vernachlässigt werden.

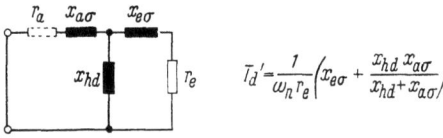

Abb. A 4. Transient-Kurzschlußzeitkonstante

Aus dieser Überlegung, die auch für die weiteren Zeitkonstanten analog anwendbar ist, geht hervor, daß die als Abkürzungen in die Operatorenkoeffizientengleichungen eingeführten Zeitkonstanten auch für Maschinen ohne Dämpferwicklung meßtechnisch nur näherungsweise zu bestimmen sind, weil die Wirkwiderstände stets nur auf der Seite berücksichtigt werden, auf der die Gleichstromkomponente fließt. Trotzdem sind die Näherungen für normal dimensionierte Maschinen sehr gut, und die Meßergebnisse unterliegen eher Fehlern durch Meßschaltung und Meßgenauigkeit (exaktere meßtechnische Bestimmung vgl. Fußn. 1, S. 220).

2. Die Subtransientzeitkonstanten. Hier muß zwischen Längs- und Querachsengrößen unterschieden werden, und außerdem gibt es Leerlauf- und Kurzschlußzeitkonstanten. Zunächst behandeln wir die Zeitkonstanten für die Längsachse (Abb. A 5 und A 6). Wie die beiden Ersatzschaltbilder zeigen, kommt zu der für T'_d beschriebenen Näherung ($r_a = 0$) eine weitere durch die Vernachlässigung des Feldwider-

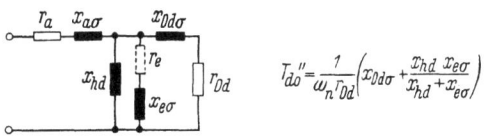

Abb. A 5
Subtransient-Leerlaufzeitkonstante der Längsachse

standes r_e. Bei normal dimensionierten Maschinen gilt jedoch $r_e \ll r_{Dd}$ und $r_e \ll x_{e\sigma}$, so daß diese Näherung meist für die Praxis vollständig hinreichend ist. Auch hier hat die Meßgenauigkeit weit größeren Einfluß auf den ermittelten Wert als die durch obige Vernachlässigung entstehenden Fehler.

Die Subtransient-Leerlaufzeitkonstante wird am einfachsten und zweckmäßigsten aus dem Dauerkurzschluß-Abschaltversuch (Verlauf der wiederkehrenden Ständerspannung nach Abschalten eines Dauerkurzschlusses) bestimmt. Nach Abschalten des Kurzschlusses, d. h.

nach dem Öffnen der Ständerklemmen, erscheint sofort die dem Feld in der Maschine beim Kurzschluß entsprechende Streuspannung. Diese steigt dann zunächst rasch (T''_{do}), dann langsamer (T'_{do}) bis auf die der (vor dem Öffnen der Ständerklemmen) eingestellten Kurzschlußerregung entsprechende Leerlaufspannung an. Die Auswertung des Klemmenspannungsoszillogramms erfolgt nach den gleichen Gesichtspunkten wie die eines Stoßkurzschlußoszillogramms. Die Differenz des stationären Endwertes und der wiederkehrenden Klemmenspannung klingt, mit Ausnahme der ersten Perioden, mit der Leerlaufzeitkonstante T'_{do} ab. Führt man

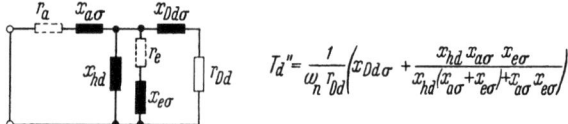

Abb. A 6. Subtransient-Kurzschlußzeitkonstante der Längsachse

die Auswertung im halblogarithmischen Papier durch (vgl. Stoßkurzschluß), so ergibt dieser Übergang eine Gerade. Extrapoliert man diese bis $t = 0$, so erhält man aus der sich ergebenden Differenzspannung und dem stationären Endwert den fiktiven Wert $U' = U_{(\text{stat.})} - \Delta U_{(\text{extrap.} t=0)}$ und daraus mit dem vor dem Abschalten vorhandenen Kurzschlußstrom die Transientreaktanz

$$x'_d = \frac{U'}{I_k}.$$

Die Abweichung dieser Geraden von der Differenzspannung in den ersten Perioden nach dem Abschalten des Kurzschlusses liefert schließlich die Subtransient-Leerlaufzeitkonstante T''_{do} und der Effektivwert der Spannung für $t = 0$ (Sprungwert U'') dividiert durch den Kurzschlußstrom I_k die Subtransientreaktanz

$$x''_d = \frac{U''}{I_k}.$$

Mit diesen Meßwerten und der Synchronreaktanz x_d (Meßwert) kann man auch die Kurzschlußzeitkonstanten T'_d und T''_d berechnen, denn es gilt:
$$T'_d = T'_{do} \frac{x'_d}{x_d}$$
und
$$T''_d = T''_{do} \frac{x''_d}{x'_d},$$

womit ein Stoßkurzschlußversuch überflüssig wird. Wichtig ist bei diesem Verfahren die Beachtung der Sättigungsunterschiede im Augenblick nach dem Abschalten des Kurzschlusses und in der Nähe des stationären Endwertes[1].

---

[1] Beachte auch Fußn. 1, S. 220.

Die Ermittlung der Subtransient-Kurzschlußzeitkonstante T_d'' erfolgt hiernach am zweckmäßigsten rechnerisch aus den Meßwerten der wiederkehrenden Spannung. Selbstverständlich liefert der Stoßkurzschlußstromverlauf[1] den Wert für T_d'' auch direkt und ebenso den für T_d'. Die entsprechenden Leerlaufwerte können dann rechnerisch ermittelt werden, da der Stoßkurzschluß auch die Werte für x_d'', x_d' und x_d ergibt.

Ein weiteres Verfahren zur Messung von T_d'' und T_{do}'' ist das schon kompliziertere

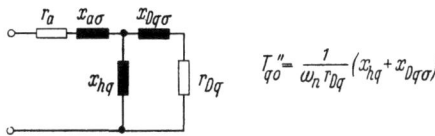

Abb. A 7
Subtransient-Leerlaufzeitkonstante der Querachse

Schlupfabschalt- bzw. Schlupfkurzschlußverfahren, wie es zur Ermittlung der Querachsenzeitkonstanten erforderlich ist. Die Werte der Querachsenzeitkonstanten T_{qo}'' und T_q'' sind nämlich nicht in so einfacher Weise wie die Längsachsenzeitkonstanten bestimmbar. Die Ersatzschaltbilder haben nach den Gleichungen die in den Abb. A 7 und A 8 dargestellte Form.

Zur meßtechnischen Bestimmung von T_{qo}'' wird die an eine Spannung von etwa 15% der Nennspannung (möglichst Netz mit Transformator) angeschlossene, entregte (Feldkreis über den Anker der Erregermaschine kurzgeschlossen) Synchronmaschine durch einen Motor so angetrieben, daß ein sehr kleiner Schlupf zustande

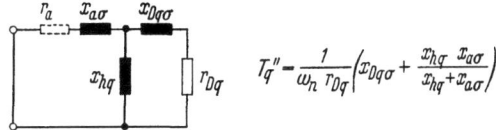

Abb. A 8
Subtransient-Kurzschlußzeitkonstante der Querachse

kommt. Schaltet man nun die Speisespannung in dem Augenblick ab, wo der aufgenommene Ankerstrom sein Maximum hat (Querstellung: induzierter Erregerstrom auch im Maximum), so klingt die Klemmenspannung der Synchronmaschine mit der Zeitkonstante T_{qo}'' ab (oszillographische Aufnahme erforderlich).

Wird die Speisespannung im Minimum des Ankerstromes abgeschaltet, d. h. also in der Längsstellung, so kann man T_{do}'' aus den ersten Perioden der abklingenden Maschinenspannung, und zwar aus der Differenzspannung der Transient- und Subtransientkomponente (vgl. Kurzschlußoszillogramm), ermitteln. — In der Praxis bereitet die Oszillogrammauswertung durch den geringen Betrag dieser Differenzspannung besonders für kleine T_{do}''-Werte oft Schwierigkeiten[1].

---

[1] Beachte auch Fußn. 1, S. 220.

224   Anhang 2: Die allgemeinen Gleichungen der Synchronmaschine

Zur Bestimmung der Kurzschlußzeitkonstanten T_q'' und T_d'' kann so verfahren werden, daß die Synchronmaschine über eine Schutzdrossel an die „15%-Speisespannung" angeschlossen und dann in den beschriebenen Stellungen an ihren Klemmen kurzgeschlossen wird. Die Drossel muß so bemessen sein, daß das Speisespannungsnetz den dreipoligen Stoßkurzschluß bis zur Abschaltung verträgt. Da dieses Verfahren sehr aufwendig ist, wird T_q'' zweckmäßiger rechnerisch aus T_{qo}'' bestimmt und T_d'' z. B. aus einem Stoßkurzschlußversuch bei verminderter Spannung (25 ··· 30% von U_N) ermittelt. Für T_q'' gilt:

$$T_q'' = T_{qo}'' \frac{x_q''}{x_q}.$$

3. Die Dämpferwicklungszeitkonstanten. In der exakten Gl. (A 46d) für den Reaktanzoperator $x_d(p)$ erscheinen außer den bereits beschrie-

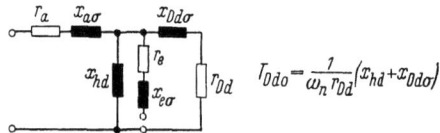

Abb. A 9. Dämpferwicklungs-Leerlaufzeitkonstante der Längsachse

benen Zeitkonstanten noch die Dämpferwicklungszeitkonstanten der Längsachse T_{Ddo} und T_{Dd} (Abb. A 9 und A 10).

Zur Bestimmung von T_{Ddo} wird das Schlupfabschaltverfahren, wie wir es weiter oben für die Bestimmung von T_{qo}'' beschrieben haben,

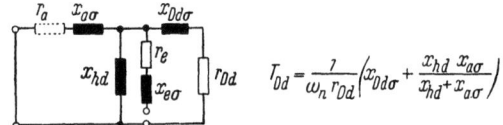

Abb. A 10. Dämpferwicklungs-Kurzschlußzeitkonstante der Längsachse

angewendet. Beim Versuch muß der Feldkreis offen sein. Die meßtechnische Bestimmung von T_{Dd} schließlich erfolgt nach dem Schlupfkurzschlußverfahren, also wie die Bestimmung von T_q'' (Kurzschluß in Längsrichtung), wobei auch hierbei der Feldkreis offen sein muß.

Da in der Querachse keine Feldwicklung vorhanden ist, entsprechen die Dämpferwicklungszeitkonstanten der Querachse den Subtransientzeitkonstanten der Querachse, womit sich ihre Behandlung erübrigt.

Auf die für alle Stoßvorgänge sehr wichtige Zeitkonstante des Ankerkreises T_a soll erst im nächsten Abschnitt über die Kurzschlußvorgänge eingegangen werden.

3. Der dreipolige (dreisträngige), symmetrische Stoßkurzschluß der Synchronmaschine[1]

3.1 Der dreipolige Klemmenkurzschluß aus vorhergehendem Leerlauf

3.11 Der Kurzschlußstromverlauf

Ausgangszustand ist der Leerlauf, und es wird angenommen, daß die Drehzahl während des Kurzschlußvorganges konstant bleibt, d. h., daß die Winkelgeschwindigkeit $\omega = \omega_n$ ist. Der Kurzschluß soll im Augenblick ($t = 0$) erfolgen, in welchem der Winkel zwischen der Achse des zu betrachtenden Stranges a und der Polachse Θ_o ist. Es gilt also:

$$\Theta = \Theta_o + \omega_n t.$$

Die stationären Ausgangswerte (Index „o") der Spannungskomponenten ergeben sich aus den Gln. (A 32) mit $i_{do} = i_{qo} = 0$ zu:

$$u_{do} = 0, \quad u_{qo} = x_{hd} i_{eo} = \sqrt{2} E = \sqrt{2} U_o.$$

Die Kurzschlußströme in den einzelnen Kreisen werden mit Hilfe des Überlagerungsprinzips ermittelt.

Der Klemmenkurzschluß äußert sich spannungsmäßig darin, daß die Klemmenspannung u_{qo} schlagartig zu Null wird, während die Erregerspannung u_{eo} konstant bleibt (Ausgleichsspannung $u_e' = 0$). Zur Ermittlung der zu überlagernden Kurzschlußströme muß also für $t = 0$ an den Ankerklemmen die Zusatzspannung $u_q' = -u_{qo}$ aufgebracht werden und an der Erregerwicklung die Spannung Null. Die resultierenden Ströme ergeben sich durch die Überlagerung der unter diesen Voraussetzungen ermittelten Ausgleichs- oder Zusatzströme (i_d', i_q', i_e', i_{Dd}', i_{Dq}') und der zugehörigen stationären Ausgangswerte (Index „o"). Da die Ausgangswerte für i_d und i_q Null sind, entsprechen die Ausgleichsströme i_d' und i_q' hier den resultierenden Strömen. Für die Ausgleichsspannung setzen wir die „Sprungspannung" ($-u_{qo} \cdot 1$) an (Einheitsstoß vgl. Lit. [A 18]). Die Gleichungen für den Ausgleichsvorgang im Ankerkreis lauten dann mit Gl. (A 21) (Nullkomponente tritt nicht auf, da symmetrische Belastung):

$$\begin{aligned} 0 &= -i_d r_a - p\psi_d' + \omega_n \psi_q', \\ -u_{qo} \cdot 1 &= -i_q r_a - p\psi_q' - \omega_n \psi_d'. \end{aligned} \quad \text{(A 64a)}$$

ψ_d' und ψ_q' bedeuten darin die Ausgleichsflußverkettungen, die den Ausgangswerten überlagert werden müssen. Mit den Gln. (A 44) und (A 48)

---
[1] Lit.: [A 1, A 5, A 9, A 12, A 18, 46, 50].

Anhang 3: Der dreipolige, symmetrische Stoßkurzschluß

für die Flußverkettungen lauten die Gln. (A 64a) ($u'_e = 0$!):

oder
$$\left.\begin{aligned} 0 &= -i_d r_a - p \frac{x_d(p)}{\omega_n} i_d + \omega_n \frac{x_q(p)}{\omega_n} i_q, \\ -u_{q0} \cdot 1 &= -i_q r_a - p \frac{x_q(p)}{\omega_n} i_q - \omega_n \frac{x_d(p)}{\omega_n} i_d \\ 0 &= -\left[r_a + p \frac{x_d(p)}{\omega_n}\right] i_d + x_q(p) i_q, \\ u_{q0} \cdot 1 &= x_d(p) i_d + \left[r_a + p \frac{x_q(p)}{\omega_n}\right] i_q. \end{aligned}\right\} \quad \text{(A 64b)}$$

Setzen wir in die Gln. (A 64b) die Näherung für $x_d(p)$ nach Gl. (A 46g) und für $x_q(p)$ die Gl. (A 49c) ein, so ergibt sich:

$$0 = -\left[r_a + \frac{p x_d}{\omega_n} \frac{(1 + p T'_d)(1 + p T''_d)}{(1 + p T'_{d0})(1 + p T''_{d0})}\right] i_d + x_q \frac{1 + p T''_q}{1 + p T''_{q0}} i_q, \quad \text{(A 65)}$$

$$u_{q0} \cdot 1 = x_d \frac{(1 + p T'_d)(1 + p T''_d)}{(1 + p T'_{d0})(1 + p T''_{d0})} i_d + \left[r_a + \frac{p x_q}{\omega_n} \frac{1 + p T''_q}{1 + p T''_{q0}}\right] i_q. \quad \text{(A 66)}$$

Eliminiert man nun i_q aus (A 65) und (A 66), so ergibt sich:

$$u_{q0} \cdot 1 = \frac{i_d x_d (1 + p T'_d)(1 + p T''_d)}{\omega_n^2 (1 + p T'_{d0})(1 + p T''_{d0})} \Big\{ p^2 + \omega_n^2 + p \omega_n r_a \Big[\frac{1}{x_d} \frac{(1 + p T'_{d0})(1 + p T''_{d0})}{(1 + p T'_d)(1 + p T''_d)} + $$
$$+ \frac{1}{x_q} \frac{1 + p T''_{q0}}{1 + p T''_q} \Big] + \frac{r_a^2 \omega_n^2 (1 + p T'_{d0})(1 + p T''_{d0})(1 + p T''_{q0})}{x_d x_q (1 + p T'_d)(1 + p T''_d)(1 + p T''_q)} \Big\}, \quad \text{(A 67)}$$

und damit lautet die Gleichung für i_d:

$$i_d = \frac{u_{q0} \cdot 1}{x_d} \frac{(1 + p T'_{d0})(1 + p T''_{d0})}{(1 + p T'_d)(1 + p T''_d)} \frac{\omega_n^2}{\left[p^2 + \omega_n^2 + p \omega_n r_a \left(\frac{1}{x_d(p)} + \frac{1}{x_q(p)}\right)\right]}, \quad \text{(A 68)}$$

wenn man das Glied mit r_a^2 vernachlässigt, was, da r_a normal sehr klein ist, zulässig ist.

Wir wollen nun zunächst r_a überhaupt vernachlässigen, was sich physikalisch im Konstantbleiben des Ankerflusses auswirken würde, d. h., das Gleichstromglied im Ankerstrom wird nicht abklingen. Wir müssen den Ankerwiderstand dann also nachträglich wieder berücksichtigen, um ein physikalisch richtiges Verhalten zu bekommen. Mit $r_a = 0$ lautet Gl. (A 68):

$$i_d = \frac{u_{q0} \cdot 1}{x_d} \frac{(1 + p T'_{d0})(1 + p T''_{d0})}{(1 + p T'_d)(1 + p T''_d)} \frac{\omega_n^2}{(p^2 + \omega_n^2)}. \quad \text{(A 69)}$$

Zur Bestimmung der zugehörigen Zeitfunktion wenden wir nun den Entwicklungssatz von HEAVISIDE [A 18] an. Er lautet:

Ist die Funktion $f(p) = Z(p)/N(p)$ gegeben — in unserem Fall ist $f(p) = i_d$ nach Gl. (A 69) —, dann gilt für die zugehörige Zeitfunktion:

$$A(t) = \frac{Z(0)}{N(0)} + \sum_{\nu=1}^{\nu=n} \frac{Z(p_\nu) e^{p_\nu t}}{p_\nu \dot{N}(p_\nu)} \quad \text{für } t > 0. \quad \text{(A 70)}$$

Der Kurzschlußstromverlauf

Angewandt auf unser Beispiel bedeutet das:

$$\frac{Z(0)}{N(0)} = \frac{u_{qo}}{x_d} \tag{A 71}$$

$$Z(p) = \frac{u_{qo} \cdot 1}{x_d} (1 + p T'_{do}) (1 + p T''_{do}) \omega_n^2. \tag{A 72}$$

Nun müssen die Wurzeln des Nenners bestimmt werden, die ja nach Gl. (A 70) die Exponenten der e-Glieder darstellen. Wir setzen also $N(p) = 0$:

$$N(p) = (1 + p T'_d)(1 + p T''_d)(p^2 + \omega_n^2) = 0. \tag{A 73}$$

Diese Gleichung läßt sich auch schreiben:

$$T'_d T''_d \left(p + \frac{1}{T'_d}\right)\left(p + \frac{1}{T''_d}\right)(p - j\omega_n)(p + j\omega_n) = 0.$$

Die 4 Wurzeln lauten:

$$p_1 = -\frac{1}{T'_d}; \quad p_2 = -\frac{1}{T''_d}; \quad p_3 = j\omega_n; \quad p_4 = -j\omega_n.$$

Nun benötigen wir noch die Ableitung von $N(p)$:

$$\dot{N}(p) = 4p^3 T'_d T''_d + 3p^2(T'_d + T''_d) + 2p(1 + \omega_n^2 T'_d T''_d) + \omega_n^2(T'_d + T''_d). \tag{A 74}$$

Damit ergibt sich für $p\dot{N}(p)$ mit p_1:

$$p_1 \dot{N}_1(p_1) = -\frac{1}{T'_d}\left[-4\frac{T'_d T''_d}{T'^3_d} + \frac{3}{T'^2_d}(T'_d + T''_d) - \frac{2}{T'_d}(1 + \omega_n^2 T'_d T''_d) + \right.$$
$$\left. + \omega_n^2(T'_d + T''_d)\right]$$
$$= -\omega_n^2\left(1 - \frac{T''_d}{T'_d}\right)\left(1 + \frac{1}{T'^2_d \omega_n^2}\right)$$

und

$$\frac{Z(p_1) e^{p_1 t}}{p_1 \dot{N}(p_1)} = -\frac{u_{qo}}{x_d} \frac{\left(1 - \dfrac{T'_{do}}{T'_d}\right)\left(1 - \dfrac{T''_{do}}{T'_d}\right)}{\left(1 - \dfrac{T''_d}{T'_d}\right)\left(1 + \dfrac{1}{T'^2_d \omega_n^2}\right)} e^{-\frac{t}{T'_d}}.$$

Auf gleichem Wege erhält man für $p_2 = -1/T''_d$:

$$\frac{Z(p_2) e^{p_2 t}}{p_2 \dot{N}(p_2)} = -\frac{u_{qo}}{x_d} \frac{\left(1 - \dfrac{T'_{do}}{T''_d}\right)\left(1 - \dfrac{T''_{do}}{T''_d}\right)}{\left(1 - \dfrac{T'_d}{T''_d}\right)\left(1 + \dfrac{1}{T''^2_d \omega_n^2}\right)} e^{-\frac{t}{T''_d}}.$$

Nun folgen die beiden imaginären Wurzeln $p_3 = j\omega_n$ und $p_4 = -j\omega_n$. Mit p_3 ergibt sich aus (A 74):

$$p_3 \dot{N}(p_3) = j\omega_n[-2j\omega_n^3 T'_d T''_d - 2\omega_n^2(T'_d + T''_d) + 2j\omega_n]$$
$$= -2\omega_n^2(1 + j\omega_n T'_d)(1 + j\omega_n T''_d)$$

15*

228   Anhang 3: Der dreipolige, symmetrische Stoßkurzschluß

und damit:
$$\frac{Z(p_3)\,e^{p_3 t}}{p_3 \dot N(p_3)} = -\frac{1}{2}\frac{u_{qo}}{x_d}\frac{(1+j\omega_n T'_{do})(1+j\omega_n T''_{do})}{(1+j\omega_n T'_d)(1+j\omega_n T''_d)}\,e^{j\omega_n t}.$$

Schließlich ergibt sich mit p_4:

und damit: $\quad p_4 \dot N(p_4) = -2\omega_n^2(1-j\omega_n T'_d)(1-j\omega_n T''_d)$

$$\frac{Z(p_4)\,e^{p_4 t}}{p_4 \dot N(p_4)} = -\frac{1}{2}\frac{u_{qo}}{x_d}\frac{(1-j\omega_n T'_{do})(1-j\omega_n T''_{do})}{(1-j\omega_n T'_d)(1-j\omega_n T''_d)}\,e^{-j\omega_n t}.$$

Damit kann man für den zeitlichen Verlauf des Ankerstromes i_d bei Vernachlässigung von r_a anschreiben[1]:

$$i_d = \frac{u_{qo}}{x_d}\Bigg[1 - \frac{\left(1-\dfrac{T'_{do}}{T'_d}\right)\left(1-\dfrac{T''_{do}}{T'_d}\right)}{\left(1-\dfrac{T''_d}{T'_d}\right)\left(1+\dfrac{1}{T'^{\,2}_d\omega_n^2}\right)}\,e^{-\frac{t}{T'_d}} -$$

$$-\frac{\left(1-\dfrac{T'_{do}}{T''_d}\right)\left(1-\dfrac{T''_{do}}{T''_d}\right)}{\left(1-\dfrac{T'_d}{T''_d}\right)\left(1+\dfrac{1}{T''^{\,2}_d\omega_n^2}\right)}\,e^{-\frac{t}{T''_d}} - \frac{1}{2}\frac{(1+j\omega_n T'_{do})(1+j\omega_n T''_{do})}{(1+j\omega_n T'_d)(1+j\omega_n T''_d)}\times$$

$$\times e^{j\omega_n t} - \frac{1}{2}\frac{(1-j\omega_n T'_{do})(1-j\omega_n T''_{do})}{(1-j\omega_n T'_d)(1-j\omega_n T''_d)}\,e^{-j\omega_n t}\Bigg]. \quad \text{(A 75)}$$

Bei Normalausführung der Synchronmaschine gilt nun (vgl. Tab. 2 und 3): T''_d und T''_{do} sind klein gegen T'_d und T'_{do}, d. h., T''_{do}/T'_d, T''_d/T'_d und $1/T'^{\,2}_d\omega_n^2$ bzw. $1/T''^{\,2}_d\omega_n^2$ können jeweils gegen Eins vernachlässigt werden, während T'_{do}/T''_d, T'_d/T''_d, $\omega_n T'_{do}$, $\omega_n T''_{do}$, $\omega_n T'_d$ und $\omega_n T''_d$ groß sind gegen Eins, womit Eins vernachlässigt werden kann. Wendet man diese Näherungen auf Gl. (A 75) an, so ergibt sich:

$$i_d \approx \frac{u_{qo}}{x_d}\times$$

$$\times\left[1 + \frac{(T'_{do}-T'_d)}{T'_d}\,e^{-\frac{t}{T'_d}} + \frac{T'_{do}}{T'_d}\frac{(T''_{do}-T''_d)}{T''_d}\,e^{-\frac{t}{T''_d}} - \frac{T'_{do}\,T''_{do}}{T'_d\,T''_d}\frac{(e^{j\omega_n t}+e^{-j\omega_n t})}{2}\right]$$

$$\approx u_{qo}\left[\frac{1}{x_d} + \left(\frac{1}{x'_d}-\frac{1}{x_d}\right)e^{-\frac{t}{T'_d}} + \left(\frac{1}{x''_d}-\frac{1}{x'_d}\right)e^{-\frac{t}{T''_d}} - \frac{1}{x''_d}\cos\omega_n t\right]. \quad \text{(A 76)}$$

Führt man i_d gemäß Gl. (A 69) zur Ermittlung von i_q in die Gln. (A 65) und (A 66) ein, wobei auch in diesen r_a gleich Null gesetzt wird, so ergibt sich:

$$i_q = \frac{u_{qo}\cdot 1}{x_q}\frac{(1+p\,T''_{qo})}{(1+p\,T''_q)}\frac{p\,\omega_n}{(p^2+\omega_n^2)}. \quad \text{(A 77)}$$

---

[1] Ist die Näherung für $x_d(p)$ gemäß Gl. (A 46g) nicht ausreichend, so sind die Zeitkonstanten in Gl. (A 75) durch die in der Fußnote zu Gl. (A 46g) angegebenen Zeitkonstanten zu ersetzen.

Die Wurzeln des Nenners lauten:

$$p_1 = -\frac{1}{T_q''}; \quad p_2 = j\omega_n \quad \text{und} \quad p_3 = -j\omega_n, \quad \text{und} \quad \dot{N}(p) \text{ ist:}$$

$$\dot{N}(p) = 3p^2 T_q'' + 2p + T_q'' \omega_n^2. \tag{A 78}$$

Damit wird:

$$\frac{Z(p_1)}{p_1 \dot{N}(p_1)} e^{p_1 t} = \frac{u_{qo}}{x_q} \frac{\left(1 - \dfrac{T_{qo}''}{T_q''}\right)}{T_q'' \omega_n \left(1 + \dfrac{1}{T_q''^2 \omega_n^2}\right)} e^{-\frac{t}{T_q''}}$$

und

$$\frac{Z(p_2)}{p_2 \dot{N}(p_2)} e^{p_2 t} = -\frac{j}{2} \frac{u_{qo}}{x_q} \frac{(1 + j\omega_n T_{qo}'')}{(1 + j\omega_n T_q'')} e^{j\omega_n t}$$

sowie:

$$\frac{Z(p_3)}{p_3 \dot{N}(p_3)} e^{p_3 t} = +\frac{j}{2} \frac{u_{qo}}{x_q} \frac{(1 - j\omega_n T_{qo}'')}{(1 - j\omega_n T_q'')} e^{-j\omega_n t}.$$

Da $Z(0)/N(0) = 0$ ist, lautet die Zeitfunktion für i_q:

$$i_q = \frac{u_{qo}}{x_q} \left[\frac{\left(1 - \dfrac{T_{qo}''}{T_q''}\right)}{T_q'' \omega_n \left(1 + \dfrac{1}{T_q''^2 \omega_n^2}\right)} e^{-\frac{t}{T_q''}} - \frac{j}{2} \frac{(1 + j\omega_n T_{qo}'')}{(1 + j\omega_n T_q'')} e^{j\omega_n t} + \right.$$

$$\left. + \frac{j}{2} \frac{(1 - j\omega_n T_{qo}'')}{(1 - j\omega_n T_q'')} e^{-j\omega_n t} \right]. \tag{A 79}$$

Bei normalen Werten von T_q'' für Maschinen mit Dämpferkäfig ($T_q'' \approx 0,03 \cdots 0,08$) wird der erste Ausdruck in der Klammer sehr klein, und im zweiten und dritten wird Eins immer klein gegen $\omega_n T_q''$ bzw. $\omega_n T_{qo}''$. Damit kann man als Näherung schreiben:

$$i_q \approx \frac{u_{qo}}{x_q} \left(\frac{T_{qo}''}{T_q''} j \frac{e^{-j\omega_n t} - e^{j\omega_n t}}{2} \right) = \frac{u_{qo}}{x_q''} \sin \omega_n t. \tag{A 80}$$

Den Ankerstrom i_a (Strang a) erhält man schließlich aus den beiden Gln. (A 76) und (A 80) mit Hilfe der ersten Gl. von (A 13) für die Rücktransformation ($i_0 = 0$), wobei für $\Theta = \omega_n t + \Theta_o$ gesetzt wird, zu:

$$i_a = i_d \cos(\omega_n t + \Theta_o) - i_q \sin(\omega_n t + \Theta_o)$$

$$= u_{qo} \left\{ \left[\frac{1}{x_d} + \left(\frac{1}{x_d'} - \frac{1}{x_d}\right) e^{-\frac{t}{T_d'}} + \left(\frac{1}{x_d''} - \frac{1}{x_d'}\right) e^{-\frac{t}{T_d''}} - \frac{1}{x_d''} \cos \omega_n t \right] \times \right.$$

$$\left. \times \cos(\omega_n t + \Theta_o) - \frac{1}{x_q''} \sin \omega_n t \sin(\omega_n t + \Theta_o) \right\}$$

$$= u_{qo} \left\{ \left[\frac{1}{x_d} + \left(\frac{1}{x_d'} - \frac{1}{x_d}\right) e^{-\frac{t}{T_d'}} + \left(\frac{1}{x_d''} - \frac{1}{x_d'}\right) e^{-\frac{t}{T_d''}} \right] \cos(\omega_n t + \Theta_o) - \right.$$

$$\left. - \frac{1}{2}\left(\frac{1}{x_d''} + \frac{1}{x_q''}\right) \cos \Theta_o - \frac{1}{2}\left(\frac{1}{x_d''} - \frac{1}{x_q''}\right) \cos(2\omega_n t + \Theta_o) \right\}. \tag{A 81}$$

i_b und i_c erhält man, indem man Θ_o durch $(\Theta_o - 2\pi/3)$ und $(\Theta_o + 2\pi/3)$ ersetzt.

Aus der Gl. (A 81) erkennt man, daß die ersten 3 Glieder (eckige Klammer) einen Wechselstrom mit der Maschinenfrequenz $\omega_n/2\pi = f_n$ darstellen, dessen Amplitude von dem Anfangswert $u_{qo}/x_d'' = \sqrt{2}\, U_o/x_d''$ auf den Endwert, d. h. den Dauerkurzschlußstrom $u_{qo}/x_d = \sqrt{2}\, U_o/x_d$, abnimmt. Dabei erfolgt der Übergang zunächst sehr rasch mit der Subtransientzeitkonstante T_d'' und dann langsamer mit der Transientzeitkonstante T_d'. Das auf den Wechselstrom folgende Glied

$$\frac{u_{qo}}{2}\left(\frac{1}{x_d''} + \frac{1}{x_q''}\right)\cos\Theta_o$$

ist ein Gleichstrom, dessen Größe vom Schaltaugenblick (Θ_o) abhängt. Man nennt dieses Glied das Gleichstromglied des Kurzschlußstromes. In Wirklichkeit bleibt er nicht konstant, sondern er klingt nach einer e-Funktion mit der Zeitkonstante T_a ab, die vom hier vernachlässigten Ankerwiderstand r_a abhängt, worauf wir schon im Anschluß an Gl. (A 68) hingewiesen haben. Wir betrachten also nochmal die Gl. (A 68), bei deren Ableitung wir bereits angenommen hatten, daß r_a sehr klein sei, womit das Glied mit r_a^2 der Gl. (A 67) vernachlässigt werden konnte. Eine weitere Vereinfachung dieser Gleichung ergibt sich durch Vernachlässigung der Widerstände des Feldkreises und der Dämpferwicklungen (d und q) in dem Glied mit r_a. Dann gehen aber $x_d(p)$ und $x_q(p)$ in x_d'' und x_q'' über, da die Zeitkonstanten [Gln. (A 46g) und (A 49c)] groß gegen Eins werden. Damit kann man dann für den Klammerausdruck in der eckigen Klammer im Nenner der Gl. (A 68) schreiben:

$$p^2 + p\,\omega_n r_a\left(\frac{1}{x_d''} + \frac{1}{x_q''}\right) + \omega_n^2 = p^2 + 2\alpha p + \omega_n^2 = (p + \alpha_1)(p + \alpha_2),$$

wobei gesetzt wurde:

$$\alpha = \frac{\omega_n r_a}{2}\left(\frac{1}{x_d''} + \frac{1}{x_q''}\right) = \frac{\omega_n r_a}{2}\left(\frac{x_d'' + x_q''}{x_d''\, x_q''}\right). \tag{A 82}$$

Verfährt man nun weiter in der Weise, wie wir es bei der Herleitung des Kurzschlußstromes weiter vorn getan haben, so zeigt es sich, daß man mit den dabei angenommenen Zeitkonstantenverhältnissen und $\alpha \ll \omega_n$ [da r_a klein, s. (A 82)] nachweisen kann, daß das Gleichstromglied mit der Zeitkonstante $1/\alpha$ abklingt. Wir setzen also:

$$T_a = \frac{1}{\alpha} = \frac{2 x_d''\, x_q''}{\omega_n r_a (x_d'' + x_q'')}. \tag{A 83}$$

Das letzte Glied der Gl. (A 81) ist ein Wechselstromglied doppelter Frequenz. Die Amplitude dieses Gliedes klingt ebenfalls mit der Zeitkonstante T_a ab. Da für Maschinen mit vollständiger Dämpferwicklung $x_d'' \approx x_q''$ gilt, wird dieses letzte Glied meist sehr klein. Für Maschinen ohne Dämpferwicklung oder nur mit Polgittern kann es jedoch einen erheblichen Betrag erreichen.

Die endgültige Form der Gl. (A 81) für den Kurzschlußstrom aus dem Leerlaufzustand lautet also:

$$i_a = \sqrt{2}\, U_o \left\{ \left[\frac{1}{x_d} + \left(\frac{1}{x_d'} - \frac{1}{x_d}\right) e^{-\frac{t}{T_d'}} + \left(\frac{1}{x_d''} - \frac{1}{x_d'}\right) e^{-\frac{t}{T_d''}} \right] \cos(\omega_n t + \Theta_o) - \right.$$
$$\left. - \frac{1}{2}\left(\frac{1}{x_d''} + \frac{1}{x_q''}\right) e^{-\frac{t}{T_a}} \cos\Theta_o - \frac{1}{2}\left(\frac{1}{x_d''} - \frac{1}{x_q''}\right) e^{-\frac{t}{T_a}} \cos(2\omega_n t + \Theta_o) \right\}. \quad \text{(A 84a)}$$

Die Höhe des Gleichstromgliedes ist, wie bereits gesagt, vom Schaltaugenblick (Θ_o) abhängig. Je nach dem Betrag von Θ_o hat der betrachtete Ankerstrang (= Ständerstrang), hier also der Strang a, im Kurzschlußaugenblick zum Polrad eine unterschiedliche Lage. Die Größe des Gleichstromgliedes im Schaltaugenblick muß dabei immer so sein, daß für $t = 0$ die Bedingung $i_a = 0$ erfüllt ist. Erfolgt der Kurzschluß nun z. B. im Augenblick $\Theta_o = 0$ (Achse des Stranges a deckt sich mit Polradachse, Spannungsnulldurchgang), so fangen die Wechselstromanteile mit ihren Maximalwerten an. Das Gleichstromglied muß dann auch seinen höchst möglichen Wert haben. Die Gleichung für den Kurzschlußstrom lautet also mit $\Theta_0 = 0$:

$$i_a = \sqrt{2}\, U_o \left\{ \left[\frac{1}{x_d} + \left(\frac{1}{x_d'} - \frac{1}{x_d}\right) e^{-\frac{t}{T_d'}} + \left(\frac{1}{x_d''} - \frac{1}{x_d'}\right) e^{-\frac{t}{T_d''}} \right] \cos\omega_n t - \right.$$
$$\left. - \frac{1}{2}\left(\frac{1}{x_d''} + \frac{1}{x_q''}\right) e^{-\frac{t}{T_a}} - \frac{1}{2}\left(\frac{1}{x_d''} - \frac{1}{x_q''}\right) e^{-\frac{t}{T_a}} \cos 2\omega_n t \right\}. \quad \text{(A 84b)}$$

Der Kurzschlußstrom verläuft danach anfangs ganz einseitig (vgl. Hauptteil Abb. 18, Strang a) und wird erst nach dem Abklingen des Gleichstromgliedes symmetrisch. Weicht x_d'' von x_q'' ab [Maschinen mit vollständiger Dämpferwicklung: $x_q'' = (0,9 \cdots 1,3)\, x_d''$], so verfälscht das Wechselstromglied mit doppelter Frequenz die Maximalwerte des Wechselstromanteiles des Kurzschlußstromes in den ersten Perioden, so daß Reaktanzen (x_d'', x_d') und Zeitkonstanten (T_d'', T_d') aus einem solchen Oszillogramm nur ungenau bestimmt werden können. Man wählt deshalb zur Auswertung zweckmäßig den Strang mit der geringsten Verlagerung (möglichst mit Gleichstromglied Null).

3.12 Das Kurzschlußdrehmoment „im Luftspalt"

Das Kurzschlußdrehmoment kann, nachdem nun der Kurzschlußstromverlauf bekannt ist, nach Ermittlung des zeitlichen Verlaufes der Flußverkettungen ψ_d und ψ_q mit Hilfe der Gl. (A 60) ermittelt werden:

$$m_E = \frac{\omega_n}{2}\,(i_d\,\psi_q - i_q\,\psi_d).$$

Vor dem Kurzschluß ist gemäß Gl. (A 32) im Leerlauf (statt Index „stationär" hier Index „o"):
$$\psi_{do} = -\frac{u_{qo}}{\omega_n}$$
und
$$\psi_{qo} = 0.$$

Nach dem Kurzschluß gilt:
$$\psi_d = \psi_{do} + \psi'_d, \tag{A 85a}$$
$$\psi_q = \psi_{qo} + \psi'_q, \tag{A 86}$$

wobei ψ'_d und ψ'_q die zu überlagernden Ausgleichswerte sind, die man aus den Gln. (A 64a), (A 44) und (A 48) erhält. Uns interessiert jedoch in erster Linie nicht der zeitliche Verlauf des Kurzschlußdrehmomentes, sondern sein Maximalwert, da dieser die höchste mechanische Beanspruchung ergibt. Wir können also zunächst für die Ermittlung der Flußverkettungen den Ankerwiderstand wieder vernachlässigen und erhalten dann für ψ'_d mit den Gln. (A 69) und (A 70):

$$\psi'_d = \frac{x_d(p)}{\omega_n} i_d = \frac{\omega_n}{p^2 + \omega_n^2} u_{qo} \cdot 1$$
$$= \frac{u_{qo}}{\omega_n} (1 - \cos\omega_n t). \tag{A 87}$$

Berücksichtigt man den Ankerwiderstand, so klingt das cos-Glied mit der Zeitkonstante T_a ab.

Mit Gl. (A 87) wird ψ_d nach Gl. (A 85a):

$$\psi_d = -\frac{u_{qo}}{\omega_n} + \frac{u_{qo}}{\omega_n}(1 - \cos\omega_n t) = -\frac{u_{qo}}{\omega_n}\cos\omega_n t. \tag{A 85b}$$

Für die Querachse ergibt sich entsprechend [mit Gln. (A 77) und (A 70)]:

$$\psi'_q = \frac{x_q(p)}{\omega_n} i_q = \frac{p}{p^2 + \omega_n^2} u_{qo} \cdot 1$$
$$= \frac{u_{qo}}{\omega_n} \sin\omega_n t. \tag{A 88}$$

Auch diese Komponente würde bei Berücksichtigung des Ankerwiderstandes mit T_a abklingen.

Für ψ_q gilt damit [Gl. (A 86) mit $\psi_{qo} = 0$]:

$$\psi_q = (\psi'_q) = \frac{u_{qo}}{\omega_n} \sin\omega_n t. \tag{A 89}$$

Für die Ströme i_d und i_q erhält man ohne Dämpfung die Werte [Zeitkonstanten in den Gln. (A 76) und (A 80) gleich Unendlich gesetzt]:

$$i_d = \frac{u_{qo}}{x''_d}(1 - \cos\omega_n t), \tag{A 90}$$

$$i_q = \frac{u_{qo}}{x''_q} \sin\omega_n t. \tag{A 91}$$

Damit wird das Drehmoment nach Gl. (A 60):

$$m_E = \frac{u_{qo}^2}{2}\left[\frac{1}{x_d''}\sin\omega_n t - \frac{1}{2}\left(\frac{1}{x_d''}-\frac{1}{x_q''}\right)\sin 2\omega_n t\right]$$

$$= U_o^2\left[\frac{1}{x_d''}\sin\omega_n t - \frac{1}{2}\left(\frac{1}{x_d''}-\frac{1}{x_q''}\right)\sin 2\omega_n t\right]. \quad \text{(A 92)}$$

Bei vollständiger Dämpferwicklung ist nun $x_q'' \approx x_d''$, womit das zweite Glied der Gl. (A 92) also verschwindend klein wird. Damit hat das Drehmoment die Amplitude U_o^2/x_d''. Den zeitlichen Verlauf von m_E erhält man durch Einsetzen der Ströme nach den Gln. (A 76) und (A 80) und der mit e^{-t/T_a} multiplizierten Flüsse nach den Gln. (A 85 b) und (A 89) in Gl. (A 60).

3.13 Feldstromverlauf beim Kurzschluß

Vor dem Kurzschluß gilt für den Erregerstrom gemäß den Gln. (A 32) mit $i_{do} = i_{qo} = 0$: $u_{qo} = x_{hd} i_{eo}$ und damit:

$$i_{eo} = \frac{u_{qo}}{x_{hd}}.$$

Nach Eintritt des Kurzschlusses ergibt sich der Strom im Feldkreis durch Überlagerung des Leerlauferregerstromes i_{eo} und des Ausgleichstromes i_e'. Den Zusammenhang zwischen i_e' und i_d liefert uns die Gl. (A 42), die mit $u_e = u_e' = 0$ lautet:

$$i_e' = \frac{p^2(l_{Dd}l_{hd}-l_{hd}^2)+pl_{hd}r_{Dd}}{A(p)}i_d$$

$$= pG_e(p)i_d \approx p\frac{1+pT_{Dd\sigma}}{(1+pT_{d o}')(1+pT_{d o}'')}T_{hd}' i_d. \quad \text{(A 93 a)}$$

Setzen wir Gl. (A 69) für i_d ein, so gilt:

$$i_e' \approx \frac{(1+pT_{Dd\sigma})pT_{hd}'}{(1+pT_d')(1+pT_d'')}\frac{\omega_n^2}{(p^2+\omega_n^2)}\frac{u_{qo}\cdot 1}{x_d}. \quad \text{(A 93 b)}$$

Die Lösung erfolgt wieder nach Gl. (A 70), und zwar wie es in den Gln. (A 71) bis (A 78) für die Längskomponente des Ankerkurzschlußstromes gezeigt wurde. Da die Nenner der Gln. (A 69) und (A 93 b) gleich sind, werden wir die Herleitung hier nicht wiederholen. Das Ergebnis lautet mit $r_a = 0$:

$$i_e' = \frac{u_{qo}}{x_d}\frac{T_{hd}'}{T_d'}\left[e^{-\frac{t}{T_d'}}-\left(1-\frac{T_{Dd\sigma}}{T_d''}\right)e^{-\frac{t}{T_d''}}-\frac{T_{Dd\sigma}}{T_d'}\cos\omega_n t\right] \quad \text{(A 94 a)}$$

und nach Berücksichtigung von $r_a{}^1$:

$$i'_e = \frac{u_{qo}}{x_d} \frac{T'_{hd}}{T'_d} \left[e^{-\frac{t}{T'_d}} - \left(1 - \frac{T_{Dd\sigma}}{T''_d}\right) e^{-\frac{t}{T''_d}} - \frac{T_{Dd\sigma}}{T''_d} e^{-\frac{t}{T_a}} \cos\omega_n t \right]. \quad (A\,94\,b)$$

Der Gesamtstrom im Feldkreis ergibt sich damit aus dem Leerlauferregerstrom und dem Ausgleichsstrom nach Gl. (A 94 b) zu:

$$i_e = i_{eo} + i'_e = \frac{u_{qo}}{x_{hd}} + \frac{u_{qo}}{x_d} \frac{T'_{hd}}{T'_d} \times$$

$$\times \left[e^{-\frac{t}{T'_d}} - \left(1 - \frac{T_{Dd\sigma}}{T''_d}\right) e^{-\frac{t}{T''_d}} - \frac{T_{Dd\sigma}}{T''_d} e^{-\frac{t}{T_a}} \cos\omega_n t \right]$$

$$= \frac{\sqrt{2}\,U_o}{x_{hd}} + \frac{\sqrt{2}\,U_o}{x_{hd}} \frac{x_{hd}}{x_d} \frac{T'_{hd}}{T'_d} \times$$

$$\times \left[e^{-\frac{t}{T'_d}} - \left(1 - \frac{T_{Dd\sigma}}{T''_d}\right) e^{-\frac{t}{T''_d}} - \frac{T_{Dd\sigma}}{T''_d} e^{-\frac{t}{T_a}} \cos\omega_n t \right]$$

$$= i_{eo} + i_{eo} \frac{x_{hd}}{x_d} \frac{T'_{hd}}{T'_d} \times$$

$$\times \left[e^{-\frac{t}{T'_d}} - \left(1 - \frac{T_{Dd\sigma}}{T''_d}\right) e^{-\frac{t}{T''_d}} - \frac{T_{Dd\sigma}}{T''_d} e^{-\frac{t}{T_a}} \cos\omega_n t \right]. \quad (A\,95\,a)$$

Nun ist $\quad \dfrac{x_{hd}}{x_d} \dfrac{T'_{hd}}{T'_d} = \dfrac{x_{hd}^2}{x_d \omega_n r_e T'_d} = \dfrac{T'_{do} - T'_d}{T'_d} = \dfrac{x_d - x'_d}{x'_d}$

---

[1] Gl. (A 94 b) gilt, wenn die bei der Herleitung der Gl. (A 76) eingeführten Näherungen und Vernachlässigungen sowie die Ungleichungen $\omega_n T_{Dd\sigma} \gg 1$ und $T_{Dd\sigma}/T'_d \ll 1$ zulässig sind. Ist das nicht der Fall, so muß mit den exakteren Zeitkonstanten T_{11} bis T_{21o} (Fußnote zu Gl. (A 46 g)) gerechnet werden. Die sich ergebende Gleichung für i'_e lautet dann:

$$i'_e = \frac{u_{qo}}{x_d} T'_{hd} \Bigg\{ \frac{T_{11} - T_{Dd\sigma}}{T_{11}(T_{11} - T_{21})\left(1 + \dfrac{1}{T_{11}^2 \omega_n^2}\right)} e^{-\frac{t}{T_{11}}} -$$

$$- \frac{T_{21} - T_{Dd\sigma}}{T_{21}(T_{11} - T_{21})\left(1 + \dfrac{1}{T_{21}^2 \omega_n^2}\right)} e^{-\frac{t}{T_{21}}} - \frac{1}{2} \times$$

$$\times \left[\frac{(1 + j\omega_n T_{Dd\sigma})j\omega_n}{(1 + j\omega_n T_{11})(1 + j\omega_n T_{21})} e^{j\omega_n t} - \frac{(1 - j\omega_n T_{Dd\sigma})j\omega_n}{(1 - j\omega_n T_{11})(1 - j\omega_n T_{21})} e^{-j\omega_n t} \right] e^{-\frac{t}{T_a}} \Bigg\}$$

Die beiden Glieder in der eckigen Klammer ergeben eine Sinusschwingung, die je nach Größe der Zeitkonstanten mehr oder weniger phasenverschoben ist. Für die praktisch vorkommenden Fälle unterscheidet sich der Verlauf des nach Gl. (A 94 b) ermittelten Feldausgleichstromes kaum von dem Verlauf, wie ihn die eben genannte exaktere Gleichung ergibt.

Feldstromverlauf

und damit wird Gl. (A 95a):

$$i_e = i_{eo} + i_{eo} \frac{x_d - x'_d}{x'_d} \times$$

$$\times \left[e^{-\frac{t}{T'_d}} - \left(1 - \frac{T_{Da\sigma}}{T''_d}\right) e^{-\frac{t}{T''_d}} - \frac{T_{Da\sigma}}{T''_d} e^{-\frac{t}{T_a}} \cos\omega_n t \right] \quad \text{(A 95 b)}$$

[vgl. Gl. (A 95 c) nach Gl. (A 154), S. 253].

Gemäß Gl. (A 95) baut sich der Strom im Feldkreis beim Kurzschluß aus folgenden Komponenten auf:

1. aus der Gleichstromkomponente, die den Leerlauferregerstrom und darüber überlagert einen transienten und subtransienten Anteil enthält, und

2. aus der mit der Zeitkonstante T_a abklingenden Wechselstromkomponente.

Der über den Leerlauferregerstrom i_{eo} überlagerte transiente Anteil der Gleichstromkomponente hätte ohne den subtransienten Anteil (ohne Dämpferwicklung) im Kurzschlußaugenblick den Betrag: $i_{eo} \left(\frac{x_d}{x'_d} - 1 \right)$, d. h., ohne Dämpferwicklung und ohne sonstige dämpfende Kreise im Polrad (Massiveisenteile) würde der Strom im Feldkreis im Kurzschlußaugenblick von seinem Ausgangswert i_{eo} auf $i_{eo} \frac{x_d}{x'_d}$ springen und dann mit der Zeitkonstante T'_d wieder auf den Ausgangswert i_{eo} abklingen. Da jedoch immer, also auch beim Fehlen einer Dämpferwicklung, allein schon durch die Konstruktionsteile dämpfende Kreise vorhanden sind, springt der Strom im Feldkreis nicht so hoch, denn die Dämpferkreise mit den darin induzierten Strömen kompensieren einen Teil des Gesamtfeldes auf der Läuferseite. Der Strom in den Dämpferkreisen klingt jedoch verhältnismäßig rasch ab, und entsprechend verringert sich auch der Differenzbetrag zwischen der gesamten Gleichstromkomponente und der ohne Berücksichtigung der Dämpferkreise ermittelten (T''_d). Die Gleichstromkomponente für $t = 0$ hat also nicht den Betrag $i_{eo} \frac{x_d}{x'}$, sondern nur den kleineren: $i_{eo} \left[1 + \frac{T_{Da\sigma}}{T''_d} \left(\frac{x_d}{x'_d} - 1 \right) \right]$. Sie zeigt danach allerdings bei normaler Dimensionierung einen Anstieg, so daß Werte erreicht werden, die sich nur wenig von dem Betrag $i_{eo} \frac{x_d}{x'_d}$ unterscheiden. Zu beachten ist, daß den Gleichstromkomponenten noch die Wechselstromkomponente zu überlagern ist, so daß der Maximalwert des Feldstromes nach dem Kurzschluß meist noch etwas größer ist als $i_{eo} \frac{x_d}{x'_d}$ (Abb. 18 und 21 des Hauptteils). Da man die „zusätzlichen Dämpferkreise" und auch die Sättigung nicht exakt erfassen kann, stimmt der aus Gl. (A 95) ermittelte Stromverlauf in seinem ersten Teil nicht so gut mit den Meßwerten überein wie der nach Gl. (A 84) ermittelte Ankerstromverlauf mit den zugehörigen Meßwerten.

3.2 Berücksichtigung der Vorbelastung beim Kurzschluß

Erfolgt der Kurzschluß nicht aus dem Leerlauf, so gelten für den stationären Ausgangszustand die Gln. (A 32), d. h., da nun $i_{d0} \neq 0$, $i_{q0} \neq 0$ sind, ist u_{d0} nicht mehr gleich Null, wie es im Leerlauffall war. Wir können trotzdem wieder das Überlagerungsprinzip anwenden, wobei wir für die Ausgleichsgrößen (Zusatzgrößen) anstelle der Gl. (A 64a) nun schreiben müssen:

$$-u_{d0} \cdot 1 = -i'_d r_a - p\,\psi'_d + \omega_n \psi'_q,$$
$$-u_{q0} \cdot 1 = -i'_q r_a - p\,\psi'_q - \omega_n \psi'_d. \qquad (A\ 96)$$

Der Gesamtankerstrom (z. B. i_a) ergibt sich dann aus 3 Komponenten, und zwar:

1. aus der Vorlastkomponente, d. h. für den Strang a aus i_{a0},
2. aus einer Komponente, die dem Leerlauffall entspricht, wobei also $u_{d0} = 0$ gesetzt wird [Gl. (A 84a)], und
3. aus einer Komponente, die durch Nullsetzen von u_{q0} und Berücksichtigung von $u_{d0} \neq 0$ entsteht.

Für diese dritte Komponente muß sich eine Gleichung ergeben, die einen ganz ähnlichen Aufbau wie Gl. (A 84a) hat, wobei anstelle der Längsachsengrößen die Querachsengrößen treten und wobei der transiente Anteil entfällt, weil keine Erregerwicklung in der Querachse vorhanden ist.

Die Flußverkettungen ψ_d und ψ_q lassen sich in ähnlicher Weise nach dem Überlagerungsprinzip herleiten, und damit kann dann das Kurzschlußdrehmoment ermittelt werden. Wir wollen hier darauf aber nicht weiter eingehen und nur noch kurz den Weg zur Ermittlung der Ankerstromkomponente bei $u_{q0} = 0$ und $u_{d0} \neq 0$ aufzeigen:

Anstelle der Gln. (A 64b) treten die Gleichungen:

$$u_{d0} \cdot 1 = \left[r_a + p\,\frac{x_d(p)}{\omega_n}\right] i'_d - x_q(p)\,i'_q,$$
$$0 = -x_d(p)\,i'_d - \left[r_a + p\,\frac{x_q(p)}{\omega_n}\right] i'_q. \qquad (A\ 97)$$

Durch Eliminieren von i'_d aus den beiden Gleichungen ergibt sich für kleines r_a (Glieder mit r_a^2 gleich Null gesetzt) i'_q zu:

$$i'_q = -\frac{u_{d0} \cdot 1}{x_q(p)} \frac{\omega_n^2}{\left[p^2 + \omega_n^2 + p\,\omega_n r_a\left(\dfrac{1}{x_d(p)} + \dfrac{1}{x_q(p)}\right)\right]}$$

$$= -\frac{u_{d0} \cdot 1}{x_q} \frac{(1 + p\,T''_{q0})}{(1 + p\,T''_q)} \frac{\omega_n^2}{\left[p^2 + \omega_n^2 + p\,\omega_n r_a\left(\dfrac{1}{x_d(p)} + \dfrac{1}{x_q(p)}\right)\right]}, \qquad (A\ 98)$$

Berücksichtigung der Vorbelastung

i'_q ist also ganz ähnlich aufgebaut wie i'_d nach Gl. (A 68) und hat negatives Vorzeichen. Die der Gl. (A 76) entsprechende Lösung mit $r_a = 0$ lautet dann:

$$i'_q \approx -u_{do}\left[\frac{1}{x_q} + \left(\frac{1}{x''_q} - \frac{1}{x_q}\right)e^{-\frac{t}{T''_q}} - \frac{1}{x''_q}\cos\omega_n t\right]. \quad (A\ 99)$$

Führt man i'_q gemäß Gl. (A 98) mit $r_a = 0$ in die zweite Gl. (A 97) ein und bestimmt i'_d, so ergibt sich:

$$i'_d = \frac{u_{do}\cdot 1}{x_d}\frac{(1+pT'_{do})(1+pT''_{do})}{(1+pT'_d)(1+pT''_d)}\frac{p\,\omega_n}{p^2+\omega_n^2}. \quad (A\ 100)$$

Diese Gleichung entspricht der Gl. (A 77) und hat auch die entsprechende Lösung [vgl. (A 80)]:

$$i'_d \approx \frac{u_{do}}{x''_d}\sin\omega_n t. \quad (A\ 101)$$

Der Ausgleichstrom infolge der Spannung u_{do} lautet damit:

$$i'_a = i'_d \cos(\omega_n t + \Theta_o) - i'_q \sin(\omega_n t + \Theta_o)$$

$$= u_{do}\left[\frac{1}{x_q} + \left(\frac{1}{x''_q} - \frac{1}{x_q}\right)e^{-\frac{t}{T''_q}} - \frac{1}{x''_q}\cos\omega_n t\right]\sin(\omega_n t + \Theta_o) +$$

$$+ \frac{u_{do}}{x''_d}\sin\omega_n t \cos(\omega_n t + \Theta_o)$$

oder nach einigen Umformungen:

$$i'_a = u_{do}\left\{\left[\frac{1}{x_q} + \left(\frac{1}{x''_q} - \frac{1}{x_q}\right)e^{-\frac{t}{T''_q}}\right]\sin(\omega_n t + \Theta_o) - \right.$$

$$\left. - \frac{1}{2}\left(\frac{1}{x''_d} + \frac{1}{x''_q}\right)\sin\Theta_o + \frac{1}{2}\left(\frac{1}{x''_d} - \frac{1}{x''_q}\right)\sin(2\omega_n t + \Theta_o)\right\}. \quad (A\ 102)$$

Diese Gleichung entspricht (für $u_{do} = 0$ und $u_{qo} \neq 0$) der Gl. (A 81).

Berücksichtigen wir nun wieder nachträglich den Ankerwiderstand, so klingen die beiden letzten Glieder der Gl. (A 102) mit der Zeitkonstante T_a ab. Der Gesamtkurzschlußstrom ergibt sich aus der Überlagerung:

$$i_a = i_{ao} + i'_{a1} + i'_{a2}, \quad (A\ 103)$$

wobei für i'_{a1} die Gl. (A 81) — unter Berücksichtigung des Abklingvorganges der beiden letzten Glieder mit T_a — und für i'_{a2} die Gl. (A 102) — ebenfalls unter Berücksichtigung von $r_a \neq 0$ — anzusetzen ist. Die

Anhang 3: Der dreipolige, symmetrische Stoßkurzschluß

endgültigen Formen für i'_{a1} und i'_{a2} lauten damit:

$$i'_{a1} = \sqrt{2}\,U_o \cos\vartheta_o \times$$

$$\times \left\{ \left[\frac{1}{x_d} + \left(\frac{1}{x'_d} - \frac{1}{x_d}\right) e^{-\frac{t}{T'_d}} + \left(\frac{1}{x''_d} - \frac{1}{x'_d}\right) e^{-\frac{t}{T''_d}} \right] \cos(\omega_n t + \Theta_o) - \right. \quad \text{(A 104)}$$

$$\left. - \frac{1}{2}\left(\frac{1}{x''_d} + \frac{1}{x''_q}\right) e^{-\frac{t}{T_a}} \cos\Theta_o - \frac{1}{2}\left(\frac{1}{x''_d} - \frac{1}{x''_q}\right) e^{-\frac{t}{T_a}} \cos(2\omega_n t + \Theta_o) \right\},$$

$$i'_{a2} = \sqrt{2}\,U_o \sin\vartheta_o \left\{ \left[\frac{1}{x_q} + \left(\frac{1}{x''_q} - \frac{1}{x_q}\right) e^{-\frac{t}{T''_q}} \right] \sin(\omega_n t + \Theta_o) - \right. \quad \text{(A 105)}$$

$$\left. - \frac{1}{2}\left(\frac{1}{x''_d} + \frac{1}{x''_q}\right) e^{-\frac{t}{T_a}} \sin\Theta_o + \frac{1}{2}\left(\frac{1}{x''_d} - \frac{1}{x''_q}\right) e^{-\frac{t}{T_a}} \sin(2\omega_n t + \Theta_o) \right\}.$$

Für den Vorbelastungsstrom ergibt sich aus dem Zeigerdiagramm bzw. Gl. (A 32) bei Vernachlässigung des Ankerwiderstandes:

$$i_{do} = \frac{i_{eo}\,x_{hd} - u_{qo}}{x_d} = \frac{\sqrt{2}\,E_o - \sqrt{2}\,U_o \cos\vartheta_o}{x_d}$$

und

$$i_{qo} = \frac{u_{do}}{x_q} = \frac{\sqrt{2}\,U_o \sin\vartheta_o}{x_q},$$

also

$$i_{ao} = \sqrt{2}\left[\frac{E_o - U_o \cos\vartheta_o}{x_d}\cos(\omega_n t + \Theta_o) - \frac{U_o \sin\vartheta_o}{x_q}\sin(\omega_n t + \Theta_o)\right]. \quad \text{(A 106)}$$

Dabei ist wegen der Sättigung statt E_o zweckmäßiger $i_{eo}\,x_{hd}/\sqrt{2}$ einzusetzen (E_o ist immer ungesättigt laut Zeigerbild).

Der Ausdruck für den Gesamtkurzschlußstrom wird danach sehr kompliziert, trotzdem wir immer gewisse, wenn auch meist zulässige, Vernachlässigungen (z. B. kleines r_a und bestimmte Zeitkonstantenverhältnisse vorausgesetzt) getroffen haben.

Der *Feldstromverlauf bei Belastung* ergibt sich bei Anwendung des Überlagerungsprinzips [Ansatz für i'_{e2} gemäß Gl. (A 93) mit i'_d gemäß Gl. (A 100)] zu:

$$i_e = i_{eL} + i_{eo}\left(\frac{x_d - x'_d}{x'_d}\right) \times$$

$$\times \left\{ \cos\vartheta_o \left[e^{-\frac{t}{T'_d}} - \left(1 - \frac{T_{D d\sigma}}{T''_d}\right) e^{-\frac{t}{T''_d}} - \frac{T_{D d\sigma}}{T''_d} e^{-\frac{t}{T_a}} \cos\omega_n t \right] + \right.$$

$$\left. + \sin\vartheta_o \left[\frac{1}{\omega_n T''_d}\left(1 - \frac{T_{D d\sigma}}{T''_d}\right) e^{-\frac{t}{T''_d}} + \frac{T_{D d\sigma}}{T''_d} e^{-\frac{t}{T_a}} \sin\omega_n t \right] \right\}, \quad \text{(A 107)}$$

wobei i_{eo} der zu der vor Eintritt des Kurzschlusses vorhandenen Klemmenspannung (z. B. $U = 1$) als Leerlaufspannung gehörende Erregerstrom ist und i_{eL} den Lasterregerstrom darstellt.

Bezüglich der Genauigkeit der Vorausberechnung des Feldstromverlaufes gilt das in Abschn. 3.13 des Anhanges bereits Gesagte.

Man kann nun auch einen „physikalischen Weg" zur Bestimmung des Kurzschlußstromes bei Vorbelastung gehen, indem man die Darstellung im Zeigerdiagramm zur Ermittlung der Anfangswerte verwendet. Diesen Weg wollen wir noch kurz erläutern, weil wir im Hauptteil des Buches (2.41.2) davon Gebrauch machen. Das Verfahren ge-

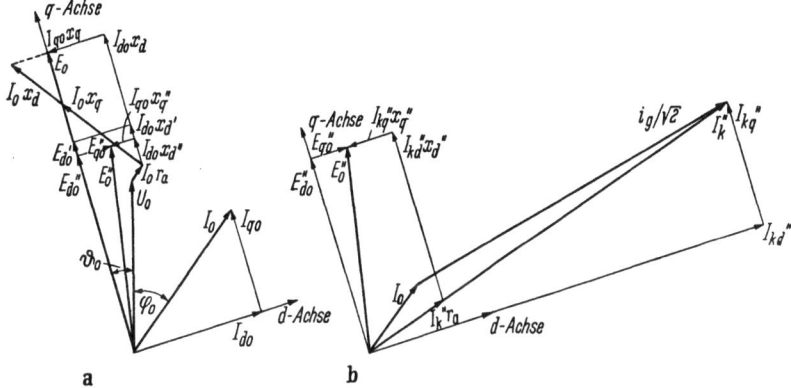

Abb. A 11 a u. b. Zeigerdiagramm zur Bestimmung des Stoßkurzschlußstromes beim Kurzschluß der Maschine aus einem Vorbelastungszustand

$$I_o = 1; \quad U_o = 1; \quad \cos \varphi_o = 0{,}8$$

$$x_d = 1; \quad x_q = 0{,}6; \quad x'_d = 0{,}3; \quad x''_d = 0{,}2; \quad x''_q = 0{,}25; \quad r_a = 0{,}1$$

a) Vor dem Kurzschluß; b) im Kurzschlußaugenblick ohne Gleichstromglied (Strommaßstab halbiert!)

stattet es, in einfacher Weise auch die Wirkung des Ankerkreiswiderstandes (Ständerwiderstand + Vorwiderstand bis zur Kurzschlußstelle) auf die Amplituden der Kurzschlußströme zu berücksichtigen.

Wir nehmen an, der Widerstand im Feldkreis und die Widerstände der Dämpferwicklung seien Null. Dann können sich die mit diesen Wicklungen vor dem Kurzschluß verketteten Flüsse nach Eintritt des Kurzschlusses überhaupt nicht ändern. Ändern können sich beim Kurzschluß also nur noch die Streuflüsse zwischen der Ankerwicklung und den Läuferwicklungen (Dämpfer- und Feldwicklung). In Spannungen ausgedrückt sind das die Anteile $i_d x''_d$ und $i_q x''_q$. Wir müssen also im Zeigerdiagramm (vgl. Hauptteil Abb. 1a, 1c) zur Klemmenspannung U_o und dem Ohmschen Spannungsabfall $I_o r_a$ noch die Zeiger $j\,\boldsymbol{I}_{do} x''_d$ und $j\,\boldsymbol{I}_{qo} x''_q$ addieren (Index „o" bedeutet wieder Vorlast) und erhalten damit die EMK $\boldsymbol{E}''_o$, die unter den hier gemachten Voraussetzungen beim Kurzschluß konstant bleibt. Damit können wir das Zeigerdiagramm für den Kurzschluß aufzeichnen, allerdings nur für den Wechselstromanteil des Kurzschlußstromes (Abb. A 11). Im Kurzschlußaugenblick wird nun die

Klemmenspannung der Maschine zu Null. Die Anteile $I_k'' r_a$, $j I_{kd}'' x_d''$ und $j I_{kq}'' x_q''$ müssen also zusammen die EMK hinter der Subtransientreaktanz E_o'' ergeben. Es muß damit gemäß der Abbildung gelten (Achtung! d-Achse für die Spannung steht in der Zeigerdarstellung senkrecht auf der d-Achse für die Ströme.):

$$I_{kd}'' x_d'' + I_{kq}'' r_a = E_{do}'' \quad \text{und} \quad I_{kd}'' r_a - I_{kq}'' x_q'' = E_{qo}''.$$

Daraus ergibt sich:

und
$$\frac{i_{kd}''}{\sqrt{2}} = I_{kd}'' = \frac{E_{do}'' x_q'' + E_{qo}'' r_a}{x_d'' x_q'' + r_a^2}$$
$$\frac{i_{kq}''}{\sqrt{2}} = I_{kq}'' = \frac{E_{do}'' r_a - E_{qo}'' x_d''}{x_d'' x_q'' + r_a^2}.$$
(A 108)

Die in den Gleichungen enthaltenen Größen lassen sich alle aus dem Zeigerdiagramm ablesen. Aber auch die Gleichstromkomponente des Stoßkurzschlußstromes kann man aus dem Zeigerdiagramm ermitteln. Sie muß nämlich gleich der $\sqrt{2}$-fachen Differenz zwischen I_k'' und I_o sein, da im Zeitaugenblick $t = 0$ der Kurzschlußstrom zunächst gleich I_o bleiben muß. Es gilt also:

$$i_{gd} = \sqrt{2}(I_{kd}'' - I_{do}); \quad i_{gq} = \sqrt{2}(I_{kq}'' - I_{qo}). \tag{A 109}$$

Der Faktor $\sqrt{2}$ tritt in Erscheinung, weil das Zeigerdiagramm, wie auch im Hauptteil, in Effektivwerten aufgezeichnet wurde. Damit haben wir die Anfangswerte des Stoßkurzschlußstromes bestimmt. Es gilt also aus obigen Überlegungen für den Effektivwert des Stoßkurzschlußwechselstromes:

$$I_k'' = \sqrt{I_{kd}''^2 + I_{kq}''^2}, \tag{A 110}$$

und für den Stoßkurzschlußstrom $\hat{i}_p$:

$$\hat{i}_p = \sqrt{(\sqrt{2} I_{kd}'' + i_{gd})^2 + (\sqrt{2} I_{kq}'' + i_{gq})^2}$$
$$= \sqrt{2[(2 I_{kd}'' - I_{do})^2 + (2 I_{kq}'' - I_{qo})^2]}. \tag{A 111}$$

Man kann nun in der für den Anfangswert des Gesamtkurzschlußstromes gezeigten Weise weiterverfahren und annehmen, es sei keine Dämpferwicklung vorhanden, bzw. nur die Feldwicklung habe eine unendlich große Leitfähigkeit und der mit der Dämpferwicklung verkettete Fluß klinge rasch mit der maßgebenden Lastzeitkonstante ab (T_{dL}''). Dem mit der Feldwicklung verketteten konstanten Fluß entspricht die EMK E_{do}' der Abb. A 11. Es ist die sogenannte Spannung hinter der Transientreaktanz x_d'. Man erhält dann in der oben für die Subtransientwerte beschriebenen Weise die Wechselstromkomponenten I_{kd}' und I_{kq}' zu

Berücksichtigung der Vorbelastung

$(E'_q = 0!)$:
$$\frac{i'_{kd}}{\sqrt{2}} = I'_{kd} = \frac{E'_{do} x_q}{x'_d x_q + r_a^2}$$

und
$$\frac{i'_{kq}}{\sqrt{2}} = I'_{kq} = \frac{E'_{do} r_a}{x'_d x_q + r_a^2} \quad \text{(A 112)}$$

und damit die transiente Wechselstromkomponente des Stoßkurzschlußstromes zu:
$$I'_k = \sqrt{I'^2_{kd} + I'^2_{kq}}. \quad \text{(A 113)}$$

Diese interessiert jedoch vorerst weniger als der Stoßkurzschlußwechselstrom nach Gl. (A 110). Sie würde nur für Maschinen ohne Dämpferwicklung interessant.

Bezeichnet man schließlich den Dauerkurzschlußstrom mit I_k, so gilt für seine Komponenten laut Zeigerbild:

und
$$\frac{i_{kd}}{\sqrt{2}} = I_{kd} = \frac{E_o x_q}{x_d x_q + r_a^2} = \frac{i_{eo} x_{hd} x_q}{\sqrt{2}(x_d x_q + r_a^2)}$$
$$\frac{i_{kq}}{\sqrt{2}} = I_{kq} = \frac{E_o r_a}{x_d x_q + r_a^2} = \frac{i_{eo} x_{hd} r_a}{\sqrt{2}(x_d x_q + r_a^2)}. \quad \text{(A 114)}$$

Damit wären alle Stromanteile für die Ermittlung des Kurzschlußstromes bekannt. Schwierigkeiten entstehen jedoch dadurch, daß die genauen Abklingzeitkonstanten nicht bekannt sind [A 9]. Für kleine Ankerwiderstände r_a kann man jedoch bei Klemmenkurzschluß mit genügender Genauigkeit schreiben $(T''_q \approx T''_d)$:

$$i_d \approx \sqrt{2}\left[I_{kd} + (I'_{kd} - I_{kd}) e^{-\frac{t}{T'_d}} + (I''_{kd} - I'_{kd}) e^{-\frac{t}{T''_d}}\right] + i_{gd} e^{-\frac{t}{T_a}},$$
$$i_q \approx \sqrt{2}\left[I_{kq} + (I'_{kq} - I_{kq}) e^{-\frac{t}{T'_d}} + (I''_{kq} - I'_{kq}) e^{-\frac{t}{T''_q}}\right] + i_{gq} e^{-\frac{t}{T_a}}. \quad \text{(A 115)}$$

Die Gleichung für i_q ist der Gleichung für i_d ähnlich aufgebaut, d. h., sie enthält auch ein „transientes" Glied, das gemäß Gl. (A 112) (Feld entspricht E'_{do}) auch mit der Transientzeitkonstante abklingen muß, während für das „subtransiente" Glied von i_q als Abklingzeitkonstante in guter Näherung T''_q angesetzt werden kann, da für Maschinen mit vollständiger Dämpferwicklung $T''_q \approx T''_d$ ist.

Vernachlässigen wir nun r_a für die Stromkomponenten, wie wir es auch bei der Ableitung der Gln. (A 104) bis (A 106) für den Kurzschlußstrom bei Belastung getan haben, so ergibt sich:

$$i_d \approx \sqrt{2}\left[\frac{i_{eo} x_{hd}}{\sqrt{2} x_d} + \left(\frac{E'_{do}}{x'_d} - \frac{i_{eo} x_{hd}}{\sqrt{2} x_d}\right) e^{-\frac{t}{T'_d}} + \right.$$
$$\left. + \left(\frac{E''_{do}}{x''_d} - \frac{E'_{do}}{x'_d}\right) e^{-\frac{t}{T''_d}}\right] + i_{gd} e^{-\frac{t}{T_a}}, \quad \text{(A 116)}$$
$$i_q \approx \sqrt{2} \frac{E''_{qo}}{x''_q} e^{-\frac{t}{T''_q}} + i_{gq} e^{-\frac{t}{T_a}}.$$

Anhang 3: Der dreipolige, symmetrische Stoßkurzschluß

Der Betrag des Wechselstromanteiles des Kurzschlußstromes ergibt sich daraus zu (Effektivwert):

$$I_{We}(t) = \sqrt{\left[\frac{i_{eo}x_{hd}}{\sqrt{2}\,x_d} + \left(\frac{E'_{do}}{x'_d} - \frac{i_{eo}x_{hd}}{\sqrt{2}\,x_d}\right)e^{-\frac{t}{T'_d}} + \left(\frac{E''_{do}}{x''_d} - \frac{E'_{do}}{x'_d}\right)e^{-\frac{t}{T''_d}}\right]^2 + \left[\frac{E''_{qo}}{x''_q}e^{-\frac{t}{T''_q}}\right]^2}$$

und der des Gleichstromanteiles zu: (A 117)

$$i_g(t) = (\sqrt{i_{gd}^2 + i_{gq}^2})\,e^{-\frac{t}{T_a}} = \sqrt{2}\sqrt{\left(\frac{E''_{do}}{x''_d} - I_{do}\right)^2 + \left(\frac{E''_{qo}}{x''_q} - I_{qo}\right)^2}\,e^{-\frac{t}{T_a}}.$$
(A 118)

Der Gesamtverlauf ergibt sich schließlich angenähert (Laststrom klein gegen Kurzschlußstrom) zu:

$$i_k(t) \approx \sqrt{2}\,I_{We}(t) + i_g(t). \qquad (A\ 119)$$

In Gl. (A 117) wurde wieder statt $\sqrt{2}\,E_o$, $i_{eo}\,x_{hd}$ eingesetzt, um die richtigen Sättigungsverhältnisse zu erhalten. Als i_{eo} ist dabei der wirkliche (in p. u. natürlich), der Vorbelastung entsprechende Erregerstrom einzusetzen. Die Spannungen hinter der Transientreaktanz (E'_{do}) und den Subtransientreaktanzen (E''_{do}, E''_{qo}) lassen sich aus dem Zeigerdiagramm ablesen und lauten bei Berücksichtigung von r_a:

$$\left.\begin{aligned}E'_{do} &= U_o\cos\vartheta_o + I_{qo}r_a + I_{do}x'_d, \\ E''_{do} &= U_o\cos\vartheta_o + I_{qo}r_a + I_{do}x''_d, \\ E''_{qo} &= U_o\sin\vartheta_o + I_{do}r_a + I_{qo}x''_q.\end{aligned}\right\} \qquad (A\ 120)$$

Für $r_a = 0$, also zur Verwendung in den Gln. (A 117) bis (A 119), entfallen jeweils die zweiten Glieder. Für I_{do} und I_{qo} ergibt sich schließlich:

$$I_{do} = I_o\sin(\vartheta_o + \varphi_o) = \frac{E_o - U_o\cos\vartheta_o}{x_d} = \frac{i_{eo}x_{hd} - \sqrt{2}\,U_o\cos\vartheta_o}{\sqrt{2}\,x_d}.$$

$$I_{qo} = I_o\cos(\vartheta_o + \varphi_o) = \frac{U_o\sin\vartheta_o}{x_q}.$$
(A 121)

3.3 Plötzliche Änderung der Klemmenspannung

Die für die analytische Bestimmung des Kurzschlußstromes bei Vorbelastung angewandte Methode der Überlagerung kann auch auf den Fall der plötzlichen Änderung der Klemmenspannung erweitert werden. Der Fall liegt z. B. vor, wenn die synchron laufende, erregte Maschine auf ein sehr großes Netz geschaltet wird, dessen Spannung von der Leerlaufspannung der Maschine abweicht, oder wenn dieses Netz bei Belastung der Maschine plötzlich seine Spannung ändert. Für u_{do} und u_{qo} der Gln. (A 96) werden bei der Rechnung dann die Differenzspannungen zwischen Maschine und Netz angesetzt. Der Gesamtstrom ergibt sich wie beim Kurzschluß durch Überlagerung der beiden Ströme i_{a1} und i_{a2} über den Vorbelastungsstrom der Maschine.

4. Der unsymmetrische Kurzschluß der Synchronmaschine[1]

4.1 Der zweipolige (zweisträngig-einphasige) Kurzschluß aus vorhergehendem Leerlauf

Bei der Behandlung des dreipoligen Kurzschlusses haben wir gesehen, daß die Berücksichtigung der Vorbelastung die Rechnung zwar komplizierter macht, aber nichts wesentlich Neues bringt. Deshalb werden wir uns hier auf den Kurzschluß aus dem Leerlaufzustand der Synchronmaschine beschränken.

Wenn eine Synchronmaschine symmetrisch belastet wird, haben sowohl die Spannungen als auch die Ströme im stationären Betrieb Sinusform, und beide bilden symmetrische Dreiphasensysteme. Auch bei Ausgleichsvorgängen bleiben diese Größen, wenn sie auch im Betrag zeitabhängig sind, im wesentlichen noch sinusförmig. Es kann jedoch eine Verlagerung der Sinuswellen gegenüber der Nullinie entstehen (Gleichstromglieder z. B. bei Kurzschlußströmen), die aber, wie wir am Beispiel des dreipoligen Kurzschlusses zeigten, noch mit erträglichem Aufwand berechenbar ist.

Bei unsymmetrischer Belastung der Synchronmaschine sind jedoch sowohl die Spannungen als auch die Ströme nicht mehr sinusförmig, sondern sie enthalten je nach Ausführung der Dämpfwicklung der Maschine mehr oder weniger ausgeprägte Oberwellen. Man kann nachweisen, daß z. B. sinusförmig aufgebrachte Inversspannungen in der Maschine nicht nur Grundwelleninversströme zur Folge haben, sondern auch Ströme der dritten Harmonischen; ebenso verursachen aufgedrückte Inversströme auch Oberwellenspannungen der dritten Harmonischen. Im allgemeinsten Fall der stationären unsymmetrischen Belastung werden sowohl die Spannungen als auch die Ströme Oberwellen enthalten. Man kann sie durch Reihenentwicklung erfassen (FOURIER-Reihen). Bei Ausgleichsvorgängen ist eine Zerlegung in Komponenten, die mit unterschiedlichen Zeitkonstanten abklingen, durchführbar, wobei jede solche Komponente außer der Grundwelle eine unendliche Reihe von Oberwellen enthält.

Die Untersuchung des dreipoligen Kurzschlusses war verhältnismäßig einfach, denn die allgemeinen Gleichungen der Synchronmaschine wurden durch Einführen der Längs- und Querachsengrößen zu linearen Differentialgleichungen (die Sättigung wurde vernachlässigt) mit konstanten Koeffizienten. Die aufgedrückten Spannungen konnten außerdem als bekannt vorausgesetzt werden (vgl. Anhang 2.6). Bei den unsymmetrischen Kurzschlüssen wird die Untersuchung sehr viel schwie-

---

[1] Lit.: [A 2, A 3, A 5, A 7, A 8, A 9, A 11, 50].

riger, denn nun sind sowohl der Ständer als auch der Läufer unsymmetrisch, so daß die Differentialgleichungen nicht mehr konstante, sondern periodisch schwankende Koeffizienten enthalten, unabhängig davon, worauf man die Gleichungen bezieht (Läufer; Ständer zweiphasig, d. h. α-, β-Komponenten; Ständer dreiphasig). Trotzdem ist eine vollständige Lösung grundsätzlich für den einfachen Fall des Klemmenkurzschlusses möglich. Für kompliziertere Fälle der unsymmetrischen Belastung durch ein Netz jedoch muß auf Näherungsverfahren übergegangen werden. So vernachlässigt man z. B. bei der hierfür meist angewandten Methode der symmetrischen Komponenten alle Oberwellen. Die Anwendung dieses Verfahrens werden wir im nächsten Abschnitt (Anhang 5) zeigen.

Eine ausführliche Behandlung des zweipoligen Klemmenkurzschlusses ist in den Literaturstellen [A 7, A 5, A 9 und A 3] zu finden. Dabei wird meist so vorgegangen (außer in [A 3]), daß zunächst alle Widerstände Null gesetzt und damit alle Flüsse mit dem Wert, den sie im Kurzschlußaugenblick hatten, festgehalten werden. Nachträglich werden dann für die einzelnen Komponenten der Ströme und Flüsse die Abklingzeitkonstanten bestimmt. Diesem Vorgehen, das erstmalig von DOHERTY und NICKLE [A 7] angegeben wurde, werden wir auch folgen.

4.11 Der Kurzschlußstromverlauf

Wir nehmen an, die Stränge b und c würden kurzgeschlossen und Strang a bleibe offen und im Leerlauf (Maschine wie immer in Sternschaltung). Damit gilt:

$$i_a = 0, \quad i_b = -i_c = i$$

oder in d-, q-, 0-Komponenten ausgedrückt [Gln. (A 11) und (A 12)]:

$$\left. \begin{aligned} i_d &= \frac{2}{3}\left[0 + i\cos\left(\Theta - \frac{2\pi}{3}\right) - i\cos\left(\Theta - \frac{4\pi}{3}\right)\right] = \frac{2}{\sqrt{3}} i \sin\Theta, \\ i_q &= -\frac{2}{3}\left[0 + i\sin\left(\Theta - \frac{2\pi}{3}\right) - i\sin\left(\Theta - \frac{4\pi}{3}\right)\right] = \frac{2}{\sqrt{3}} i \cos\Theta, \\ i_0 &= \frac{1}{3}(0 + i - i) = 0. \end{aligned} \right\} \quad \text{(A 122)}$$

Für die Ständerspannung vor dem Kurzschluß gilt (Leerlauf):

$$u_d = u_{do} = 0, \quad u_q = u_{qo} = x_{hd} i_{eo} = \sqrt{2} E_o = \sqrt{2} U_o, \quad \text{(A 123)}$$

und entsprechend für die Flußverkettungen [Gl. (A 32) mit: $i_d = i_q = 0$]:

$$\psi_q = \psi_{qo} = 0, \quad \psi_d = \psi_{do} = -\frac{u_{qo}}{\omega_n} = -\frac{x_{hd} i_{eo}}{\omega_n}. \quad \text{(A 124)}$$

Für die verkettete Spannung u_{bc}, die wir beim zweipoligen Kurzschluß nun brauchen, gilt mit den Transformationsgleichungen (A 15):

$$u_{bc} = u_b - u_c = u_d \left[\cos\left(\Theta - \frac{2\pi}{3}\right) - \cos\left(\Theta - \frac{4\pi}{3}\right)\right] -$$
$$- u_q \left[\sin\left(\Theta - \frac{2\pi}{3}\right) - \sin\left(\Theta - \frac{4\pi}{3}\right)\right]$$
$$= \sqrt{3}\,(u_d \sin\Theta + u_q \cos\Theta). \qquad \text{(A 125)}$$

Entsprechend gilt für die Flußverkettung ψ_{bc} [Gl. (A 18)]:

$$\psi_{bc} = \psi_b - \psi_c = \sqrt{3}\,(\psi_d \sin\Theta + \psi_q \cos\Theta). \qquad \text{(A 126)}$$

ψ_0 wurde Null gesetzt, da i_0 gemäß Gl. (A 122) Null ist [Gl. (A 26)].

Im Augenblick vor Eintritt des Kurzschlusses ergibt sich somit [Gln. (A 123) bis (A 126)]:

$$u_{bco} = \sqrt{3}\,x_{hd}\,i_{eo}\cos\Theta_o \qquad \text{(A 127)}$$

und

$$\psi_{bco} = -\sqrt{3}\,\frac{x_{hd}\,i_{eo}}{\omega_n}\sin\Theta_o. \qquad \text{(A 128)}$$

Nach Eintritt des Kurzschlusses gilt die Spannungsgleichung [vgl. (A 16)]:

$$u_{bc} = -2r_a\,i - \frac{d\psi_{bc}}{dt} = 0. \qquad \text{(A 129)}$$

Wir setzen nun, wie wir weiter oben andeuteten, zunächst alle Widerstände gleich Null an. Dann behalten alle Flüsse den Wert, den sie im Kurzschlußaugenblick (vor Eintritt des Kurzschlusses) hatten, auch nach Eintritt des Kurzschlusses bei. Damit gilt für das Integral der Flußänderung nach Gl. (A 129):

$$\psi_{bc} = \text{const} = \psi_{bco},$$

also

$$\sqrt{3}\,(\psi_d \sin\Theta + \psi_q \cos\Theta) = -\sqrt{3}\,\frac{x_{hd}}{\omega_n}\,i_{eo}\sin\Theta_o. \qquad \text{(A 130)}$$

Für die Flußverkettungskomponenten kann man also gemäß den Gln. (A 44) und (A 48) unter der gemachten Voraussetzung (alle Widerstände Null gesetzt) schreiben:

$$\left.\begin{array}{l}\psi_d = \dfrac{x''_d}{\omega_n}\,i_d - \dfrac{x_{hd}}{\omega_n}\,i_{eo} = \dfrac{2}{\sqrt{3}}\,\dfrac{x''_d}{\omega_n}\,i\sin\Theta - \dfrac{x_{hd}}{\omega_n}\,i_{eo}, \\[2mm] \psi_q = \dfrac{x''_q}{\omega_n}\,i_q = \dfrac{2}{\sqrt{3}}\,\dfrac{x''_q}{\omega_n}\,i\cos\Theta,\end{array}\right\} \quad \text{(A 131)}$$

da hierbei $x_d(p) = x''_d$ und $x_q(p) = x''_q$ wird [Gln. (A 46g) und (A 49c) für sehr große Zeitkonstanten].

246 Anhang 4: Der unsymmetrische Kurzschluß der Synchronmaschine

Setzt man ψ_d und ψ_q gemäß den Gln. (A 131) in Gl. (A 130) ein, so erhält man:

$$-\sqrt{3}\,\frac{x_{hd}}{\omega_n} i_{eo} \sin\Theta_o$$
$$= \sqrt{3}\left[\left(\frac{2}{\sqrt{3}}\,\frac{x_d''}{\omega_n} i \sin\Theta - \frac{x_{hd}}{\omega_n} i_{eo}\right)\sin\Theta + \frac{2}{\sqrt{3}}\,\frac{x_q''}{\omega_n} i \cos^2\Theta\right]$$

und daraus:

$$i = \frac{\sqrt{3}}{2} x_{hd}\, i_{eo}\, \frac{\sin\Theta - \sin\Theta_o}{x_d'' \sin^2\Theta + x_q'' \cos^2\Theta} = \sqrt{\frac{3}{2}}\, U_o\, \frac{\sin\Theta - \sin\Theta_o}{x_d'' \sin^2\Theta + x_q'' \cos^2\Theta}, \quad \text{(A 132a)}$$

worin Θ_o den Winkel zwischen der Achse des Stranges a und der Polachse im Kurzschlußmoment darstellt. Die Gleichung gibt also den Verlauf des Kurzschlußstromes unter Vernachlässigung der Dämpfung wieder.

Ist nun $x_d'' \approx x_q''$, was für Maschinen mit vollkommener Dämpferwicklung in guter Näherung angenommen werden darf, so wird aus Gl. (A 132a):

$$i = \sqrt{\frac{3}{2}}\, \frac{U_o}{x_d''} (\sin\Theta - \sin\Theta_o). \quad \text{(A 132b)}$$

Im Vergleich dazu galt beim dreipoligen Kurzschluß gemäß Gl. (A 84) ($x_d'' = x_q''$ und $t = 0$ bzw. Zeitkonstanten $\to \infty$):

$$i_a = \sqrt{2}\, \frac{U_o}{x_d''} (\cos\Theta - \cos\Theta_o). \quad \text{(A 133)}$$

Der Verlauf des zweipoligen Kurzschlußstromes unterscheidet sich also nicht wesentlich von dem des dreipoligen, wenn eine gute Dämpferwicklung vorhanden ist. Während allerdings beim dreipoligen Kurzschluß der Maximalwert i_p im Strang a auftritt, wenn $\Theta_o = 0$ gilt (Spannungsnulldurchgang der Strangspannung u_a), erreicht der Kurzschlußstrom beim zweipoligen Kurzschluß seinen Maximalwert, wenn $\Theta_o = \pm \pi/2$ ist (Nulldurchgang der verketteten Spannung u_{bco}).

Je größer der Unterschied zwischen x_d'' und x_q'' wird, um so mehr wird der Kurzschlußstrom gemäß Gl. (A 132a) verzerrt, da der Nenner der Gleichung zwischen den Werten von x_d'' und x_q'' periodisch hin und her schwankt. Man kann daher den Ausdruck $1/(x_d''\sin^2\Theta + x_q''\cos^2\Theta)$ durch eine FOURIER-Reihe darstellen [A 7]. Zweckmäßig schreibt man jedoch zunächst für den Nenner der Gl. (A 132a):

$$2(x_d''\sin^2\Theta + x_q''\cos^2\Theta) = x_d''(1 - \cos 2\Theta) + x_q''(1 + \cos 2\Theta)$$
$$= x_d'' + x_q'' - (x_d'' - x_q'')\cos 2\Theta. \quad \text{(A 134)}$$

Dann gilt [A 5]:

$$\frac{\sin\Theta}{x_d'' + x_q'' - (x_d'' - x_q'')\cos 2\Theta}$$
$$= \frac{1}{x_d'' + \sqrt{x_d'' x_q''}}[\sin\Theta - b\sin 3\Theta + b^2\sin 5\Theta - b^3\sin 7\Theta + \cdots]$$

und

$$\frac{1}{x_d'' + x_q'' - (x_d'' - x_q'')\cos 2\Theta} = \frac{1}{\sqrt{x_d'' x_q''}}[0{,}5 - b\cos 2\Theta + b^2\cos 4\Theta - \cdots],$$

und damit lautet der Kurzschlußstrom ohne Dämpfung nach Gl. (A 132a):

$$i = i_b = -i_c$$
$$= \frac{\sqrt{3}\, x_{hd}\, i_{e0}}{x_d'' + \sqrt{x_d'' x_q''}}[\sin\Theta - b\sin 3\Theta + b^2\sin 5\Theta - b^3\sin 7\Theta + \cdots] -$$
$$- \frac{\sqrt{3}\, x_{hd}\, i_{e0}\sin\Theta_0}{\sqrt{x_d'' x_q''}}[0{,}5 - b\cos 2\Theta + b^2\cos 4\Theta - \cdots], \qquad \text{(A 132c)}$$

wobei zur Abkürzung angesetzt wurde:

$$b = \frac{\sqrt{x_q''} - \sqrt{x_d''}}{\sqrt{x_q''} + \sqrt{x_d''}}. \qquad \text{(A 135)}$$

Diese Größe ist ein Maß für die Unsymmetrie der Dämpferwicklung.

Die Gln. (A 132) gelten, der Voraussetzung entsprechend, ohne Berücksichtigung der Dämpfung. In Wirklichkeit werden die Flußverkettungen, mit Ausnahme der Flußverkettung mit der Feldwicklung, alle auf Null abklingen. Den ungeradzahligen Oberwellen des Ankerstromes entsprechen dabei geradzahligen Oberwellen der Läuferstromkomponenten und den geradzahligen Oberwellen des Ankerstromes solche ungerader Ordnungszahl im Läufer.

Der wirkliche Stromverlauf unter Berücksichtigung der Dämpfung kann nun auf zwei Wegen angenähert bestimmt werden. Man könnte auf eine Maschine mit symmetrischem Läufer übergehen und unter Berücksichtigung aller Widerstände die Lösung ermitteln. — Mit symmetrischem Läufer taucht die Unsymmetrie nämlich dann nur im Ständerkreis auf, und eine geschlossene Lösung ist mit α-, β-, 0-Komponenten möglich. — Der andere Weg ist der, für alle Kreise die Dämpfungsfaktoren zu bestimmen ([A 5, A 7]). Diesen Weg werden wir beschreiten und uns dabei an das Vorgehen von Concordia [A 5] halten.

Die geradzahligen Oberwellen des Ankerkreises werden praktisch exponentiell mit einer Zeitkonstante auf Null abklingen, die sich aus der wirksamen Ankerinduktivität und dem entsprechenden Ankerwiderstand ergibt. Die wirksame Ankerreaktanz für die Gleichstromkomponente beim zweipoligen Kurzschluß ist das Verhältnis der ver-

248 Anhang 4: Der unsymmetrische Kurzschluß der Synchronmaschine

ketteten Spannung u_{bc} zum Strom i oder $x_a = 2\sqrt{x_d'' x_q''} = 2x_2$. Der Ankerwiderstand ist $2r_a$, womit die Ankerzeitkonstante lautet:

$$T_{a\,\mathrm{II}} = \frac{\sqrt{x_d'' x_q''}}{\omega_n r_a} = \frac{x_2}{\omega_n r_a}. \tag{A 136}$$

Die ungeradzahligen Ankerkreisoberwellen werden nicht auf Null abklingen, sondern nur bis auf einen stationären Wert, der dem Erregerstrom vor Eintritt des Kurzschlusses entspricht. Auch im stationären Zustand werden im Feldkreis zwar geradzahlige Stromoberwellen induziert, aber die Gleichstromkomponente (Mittelwert) bleibt dabei mit ihrem Ausgangswert bestehen. Es muß nach diesen Überlegungen auch möglich sein, die Relativwerte vom Subtransient-, Transient- und Dauerankerstrom aus dem Vergleich der Mittelwerte der Läuferanfangsströme (Dämpferwicklungs- und Erregerwicklungsströme), des transienten Feldstromes und des Dauerfeldstromes zu ermitteln. Man geht dabei so vor, daß man die Gleichungen für den Zusammenhang der Läufer- und Anker- (Ständer-) Durchflutungen anschreibt und entsprechend umformt. Man kann dann nachweisen, daß sich die ungeradzahligen Oberwellen des Ankerstromes ähnlich verhalten wie die Grundfrequenzkomponente des Ankerstromes beim dreipoligen Kurzschluß [A 5]. Der Gesamtstromverlauf zeigt damit unter gewissen zulässigen Vernachlässigungen ein Verhalten, als würde ein dreipoliger Kurzschluß über die äußere Reaktanz $x_2 = \sqrt{x_d'' x_q''}$ durchgeführt (vgl. Symmetrische Komponentenrechnung).

Diesen Überlegungen entsprechend ergibt sich für die Subtransientzeitkonstante dann:

$$T_{d\,\mathrm{II}}'' = T_{d\,o}'' \frac{x_d' + \sqrt{x_d'' x_q''}}{x_d' + \sqrt{x_d' x_q''}} \tag{A 137}$$

und für die Transientzeitkonstante:

$$T_{d\,\mathrm{II}}' = T_{d\,o}' \frac{x_d' + \sqrt{x_d'' x_q''}}{x_d + \sqrt{x_d'' x_q''}}. \tag{A 138}$$

Damit ergibt sich die Endform des Kurzschlußstromes beim zweipoligen Klemmenkurzschluß zu:

$$i = i_b = -i_c \approx \sqrt{3}\, x_{hd}\, i_{eo} \left[\frac{1}{x_d + x_2} + \left(\frac{1}{x_d' + x_2} - \frac{1}{x_d + x_2} \right) e^{-\frac{t}{T_{d\,\mathrm{II}}'}} + \right.$$

$$\left. + \left(\frac{1}{x_d'' + x_2} - \frac{1}{x_d' + x_2} \right) e^{-\frac{t}{T_{d\,\mathrm{II}}''}} \right] [\sin\Theta - b\sin 3\Theta + b^2\sin 5\Theta - \cdots] -$$

$$- \frac{\sqrt{3}\, x_{hd}\, i_{eo} \sin\Theta_o}{x_2} e^{-\frac{t}{T_{a\,\mathrm{II}}}} [0{,}5 - b\cos 2\Theta + b^2\cos 4\Theta - \cdots], \tag{A 139}$$

wobei, wie schon in Gl. (A 136), gesetzt wurde:

$$x_2 = \sqrt{x_d'' x_q''}. \qquad \text{(A 140)}$$

Statt $i_{eo} x_{hd}$ kann man in Gl. (A 139) die Leerlaufspannung $\sqrt{2}\, U_o$ einführen [vgl. Gl. (A 132b)].

Der Dauerkurzschlußstrom hat in Gl. (A 139) die Form (nur für Strang b angegeben):

$$i_{b\text{(Dauer)}} = \sqrt{2}\, \frac{\sqrt{3}\, U_o}{x_d + x_2} [\sin\Theta - b \sin 3\Theta + b^2 \sin 5\Theta - \cdots]. \qquad \text{(A 141)}$$

Er ist also genauso aufgebaut wie der Wechselstromanteil des Anfangskurzschlußstromes [Gl. (A 132c)].

Um den Übergang zu der Behandlung von unsymmetrischen Kurzschlüssen mit der Methode der symmetrischen Komponenten (Anhang 5) zu erleichtern, sollen noch kurz die Amplituden der einzelnen Komponenten des Kurzschlußwechselstromes bei Vernachlässigung der Oberwellen, also für den Fall $x_d'' = x_q''$, angeschrieben werden. Aus Gl. (A 139) ergibt sich mit $b = 0$ (Grundwelle) und ohne Gleichstromglied ($\Theta = \Theta_o + \omega_n t$):

$$i_{b\text{(We)}} = \sqrt{2}\, \sqrt{3}\, U_o \left[\frac{1}{x_d + x_2} + \left(\frac{1}{x_d' + x_2} - \frac{1}{x_d + x_2} \right) e^{-\frac{t}{T_{d\text{II}}'}} + \left(\frac{1}{x_d'' + x_2} - \frac{1}{x_d' + x_2} \right) e^{-\frac{t}{T_{d\text{II}}''}} \right] \sin\Theta \qquad \text{(A 142)}$$

und damit gilt:

$$\left. \begin{array}{l} \hat{i}_b'' = \sqrt{2}\, \dfrac{\sqrt{3}\, U_o}{x_d'' + x_2} \text{ für die Amplitude des Anfangswertes,} \\[2mm] \hat{i}_b' = \sqrt{2}\, \dfrac{\sqrt{3}\, U_o}{x_d' + x_2} \text{ für die Amplitude des Anfangswertes unter} \\ \text{Vernachlässigung der Subtransientkomponente, und} \\[2mm] \hat{i}_b = \sqrt{2}\, \dfrac{\sqrt{3}\, U_o}{x_d + x_2} \text{ für die Amplitude des Dauerkurzschlußstromwertes.} \end{array} \right\} \qquad \text{(A 143)}$$

4.12 Die Spannung an dem offenen Strang

Außer dem Verlauf des Ankerstromes ist beim zweipoligen Kurzschluß auch der Verlauf der Spannung am offenen Strang von besonderem Interesse, und zwar in erster Linie im Anfangszustand, da hier die Maximalwerte erreicht werden.

250 Anhang 4: Der unsymmetrische Kurzschluß der Synchronmaschine

Für die Flußverkettung des offenen Stranges gilt nach den Transformationsgleichungen (A 18):

$$\psi_a = \psi_d \cos\Theta - \psi_q \sin\Theta. \tag{A 144}$$

Setzen wir ψ_d und ψ_q gemäß den Gln. (A 131) hier ein, so ergibt sich:

$$\psi_a = -\frac{x_{hd}}{\omega_n} i_{eo} \cos\Theta - \frac{2}{\sqrt{3}} i \left(\frac{x_q''}{\omega_n} - \frac{x_d''}{\omega_n}\right) \sin\Theta \cos\Theta$$

und mit i nach Gl. (A 132a):

$$\psi_a = -\frac{x_{hd}}{\omega_n} i_{eo} \cos\Theta - \frac{2}{\sqrt{3}} \left(\frac{\sqrt{3}}{2} x_{hd} i_{eo} \frac{\sin\Theta - \sin\Theta_o}{x_d'' \sin^2\Theta + x_q'' \cos^2\Theta}\right) \times$$

$$\times \left(\frac{x_q''}{\omega_n} - \frac{x_d''}{\omega_n}\right) \sin\Theta \cos\Theta = -\frac{x_{hd}}{\omega_n} i_{eo} \cos\Theta -$$

$$- \frac{x_{hd}}{\omega_n} i_{eo} \frac{(x_q'' - x_d'')(\sin\Theta - \sin\Theta_o)\sin 2\Theta}{x_d'' + x_q'' + (x_q'' - x_d'')\cos 2\Theta}. \tag{A 145}$$

Damit wird die Spannung an dem Strang a ($r_a = 0$):

$$u_a = -\frac{d\psi_a}{dt} = -\omega_n \frac{d\psi_a}{d\Theta} = -x_{hd} i_{eo} \sin\Theta +$$

$$+ x_{hd} i_{eo} \frac{(x_q'' - x_d'')[x_d'' + x_q'' + (x_q'' - x_d'')\cos 2\Theta][(\sin\Theta - \sin\Theta_o) 2\cos 2\Theta + \sin 2\Theta \cos\Theta] + 2(x_q'' - x_d'')^2 (\sin\Theta - \sin\Theta_o) \sin^2 2\Theta}{[x_d'' + x_q'' + (x_q'' - x_d'')\cos 2\Theta]^2}.$$

$$\tag{A 146}$$

Trägt man u_a für den Fall $\Theta_o = \pm \pi/2$, d. h. für einen Fall des Spannungsnulldurchganges der verketteten Spannung u_{bco} [volle Verlagerung des Kurzschlußstromes, vgl. Gl. (A 132)] und des Spannungsmaximums im Strang a, auf, so erhält man den Spannungshöchstwert für $\Theta = 3\pi/2$ bzw. $\pi/2$. Setzt man die genannten Werte für Θ_o und Θ ($\Theta_o = \pi/2$ und $\Theta = 3\pi/2$; $\Theta_o = -\pi/2$ und $\Theta = \pi/2$) in Gl. (A 146) ein, so ergibt sich (Achtung! $\Theta = \Theta_o + \omega_n t$, Maximum immer bei $\omega_n t = \pi$):

$$u_{a\max} = \pm x_{hd} i_{eo} \left(\frac{2 x_q''}{x_d''} - 1\right) = \pm \sqrt{2}\, U_o \left(\frac{2 x_q''}{x_d''} - 1\right). \tag{A 147}$$

Nehmen wir z. B. an: $x_q'' = 2 x_d''$, so wird damit die maximale Strangspannung im Strang a:

$$u_{a\max} = \pm \sqrt{2}\, U_o \left(\frac{2 \cdot 2 x_d''}{x_d''} - 1\right) = \pm \sqrt{2}\, U_o \, 3,$$

d. h., es tritt die dreifache Leerlaufspannung auf (mit dem um $\sqrt{2}$ höher liegenden maximalen Augenblickswert). Für $x_d'' = x_q''$ wird $u_{a\max} = \pm \sqrt{2}\, U_o$, d. h., es tritt keine Spannungsüberhöhung auf (U_o ist der Effektivwert!). Diese Tatsache ist von besonderer Wichtigkeit für Wasserkraftgeneratoren, die meist über lange Leitungen auf das Verbrauchernetz arbeiten. Tritt nämlich nun bei leer laufender Leitung ein zweipoliger Kurzschluß auf, so wird der offene Maschinenstrang mit der Leitungskapazität belastet, wobei noch weit höhere Überspannungen die Folge sind [A 4]. Das gleiche gilt natürlich auch für Kurzschlüsse in großen Kabelnetzen bei Schwachlastbetrieb. Daher sollten große Generatoren auf alle Fälle mit vollständiger Dämpferwicklung ausgerüstet werden.

4.13 Das Kurzschlußdrehmoment „im Luftspalt"

Aus den Strömen und Flußverkettungen ermittelt man das Kurzschlußdrehmoment wieder nach Gl. (A 60). Da hier, wie auch beim dreipoligen Kurzschluß, der Maximalwert des Drehmomentes mehr interessiert als der weitere zeitliche Verlauf, können wir bei der Berechnung alle Dämpfungen vernachlässigen. Damit ergibt sich mit den Gln. (A 122) für die Stromkomponenten und unter Verwendung von Gl. (A 144) für die Flußverkettung das Drehmoment zu:

$$m_E = \frac{\omega_n}{2}(i_d \psi_q - i_q \psi_d) = \frac{\omega_n}{2}\frac{2}{\sqrt{3}} i(\psi_q \sin\Theta - \psi_d \cos\Theta) = -\frac{\omega_n}{2}\frac{2}{\sqrt{3}} i \psi_a. \quad (A\,148)$$

Setzen wir nun i nach Gl. (A 132a) ein und ψ_a nach Gl. (A 145), so finden wir:

$$m_E = x_{hd} i_{eo} \frac{\sin\Theta - \sin\Theta_o}{x_d'' + x_q'' + (x_q'' - x_d'')\cos 2\Theta} 2 x_{hd} i_{eo} \cos\Theta \times$$
$$\times \frac{x_q'' - (x_q'' - x_d'')\sin\Theta \sin\Theta_o}{x_d'' + x_q'' + (x_q'' - x_d'')\cos 2\Theta} = x_{hd}^2 i_{eo}^2 \cos\Theta(\sin\Theta - \sin\Theta_o) \times$$
$$\times \frac{2[x_q'' - (x_q'' - x_d'')\sin\Theta \sin\Theta_o]}{[x_d'' + x_q'' + (x_q'' - x_d'')\cos 2\Theta]^2} \quad (A\,149\text{a})$$

oder mit Gl. (A 134):

$$m_E = x_{hd}^2 i_{eo}^2 \cos\Theta(\sin\Theta - \sin\Theta_o)\frac{x_q'' - (x_q'' - x_d'')\sin\Theta \sin\Theta_o}{2(x_d'' \sin^2\Theta + x_q'' \cos^2\Theta)^2}$$
$$= U_o^2 \cos\Theta(\sin\Theta - \sin\Theta_o)\frac{x_q'' - (x_q'' - x_d'')\sin\Theta \sin\Theta_o}{(x_d'' \sin^2\Theta + x_q'' \cos^2\Theta)^2}. \quad (A\,149\text{b})$$

Für eine symmetrische Maschine $(x_d'' \approx x_q'')$ wird daraus:

$$m_E = \frac{U_o^2}{x_d''}\left(\frac{1}{2}\sin 2\Theta - \sin\Theta_o \cos\Theta\right). \quad (A\,150)$$

Für den Fall $\Theta_o = -(\pi/2)$, also einen Fall des höchstmöglichen Kurzschlußstromes $(u_{bco} = 0)$, lautet die Gleichung:

$$m_E = \frac{U_o^2}{x_d''}\left(\frac{1}{2}\sin 2\Theta + \cos\Theta\right) = \frac{U_o^2}{x_d''}\left(\sin\omega_n t - \frac{1}{2}\sin 2\omega_n t\right). \quad (A\,151)$$

Dasselbe Ergebnis zeigt auch Gl. (46) des Hauptteiles (vgl. auch Abb. 22). Das Maximum ergibt sich also auch hier für $\omega_n t = 2\pi/3$ und lautet:

$$m_{E\max} = \frac{3}{4}\sqrt{3}\frac{U_o^2}{x_d''} = 1{,}3\frac{U_o^2}{x_d''}. \quad (A\,152)$$

Dies ist der höchste Wert des Kurzschlußdrehmomentes, der bei einer symmetrischen Maschine auftreten kann (dreipolig nur: U_o^2/x_d''); bei einer unsymmetrischen Maschine ($x_d'' \ne x_q''$) kann sich dieser Wert jedoch noch wesentlich erhöhen.

Durch Vergleich der Drehmomentengleichungen für den dreipoligen (A 92) und zweipoligen Kurzschluß [(A 149) bzw. (A 150)] stellt man fest, daß beim zweipoligen Kurzschluß im Gegensatz zum dreipoligen der Betrag des Winkels Θ_o einen erheblichen Einfluß auf die Höhe des Maximalwertes und auch auf den Verlauf des Drehmomentes hat.

Die Berücksichtigung des Einflusses der Widerstände äußert sich in einer Erhöhung der Verluste und damit als bremsendes Moment, d. h., die erste Amplitude des Kurzschlußdrehmomentes kann noch etwas erhöht werden. Für Maschinen mit Dämpferwicklung [Gl. (A 152) für die symmetrische Maschine] kann diese Erhöhung bis zu 10% betragen.

Eine ausführlichere Behandlung des Abklingvorganges für das Kurzschlußdrehmoment ist in den Literaturstellen [A 5] und [A 11] zu finden.

4.14 Feldstromverlauf beim Kurzschluß

Wir gehen wieder nach dem Überlagerungsprinzip vor und ermitteln den Strom i_e', der dann mit $i_{eo} = u_{qo}/x_{hd}$ den Gesamtfeldstrom ergeben muß. Den funktionellen Zusammenhang $i_e' = f(i_d)$ liefert Gl. (A 42), die mit $u_e = u_e' = 0$ lautet [vgl. Gl. (A 93a)]:

$$i_e' = \frac{p^2(l_{Dd} l_{hd} - l_{hd}^2) + p\, l_{hd}\, r_{Dd}}{A(p)} i_d.$$

Wir wollen jedoch auch hier zunächst nur die Werte unter Vernachlässigung der Dämpfung ermitteln, d. h., wir setzen alle Widerstände gleich Null. Dann wird aus Gl. (A 93a):

$$i_e' = \frac{(l_{Dd} l_{hd} - l_{hd}^2)}{(l_{Dd} l_e - l_{hd}^2)} i_d = \frac{(x_{hd} + x_{Dd\sigma}) x_{hd} - x_{hd}^2}{(x_{hd} + x_{Dd\sigma})(x_{hd} + x_{e\sigma}) - x_{hd}^2} i_d. \quad \text{(A 153a)}$$

Mit Gl. (A 122) wird daraus:

$$i_e' = \frac{2}{\sqrt{3}} \frac{(x_{hd} + x_{Dd\sigma}) x_{hd} - x_{hd}^2}{(x_{hd} + x_{Dd\sigma})(x_{hd} + x_{e\sigma}) - x_{hd}^2} i \sin \Theta$$

$$= \frac{2}{\sqrt{3}} \frac{x_{Dd\sigma}}{x_{Dd\sigma} + x_{e\sigma}} \frac{x_d - x_d''}{x_{hd}} i \sin \Theta. \quad \text{(A 153b)}$$

Nun wissen wir aus physikalischen Überlegungen, daß sich beim Stoßkurzschluß der Läuferstoßstrombelag zunächst auf Dämpfer- und Feldwicklung verteilt, d. h., die Dämpferwicklung entlastet die Feldwicklung. Da der Dämpferwicklungsanteil aber (soweit keine Oberwellen berücksichtigt werden) rasch abklingt, kann der Mittelwert des Feldstromes während der ersten Perioden nach Eintritt des Kurzschlusses noch ansteigen. Wir müssen also zweckmäßigerweise auch den transienten Anteil für sich allein ermitteln. Für die Oberwellen von i wird natürlich immer Gl. (A 153a) maßgebend sein. Setzt man also den Feldwiderstand Null und vernachlässigt die Dämpferwicklung ($r_{Dd} \to \infty$), so wird aus Gl. (A 93a):

$$i'_{e_{(oDW)}} = \frac{l_{hd}r_{Dd}}{l_e r_{Dd}} i_d = \frac{2}{\sqrt{3}} \frac{x_{hd}}{x_{hd} + x_{e\sigma}} i \sin\Theta = \frac{2}{\sqrt{3}} \frac{x_d - x'_d}{x_{hd}} i \sin\Theta. \quad \text{(A 153c)}$$

Der Mittelwert des Zusatz- oder Ausgleichsfeldstromes kann damit für den ersten Augenblick nach dem Stoßkurzschluß aus Gl. (A 153b) und dem Mittelwert für i (ohne Oberwellen) nach Gl. (A 132a) ermittelt werden. Für den transienten Anteil gilt dann Gl. (A 153c) mit dem zeitlich zugehörigen Mittelwert von i nach Gl. (A 139).

Eine ausführliche und geschlossene Herleitung für den Verlauf des Erregerstromes beim zweipoligen Kurzschluß ist in der Literaturstelle [A 3] zu finden. Da der Feldstromverlauf jedoch nach obigen Bemerkungen und Gleichungen verhältnismäßig einfach ermittelt werden kann, und vor allem auch, weil er für die Beanspruchung der Feldwicklung und der angeschlossenen Erregereinrichtung gegenüber dem Fall des dreipoligen Kurzschlusses keine neuen Gesichtspunkte liefert, wird auf diese Herleitung nicht weiter eingegangen.

Für den Fall $x''_d \approx x''_q$, also für eine Maschine mit vollkommener Dämpferwicklung, entnimmt man der Literaturstelle [A 3] nach einigen Umformungen das Ergebnis:

$$i_e = i_{eo}\left[1 + \left(\frac{x''_d - x_{a\sigma}}{x'_d - x_{a\sigma}} \frac{x_d - x'_d}{x'_d + x_2} - \frac{x_d - x'_d}{x'_d + x_2}\right) e^{-\frac{t}{T''_{dII}}} + \frac{x_d - x'_d}{x'_d + x_2} e^{-\frac{t}{T'_{dII}}} - \right.$$

$$\left. - \frac{x''_d - x_{a\sigma}}{x'_d - x_{a\sigma}} \frac{x_d - x'_d}{x'_d + x_2} \left(B \cos 2\Theta + \frac{x'_d + x_2}{x_2} e^{-\frac{t}{T_{aII}}} \sin\Theta_o \sin\Theta\right)\right] \quad \text{(A 154)}$$

mit
$$B = \frac{x'_d - x''_d}{x'_d + x_2} e^{-\frac{t}{T''_{dII}}} + \left(\frac{x''_d + x_2}{x'_d + x_2} - \frac{x'_d + x_2}{x_d + x_2}\right) e^{-\frac{t}{T'_{dII}}} + \frac{x'_d + x_2}{x_d + x_2}.$$

Zum Vergleich schreiben wir die Gl. (A 95b) für den Feldstromverlauf beim dreipoligen Kurzschluß etwas umgeformt noch einmal an (statt Zeitkonstanten, Reaktanzen):

$$i_e = i_{eo}\left[1 + \left(\frac{x''_d - x_{a\sigma}}{x'_d - x_{a\sigma}} \frac{x_d - x'_d}{x''_d} - \frac{x_d - x'_d}{x'_d}\right) e^{-\frac{t}{T''_d}} + \frac{x_d - x'_d}{x'_d} e^{-\frac{t}{T'_d}} - \right.$$

$$\left. - \frac{x''_d - x_{a\sigma}}{x'_d - x_{a\sigma}} \frac{x_d - x'_d}{x''_d} e^{-\frac{t}{T_a}} \cos\omega_n t\right]. \quad \text{(A 95c)}$$

Der Vergleich zeigt bezüglich der „Gleichstromglieder" und auch bezüglich des Grundfrequenzgliedes gleiches Verhalten ($\Theta_o = \pi/2$ für den

254 Anhang 4: Der unsymmetrische Kurzschluß der Synchronmaschine

zweipoligen Fall angenommen, also ungünstigster Schaltaugenblick) bei beiden Kurzschlußarten, wobei allerdings die „Gleichstromglieder" (Mittelwerte des Erregerstromverlaufes) beim dreipoligen Kurzschluß größer sind, dafür aber etwas rascher abklingen als beim zweipoligen. Die Amplituden der Grundfrequenzglieder sind praktisch gleich groß und die Zeitkonstanten T_a und $T_{a\,II}$ praktisch auch (vgl. Abb. 21a des Hauptteiles). Das durch das inverse Drehfeld verursachte Wechselstromglied mit doppelter Grundfrequenz tritt natürlich nur beim zweipoligen Kurzschluß in Erscheinung. Es bleibt auch beim Dauerkurzschluß bestehen und hat dabei die Amplitude

$$\frac{x_d'' - x_{a\sigma}}{x_d' - x_{a\sigma}} \frac{x_d - x_d'}{x_d + x_2} i_{e\,o},$$

die immer kleiner ist als $i_{e\,o}$.

Es sei in diesem Zusammenhang jedoch noch erwähnt, daß der zweipolige Kurzschluß am „starren Netz" (z. B. Motoren in großen Industrienetzen) eine zusätzliche Schwierigkeit in der Berechnung beinhaltet. Er verursacht eine erhöhte Beanspruchung der Feldwicklung und der angeschlossenen Erregereinrichtung. Hierauf wird im Hauptteil anhand von Versuchsergebnissen eingegangen (vgl. Abschn. 2.41.32, Abb. 21b).

4.2 Der einpolige (einsträngig-einphasige) Kurzschluß

Dieser Kurzschlußfall ist für größere Synchronmaschinen uninteressant, da diese nie mit geerdetem Sternpunkt betrieben werden, womit ein solcher Fehlerfall sehr unwahrscheinlich wird. Bei kleinen und mittleren Maschinen ist es jedoch besonders in Amerika üblich, den Sternpunkt über eine Drossel oder einen Widerstand zu erden (vgl. Hauptteil Abschn. 3.15). Um keine höhere Wicklungsbeanspruchung als beim dreipoligen Kurzschluß zu erhalten — da x_0 normal wesentlich kleiner ist als x_d'' ($x_0 = \frac{1}{6} \cdots \frac{3}{4} x_d''$), wäre das ohne eine vorgeschaltete Drossel nämlich der Fall — wird die Sternpunktsdrossel folgendermaßen dimensioniert [vgl. Abschn. 3.15 Gl. (67) und Anhang 5 Gl. (A 194)]:

$$x_D \geqq \frac{1}{3}(x_d'' - x_0).$$

Damit bleibt die maximale Wickelkopfbeanspruchung für den Fall $x_d'' = x_q''$ wie beim dreipoligen Kurzschluß. Die Ströme verhalten sich dann beim drei-, zwei- und einpoligen Kurzschluß wie $1 : \sqrt{3}/2 : (\leqq 1)$.

Die Behandlung des einpoligen Kurzschlusses bringt keine besonderen neuen Erkenntnisse und erfolgt ganz ähnlich wie die des zweipoligen. In den Ergebnissen tritt jedoch nun anstelle der Inversreaktanz $\sqrt{x_d'' x_q''}$ die Reaktanz $(x_0 + \sqrt{x_d'' x_q''})$, die jedem Strang vorgeschaltet zu denken ist.

Der einpolige Kurzschluß

Eine ausführliche Behandlung dieses Kurzschlußfalles ist in den Literaturstellen [A 3 und A 5] zu finden. Das Ergebnis lautet schließlich (s. [A 5]) bei Kurzschluß des Stranges a für den Ankerstromverlauf:

$$i_a = 3\,x_{hd}\,i_{eo}\left[\frac{1}{x_d + x_2 + x_0} + \left(\frac{1}{x'_d + x_2 + x_0} - \frac{1}{x_d + x_2 + x_0}\right)e^{-\frac{t}{T'_{dI}}} + \right.$$

$$\left. + \left(\frac{1}{x''_d + x_2 + x_0} - \frac{1}{x'_d + x_2 + x_0}\right)e^{-\frac{t}{T''_{dI}}}\right] \times$$

$$\times (\cos\Theta + b_0 \cos 3\Theta + b_0^2 \cos 5\Theta + \cdots) -$$

$$- \frac{3\,x_{hd}\,i_{eo}\cos\Theta_o}{x_2 + 0{,}5\,x_0}(0{,}5 + b_0 \cos 2\Theta + b_0^2 \cos 4\Theta + \cdots)e^{-\frac{t}{T_{aI}}} \quad \text{(A 155)}$$

mit den Zeitkonstanten:

$$\left.\begin{aligned} T''_{dI} &= T''_{do}\,\frac{x'_d + x_2 + x_0}{x'_d + x_2 + x_0}, \\ T'_{dI} &= T'_{do}\,\frac{x'_d + x_2 + x_0}{x_d + x_2 + x_0}, \\ T_{aI} &= \frac{2x_2 + x_0}{\omega_n(2r_a + r_0)} \approx T_a\,\frac{2x_2 + x_0}{3x_2}, \quad \text{da } r_a \approx r_0 \end{aligned}\right\} \quad \text{(A 156)}$$

und dem Wert für b_0:

$$b_0 = \frac{\sqrt{x''_q + 0{,}5\,x_0} - \sqrt{x''_d + 0{,}5\,x_0}}{\sqrt{x''_q + 0{,}5\,x_0} + \sqrt{x''_d + 0{,}5\,x_0}}. \quad \text{(A 157)}$$

Man sieht, daß für die im Subtransientbereich symmetrische Maschine ($x''_d = x''_q$) $b_0 = 0$ gilt und daß die Oberwellen im Ankerkurzschlußstrom verschwinden. Der Kurzschlußstromverlauf lautet dann:

$$i_a = 3\sqrt{2}\,U_o\left[\frac{1}{x_d + x_2 + x_0} + \left(\frac{1}{x'_d + x_2 + x_0} - \frac{1}{x_d + x_2 + x_0}\right)e^{-\frac{t}{T'_{dI}}} + \right.$$

$$\left. + \left(\frac{1}{x''_d + x_2 + x_0} - \frac{1}{x'_d + x_2 + x_0}\right)e^{-\frac{t}{T''_{dI}}}\right]\cos\Theta -$$

$$- \frac{1{,}5\sqrt{2}\,U_o}{x_2 + 0{,}5\,x_0}\,e^{-\frac{t}{T_{aI}}}\cos\Theta_o, \quad \text{(A 158)}$$

und daraus werden die Amplituden der Wechselstromkomponenten allein:

$$\left.\begin{aligned} \hat{i}''_a &= \sqrt{2}\,\frac{3\,U_o}{x''_d + x_2 + x_0}, \\ \hat{i}'_a &= \sqrt{2}\,\frac{3\,U_o}{x'_d + x_2 + x_0}, \\ \hat{i}_a &= \sqrt{2}\,\frac{3\,U_o}{x_d + x_2 + x_0}. \end{aligned}\right\} \quad \text{(A 159)} \quad \text{[vgl. Gl. (A 143)]}$$

Für den *Feldstromverlauf* gelten ähnliche Überlegungen wie für den zweipoligen Kurzschluß.

Das *Kurzschlußdrehmoment* für den einpoligen Kurzschluß baut sich auch so auf wie dasjenige beim zweipoligen Kurzschluß [*A 5*].

4.3 Vergleich der Maximalamplituden der Kurzschlußdrehmomente „im Luftspalt" und der maximalen Wickelkopfbeanspruchungen

Vergleicht man einmal die im ungünstigsten Fall erreichbaren Maximalmomente beim drei-, zwei- ($\Theta_o = 90°$) und einpoligen ($\Theta_o = 0°$) Kurzschluß für den Fall einer „symmetrischen Maschine" ($x_d'' = x_q''$) unter der Annahme $x_0 = 0,5 x_d''$, so zeigt es sich, daß der *zweipolige Kurzschluß* der gefährlichste ist. Er ergibt die höchsten Drehmomentenspitzen, und der Abklingvorgang erfolgt auch langsamer als beim dreipoligen Kurzschluß, wenn auch etwas rascher als beim einpoligen, der jedoch niedrigere Drehmomentamplituden aufweist.

Die Wickelkopfbeanspruchung ist für den untersuchten Fall beim einpoligen Kurzschluß am höchsten, und zwar ist sie [Gln. (A 159), (A 143) und (A 84)] $(3/2,5)^2 = 1,44$ mal so hoch wie beim dreipoligen. Im Fall der Sternpunktserdung über eine Reaktanz, wobei $x_{0\,(\text{Ersatz})} = x_0 + 3x_D = x_d''$ gemacht wird, ergibt jedoch der dreipolige Kurzschluß die höchste Wickelkopfbeanspruchung. Da einpolige Kurzschlüsse im Normalfall, d. h. ohne Sternpunktserdung, praktisch fast ausgeschlossen sind, braucht der einpolige Kurzschluß bei der Vorausberechnung der Wickelkopfversteifung nicht berücksichtigt zu werden.

4.4 Der Doppelerdkurzschluß bei geerdetem Maschinensternpunkt

Außer den bereits behandelten zwei- und einpoligen Kurzschlußfällen taucht in der englischsprachigen, und hier besonders in der amerikanischen Literatur ([*A 16, A 5, A 3*]), immer wieder auch der Kurzschluß zweier Stränge mit dem Sternpunkt auf. Da dieser Kurzschlußfall jedoch bei nicht geerdeten Maschinen noch unwahrscheinlicher ist als der einpolige Kurzschluß, sollte in diesem Zusammenhang nur der Vollständigkeit halber auf die obigen Literaturstellen hingewiesen werden. Im übrigen bringt er auch bezüglich des Kurzschlußdrehmomentes und der Wickelkopfbeanspruchung gegenüber dem zweipoligen und einpoligen Kurzschluß nichts wesentlich Neues (vgl. Anhang 4.3). Die Spannung am offenen Strang kann bei diesem Kurzschlußfall allerdings bei hohen Werten der Gesamtnullreaktanz (einschließlich Erdungsdrossel) Werte erreichen, die höher liegen als beim normalen zweipoligen Kurzschluß [vgl. Anhang 5, Gln. (A 205a) und (A 205b)].

Zum Schluß soll nur noch auf folgenden Zusammenhang hingewiesen werden:

Setzt man allgemein für den Kurzschlußwechselstrom beim Kurzschluß der praktisch „symmetrischen Maschine" ($x_d'' \approx x_q''$) aus dem Leerlauf die Gleichung an:

$$I_k = \frac{U_o}{x},$$

dann gilt für x als Ersatzreaktanz für die Kurzschlußstromkomponenten beim *dreipoligen Kurzschluß*:

x_d'' für den Anfangswert,
x_d' für den Anfangswert unter Vernachlässigung der Dämpferwicklung,
x_d für den Dauerkurzschlußstromwert.

Beim *zweipoligen Kurzschluß* treten an die Stelle von x_d'', x_d' und x_d die Ersatzreaktanzen:

$$\frac{x_d'' + x_2}{\sqrt{3}}, \quad \frac{x_d' + x_2}{\sqrt{3}}, \quad \frac{x_d + x_2}{\sqrt{3}}$$

mit $x_2 = \sqrt{x_d'' x_q''}$ [vgl. (A 143)], und beim *einpoligen Kurzschluß*:

$$\frac{x_d'' + x_2 + x_0}{3}, \quad \frac{x_d' + x_2 + x_0}{3}, \quad \frac{x_d + x_2 + x_0}{3}$$

mit der gleichen Inversreaktanz [vgl. (A 159)].

Für den Doppelerdkurzschluß mit geerdetem Maschinensternpunkt erhält man leider keine so einfachen Ersatzreaktanzen [vgl. Berechnung dieses Fehlerfalles mit symmetrischen Komponenten, Anhang 5, Gl. (A 204)]. Bei diesem Fehlerfall erscheint außerdem eine dritte Version der Inversreaktanz x_2. Für sie ist ein Wert anzusetzen, der zwischen dem Wert $x_2 = \sqrt{x_d'' x_q''}$ für den zweipoligen und $x_2 = \frac{2 x_d'' x_q''}{x_d'' + x_q''}$ für den dreipoligen Kurzschluß [Gl. (A 83)] liegt (vgl. auch [A 8]). Ist jedoch $x_d'' \approx x_q''$, so ist die Näherung $x_2 = \frac{x_d'' + x_q''}{2}$ für alle Fälle ausreichend.

5. Die unsymmetrische Belastung von Synchronmaschinen durch Netzkurzschlüsse in Behandlung mit der „Methode der Symmetrischen Komponentenrechnung"[1]

Die folgende kurze Behandlung von ein- bzw. zweipoligen Kurzschlüssen und Erdschlüssen in Netzen soll eine Ergänzung zu dem Hauptabschnitt 8 und dem Anhang 4 darstellen und außerdem die Anwendung der Rechnung mit symmetrischen Komponenten zeigen. Wir haben schon zu Eingang des Abschn. Anhang 4.1 darauf hingewiesen, daß sich unsym-

---
[1] Lit.: [A 5, A 15].

metrische Kurzschlüsse mit Hilfe der Rechnung mit symmetrischen Komponenten in gewissen Fällen (für die subtransient symmetrische Maschine, d. h. $x_d'' = x_q''$) exakt behandeln lassen. Für Netzkurzschlüsse wird dieses Verfahren auch für alle anderen Fälle unerläßlich und bietet die Möglichkeit einer guten Annäherung an die Wirklichkeit (Vernachlässigung der Oberwellen).

Es werden die folgenden drei wichtigen Sonderfälle behandelt:
1. Der zweipolige Kurzschluß auf einer Verbindungsleitung.
2. Der einpolige Erdschluß im Netz mit geerdeten Maschinen oder Transformatoren.
3. Der zweipolige Kurzschluß mit Erdberührung im Netz mit geerdeten Maschinen oder Transformatoren.

Bevor wir auf diese Spezialfälle eingehen, wollen wir einleitend zunächst einiges Grundsätzliches zu der Behandlung solcher Störungsfälle mit Hilfe der Rechnung mit symmetrischen Komponenten sagen.

5.1 Netzkurzschlüsse als Sonderfälle der unsymmetrischen Belastung

Hauptgleichungen und vereinfachende Annahmen für die Behandlung der Kurzschlußfälle. Für die Berechnung von Kurzschlüssen in Netzen zum Zwecke der Ermittlung der Generatorbelastungen und der notwendigen Abschaltleistungen sowie zur Schutzeinstellung genügt es praktisch meist, wenn man voraussetzt, alle treibenden (inneren) Spannungen der im Netz vorhandenen Maschinen seien in Phase und von gleichem Betrag. Damit setzt man also vor Eintritt des Fehlers „Leerlauf" voraus, da hierfür diese Bedingungen erfüllt sind, und erhöht nur die Spannungen entsprechend den maßgebenden inneren Spannungen.

Das Rechnen vom Leerlauf des Netzes aus mit entsprechend erhöhten Spannungen ist für die obengenannten Fälle als gute Näherung [vgl. Gl. (A 111)] zulässig.

Als *innere*, also *treibende Spannung* setzt man nun je nach dem Zeitpunkt, für den man die Fehlerströme ermitteln will, entweder die „subtransiente" (E_0'') oder die „transiente" Hauptfeldspannung (E_0') an (Spannung hinter der Subtransient- oder Transientreaktanz aus dem Vorbelastungsdiagramm Abb. A 11, wobei ein Mittelwert für alle Maschinen gebildet wird). Für die Ermittlung der Dauerkurzschlußströme könnte man in Analogie hierzu die inneren Spannungen hinter der Synchronreaktanz, also die Polradspannungen, ansetzen. Im normalen Netzbetrieb kommt für die Maschinen eines Netzes aber einem solchen Belastungsfall keine Bedeutung zu, da die üblichen Abschaltzeiten sein Auftreten verhindern.

Bei allen folgenden Betrachtungen wird *Symmetrie der inneren Spannungen* aller Maschinen vorausgesetzt, d. h., treibende Spannungen existieren nur im Mitsystem.

Wie Abb. 36 des Hauptteiles zeigt, läßt sich jedes unsymmetrische Drehstromsystem aus der Summe von 3 Komponentensystemen zusammensetzen, die dann ihrerseits wieder symmetrisch sind und sich somit auch durch einpolige Ersatzbilder darstellen lassen (Komponentennetzwerke).

In den folgenden Gleichungen bedeuten die durch Fettdruck hervorgehobenen *Formelzeichen komplexe Größen* (Zeiger).

Die Gleichungen zur Konstruktion der Grundzeiger aus den Komponenten lauten für Ströme und Spannungen entsprechend Abb. 36 (es werden gleich die Indizes der 3 Leiter des Drehstromsystems R, S, T anstelle von a, b, c benutzt):

$$\left.\begin{aligned} \boldsymbol{I}_R &= \boldsymbol{I}_{R1} + \boldsymbol{I}_{R2} + \boldsymbol{I}_{R0}, \\ \boldsymbol{I}_S &= a^2 \boldsymbol{I}_{R1} + a \boldsymbol{I}_{R2} + \boldsymbol{I}_{R0}, \\ \boldsymbol{I}_T &= a \boldsymbol{I}_{R1} + a^2 \boldsymbol{I}_{R2} + \boldsymbol{I}_{R0}. \end{aligned}\right\} \quad (A\,160)$$

$$\left.\begin{aligned} \boldsymbol{U}_R &= \boldsymbol{U}_{R1} + \boldsymbol{U}_{R2} + \boldsymbol{U}_{R0}, \\ \boldsymbol{U}_S &= a^2 \boldsymbol{U}_{R1} + a \boldsymbol{U}_{R2} + \boldsymbol{U}_{R0}, \\ \boldsymbol{U}_T &= a \boldsymbol{U}_{R1} + a^2 \boldsymbol{U}_{R2} + \boldsymbol{U}_{R0}, \end{aligned}\right\} \quad (A\,161)$$

mit

$$a = -\frac{1}{2} + j\frac{\sqrt{3}}{2} = e^{j120°}, \quad (A\,162)$$

$$a^2 = -\frac{1}{2} - j\frac{\sqrt{3}}{2} = e^{j240°} = e^{-j120°}. \quad (A\,163)$$

Für die Konstruktion der symmetrischen Komponenten aus den Grundzeigern ergibt sich damit:

$$\left.\begin{aligned} \boldsymbol{I}_{R0} &= \frac{1}{3}(\boldsymbol{I}_R + \boldsymbol{I}_S + \boldsymbol{I}_T), \\ \boldsymbol{I}_{R1} &= \frac{1}{3}(\boldsymbol{I}_R + a\,\boldsymbol{I}_S + a^2\,\boldsymbol{I}_T), \\ \boldsymbol{I}_{R2} &= \frac{1}{3}(\boldsymbol{I}_R + a^2\,\boldsymbol{I}_S + a\,\boldsymbol{I}_T). \end{aligned}\right\} \quad (A\,164)$$

$$\left.\begin{aligned} \boldsymbol{U}_{R0} &= \frac{1}{3}(\boldsymbol{U}_R + \boldsymbol{U}_S + \boldsymbol{U}_T), \\ \boldsymbol{U}_{R1} &= \frac{1}{3}(\boldsymbol{U}_R + a\,\boldsymbol{U}_S + a^2\,\boldsymbol{U}_T), \\ \boldsymbol{U}_{R2} &= \frac{1}{3}(\boldsymbol{U}_R + a^2\,\boldsymbol{U}_S + a\,\boldsymbol{U}_T). \end{aligned}\right\} \quad (A\,165)$$

Diese Gleichungen gelten ganz allgemein (statt U auch E).

Für die Betrachtung der Kurzschlußfälle im Netz legen wir weiter folgendes fest:

Die Spannungen $\boldsymbol{U}_R$, $\boldsymbol{U}_S$ und $\boldsymbol{U}_T$ sollen jeweils die Leiterspannungen an einer bestimmten Stelle (z. B. der Fehlerstelle) gegen Erde sein.

Die entsprechenden inneren, also *treibenden Spannungen* werden mit E_R, E_S und E_T bezeichnet (z. B. auch E'_{Ro}, E''_{Ro} usw.). Nach der weiter vorn gemachten Symmetrievoraussetzung sind treibende Spannungen immer nur im Mitsystem vorhanden.

Die Ströme I_R, I_S und I_T und ihre Komponenten sind jeweils die Fehlerströme — bei einseitiger Speisung also gleichzeitig die Leiterströme.

Das Potential des Sternpunktes eines nicht geerdeten oder über eine Impedanz geerdeten Systems muß nicht gleich dem Erdpotential sein. Fließt z. B. über den Sternpunkt und über die Erdungsimpedanz ein Strom, dann hat der Sternpunkt nicht Erdpotential. Für *den Sternpunkt* gilt dann, da er für alle 3 Stränge gemeinsam ist:

$$U_R = U_S = U_T = U_E.$$

Mit Gl. (A 165) ergibt sich somit:

$$U_{R0} = \frac{1}{3}(U_E + U_E + U_E) = U_E,$$

$$U_{R1} = \frac{1}{3}(U_E + a\,U_E + a^2\,U_E) = 0,$$

$$U_{R2} = \frac{1}{3}(U_E + a^2\,U_E + a\,U_E) = 0,$$

d. h., die Sternpunktsspannung gegen Erde U_E hat nur eine Nullkomponente. Damit steht auch gleichzeitig fest, daß es für die Mit- und Gegenkomponente einer Spannung gleichgültig ist, ob sie als Spannung gegen Erde oder gegen den Sternpunkt definiert wird, nicht aber für die Nullkomponente. Für diese muß streng zwischen den beiden Möglichkeiten unterschieden werden.

Aus diesem Grunde werden wir mit U_R, U_S, U_T und mit den Nullkomponenten dieser Spannungen jeweils die Spannungen gegen Erde bezeichnen und die Mit- und Gegenkomponenten auf den Sternpunkt beziehen.

Stellt nun I_E den Strom über die Erdungsimpedanz z_E dar, so gilt nach der ersten KIRCHHOFFschen Regel:

$$I_E = I_R + I_S + I_T,$$

und mit den symmetrischen Komponenten gemäß Gl. (A 160):

$$I_E = (I_{R1} + I_{R2} + I_{R0}) + (a^2 I_{R1} + a I_{R2} + I_{R0}) +$$
$$+ (a I_{R1} + a^2 I_{R2} + I_{R0}) = 3I_{R0} + (a^2 + a + 1) I_{R1} +$$
$$+ (a + a^2 + 1) I_{R2} = 3I_{R0}, \qquad (A\,166)$$

d. h., der Strom zwischen Erde und Sternpunkt eines Netzes hat auch kein Mit- und kein Gegensystem, und er ist gleich der dreifachen Nullkomponente des Fehlerstromes. Damit kann man für die Spannungen des Sternpunktes gegen Erde mit z_E als Erdungsimpedanz ansetzen [vgl. Gl. (A 168)]:

$$U_E = -I_E z_E = -3 I_{R0} z_E = -I_{R0}(3 z_E). \quad \text{(A 167)}$$

Das heißt, die Nullkomponente eines Stromes verursacht beim Durchfließen der dreifachen Erdungsimpedanz den gleichen Spannungsabfall zwischen Sternpunkt und Erde wie der Sternpunktsstrom beim Durchfließen der Erdungsimpedanz. Diese Erkenntnis ist für die Darstellung der Erdungsimpedanz im einpoligen Ersatzbild des Nullkomponenten-Netzwerkes von Bedeutung, wo man dann die dreifache Erdungsimpedanz als Ersatzimpedanz zu dem Nullkomponenten-Netzsystem des symmetrischen Teiles hinzufügen kann [vgl. Gl. (67) des Hauptteiles].

Es fehlen uns nun noch die Gleichungen, die den *Zusammenhang* zwischen *Strom- und Spannungskomponenten* unter Einbeziehung der treibenden Spannungen und der Impedanzen angeben:

Die symmetrischen Komponenten der Spannungen gegen Erde an irgendeiner betrachteten Fehlerstelle lassen sich für den zur Untersuchung gewählten Strang R einer vor dem Fehler leer laufenden über z_E geerdeten Drehstrommaschine wie folgt allgemein ausdrücken:

$$U_{R1} = E_{R1} - I_{R1} z_1,$$
$$U_{R2} = E_{R2} - I_{R2} z_2,$$
$$U_{R0} = U_E + E_{R0} - I_{R0} z_0.$$

Da Symmetrie der inneren Spannungen vorausgesetzt wurde, gilt für eine solche Maschine:

$$E_{R2} = 0; \quad E_{R0} = 0 \quad \text{und} \quad E_{R1} = E_R,$$

und damit lauten die Gleichungen für den Zusammenhang zwischen Strom- und Spannungskomponenten:

$$\left. \begin{array}{l} U_{R1} = E_R - I_{R1} z_1, \\ U_{R2} = -I_{R2} z_2. \\ U_{R0} = U_E - I_{R0} z_0 = -I_{R0}(3 z_E + z_0) = -I_{R0} z_0^*, \end{array} \right\} \quad \text{(A 168)}$$

wobei z_1, z_2 und z_0 die Maschinenimpedanzen der 3 Komponenten darstellen.

Unter Vernachlässigung der Lastströme gelten für ein geerdetes Netz die gleichen Beziehungen wie für den leer laufenden Generator (alle Generatoren werden ja in einem Ersatzgenerator zusammengefaßt), nur daß, wie bereits gesagt, die Ströme (Fehlerströme) nun nicht mehr den Leiterströmen entsprechen, auf diese jedoch mit Hilfe der Impedanzen umgerechnet werden können.

262 Anhang 5: Unsymmetrische Belastung–Symmetrische Komponentenrechnung

Die Gln. (A 160) bis (A 168) stellen alle für die Rechnung mit symmetrischen Komponenten notwendigen Beziehungen dar.

Die *Ersatzbilder* (*Komponentennetzwerke*) der einzelnen symmetrischen Komponenten werden immer von der Fehlerstelle aus aufgebaut. z_1 ist damit die Mitimpedanz des gesamten Netzes von der Fehlerstelle aus gesehen, und z_2 und z_0 sind die entsprechenden Gegen- und Nullimpedanzen. Die *Komponentenspannungen* liegen jeweils zwischen der Fehlerstelle und der Nullschiene des Komponentennetzwerkes. *Die Ströme fließen* aus dem Netzwerk zu der Fehlerstelle. Die Bedingungen für die Zusammenschaltung der Komponentenersatzbilder ergeben sich aus der Rechnung, und man erhält damit ein Gesamtersatzbild für jeden Fehlerfall, aus dem dann wieder die zugehörige Generatorbelastung ermittelt werden kann.

Wir wollen nun die drei weiter vorn aufgeführten Fehlerarten behandeln und die dazugehörigen Ersatzbilder ermitteln.

Dazu werden wir immer einführend die einseitige Speisung behandeln und anschließend auf das Netz übergehen, wobei wir zunächst den Fehlerwiderstand selber vernachlässigen und ihn dann nachträglich berücksichtigen.

5.2 Der zweipolige Kurzschluß im Netz
5.21 Die einseitige Speisung

Abb. A 12 zeigt die Fehlermöglichkeiten und erläutert die Bezeichnungen (Abb. A 12a). Wir behandeln den Fall a). Die Fehlerbedingungen lauten:

$$I_R = 0; \quad I_S = -I_T; \quad U_T = U_S. \qquad (A\,169)$$

Mit Gl. (A 164) gilt dann für die Stromkomponenten:

$$I_{R0} = \frac{1}{3}(0 + I_S - I_S) = 0,$$

$$I_{R1} = \frac{1}{3}(0 + a\,I_S - a^2\,I_S) = \frac{a - a^2}{3}I_S = \frac{j\,I_S}{\sqrt{3}},$$

$$I_{R2} = \frac{1}{3}(0 + a^2\,I_S - a\,I_S) = \frac{a^2 - a}{3}I_S = \frac{-j\,I_S}{\sqrt{3}},$$

also

$$I_{R1} = -I_{R2} = \frac{j\,I_S}{\sqrt{3}}, \qquad (A\,170)$$

und mit Gl. (A 161) werden die Spannungen:

$$U_S = a^2\,U_{R1} + a\,U_{R2} + U_{R0},$$
$$U_T = a\,U_{R1} + a^2\,U_{R2} + U_{R0}.$$

Der zweipolige Kurzschluß im Netz 263

Durch Gleichsetzen entsprechend der Fehlerbedingung nach Gl. (A 169) wird dann:
$$(a^2 - a)\, U_{R1} + (a - a^2)\, U_{R2} = 0,$$
also
$$U_{R1} = U_{R2}. \tag{A 171}$$

Führt man die Beziehungen gemäß Gl. (A 168) hier ein, so gilt:
$$U_{R1} = E_R - I_{R1} z_1 = U_{R2} = -I_{R2} z_2$$
oder mit Gl. (A 170):
$$E_R - I_{R1} z_1 - I_{R1} z_2 = 0$$
und damit wird
$$I_{R1} = \frac{E_R}{z_1 + z_2} \tag{A 172}$$
und
$$I_{R2} = -\frac{E_R}{z_1 + z_2}. \tag{A 173}$$

Der Fehlerstrom lautet also:
$$I_F = I_S = -I_T = a^2\, I_{R1} + a\, I_{R2} + I_{R0} = (a^2 - a)\, I_{R1} = \frac{-j\sqrt{3}\, E_R}{z_1 + z_2}. \tag{A 174a}$$

Da die Beträge der Ströme in den beiden Leitern gleich sind, gilt für den Kurzschlußstrom allgemein [vgl. Gl. (A 143) für Leerlauf]:

$$I_{k\,II} = \frac{\sqrt{3}\, E}{z_1 + z_2}. \tag{A 174b}$$

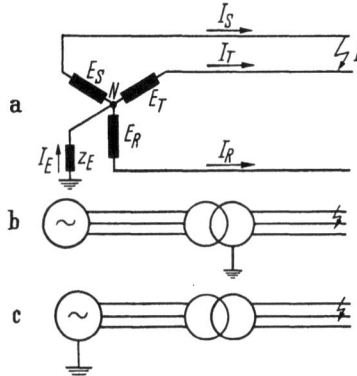

Die Spannung am offenen Strang R läßt sich auch auf einfache Weise ermitteln. Setzt

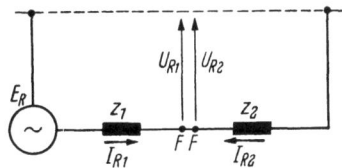

Abb. A 12a—c. Zweipoliger Kurzschluß bei einseitiger Speisung

Abb. A 13. Komponentennetzwerke zum zweipoligen Kurzschluß bei einseitiger Speisung

man die Gln. (A 172) und (A 173) in (A 168) ein, so wird mit den Gln. (A 171) und (A 170):
$$U_{R1} = U_{R2} = I_{R1} z_2 = E_R \frac{z_2}{z_1 + z_2} \tag{A 175}$$
und (bei endlichem z_0):
$$U_{R0} = -0\, z_0 = 0, \tag{A 176}$$

womit für U_R gilt:

$$U_R = U_{R1} + U_{R2} + U_{R0} = 2U_{R1} = E_R \frac{2z_2}{z_1 + z_2}. \qquad (A\,177)$$

Aus den Gln. (A 170) und (A 171) läßt sich das Ersatzbild der Abb. A 13 herleiten.

5.22 Der zweipolige Kurzschluß auf einer Verbindungsleitung
(*zweiseitige Speisung*)

Als Beispiel wird das in Abb. A 14 dargestellte System behandelt. Daraus ergeben sich die gleichen Fehlerbedingungen, wie sie auch bei einseitiger Speisung galten, also:

und
$I_R = 0$; $I_S = -I_T$ für die Fehlerströme (nicht mehr Leiterströme)
$U_S = U_T$ für die Spannungen an der Fehlerstelle gegen Erde.

Damit behalten auch die Ergebnisse der Gln. (A 170) und (A 171) für die Phase[1] R Gültigkeit, d. h.

und
$$I_{R0} = 0; \qquad I_{R1} = -I_{R2} = j\frac{I_S}{\sqrt{3}}$$
$$U_{R1} = U_{R2}.$$

In Worten ausgedrückt heißt das, daß beim zweipoligen Kurzschluß der Phasen S und T auf einer Verbindungsleitung (oder auch in einem Netz) die Mit- und Gegenkomponente des Fehlerstromes — nicht des Leiterstromes — in der vom Fehler nicht betroffenen Phase R gleichen Betrag und gegenphasige Lage haben, während die Komponenten der Spannung U_R, also U_{R1} und U_{R2}, nach Betrag und Phasenlage gleich sind.

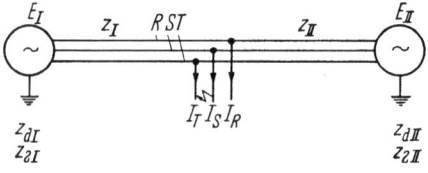

Abb. A 14. Zweipoliger Kurzschluß bei zweiseitiger Speisung (Kurzschluß auf Verbindungsleitung)

Setzt man nun voraus, daß die inneren Spannungen der beteiligten Maschinen gleichen Betrag und gleiche Phasenlage haben, was wir hier ja wenigstens für die praktische Rechnung tun wollten (vgl. Abschn. 5.1), und bezeichnet man diese (mittlere) innere Spannung wieder mit E, dann behalten auch die anderen Gleichungen ihre Gültigkeit, nur daß nun z_1 und z_2 die Gesamtimpedanzen, von der Fehlerstelle in das Netz gemessen, bedeuten. Die Leiterströme lassen sich mit Hilfe der Impedanzen leicht ermitteln, und damit erhält man dann auch die Generatorbelastungsströme (vgl. Beispiel der Abb. A 14).

---

[1] Die Bezeichnung Strang wird entsprechend einem neuen Vorschlag nur für Maschinen und Transformatoren angewendet, und hier handelt es sich um Netzgrößen.

Aus den eben aufgeführten Bedingungen ergibt sich wieder die Vorschrift für die Aufstellung und Zusammenschaltung der Komponentennetzwerke für die Phase R (Abb. A 15). Die Abbildung zeigt, daß treibende Spannungen gemäß den Voraussetzungen zu Gl. (A 168) nur im Mitsystemnetzwerk vorhanden sind.

Für die Rechnung hatten wir zur Vereinfachung zunächst angenommen $E_{RI} = E_{RII}$. Um jedoch die Impedanzen richtig zu ermitteln

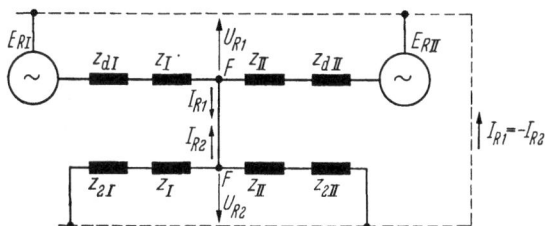

Abb. A 15
Schaltbild der Komponentennetzwerke zum zweipoligen Kurzschluß bei zweiseitiger Speisung

und folglich auch um nachträglich die Generatorbelastungsströme richtig errechnen zu können, haben wir in Abb. A 15 die beiden Maschinen wieder getrennt dargestellt.

Die Bedingung $U_{R1} = U_{R2}$ bedeutet, daß Mit- und Gegenkomponente der Spannung an der Fehlerstelle gleich sein müssen, d. h., Mit- und Gegensystemnetzwerke müssen an der Fehlerstelle und über die Nullschienen (Darstellung mit unterbrochener Linie) der beiden Netzwerke verbunden werden. Damit ist dann auch die Bedingung nach Gl. (A 170) $I_{R1} = -I_{R2}$ erfüllt.

Die Spannungskomponenten U_{R1} und U_{R2} liegen jeweils zwischen Nullschiene und Fehlerstelle der zugehörigen Komponentennetzwerke.

Zur Erläuterung der Abb. A 15 ist noch zu sagen, daß z_{dI} und z_{dII} die Mitimpedanzen der beiden Maschinen bedeuten, z_I und z_{II} die Mitimpedanzen der Leitungsteile bis zur Kurzschlußstelle, die gleich ihren Gegenimpedanzen sind, und z_{2I} und z_{2II} die Gegenimpedanzen der Maschinen.

Für die praktische Untersuchung müssen natürlich alle Impedanzen auf eine Bezugsleitung umgerechnet werden [A 15].

Mit Hilfe der Ersatzschaltung nach Abb. A 15 kann das fehlerhafte Netzwerk leicht auf einem Wechselstromnetzmodell dargestellt werden, womit dann auch unterschiedliche innere Spannungen (ungleiche Beträge und ungleiche Phasenlage), also Lastfälle, berücksichtigt werden können.

Will man z. B. für das einfache Zweimaschinenproblem den zweipoligen Kurzschlußfall untersuchen, wobei als Vorbelastung die eine

Maschine als Generator und die zweite als Motor arbeitet, so kann man folgendermaßen verfahren:

Man nimmt zunächst den Leerlauffall an und ermittelt die Komponentenströme und die Fehlerströme. Die Komponentenströme verteilen sich im umgekehrten Verhältnis der Impedanzen (z_{M1}/z_{G1} und z_{M2}/z_{G2}) auf Motor und Generator. Addiert man dann die Vorbelastungsströme zu den Mitkomponenten der Ströme in Generator und Motor, so erhält man die gesamten Mitkomponentenströme. Setzt man schließlich nochmals die Fehlerströme gemäß Gl. (A 160) aus den gesamten Mitkomponentenströmen und den vorher ermittelten Gegenkomponentenströmen zusammen, so erhält man die Gesamtfehlerströme in Generator und Motor.

Die Spannungen an der Fehlerstelle werden mit Hilfe der Gln. (A 175), (A 171) und (A 161) ermittelt.

Will man diesen Fall auf dem Wechselstromnetzmodell untersuchen, dann ermittelt man die Komponentennetzwerke gemäß Abb. A 15 und setzt die inneren Spannungen für Generator und Motor entsprechend der Vorlast an.

5.23 Der zweipolige Kurzschluß über die Kurzschlußimpedanz z_F auf einer Verbindungsleitung

Wir denken uns in Abb. A 14 zwischen den Leitern (Phasen) S und T einen Kurzschluß über die Impedanz z_F durchgeführt. Die Fehlerbedingungen lauten dann:
$$I_R = 0; \quad I_S = -I_T$$
und
$$U_S - U_T = I_S z_F.$$

Mit Gl. (A 164) ergibt sich daraus für die Stromkomponenten:

und
$$\begin{aligned} I_{R0} &= 0 \\ I_{R1} &= -I_{R2}. \end{aligned} \quad \text{(A 178)}$$

Bildet man weiter aus den Gln. (A 161) die Differenz
$$U_S - U_T = (a^2 - a) U_{R1} - (a^2 - a) U_{R2} = I_S z_F \quad \text{(A 179)}$$

und setzt gemäß den Gln. (A 178) und (A 160) für den Strom I_S:
$$I_S = I_{R1}(a^2 - a)$$

an, so wird U_{R1} mit (A 179):
$$U_{R1} = U_{R2} + I_{R1} z_F. \quad \text{(A 180)}$$

Setzt man nun U_{R2} gemäß Gl. (A 168) mit $I_{R1} = -I_{R2}$ in Gl. (A 180) ein, so wird:
$$U_{R1} = I_{R1}(z_2 + z_F). \quad \text{(A 181)}$$

Mit den Gln. (A 168) gilt damit weiter für vorherigen Leerlauf des Netzes:

$$U_{R1} = I_{R1}(z_2 + z_F) = E_R - I_{R1}z_1,$$

womit dann die Stromkomponenten lauten:

$$I_{R1} = \frac{E_R}{z_1 + z_2 + z_F} = -I_{R2}. \qquad (A\,182)$$

Aus den Gln. (A 178) und (A 181) ergibt sich die in Abb. A 16 dargestellte Zusammenschaltung der Komponentennetzwerke.

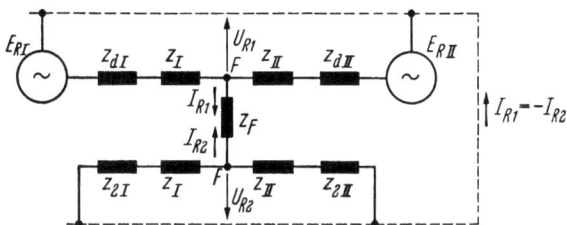

Abb. A 16. Schaltbild der Komponentennetzwerke beim Kurzschluß über den Widerstand z_F

5.3 Der einpolige Erdschluß im geerdeten Netz

5.31 Die einseitige Speisung

Abb. A 17 zeigt wieder verschiedene Fehlermöglichkeiten und erläutert die Bezeichnungen (Abb. A 17 a). Die Fehlerbedingungen zu Fall a) lauten:

$$I_S = 0; \quad I_T = 0; \quad U_R = 0.$$

Mit Gl. (A 164) ergibt sich damit:

$$I_{R0} = I_{R1} = I_{R2} = \frac{I_R}{3} \qquad (A\,183)$$

und mit Gl. (A 161):

$$U_R = 0 = U_{R1} + U_{R2} + U_{R0},$$

woraus

$$U_{R1} = -(U_{R0} + U_{R2}) \qquad (A\,184)$$

wird.

Mit Gln. (A 168) und (A 183) ergibt sich dann ($z_E = 0$):

$$U_{R2} = -I_{R2}z_2 = -I_{R1}z_2, \qquad (A\,185)$$
$$U_{R0} = -I_{R0}z_0 = -I_{R1}z_0, \qquad (A\,186)$$

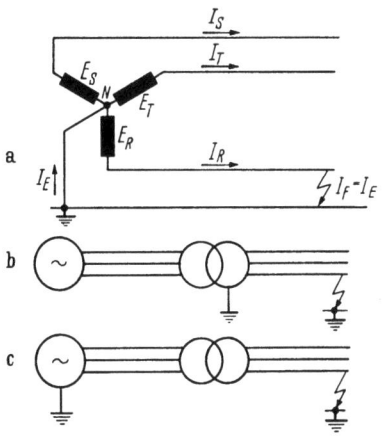

Abb. A 17a—c. Einpoliger Erdschluß im geerdeten Netz bei einseitiger Speisung

womit
$$U_{R1} = I_{R1}(z_0 + z_2) \tag{A 187}$$
wird. Mit Hilfe der Gl. (A 168) ergibt sich schließlich für U_{R1}:
$$U_{R1} = I_{R1}(z_0 + z_2) = E_R - I_{R1} z_1,$$
und daraus wird I_{R1}:
$$I_{R1} = \frac{E_R}{z_1 + z_2 + z_0} = I_{R2} = I_{R0} \tag{A 188}$$
mit Gl. (A 183).

Der Fehlerstrom I_F fließt auch über den Sternpunkt. Gemäß Gl. (A 166) ist dann
$$I_E = 3 I_{R0} = I_F, \tag{A 189}$$
und mit Gl. (A 188) gilt somit [vgl. Gl. (A 159) für Leerlauf des Generators!]:
$$I_E = I_F = I_R = 3 I_{R0} = \frac{3 E_R}{z_1 + z_2 + z_0}. \tag{A 190}$$

Die Spannungen an den offenen Strängen werden gemäß Gl. (A 161) ermittelt.

Das Ersatzschaltbild der Abb. A 18 ergibt sich aus den Gln. (A 183) bis (A 187) und (A 168).

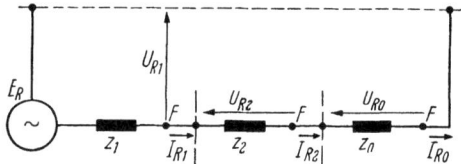

Abb. A 18. Schaltbild der Komponentennetzwerke bei einseitiger Speisung zum Fall der Abb. A 17

5.32 Der einpolige Erdschluß im Netz mit geerdeten Transformatoren
(Beispiel: zweiseitige Speisung)

Als Beispiel wird der in Abb. A 19 dargestellte Fall behandelt. Da wir jedoch wieder Leerlauf voraussetzen und also nur die inneren Spannungen entsprechend dem zeitlich interessierenden Fall gegenüber der Netzspannung erhöhen, erhält die Betrachtung allgemeingültigen Charakter. Die Fehlerbedingungen lauten wieder genau wie bei einseitiger Speisung (Achtung: Ströme I_R, I_S, I_T sind nicht mehr Leiterströme!):
$$I_S = 0; \quad I_T = 0; \quad U_R = 0.$$
Damit gelten die Ergebnisse der Gln. (A 183) und (A 184) auch hier, d. h.
$$I_{R0} = I_{R1} = I_{R2} = \frac{I_R}{3}$$

und $$U_{R1} = -(U_{R0} + U_{R2}).$$

In Worten ausgedrückt bedeutet das, daß für den einpoligen Erdschluß in einem geerdeten Netz die Mit-, Gegen- und Nullkomponenten des Fehlerstromes in der fehlerbehafteten Phase R phasen- und betragsgleich

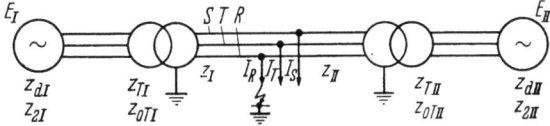

Abb. A 19. Beispiel für den einpoligen Erdschluß im Netzwerk mit geerdeten Transformatoren
(zweiseitige Speisung)

sind und daß die Mitkomponente der Phasenspannung betragsgleich ist mit der Summe von Null- und Gegenkomponente der Spannung, jedoch in Phasenopposition zu dieser Summe liegt. Auch die Ergebnisse der Gln. (A 185) bis (A 188) behalten ihre Gültigkeit, wobei nun natürlich

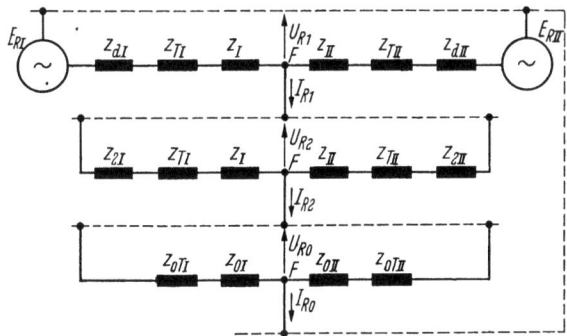

Abb. A 20. Schaltbild der Komponentennetzwerke zum einpoligen Erdschluß im geerdeten Netz
(Beispiel Abb. A 19)

z_1, z_2 und z_0 jeweils die Gesamtimpedanzen, gemessen von der Fehlerstelle aus in das Netz, und E die innere Ersatzspannung bedeuten. Der Fehlerstrom I_R läßt sich dann mit Hilfe der Netzimpedanzen in Leiterströme umrechnen.

Aus den Gln. (A 183) und (A 184) ergeben sich wieder die Vorschriften für die Aufstellung des Schaltbildes der Komponentennetzwerke, das in Abb. A 20 dargestellt ist (vgl. Abb. A 18). Die Darstellung gilt für die Phase R. Das fehlerhafte Netzwerk kann mit Hilfe der Abbildung leicht auf einem Wechselstromnetzmodell dargestellt und untersucht werden.

Wir wollen nun auch hier anschließend den Erdschluß über einen Fehlerwiderstand z_F behandeln.

270 Anhang 5: Unsymmetrische Belastung–Symmetrische Komponentenrechnung

5.33 Der einpolige Erdschluß im geerdeten Netz über die Fehlerimpedanz z_F

Wir denken uns in der Darstellung der Abb. A 19 zwischen der fehlerhaften Phase R und der Erde einen Widerstand z_F eingebaut. Die Fehlerbedingungen lauten damit:

$$I_S = 0; \quad I_T = 0; \quad U_R = I_R z_F.$$

Mit Hilfe der Gln. (A 160), (A 161), (A 164) und (A 165) ergibt sich dann:

$$I_{R1} = I_{R2} = I_{R0} = \frac{I_R}{3}, \tag{A 191}$$

wie auch für den Fall ohne z_F, und

$$U_R = U_{R1} + U_{R2} + U_{R0} = I_R z_F = 3 I_{R1} z_F = I_{R1} \cdot (3 z_F)$$

und damit:
$$U_{R1} = -U_{R2} - U_{R0} + I_{R1}(3 z_F). \tag{A 192}$$

Durch Einsetzen der Ergebnisse der Gln. (A 168) für U_{R2} und U_{R0} ($z_E = 0$) in Gl. (A 192) und unter Berücksichtigung des Ergebnisses der Gl. (A 191) wird dann:

$$U_{R1} = I_{R1}(z_2 + z_0 + 3 z_F). \tag{A 193}$$

Ersetzt man nun noch U_{R1} gemäß Gl. (A 168), so wird I_{R1}:

$$I_{R1} = \frac{E_R}{z_1 + z_2 + z_0 + 3 z_F}. \tag{A 194}$$

Mit den Gln. (A 191), (A 192) bzw. (A 193) und (A 194) ergibt sich dann das Schaltbild der Abb. A 21. Dieses unterscheidet sich vom Schaltbild

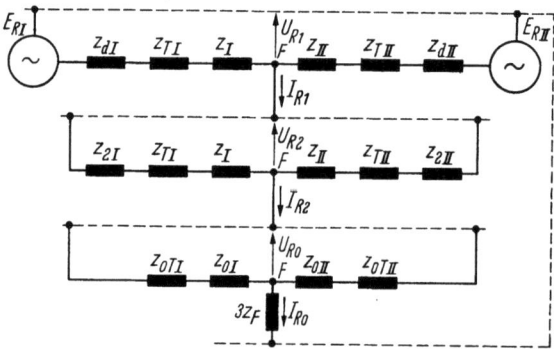

Abb. A 21. Schaltbild der Komponentennetzwerke zum einpoligen Erdschluß im geerdeten Netz unter Berücksichtigung eines Erdschlußwiderstandes

der Abb. A 20 nur dadurch, daß die Impedanz $3 z_F$ in Reihe mit den Komponentennetzwerken auftritt.

5.4 Der zweipolige Kurzschluß mit Erdberührung im geerdeten Netz
5.41 Die einseitige Speisung

Abb. A 22 zeigt die verschiedenen in der folgenden Herleitung erfaßten Fehlerortmöglichkeiten und erläutert die Bezeichnungen. Wir betrachten den Fall der Abb. A 22a. Die Fehlerbedingungen lauten daraus:

$$I_R = 0; \quad U_S = 0; \quad U_T = 0.$$

Setzt man diese Werte in die Gln. (A 165) ein, so ergibt sich:

$$U_{R1} = U_{R2} = U_{R0} = \frac{U_R}{3}. \quad (A\,195)$$

Aus Gl. (A 160) ergibt sich mit $I_R = 0$:

$$I_{R1} = -(I_{R2} + I_{R0}). \quad (A\,196)$$

Mit Gln. (A 168) und (A 195) wird weiter:

$$U_{R1} = E_R - I_{R1} z_1 = -I_{R2} z_2 = -I_{R0} z_0,$$

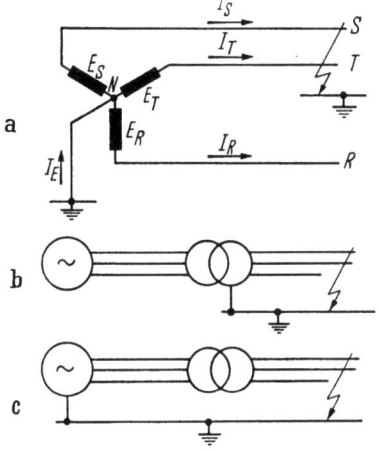

Abb. A 22a—c. Der zweipolige Kurzschluß mit Erdberührung im geerdeten Netz bei einseitiger Speisung

woraus dann I_{R2} und I_{R0} sich zu

$$I_{R2} = -\frac{U_{R1}}{z_2} \quad (A\,197)$$

und

$$I_{R0} = -\frac{U_{R1}}{z_0} \quad (A\,198)$$

ergeben. I_{R1} wird damit [Gl. (A 196)]:

$$I_{R1} = U_{R1}\left(\frac{1}{z_2} + \frac{1}{z_0}\right) = U_{R1}\frac{z_2 + z_0}{z_2 z_0}, \quad (A\,199)$$

woraus wieder

$$U_{R1} = U_{R2} = U_{R0} = I_{R1}\frac{z_2 z_0}{z_2 + z_0} \quad (A\,200)$$

folgt. Führt man in die Gln. (A 197) und (A 198) statt U_{R1}, I_{R1} gemäß Gl. (A 199) ein, so wird:

$$I_{R2} = -I_{R1}\frac{z_0}{z_0 + z_2} \quad (A\,201\,\text{a})$$

und

$$I_{R0} = -I_{R1}\frac{z_2}{z_0 + z_2}. \quad (A\,202\,\text{a})$$

Aus den Gln. (A 200) und (A 168) läßt sich dann schließlich I_{R1} noch folgendermaßen ausdrücken:

$$I_{R1} = \frac{E_R}{z_1 + \dfrac{z_2 z_0}{z_2 + z_0}} = E_R \frac{z_2 + z_0}{z_1 z_2 + z_1 z_0 + z_2 z_0}. \quad \text{(A 203)}$$

Durch Einsetzen der Gl. (A 203) in (A 202a) und (A 201a) erhält man die Komponenten I_{R2} und I_{R0} in der endgültigen Form:

$$I_{R2} = -E_R \frac{z_0}{z_1 z_2 + z_1 z_0 + z_2 z_0}, \quad \text{(A 201b)}$$

$$I_{R0} = -E_R \frac{z_2}{z_1 z_2 + z_1 z_0 + z_2 z_0}. \quad \text{(A 202b)}$$

Führt man die Gln. (A 201b), (A 202b) und (A 203) in Gl. (A 160) ein, so ergibt sich für die Leiterströme:

und
$$I_S = -j \frac{\sqrt{3} E_R [(1 + a^2) z_2 + z_0]}{z_1 z_2 + z_1 z_0 + z_2 z_0}$$
$$I_T = j \frac{\sqrt{3} E_R [(1 + a) z_2 + z_0]}{z_1 z_2 + z_1 z_0 + z_2 z_0}. \quad \text{(A 204)}$$

Die Spannung des offenen Stranges gegen Erde erhält man schließlich aus den Gln. (A 200), (A 203) und (A 161) zu:

$$U_R = \frac{3 E_R z_2 z_0}{z_1 z_2 + z_1 z_0 + z_2 z_0}. \quad \text{(A 205a)}$$

Für den Fall $z_1 = z_2$ (z. B. im subtransienten Bereich symmetrische Synchronmaschine, $x_d'' = x_q''$) wird dieser Wert:

$$U_R = \frac{3 E_R}{\dfrac{z_1}{z_0} + 2}. \quad \text{(A 205b)}$$

Vergleicht man die Mitkomponenten des Stromes I_R für einseitige Speisung beim zweipoligen Kurzschluß [Gl. (A 172)], beim einpoligen Erdschluß im geerdeten Netz [Gl. (A 188)] und beim zweipoligen Erdschluß im geerdeten Netz [Gl. (A 203)], dann stellt man fest, daß die Mitkomponente I_{R1} einmal durch $(z_1 + z_2)$, im zweiten Fall durch $(z_1 + z_2 + z_0)$ bestimmt war und daß sie hier nun durch die Parallelschaltung von z_2 und z_0 in Reihe mit z_1 bestimmt ist. Die Gln. (A 195), (A 196) und (A 200) bis (A 202) legen die Zusammenschaltung der Komponentennetzwerke fest, wie sie in Abb. A 23 dargestellt ist.

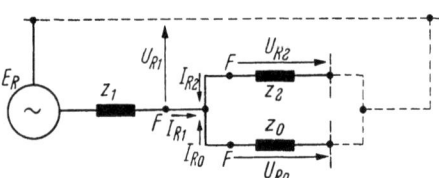

Abb. A 23. Schaltbild der Komponentennetzwerke bei einseitiger Speisung gemäß Abb. A 22

5.42 Der zweipolige Kurzschluß mit Erdberührung im Netz mit geerdeten Transformatoren

(Beispiel: zweiseitige Speisung)

Als Beispiel wird der in Abb. A 24 dargestellte Fall behandelt. Auch hier gilt die Verallgemeinerung entsprechend der Einleitung zu 5.32. Die Fehlerbedingungen lauten wieder genauso wie bei einseitiger Speisung, also:

$$I_R = 0 \quad \text{für den Fehlerstrom}$$

und

$$U_S = U_T = 0 \quad \text{für die Spannungen gegen Erde.}$$

Damit gelten auch die Beziehungen der Gln. (A 195), (A 196), (A 201 a) und (A 202 a) wieder:

$$U_{R1} = U_{R2} = U_{R0},$$
$$I_{R1} = -(I_{R2} + I_{R0}),$$
$$I_{R2} = -I_{R1} \frac{z_0}{z_2 + z_0},$$
$$I_{R0} = -I_{R1} \frac{z_2}{z_2 + z_0}.$$

In Worten ausgedrückt heißt das:

Für den zweipoligen Kurzschluß mit Erdberührung im geerdeten Netz sind Mit-, Gegen- und Nullkomponenten der Fehlerspannung der

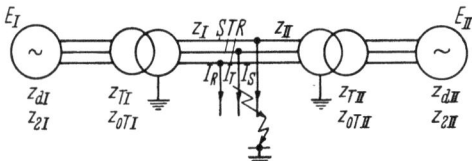

Abb. A 24. Beispiel für den zweipoligen Kurzschluß mit Erdberührung im geerdeten Netz
(zweiseitige Speisung)

vom Fehler nicht betroffenen Phase R betrags- und phasengleich, während die Mitkomponente des Fehlerstromes dieser Phase betragsgleich mit der Summe der Gegen- und Nullkomponente ist, jedoch Phasenopposition dazu besitzt.

Auch die Gln. (A 200) und (A 203) behalten ihre Gültigkeit, wobei allerdings wieder das bereits in Abschn. 5.32 Gesagte bezüglich der Impedanzen und der inneren Spannung E gilt. Der Fehlerstrom I_R und die Spannungen gegen Erde lassen sich wie für den Fall der einseitigen Speisung ermitteln, und die Leiterströme errechnet man aus dem Fehlerstrom I_R mit Hilfe der Impedanzen (vgl. Abschn. 5.22).

Aus den Gln. (A 195), (A 196) und (A 200) bis (A 202), in Anwendung auf unser Netzbeispiel, ergibt sich dann wieder die Vorschrift für die Schaltung gemäß Abb. A 25, die auch zur Darstellung auf dem Netzmodell dient.

274 Anhang 5: Unsymmetrische Belastung – Symmetrische Komponentenrechnung

Zum Schluß wollen wir nun noch den zweipoligen Kurzschluß mit Erdberührung über die Impedanz z_F behandeln.

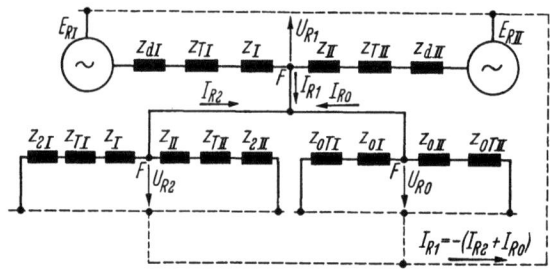

Abb. A 25. Schaltbild der Komponentennetzwerke zum zweipoligen Kurzschluß mit Erdberührung im geerdeten Netz (Beispiel Abb. A 24)

5.43 Der zweipolige Kurzschluß mit Erdberührung im geerdeten Netz über die Fehlerimpedanz z_F

Es gilt wieder das Schaltbild der Abb. A 24, wobei angenommen wird, die beiden Phasen S und T seien direkt kurzgeschlossen und der Kurzschlußwiderstand z_F liege zwischen dieser Kurzschlußstelle und der Erde. Das Beispiel entspricht damit in der Praxis dem Fall des zweipoligen Kurzschlusses über einen Mast, wobei z_F der Erdungswiderstand des Mastes ist.

Die Fehlerbedingungen lauten:

$$I_R = 0; \quad U_S = U_T = (I_S + I_T) z_F.$$

Mit $I_R = 0$ und den Gln. (A 160) wird

$$I_{R1} = -(I_{R2} + I_{R0}). \tag{A 206}$$

Aus Gl. (A 164) ergibt sich mit $I_R = 0$:

$$I_{R0} = \frac{1}{3}(I_S + I_T)$$

oder

$$I_S + I_T = 3 I_{R0}. \tag{A 207}$$

Mit $U_S = U_T$ ergibt sich nach Gl. (A 165):

$$U_{R0} = \frac{1}{3}(U_R + 2 U_S) \tag{A 208}$$

und

$$U_{R1} = U_{R2} = \frac{1}{3}(U_R - U_S). \tag{A 209}$$

Zieht man Gl. (A 209) von Gl. (A 208) ab und setzt gemäß dem Ansatz für die Fehlerbedingungen und Gl. (A 207) an:

$$U_S = (I_S + I_T) z_F = 3 I_{R0} z_F,$$

so ergibt sich:

$$U_{R1} = U_{R0} - 3 I_{R0} z_F. \tag{A 210}$$

Setzt man das Ergebnis der Gl. (A 168) für U_{R2} und U_{R0} ($z_E = 0$, d. h. starre Erdung) in die Gln. (A 209) und (A 210) ein, so ergibt sich:

und
$$U_{R1} = U_{R2} = -I_{R2} z_2$$
$$U_{R1} = -I_{R0}(z_0 + 3 z_F).$$

Damit gilt:
$$I_{R2} = -\frac{U_{R1}}{z_2} \tag{A 211}$$

und
$$I_{R0} = -\frac{U_{R1}}{z_0 + 3 z_F}. \tag{A 212}$$

Setzt man diese Werte [Gln. (A 211) und (A 212)] in Gl. (A 206) ein, so wird I_{R1}:
$$I_{R1} = U_{R1}\left(\frac{1}{z_2} + \frac{1}{z_0 + 3 z_F}\right) \tag{A 213}$$

und daraus:
$$U_{R1} = I_{R1} \frac{z_2(z_0 + 3 z_F)}{z_2 + z_0 + 3 z_F}. \tag{A 214}$$

Die Gln. (A 211) und (A 212) werden mit diesem U_{R1}:
$$I_{R2} = -I_{R1} \frac{z_0 + 3 z_F}{z_2 + z_0 + 3 z_F}, \tag{A 215}$$

$$I_{R0} = -I_{R1} \frac{z_2}{z_2 + z_0 + 3 z_F}. \tag{A 216}$$

Ersetzt man schließlich U_{R1} in Gl. (A 214) gemäß Gl. (A 168) durch
$$U_{R1} = E_R - I_{R1} z_1,$$
so wird I_{R1}:
$$I_{R1} = \frac{E_R}{z_1 + \dfrac{z_2(z_0 + 3 z_F)}{z_2 + z_0 + 3 z_F}}. \tag{A 217}$$

Aus diesen Gleichungen lassen sich der Fehlerstrom und die Spannungen gegen Erde mit Hilfe der Gln. (A 160) und (A 161) leicht ermitteln.

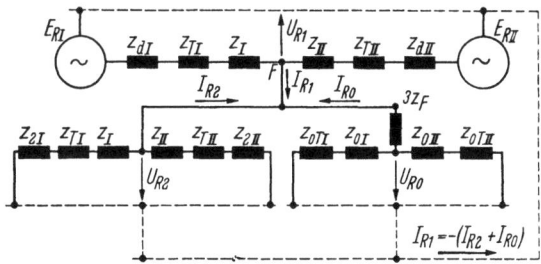

Abb. A 26. Schaltbild der Komponentennetzwerke zum zweipoligen Kurzschluß mit Erdberührung im geerdeten Netz unter Berücksichtigung eines Erdschlußwiderstandes

Aus den Gln. (A 206), (A 209) und (A 210) ergibt sich wieder die Vorschrift für die Schaltung der Komponentennetzwerke, die in Abb. A 26 dargestellt ist.

6. Die Synchronmaschine im asynchronen Betrieb[1]

6.1 Der asynchrone Anlauf von Synchronmaschinen

Der asynchrone Anlauf einer Synchronmaschine ist ein asynchroner Betriebszustand an symmetrischer Netzspannung. Er wird durch das „Aufschalten" des Motors auf die Netzspannung eingeleitet. Am Anfang des Anlaufes steht also ein Ausgleichsvorgang. Ebenso ist auch der ganze Anlaufvorgang ein Übergangsvorgang, da sich ständig mit steigender mittlerer Drehzahl die augenblickliche Winkelgeschwindigkeit und auch alle anderen Größen ändern. Der übliche Weg, das Anlaufmoment über der Drehzahl oder dem Schlupf aufzutragen, berücksichtigt jedoch nur den mittleren Drehzahlverlauf und das mittlere zugehörige Moment, d. h., die Maschine wird bei der Anlaufberechnung so behandelt, als liefe sie bei jedem betrachteten Schlupfwert stationär. Zwischen dem wirklichen Verlauf aller zu betrachtenden Größen und demjenigen nach der üblichen Berechnungs- und Darstellungsmethode (Drehmoment-Schlupf-Kennlinie) können also erhebliche Abweichungen auftreten. Für Maschinen mit verhältnismäßig langen Anlaufzeiten (einige Sekunden) jedoch, bei denen der Anstieg der Drehzahl also nicht zu rasch erfolgt, wird diese Abweichung nicht sehr groß. Diese Feststellung gilt selbstverständlich auch für den Asynchronmotor. Die Berechnung des Anlaufvorganges für eine Synchronmaschine ist aber wegen der Läuferunsymmetrie weitaus schwieriger als für eine Asynchronmaschine.

Während des Anlaufes ist der Feldkreis der Synchronmaschine normalerweise über den Anker der Erregermaschine kurzgeschlossen. — Das Anfahren mit offenem Feldkreis ist wegen der hohen Spannungsbeanspruchung aus Isolationsgründen meist nicht zulässig. — Das durch die Feldwicklung zusätzlich erzeugte Drehmoment ist infolge ihres großen Streublindwiderstandes, wenigstens für größere Schlupfwerte, nur verhältnismäßig gering. Durch Einschalten eines Ohm-Widerstandes in den Feldkreis (normal fünf- bis neunfacher Widerstand der Feldwicklung) kann es jedoch besonders für kleine Schlupfwerte erheblich erhöht werden. Dies ist wichtig, wenn die Anlaufverhältnisse (Netzverhältnisse, Gegenmomentverlauf, Anlaufzeit usw.) einen Anlaufkäfig mit hohem Ohm-Widerstand erforderlich machen. Dann besteht nämlich die Gefahr, daß der Schnittpunkt zwischen dem elektrischen Drehmomentenverlauf nach erfolgtem Anlauf und dem Gegenmomentverlauf bei einem Schlupf liegt, der größer ist als der kritische Schlupf. Als kritischer Schlupf ist der Schlupf definiert, bei dem das Einschalten der Nennerregung (oder einer sonst maximal zulässigen) in jedem Falle noch

---
[1] Lit.: [A 5, A 6, A 9, A 10, A 13, A 14, A 21].

ein Synchronisieren der Maschine ermöglicht. Er ist selbstverständlich von der Höhe der Erregung abhängig, wobei er mit steigender Erregung wächst. Weiter ist er umgekehrt von den zu beschleunigenden Schwungmassen abhängig, d. h., er wird mit steigender Schwungmasse kleiner. Ohne oder bei nur sehr geringem Gegenmoment (unter etwa 20% des Nennmomentes) läuft die Synchronmaschine mit ausgeprägten Polen infolge des Reaktionsmomentes bei Nennspannung in den Synchronismus. Dabei besteht die Gefahr, daß sie sich falsch „polt". Daher ist es bei kleinem Gegenmoment in der Nähe des Synchronismus zweckmäßig, von Beginn des Anlaufes an eine geringe Erregung einzuschalten (etwa ein Drittel der Leerlauferregung).

Als Folge der magnetischen Unsymmetrie und des zusätzlichen Vorhandenseins der Feldwicklung in der Längsachse erzeugt eine Synchronmaschine bei einem bestimmten stationären Schlupf nicht wie ein Asynchronmotor nur ein konstantes Drehmoment, sondern sie entwickelt zusätzlich pulsierende Drehmomente. Für den Hochlaufvorgang selbst ist jedoch nur der mittlere Drehmomentverlauf über der Drehzahl wichtig, soweit eine eventuell vorhandene Resonanzdrehzahl rasch genug durchlaufen wird. Unter Resonanzdrehzahl verstehen wir die Drehzahl, bei der die Frequenz des mit doppelter Schlupffrequenz pendelnden, über dem mittleren Drehmoment überlagerten Drehmomentes der mechanischen Eigenfrequenz des Wellenstranges des Gesamtaggregats entspricht. Sind die zu beschleunigenden Schwungmassen z. B. sehr groß, so daß der Hochlauf langsam erfolgt, so kann eine solche Resonanz eine Gefahr darstellen. Dies kann bei großen Turbokompressoraggregaten der Fall sein, da deren Eigenfrequenz meist bei ziemlich niedrigen Frequenzen (z. B. 5 ⋯ 20 Hz) liegt und die Amplitude des Pendelmomentes für kleine Schlupfwerte bei geschlossenem Feldkreis ihr Maximum erreicht. In solchen Fällen müssen besondere Vorkehrungen getroffen werden (z. B. elastische Kupplung, Dämpfungskupplung usw.).

Wir wollen nun den asynchronen Anlauf der Synchronmaschine formelmäßig behandeln, und zwar für die Fälle, in denen der Anlauf verhältnismäßig langsam (Anlaufzeit sehr groß gegenüber der längsten Lastzeitkonstante) erfolgt, wobei wir also nur einen stationären Zustand bei jedem Schlupfwert zu berücksichtigen brauchen (vgl. Anhang 6.3). Die Synchronmaschine läuft für unsere Betrachtung also bei irgendeinem Schlupf s stationär und ohne Erregung und liegt an einer symmetrischen Netzspannung (kein Nullsystem, d. h. $u_0 = 0$). Die Winkelgeschwindigkeit ω ist dabei:

$$\omega = (1-s)\,\omega_n, \qquad (A\ 218)$$

und der Winkel Θ wird:

$$\Theta = \omega\,t + \Theta_o = (1-s)\,\omega_n\,t + \Theta_o. \qquad (A\ 219)$$

278 Anhang 6: Die Synchronmaschine im asynchronen Betrieb

Für die symmetrische Netzspannung gilt (Index „o" bei Strömen und Spannungen bedeutet, daß es sich um den stationären Wert der Größen handelt):

$$\left.\begin{aligned} u_a &= \sqrt{2}\, U_o \cos \omega_n t, \\ u_b &= \sqrt{2}\, U_o \cos\left(\omega_n t - \frac{2\pi}{3}\right), \\ u_c &= \sqrt{2}\, U_o \cos\left(\omega_n t - \frac{4\pi}{3}\right). \end{aligned}\right\} \quad \text{(A 220)}$$

Damit erhält man für u_d und u_q durch Einsetzen in die Transformationsgleichungen (A 14) mit Benutzung der Gl. (A 219):

und
$$\left.\begin{aligned} u_d &= \sqrt{2}\, U_o \cos(s\,\omega_n t - \Theta_o) \\ u_q &= \sqrt{2}\, U_o \sin(s\,\omega_n t - \Theta_o). \end{aligned}\right\} \quad \text{(A 221 a)}$$

Weiter wurde vorausgesetzt:
$$u_e = 0.$$

Die Gln. (A 221 a) zeigen, daß sich im asynchronen Betrieb bei netzfrequenten Strangspannungen die Spannungen in der Längs- und Querachse mit Schlupffrequenz ändern. Das gleiche gilt für die entsprechenden Ströme. Die Ströme in der Dämpfer- und Erregerwicklung schwanken dabei ebenfalls mit Schlupffrequenz $(s\,\omega_n/2\pi = s\,f_n)$.

Führen wir u_d und u_q gemäß Gl. (A 221 a) und Θ gemäß Gl. (A 219) in die allgemeinen Spannungsgleichungen (A 21) ein, so ergibt sich:

$$\left.\begin{aligned} u_d &= \sqrt{2}\, U_o \cos(s\,\omega_n t - \Theta_o) = -i_d r_a - p\,\psi_d + (1-s)\,\omega_n\,\psi_q, \\ u_q &= \sqrt{2}\, U_o \sin(s\,\omega_n t - \Theta_o) = -i_q r_a - p\,\psi_q - (1-s)\,\omega_n\,\psi_d. \end{aligned}\right\} \quad \text{(A 222 a)}$$

Darin ist nach Gl. (A 44) mit $u_e = 0$ für ψ_d zu setzen:

$$\psi_d = \frac{x_d(p)}{\omega_n}\, i_d,$$

und nach Gl. (A 48) ergibt sich für ψ_q:

$$\psi_q = \frac{x_q(p)}{\omega_n}\, i_q.$$

Die beiden Gln. (A 222 a) sind lineare Differentialgleichungen mit für einen bestimmten Schlupfwert konstanten Koeffizienten und mit sinusförmig mit Schlupffrequenz $(s\,\omega_n/2\pi)$ pendelnden aufgedrückten Spannungen u_d und u_q als Störfunktionen. Es gibt daher eine stationäre Lösung, bei der die Achsenströme und Flüsse mit Schlupffrequenz pendeln. Wir können also direkt von den Gln. (A 222 a) auf die komplexe Form der Wechselstromgrößen übergehen, indem wir $p = j\,s\,\omega_n$ setzen. Die Realteile der erhaltenen komplexen Größen stellen dann die wirklichen Momentanwerte der betreffenden Größen dar. Die Gln. (A 221 a) lauten dann:

$$u_d = \Re(\boldsymbol{u}_d) = \Re\{\sqrt{2}\,U_o\,e^{j(s\omega_n t - \Theta_o)}\} = \sqrt{2}\,\Re(\boldsymbol{U}_o),$$
$$u_q = \Re(\boldsymbol{u}_q) = \Re\{-\sqrt{2}\,U_o\,j\,e^{j(s\omega_n t - \Theta_o)}\} = \sqrt{2}\,\Re(-j\,\boldsymbol{U}_o),$$
(A 221 b)

und die Gln. (A 222a) werden damit:

$$\boldsymbol{u}_d = \sqrt{2}\,\boldsymbol{U}_o = -\boldsymbol{i}_d\,r_a - j\,s\,\omega_n\,\boldsymbol{\psi}_d + (1-s)\,\omega_n\,\boldsymbol{\psi}_q,$$
$$\boldsymbol{u}_q = -j\sqrt{2}\,\boldsymbol{U}_o = -\boldsymbol{i}_q\,r_a - j\,s\,\omega_n\,\boldsymbol{\psi}_q - (1-s)\,\omega_n\,\boldsymbol{\psi}_d,$$
(A 222 b)

worin mit $u_e = 0$ zu setzen ist:

$$\boldsymbol{\psi}_d = \frac{x_d(j\,s\,\omega_n)}{\omega_n}\,\boldsymbol{i}_d,$$
$$\boldsymbol{\psi}_q = \frac{x_q(j\,s\,\omega_n)}{\omega_n}\,\boldsymbol{i}_q.$$
(A 223)

Setzt man die Gln. (A 223) in die Gln. (A 222b) ein, so kann man durch Auflösen derselben $\boldsymbol{i}_d$ und $\boldsymbol{i}_q$ ermitteln und diese dann wieder in die Gln. (A 223) einsetzen [A 9]. Das Drehmoment ermittelt man gemäß Gl. (A 60). Wir wollen hier aber zur Vereinfachung der Herleitung annehmen, der Ankerwiderstand r_a sei vernachlässigbar klein. Wir setzen also $r_a = 0$. Dann fällt in den Gln. (A 222b) das erste Glied auf der rechten Seite heraus. Durch Einsetzen der Gln. (A 223) in die neuen Gln. (A 222b) und Auflösen nach $\boldsymbol{i}_d$ und $\boldsymbol{i}_q$ erhält man:

$$\boldsymbol{i}_d = \frac{j\sqrt{2}\,U_o}{x_d(j\,s\,\omega_n)},$$
$$\boldsymbol{i}_q = \frac{\sqrt{2}\,U_o}{x_q(j\,s\,\omega_n)}.$$
(A 224)

Setzt man $\boldsymbol{i}_d$ und $\boldsymbol{i}_q$ nun in die Gln. (A 223) ein, so erhält man:

und
$$\boldsymbol{\psi}_d = \frac{j\sqrt{2}\,U_o}{\omega_n}$$
$$\boldsymbol{\psi}_q = \frac{\sqrt{2}\,U_o}{\omega_n}.$$
(A 225)

Führt man nun, wie schon angedeutet, die Größen der Gln. (A 224) und (A 225) in die Drehmomentengleichung (A 60)

$$m_E = \frac{\omega_n}{2}(\psi_q\,i_d - \psi_d\,i_q)$$

ein, so erhält man den Momentanwert des Drehmomentes. Uns interessiert hier jedoch in erster Linie das mittlere Moment $m_{E\,(\mathrm{mi})}$. Nach den allgemeinen Gesetzen der komplexen Darstellung von Wechselstromgrößen gilt dafür (vgl. Hauptabschnitt 9.22):

$$m_{E\,(\mathrm{mi})} = \frac{\omega_n}{2}\,\frac{1}{2}\,\Re(\boldsymbol{\psi}_q^*\,\boldsymbol{i}_d - \boldsymbol{\psi}_d^*\,\boldsymbol{i}_q).$$
(A 226)

18a*

Setzt man hier i_d, i_q, ψ_d und ψ_q aus den Gln. (A 224) und (A 225) ein, wobei der Stern jeweils den konjugiert-komplexen Wert der Größen bedeutet, so ergibt sich:

$$\begin{aligned} m_{E(\text{mi})} &= \frac{\omega_n}{2} \frac{1}{2} \Re\mathfrak{e}\left\{\frac{\sqrt{2}\,U_o}{\omega_n} \frac{j\sqrt{2}\,U_o}{x_d(j\,s\,\omega_n)} - \frac{-j\sqrt{2}\,U_o}{\omega_n} \frac{\sqrt{2}\,U_o}{x_q(j\,s\,\omega_n)}\right\} \\ &= \frac{U_o^2}{2}\Re\mathfrak{e}\left\{\frac{j}{x_d(j\,s\,\omega_n)} + \frac{j}{x_q(j\,s\,\omega_n)}\right\} \\ &= -\frac{U_o^2}{2}\Im\mathfrak{m}\left\{\frac{1}{x_d(j\,s\,\omega_n)} + \frac{1}{x_q(j\,s\,\omega_n)}\right\} \\ &= m_{E(\text{mi})d} + m_{E(\text{mi})q}. \end{aligned} \qquad (\text{A 227})$$

Wie aus dieser Gleichung hervorgeht, wird das Drehmoment für positive Werte des Schlupfes (untersynchroner Lauf), d. h. Motorbetrieb, immer negativ, da wir im Generatorzählpfeilsystem arbeiten. Für die Größen $x_d(j\,s\,\omega_n)$ und $x_q(j\,s\,\omega_n)$ sind hier die exakten Reaktanzoperatoren nach den Gln. (A 46d) und (A 49c) mit $p = j\,s\,\omega_n$ anzusetzen, da durch das Einschalten des Anlaufwiderstandes im Feldkreis die Voraussetzungen für die Näherungsgleichungen nicht mehr erfüllt sind.

Aus Gl. (A 227) ersieht man, daß sich das mittlere Drehmoment aus einem Längsanteil und einem Queranteil aufbaut:

$$\begin{aligned} m_{E(\text{mi})d} &= -\frac{U_o^2}{2}\Im\mathfrak{m}\left\{\frac{1}{x_d(j\,s\,\omega_n)}\right\}, \\ m_{E(\text{mi})q} &= -\frac{U_o^2}{2}\Im\mathfrak{m}\left\{\frac{1}{x_q(j\,s\,\omega_n)}\right\}. \end{aligned} \qquad (\text{A 228})$$

Die beiden Anteile und das Gesamtmoment sind in Abb. A 27a für einen bestimmten praktischen Fall dargestellt. Die eingekreisten Kreuzchen bedeuten Meßpunkte.

Man sieht, daß die gerechnete Kurve für Schlupfwerte $s < 0{,}5$ höher liegt als die gemessene. Dies ist in erster Linie eine Folge der Erwärmung des Dämpferkäfigs beim Anlauf, aber auch eine Folge der Näherungsdarstellung der Dämpferwicklung. Die Vernachlässigung des Ankerwiderstandes r_a hingegen macht bei größeren Maschinen nicht viel aus. Man kann den Erwärmungsfaktor für normale Dämpferkäfige zum Teil kompensieren, indem man die „Aufladung" (Erwärmung infolge des Stromflusses ohne Wärmeabgabe an das Eisen) ermittelt und für Schlupfwerte $s < 0{,}5$ mit den entsprechend verminderten Zeitkonstanten T_{Dd}, T_d'', T_{Ddo}, T_{do}'' und T_q'' sowie T_{qo}'' rechnet. Eine exaktere Lösung ist praktisch nur noch mit digitalen Rechenmaschinen durchführbar, wobei r_a und die Wirkung der Einzelstäbe der Dämpferwicklung berücksichtigt werden[1]. Dabei ist es zweckmäßig, sich der Ersatzbilddarstellung zu bedienen (vgl. [A 13 und A 21]).

Der Anstieg der Längskomponente des Drehmomentes nach Gl. (A 228) und Abb. A 27a für kleine Schlupfwerte zeigt die Wirkung der Erregerwicklung. Durch Einschalten des fünffachen Feldwiderstandes wurde

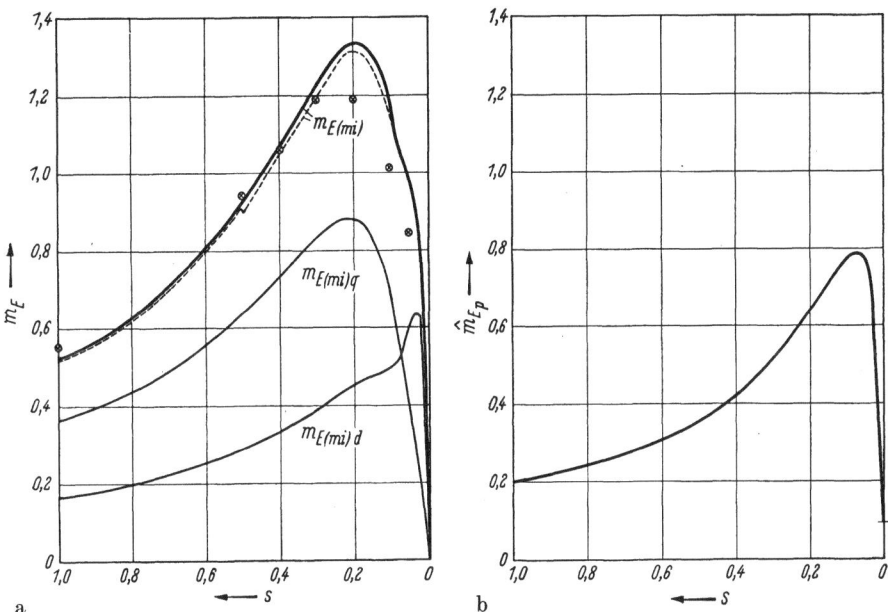

Abb. A 27 a u. b. Drehmomentverhalten eines Schenkelpolmotors beim Anlauf
Nenndaten: 2500 kW; cos φ = 1; 6600 V; 1500 U/min
a) Mittleres Anlaufmoment in Abhängigkeit vom Schlupf; b) Amplitude des Pendelmomentes in Abhängigkeit vom Schlupf
· · · · · · · · · · Ankerwiderstand r_a = 0,007 berücksichtigt
─────── Ankerwiderstand vernachlässigt
⊗ Meßpunkte

der dargestellte Verlauf erzielt. Ist die Feldwicklung offen, so wird das „Kippmoment" dieser Komponente für kleine Schlupfwerte wesentlich niedriger. Die große Differenz zwischen der Längs- und Querkomponente des Drehmomentes [Gl. (A 228) und Abb. A 27a] weist darauf hin, daß ein starkes pulsierendes Moment vorhanden sein muß.

Die Berücksichtigung des Ankerwiderstandes bringt eine Erniedrigung des gerechneten Kippmomentes und die als GÖRGES-Phänomen

---

[1] Für rasch laufende, im Läufer hochbeanspruchte Maschinen müßte auch die Wirkung der massiven Konstruktionsteile der Pole mit berücksichtigt werden, was exakt kaum möglich ist, so daß die Näherungsrechnung und Erfahrungswerte für die Drehmomentbeeinflussung durch die Massivteile zu ausreichenden Ergebnissen führen.

bezeichnete Einsattlung (Folge der magnetischen und elektrischen Läuferunsymmetrie) bei halber Nenndrehzahl. Bei Maschinen mit vollständiger Anlaufwicklung und $r_a < 0{,}01$ ist die Berücksichtigung des Ankerwiderstandes jedoch nicht erforderlich (vgl. Abb. A 27a: $r_a = 0{,}007$, und [A 5]).

Wir wollen nun noch kurz auf die Ermittlung des Pendelmomentes für den Fall $r_a = 0$ eingehen. Dazu müssen wir den Momentanwert des Drehmomentes bestimmen [Gl. (A 60)]. Die hierzu erforderlichen Momentanwerte der Ströme und Flüsse erhält man mit Hilfe der Gln. (A 224), (A 225) und (A 221b). Nach einigen Umformungen ergibt sich dann für den Momentanwert des Drehmomentes die Gleichung (Herleitung entspricht dem Vorgehen in [A 9]):

$$m_E = -\frac{U_o^2}{2}\left\{\Im\mathrm{m}\left[\frac{1}{x_d(j\,s\,\omega_n)} + \frac{1}{x_q(j\,s\,\omega_n)}\right] + \left|\frac{1}{x_d(j\,s\,\omega_n)} - \frac{1}{x_q(j\,s\,\omega_n)}\right| \times \right.$$
$$\left. \times \sin[2s\,\omega_n\,t - 2\Theta_o + \chi(s\,\omega_n)]\right\}. \quad\quad (A\ 229)$$

Der Augenblickswert setzt sich also zusammen aus einem konstanten Anteil, der gleich dem mittleren Drehmoment nach Gl. (A 227) ist, und aus einem mit der doppelten Schlupffrequenz $(2s\,\omega_n/2\pi = 2s\,f_n)$ schwingenden Anteil mit der Amplitude:

$$\widehat{m}_{Ep} = \frac{U_o^2}{2}\left|\frac{1}{x_d(j\,s\,\omega_n)} - \frac{1}{x_q(j\,s\,\omega_n)}\right|. \quad\quad (A\ 230)$$

Diesen Anteil bezeichnet man als Pendelmoment (vgl. Oszillogramm der Abb. A 28[1]). Das Pendelmoment zu dem Beispiel der Abb. A 27a ist in Abb. A 27b dargestellt. Wie die Abbildung zeigt, kann das Pendelmoment, besonders bei kleinen Schlupfwerten, hohe Beträge annehmen, so daß in Wirklichkeit auch der Schlupf „pendelt" (Abb. A 28), womit die Rechnung nur noch eine erste Näherung ergibt. Bei den hohen Schwungmomenten der Arbeitsmaschinen[1] ist die gemachte Voraussetzung $s = $ const jedoch meist zulässig.

Das Pendelmoment bleibt auch bei Schlupf Null bestehen, und zwar natürlich als konstantes Moment, während das mittlere Moment $m_{E(\mathrm{mi})}$ hier Null ist. Für Schlupf Null gilt gemäß Gl. (A 229) nämlich:

$$m_{Ep} = \frac{1}{2}U_o^2\left(\frac{1}{x_q} - \frac{1}{x_d}\right) = \frac{1}{2}U_o^2\,\frac{x_d - x_q}{x_d\,x_q}. \quad\quad (A\ 231)$$

Durch Vergleich mit Gl. (12) des Hauptteiles stellt man fest, daß es sich um das Reaktionsmoment beim Polradwinkel von 45° handelt, d. h.

---

[1] Der Anlauf erfolgte gegenüber der längsten Kurzschlußzeitkonstante $T'_d = 0{,}7$ s zu rasch (etwa 6 s), so daß beachtliche Ausgleichsvorgänge entstanden (vgl. Anhang 6.3). Es handelt sich um einen Prüffeldanlauf des Motors ohne äußere Schwungmassen bei halber Nennspannung und kurzgeschlossenem Feldkreis. Betriebsmäßig erfolgt der Anlauf mit fünffachem Feldwiderstand im Feldkreis bei Teilspannung (65 %; Anlaufzeit: 20 s).

um das Maximum des Reaktionsmomentes. Wie bereits einleitend betont, geht die Maschine beim Anlauf auch ohne Erregung in den Synchronismus, wenn das Gegenmoment kleiner ist als dieses Drehmoment.

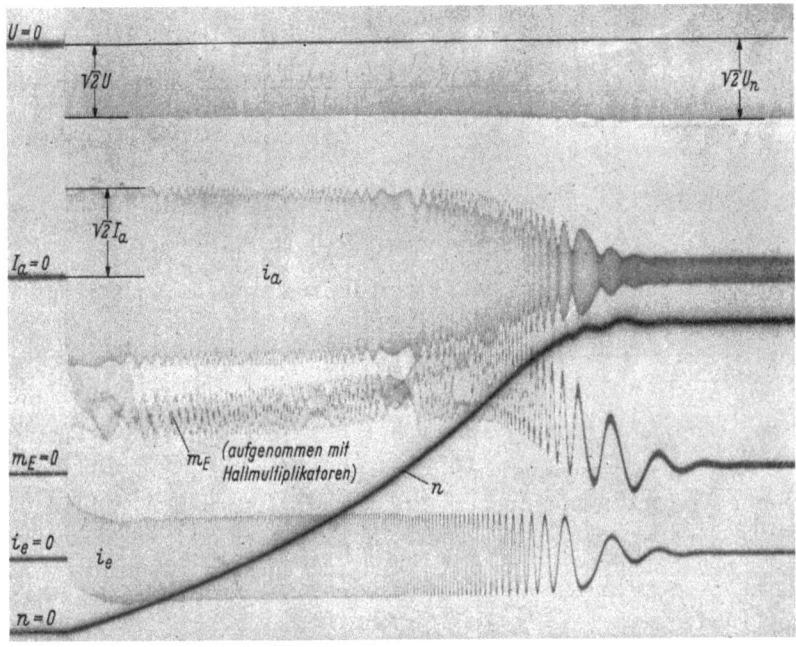

Abb. A 28. Anlaufoszillogramm eines Schenkelpolmotors
Nenndaten: 2750 kW; $\cos \varphi = 0{,}9$;   6600 V;   1500 U/min

Der *Anlaufstrom* läßt sich aus den Momentanwerten i_d und i_q für den Anlauf, die — wie schon angedeutet — mit Hilfe der Gln. (A 224) angeschrieben werden können, unter Verwendung der Rücktransformationsgleichungen bestimmen. Es zeigt sich [A 9], daß er sich ähnlich wie auch der Momentanwert des Drehmomentes aufbaut. Er besteht aus einer mit Netzfrequenz schwingenden Komponente (Amplitude entspricht dem Betrag des mittleren Drehmomentes) und einer durch die Läuferunsymmetrie hervorgerufenen und mit der Frequenz $(1-2s)\omega_n/2\pi$ schwingenden Komponente (Amplitude entspricht der Amplitude des Pendelmomentes). Beide Komponenten bewirken zusammen eine Schwebung von doppelter Schlupffrequenz (vgl. Anlaufoszillogramm Abb. A 28). Die Anfangswerte des Einschaltstromes werden wie beim dreipoligen Kurzschluß durch x_d'' und x_q'' bestimmt. Das Gleichstromglied entspricht auch demjenigen bei dreipoligem Kurzschluß. Damit liegt die Höhe des Anlaufstromes fest (vgl. Anlaufoszillogramm Abb. A 28).

Der während des Anlaufes in der *Erregerwicklung* fließende Strom pendelt, wie auch das Anlaufoszillogramm zeigt, mit Schlupffrequenz [vgl. Text nach Gl. (A 221a)]. Er ergibt sich bei kurzgeschlossener Feldwicklung aus Gl. (A 42) mit $u_e = 0$ und $p = j s \omega_n$ in komplexer Form [vgl. auch Gl. (A 93)] rechnerisch zu:

$$i_e = j s \omega_n G_e(j s \omega_n) i_d \approx j s \omega_n \frac{1 + j s \omega_n T_{Dd\sigma}}{(1 + j s \omega_n T'_{do})(1 + j s \omega_n T'_{do})} T'_{hd} i_d, \quad (A\,232)$$

mit i_d nach Gl. (A 224), d. h. für $r_a = 0$, wird daraus:

$$i_e \approx j \frac{\sqrt{2} U_o}{x_d} \frac{(1 + j s \omega_n T_{Dd\sigma}) j s \omega_n T'_{hd}}{(1 + j s \omega_n T'_d)(1 + j s \omega_n T''_d)}. \quad (A\,233)$$

Für große Schlupfwerte ($s \approx 1$) wird daraus:

$$i_e \approx j \frac{\sqrt{2} U_o}{x_d} \frac{T_{Dd\sigma} T'_{hd}}{T'_d T''_d}. \quad (A\,234)$$

Ohne Dämpferwicklung ergibt sich $i_e \approx j \frac{\sqrt{2} U_o}{x_d} \frac{T'_{hd}}{T'_d}$. Das Verhältnis $T_{Dd\sigma}/T''_d$ gibt also den Einfluß der Dämpferwicklung an. Die exakte Vorausberechnung dieses Verhältnisses wird durch den Einfluß der massiven Konstruktionsteile besonders für schnell laufende Maschinen außergewöhnlich schwierig und stützt sich nur auf Erfahrungswerte. Damit ist eine exakte Vorausberechnung von i_e nach Gl. (A 233) praktisch unmöglich.

6.2 Asynchroner Lauf der Synchronmaschine bei erregtem Polrad

Der Lauf bei erregtem Polrad ist für 3 Fälle von Interesse, und zwar:

1. für das Zuschalten der Erregung, wenn der asynchrone Anlauf beendet ist und die Maschine immer noch mit kleinem Schlupf asynchron läuft und in Tritt gezogen werden soll,

2. für Stabilitätsuntersuchungen bei plötzlichen Laststößen und schließlich

3. für den Fall des ungenauen Parallelschaltens.

Diese Fälle wurden in der Literatur sehr eingehend behandelt ([*A 13*, *A 10*, *A 14*, *A 5* und *A 9*]). Wir wollen hier deshalb nur der Vollständigkeit halber kurz auf die physikalischen Zusammenhänge eingehen und die Ergebnisse bringen.

Erregt man die bei einem stationären Schlupf laufende, am Netz liegende Synchronmaschine, so wird im Anker eine Spannung der Frequenz $(1 - s) f_n$ induziert, die im Netz keine Gegenspannung findet und damit einen stationären Kurzschlußstrom über die Ankerklemmen treibt. Das entsprechende Drehmoment setzt sich aus einem bremsenden, den Ohmschen Verlusten durch den Kurzschlußstrom entsprechenden Anteil[1] und einem mit Schlupffrequenz pendelnden, synchronisierenden, der Erregung proportionalen Anteil[2] zusammen, so daß das Gesamtdrehmoment sich aus diesen beiden Momenten, dem mittleren asynchronen Moment und dem Pendelmoment [Gl. (A 229)], aufbaut [vgl. Gl. (6.32) in [A 9] und Gl. (30) in [A 14]].

Für die Berechnung des *Synchronisiervorganges* selbst ist nun aber die bisher gemachte Voraussetzung eines stationären Schlupfes nicht mehr brauchbar, da während dieses Vorganges die Winkelgeschwindigkeit sich ändert und eine unbekannte Funktion der Zeit ist. Die Gleichungen für die Ströme und für die Winkelgeschwindigkeit werden damit nichtlineare Differentialgleichungen, die in expliziter Form nicht lösbar sind. Die Untersuchung des Synchronisiervorganges wurde in [A 14] daher mit einem mechanischen Analogrechner durchgeführt (mechanische Integrieranlage). In dieser Literaturstelle wird als Ergebnis der Untersuchung auch eine Näherungsformel für ein noch sicheres Intrittgehen bei Nennerregung oder sonst einer vorgegebenen Erregung angegeben. Der kritische Schlupf ist danach beim Zuschalten in der ungünstigsten Winkellage:

$$s_{kr} < K \sqrt{\frac{EU}{x_d f_n T_A}} = K \sqrt{\frac{I_k U}{f_n T_A}} \qquad (A\ 235)$$

mit $K = 0{,}44 \cdots 0{,}48$, wobei die elektrischen Größen in p.u., f_n in Hz und T_A in Sekunden einzusetzen sind. Beispiel: $E/x_d = I_k = 2{,}0$; $U = 1$; $f_n = 50\,\text{Hz}$; $T_A = 7\,\text{s}$; $s_{kr} < K \sqrt{\frac{2 \cdot 1}{50 \cdot 7}}$, also $s_{kr} < (0{,}033 \cdots 0{,}036)$, d. h., der kritische Schlupf liegt bei etwa 3,3%.

Zu beachten ist, daß der so definierte kritische Schlupf s_{kr} für das *mittlere* Drehmoment nach Erreichen des *Endwertes der Erregung* gilt, d. h. für den Fall, daß die Maschine bei voller Erregung noch schlüpft. Die Drehmomentkennlinie kann dafür in guter Näherung aus der mittleren Drehmomentkennlinie ohne Erregung und ohne äußeren Widerstand im Feldkreis ermittelt werden, indem man das den Ohmschen Verlusten im Ständerkreis entsprechende, durch den Kurzschlußstrom $I_k = E/x_d$ (Verluste: $I_k^2 \frac{r_a}{1-s} \approx I_k^2 r_a$, da diese nur im Bereich sehr kleiner Schlüpfe interessieren) hervorgerufene Drehmoment davon

---

[1] $I_k^2 \dfrac{r_a}{1-s} = \left(\dfrac{i_{eo}\, x_{hd}}{\sqrt{2}\, x_d}\right)^2 \dfrac{r_a}{1-s}.$

[2] $\dfrac{EU}{x_d} \cos(s\, \omega_n t - \Theta_o)$, s. [A 9].

286   Anhang 6: Die Synchronmaschine im asynchronen Betrieb

abzieht. Bei einem bestimmten Schlupfwert wird der dazugehörige Drehmomentwert dadurch kleiner als ohne Erregung.[1]

Erfolgt das Zuschalten der Erregung jedoch in einem günstigen Zeitaugenblick während des Schlüpfens, und zwar bei einem Polradwinkel in der Nähe von 0°el oder etwas früher ($-30 \cdots -60°$el), d. h. zu einem Zeitpunkt, wo der Feldstrom durch Null geht oder sich diesem Wert nähert und in positiver Richtung (Richtung der äußeren Erregung) ansteigt, so synchronisiert sich die Maschine, ohne mit voller Erregung zu schlüpfen. Dann kann also z. B. auch die Wirkung von Vorwiderständen im Feldkreis, d. h. das entsprechend höhere Drehmoment, praktisch ausgenutzt werden.

Es sei noch erwähnt, daß es für die Untersuchung des Synchronisiervorganges (s sehr klein!) nur für sehr kleine Motoren mit sehr kurzen Feldwicklungszeitkonstanten zulässig ist, das synchronisierend wirkende Drehmoment wie im stationären Betrieb zu berechnen, d. h. vorauszusetzen, daß der Strom in der Feldwicklung während der Polradwinkelbewegung immer seinen stationären Wert erreicht.[2] Das gleiche gilt für das Pendelmoment.[3]

Nimmt man für alle übrigen Zeitkonstantenwerte (größere Feldzeitkonstanten) an, daß das Schlüpfen des Polrades (Änderung des Polradwinkels) doch schon so langsam erfolgt, daß wenigstens die Wirkung der Dämpferwicklung vernachlässigbar klein wird, so kann man in guter Näherung mit praktisch konstantem Hauptfeld rechnen, so daß in den Gleichungen für das synchronisierend wirkende Drehmoment und das Pendelmoment anstelle der Polradspannung E die Hauptfeldspannung E'_d und anstelle der Synchronreaktanzen die Transientreaktanzen gesetzt werden können. Von dem Einfluß des Schlupfes kann dabei praktisch abgesehen werden. Man erhält dann für die Summe aus synchronisierend wirkendem Moment und Pendelmoment die Gleichung:

$$m'_E = \frac{U_o E'_{do}}{x'_d} \sin\vartheta + \frac{1}{2} U_o^2 \left(\frac{x'_d - x_q}{x'_d x_q}\right) \sin 2\vartheta. \qquad (A\ 236)$$

---

[1] Achtung! Durch die Erregung pendelt die Maschine auch mit Schlupffrequenz, wobei die Amplitude der Pendelung der Erregung proportional ist (Fußn. 2, S. 285).

[2] Hierfür wird gesetzt: $m_E = \dfrac{E_o U_o}{x_d} \sin\vartheta$ gemäß Fußn. 2, S. 285, mit ϑ wie in der folgenden Fußnote.

[3] Hierfür galt mit Gl. (A 229):

$$m_{Ep} = -\frac{U_o^2}{2} \left| \frac{1}{x_d(j s \omega_n)} - \frac{1}{x_q(j s \omega_n)} \right| \sin(2\vartheta - \chi),$$

wenn, wie im synchronen Betrieb, gesetzt wird: $\vartheta = -s\omega_n t + \Theta_o + \pi/2$ [vgl. auch Gl. (A 258)]. Für sehr kleine Schlupfwerte wird daraus [vgl. Gl. (A 231)]:

$$m_{Ep} \approx \frac{U_o^2}{2} \left(\frac{x_d - x_q}{x_q x_d}\right) \sin(2\vartheta - \chi).$$

Diese Gleichung beinhaltet das gleiche Ergebnis wie die Gl. (55b) des Hauptteiles, d. h., das dargestellte Drehmoment ist das „dynamische" Drehmoment. Dieses Drehmoment enthält jedoch nicht nur die Anteile des Pendelmomentes und des synchronisierend wirkenden Drehmomentes, sondern auch den auf die Feldwicklung entfallenden Anteil des mittleren Asynchronmomentes $m_{E(\mathrm{mi})}$ [Gl. (A 227)]. Den Rest von $m_{E(\mathrm{mi})}$, der also von der Dämpferwicklung allein herrührt, bezeichnet man allgemein als Dämpfungsmoment m_D. Man erhält es aus Gl. (A 227) für sehr kleine Schlupfwerte in der erstmalig von CRARY [A 6] angegebenen Form [vgl. Haupttteil Gl. (69)]:

$$m_D = -\frac{1}{2} U_o^2 \left(\frac{x_d' - x_d''}{x_d'' x_d'} T_d'' + \frac{x_q - x_q''}{x_q'' x_q} T_q'' \right) s\,\omega_n$$
$$= \frac{1}{2} U_o^2 \left(\frac{x_d' - x_d''}{x_d'' x_d'} T_d'' + \frac{x_q - x_q''}{x_q'' x_q} T_q'' \right) \frac{d\vartheta}{dt} = \frac{C_D}{\omega_n} \frac{d\vartheta}{dt}. \qquad \text{(A 237)}$$

Schließlich muß dann die Wirkung der großen Feldzeitkonstante noch in dem Verlustglied durch den Kurzschlußstrom berücksichtigt werden

$$\left[\left(\frac{E_o}{x_d} \right)^2 \frac{r_a}{1-s} \approx \left(\frac{E_o}{x_d} \right)^2 r_a \quad \text{wird also:} \quad \left(\frac{E_{do}'}{x_d'} \right)^2 r_a \right].$$

Die Fälle 2 und 3, also die *Stabilitätsuntersuchung* bei plötzlichen Laststößen und das ungenaue *Parallelschalten* sowie die Untersuchung aller sonstigen Ausgleichsvorgänge in der Nähe des Synchronismus, lassen sich ebenfalls mit Hilfe der oben ermittelten Drehmomentengleichungen lösen. Dabei kann meist das Verlustmomentenglied vernachlässigt werden. Durch Einführen des dann verbleibenden resultierenden elektrischen Drehmomentes $m_{E(\mathrm{res})} = m_E' + m_D$ in die allgemeine Bewegungsgleichung (A 61b) erhält man die zu lösende Differentialgleichung zu [vgl. Haupttteil Gl. (132)]:

$$\frac{T_A}{\omega_n} \frac{d^2\vartheta}{dt^2} + \frac{C_D}{\omega_n} \frac{d\vartheta}{dt} + \frac{U_o E_{do}'}{x_d'} \sin\vartheta - \frac{U_o^2}{2} \left(\frac{x_q - x_d'}{x_d' x_q} \right) \sin 2\vartheta = m_A.$$
(A 238)

6.3 Der sehr rasche Anlauf

Erfolgt der Anlauf einer Synchronmaschine sehr rasch (Anlaufzeit in Größenordnung der längsten Lastzeitkonstante), so ist die in Anhang 6.1 gemachte Voraussetzung des stationären Betriebes bei jedem Schlupfwert falsch und führt zu groben Fehlern, da sich nun der Schlupf in weiten Grenzen rasch ändert und damit Ausgleichsvorgänge das Anlaufverhalten kennzeichnen. In diesem Fall muß auf die allgemeinen Differentialgleichungen (A 21), (A 27), (A 29) und (A 61c) zurückgegriffen werden. Eine Lösung ist durch schrittweise Integration mit Hilfe von Rechenmaschinen oder auf einer Analogrechenanlage möglich.

7 Kleine Schwingungen der Synchronmaschine[1]

7.1 Allgemeines: Die Differentialgleichung der pendelnden Synchronmaschine

Ist die Winkelgeschwindigkeit ω der Synchronmaschine während eines zu betrachtenden Vorganges nicht konstant, so wird die Lösung des Gesamtgleichungssystems, wie wir es im Anhang 2.6 (vgl. S. 216) zusammengestellt haben, sehr schwierig, da nichtlineare Glieder in den Differentialgleichungen auftreten. Für kleine Schwingungen jedoch, wie wir sie hier betrachten wollen, können die nichtlinearen Glieder in guter Näherung linearisiert werden. Wenn die Schwingungen sinusförmig sind, was sich durch die Analyse periodischer Schwingungen für die Einzelharmonischen immer erreichen läßt, so können die Differentialgleichungen sogar in komplexe algebraische Gleichungen übergeführt werden. Man muß dabei dann die Grundwelle (Umdrehungsfrequenz) und jede Oberwelle (bei Viertaktmotoren auch die 0,5-te Oberwelle) der Schwingung getrennt betrachten.

Schwingungen solcher Art treten, wie bereits im Hauptteil erwähnt, bei ungleichförmigem Antriebs- (z. B. Dieselantrieb) oder Arbeitsmoment (z. B. Kolbenkompressor) auf. Aber auch Spannungsschwankungen im Netz durch Laststöße (gleichrichtergespeiste Walzenstraßen, Lichtbogenöfen) können sowohl Generatoren als auch Motoren zum Pendeln bringen. In allen diesen Fällen handelt es sich um „*erzwungene Pendelungen*". Die bekannten „*selbsterregten Pendelungen*" hingegen setzen keinen äußeren Anstoß in obigem Sinne als Ursache voraus, sondern sind vielmehr die Folge einer negativen oder von Null nur sehr wenig abweichenden Dämpfung (vgl. Hauptabschnitt 3.24, S. 97). Solche Pendelungen sind zu beobachten, wenn der Wirkwiderstand im Ständerkreis (Ständerwiderstand + äußerer Wirkwiderstand) relativ groß und die Dämpferwicklung zu schwach bemessen ist. — Bei Vernachlässigung des Widerstandes ist die Dämpfung, wie wir noch sehen werden, immer positiv. — Bei fehlender Dämpferwicklung ist die Gefahr solcher Schwingungen natürlich sehr groß [52]. Zu erwähnen sind abschließend auch die selbsterregten Schwingungen des Turbinenreglers von Wasserturbinen als Pendelursache.

Wir betrachten hier nun eine Synchronmaschine am starren Netz. Das Polrad der Maschine soll überlagert über seine synchrone Drehbewegung kleine Pendelbewegungen, verursacht durch ein pulsierendes Drehmoment, ausführen. Bei solchen Pendelungen der Synchronmaschine treten, wie bekannt, synchronisierende und dämpfende elektrische Drehmomente auf. Die synchronisierenden Drehmomente

---

[1] Lit.: [*A 9, A 17, A 20, 50, 52*].

sind in Phase mit der Winkeländerung $\Delta\vartheta$ des Polradwinkels, und die dämpfenden sind 90°el phasenverschoben dazu und in Phase mit der Winkelgeschwindigkeit $d\Delta\vartheta/dt$ der Polradwinkeländerung.

Das mechanische Analogon zur pendelnden Synchronmaschine am starren Netz ist eine pendelnde Masse Θ_m, die über eine Feder mit der Federkonstante K_S und dazu parallel über eine Ölbremse mit der Dämpfungskonstante K_D an einem festen Punkt liegt. An der Masse greift das äußere Moment m_A an. Für ein solches System kann man die Differentialgleichung aufstellen (nicht in p.u.):

$$\Theta_m \frac{d^2\beta}{dt^2} + K_D \frac{d\beta}{dt} + K_S \beta = m_A.$$

Denkt man sich nun das ganze System einschließlich Festpunkt mit ω_n rotierend, wobei die träge Masse gegenüber dem Festpunkt Winkelpendelungen β ausführen soll, so erhält man nach Division mit dem Nennmoment M_N:

$$\frac{T_A}{\omega_n} \frac{d^2\beta}{dt^2} + k_D \frac{d\beta}{dt} + k_S \beta = m_A \quad [\text{p.u.}]. \qquad (A\,239)$$

Dabei wurde, wie für die Synchronmaschine üblich, $M_N = P_{sN}/\omega_n$ und $\Theta_m = T_A P_{sN}/\omega_n^2$ angesetzt [vgl. Hauptteil Gl. (124)].

Den gleichen Aufbau muß auch die Differentialgleichung der Synchronmaschine haben, wobei β direkt der Polradwinkelpendelung $\Delta\vartheta$ (in Radian) entspricht, m_A dem bezogenen, außen an der trägen Masse der Maschine angreifenden pulsierenden Moment Δm_A, k_D der bezogenen Dämpfungsziffer (als Drehmoment durch Nennmoment je Radian und Sekunde) und k_S der Synchronisierziffer (als Drehmoment durch Nennmoment je Radian). Nimmt man nun kleine sinusförmige Schwingungen mit der Frequenz $\Omega/2\pi$ an, so kann man für den Zeiger $\Delta\vartheta$ schreiben (vgl. Anhang 1, S. 195):

$$\Delta\vartheta = \Delta\vartheta_m e^{j(\Omega t+\alpha)} = \Delta\vartheta_m e^{j\Omega t} \qquad (A\,240)$$

und für die Ableitungen:

$$\frac{d\Delta\vartheta}{dt} = j\Omega \Delta\vartheta_m e^{j\Omega t} = j\Omega \Delta\vartheta; \qquad \frac{d^2\Delta\vartheta}{dt^2} = j^2 \Omega^2 \Delta\vartheta_m e^{j\Omega t} = -\Omega^2 \Delta\vartheta.$$

Für eine Harmonische der äußeren Drehmomentpendelung gilt entsprechend:

$$\Delta m_A = \Delta m_{Am} e^{j(\Omega t+\varphi)} = \Delta m_{Am} e^{j\Omega t}, \qquad (A\,241)$$

wobei das gesamte außen aufgebrachte Moment z. B. in der Form angeschrieben werden kann:

$$m_A = m_{Ao} + \sum \mathfrak{Re}(\Delta m_{Amk} e^{j\Omega_k t}).$$

Der Index „m" bedeutet, daß es sich um die Amplitude der Größe handelt. Damit ergibt sich für die betrachtete sinusförmige Pendelung

(Harmonische der Gesamtpendelung des Antriebs- oder Arbeitsmomentes) nach Gl. (A 239) mit $\beta = \varDelta\vartheta$:

oder
$$-\frac{T_A}{\omega_n}\Omega^2 \varDelta\vartheta + j\Omega k_D \varDelta\vartheta + k_S \varDelta\vartheta = \varDelta m_A$$
$$\left(-\frac{T_A}{\omega_n}\Omega^2 + j\Omega k_D + k_S\right)\varDelta\vartheta = \varDelta m_A.$$
(A 242)

Diese Gleichung gilt also für jede harmonische Komponente der äußeren Momentenpendelung $\varDelta m_{Ak}$, und zwar auch für Maschinen mit mehr als 2 Polen (p. u.!).

Während für das mechanische System jedoch k_D und k_S Konstanten sind, gilt das für die Synchronmaschine nicht, da beide Größen für einen bestimmten Arbeitspunkt (feste Erregung und bestimmter Leistungsfaktor) noch frequenzabhängig sind.

Für die Winkelpendelung ergibt sich aus Gl. (A 242):

$$\varDelta\vartheta = \frac{\varDelta m_A}{-\frac{T_A}{\omega_n}\Omega^2 + j\Omega k_D + k_S} = \frac{\varDelta m_A}{\left(k_S - \frac{T_A}{\omega_n}\Omega^2\right) + j\Omega k_D}.$$
(A 243)

Die Gleichung zeigt, wie sich die Winkelpendelung bei gegebener äußerer Drehmomentenpulsation in Abhängigkeit von der Frequenz nach Betrag und Phase ändert.

Ist die Dämpfung nun z. B. gleich Null (z. B. Maschine ohne Dämpferwicklung, also mit nur ganz geringer Längsfelddämpfung durch die Erregerwicklung, und mit hohem Ständerkreiswiderstand), so besteht nach Gl. (A 243) Resonanz, wenn $k_S = \frac{T_A}{\omega_n}\Omega^2$ ist. Theoretisch wird dabei die Winkelpendelung unendlich groß. Eine Begrenzung tritt jedoch — bei allerdings schon gefährlich hohen Winkelausschlägen und damit hohen Stromschwankungen — durch Sättigungserscheinungen auf. Die Frequenz

$$f_r = \frac{\Omega_r}{2\pi} = \frac{1}{2\pi}\sqrt{\frac{k_S \omega_n}{T_A}}$$
(A 244)

bezeichnet man als Eigen- oder Resonanzfrequenz. Sie ist bei gegebenem Schwungmoment durch k_S (Abb. A 30) vom Erregungs- und Belastungszustand (Lastanteil der Nennscheinleistung und Leistungsfaktor) abhängig und ändert sich bei Änderung dieser Größen. Bei veränderlichem Schwungmoment wird die Eigenfrequenz durch k_S auch frequenzabhängig, d. h., man kann, exakt gesehen, kein bestimmtes k_S ermitteln, das bei verändertem Schwungmoment konstant bleibt, denn k_S ist eben auch frequenzabhängig (vgl. Abb. A 30). Trotzdem wird vielfach zur Ermittlung eines Näherungswertes von f_r für k_S einfach der frequenzunabhängige Wert P'_{ws} [p. u./Radian], d. h. die Neigung der „transienten" Leistungskennlinie $P'_w = f(\vartheta)$ im Arbeitspunkt, angesetzt

Differentialgleichung der pendelnden Synchronmaschine

(vgl. Abb. A 30, Darstellung der „komplexen Synchronisierziffer"). — In älteren Literaturstellen erscheint statt P'_{ws} sogar P_{ws}, d. h. die Neigung der statischen Leistungskennlinie im Arbeitspunkt, was natürlich zu völlig falschen Ergebnissen führt. — Die mit $k_S = P'_{ws}$ ermittelte Näherung für die Eigenfrequenz ist jedoch für Generatoren mit zweckmäßig dimensionierter Kupferdämpferwicklung (für 20% gegenläufiges Stromsystem) meist nicht ausreichend, da der synchronisierend wirkende Teil des Dämpferwicklungseinflusses nicht berücksichtigt wurde. — Man versteht nämlich unter Eigenfrequenz auch die Pendelfrequenz der gedämpften Schwingungen einer Maschine mit Dämpferwicklung nach Laststößen. — Für Motoren mit Anlaufwicklung ist die Näherung jedoch meistens zulässig (s. Abb. A 30c). Der Dämpfungsanteil der „komplexen Synchronisierziffer" hat auf die Höhe der Eigenfrequenz im übrigen normalerweise praktisch keinen Einfluß. Die Dämpfung bewirkt nur, daß es zu keinen dauernden Schwingungen nach Laststößen kommt.

Im *Alleinbetrieb* ohne elektrische Rückwirkung, d. h. z. B. bei offenen Klemmen oder rein Ohmscher Last (hier Index „I"), fallen in Gl. (A 242) das Dämpfungs- und Synchronisierglied weg. Es gilt also:

$$-\frac{T_A}{\omega_n}\Omega^2 \Delta\vartheta_I = \Delta m_A, \tag{A 245}$$

d. h., Winkel- und Antriebsmomentpendelung sind in Phase. Für $\Delta\vartheta$ gilt dann:

$$\Delta\vartheta_I = \frac{\Delta m_A}{-\dfrac{T_A}{\omega_n}\Omega^2} \quad \text{oder} \quad \Delta\vartheta_I = \frac{\Delta m_A}{-\dfrac{T_A}{\omega_n}\Omega^2}. \tag{A 246}$$

Den Betrag des Verhältnisses der Winkelpendelung im Parallelbetrieb [Gl. (A 243)] zu derjenigen im Alleinbetrieb [Gl. (A 246)] bezeichnet man als Verstärkungsfaktor der Winkelpendelung [50] oder Resonanzfaktor v_ϑ. Für das Verhältnis ergibt sich in komplexer Form:

$$v_\vartheta = \frac{\Delta\vartheta}{\Delta\vartheta_I} = \frac{\dfrac{T_A}{\omega_n}\Omega^2}{\dfrac{T_A}{\omega_n}\Omega^2 - j\Omega k_D - k_S} \tag{A 247a}$$

oder nach Division durch $\dfrac{T_A}{\omega_n}\Omega^2$ und Einführen von Ω_r nach Gl. (A 244):

$$v_\vartheta = \frac{1}{1 - \dfrac{\Omega_r^2}{\Omega^2} - j\dfrac{k_D\,\omega_n}{T_A\,\Omega}}.$$

Setzt man für

$$\frac{\Omega_r}{\Omega} = z$$

Anhang 7: Kleine Schwingungen der Synchronmaschine

und bezeichnet diese Größe mit Winkelverstimmung und führt man weiter für
$$\frac{\Omega}{\omega_n} = \frac{f_{\text{Pendel}}}{f_n} = \nu,$$
die auf Netzfrequenz bezogene Kreisfrequenz der Schwingung, ein ($\nu = 1, 2, 3, \ldots$ für die 1., d. h. die Grundwelle, die 2., 3., ... Harmonische bei Polpaarzahl $p = 1$; für Polpaarzahlen $p \neq 1$ ist $\nu = 1/p,\ 2/p,\ 3/p \cdots$ bei Zweitaktmotoren und Kolbenkompressoren. Für Viertaktmotoren können die Vielfachen der halben Umdrehungsfrequenz auftreten, und es gilt entsprechend $\nu = 1/2p,\ 2/2p$ usw.), so lautet die Gleichung:

$$v_\vartheta = \frac{1}{1 - z^2 - j\dfrac{k_D}{T_A\,\nu}}. \tag{A 247 b}$$

Ist nun z. B. die Verstimmung gleich Eins, d. h. herrscht Resonanz, so wird das Verhältnis der Winkelpendelung:

$$v_{\vartheta(z=1)} = \frac{j}{\dfrac{k_D}{T_A\,\nu_r}} = j\,\frac{T_A\,\Omega_r}{k_D\,\omega_n} = \frac{j}{2\varrho}, \tag{A 247c}$$

d. h., der Ausschlag des Polrades wird dann nur noch durch das Dämpfungsdekrement

$$\varrho = \frac{k_D}{2\,T_A\,\nu_r} \tag{A 248}$$

begrenzt. Je kleiner dieses ist, um so schärfer wird die Resonanz.

In der Praxis taucht ein weiterer Begriff auf, und zwar der des Ungleichförmigkeitsgrades δ. Man versteht darunter die bezogene Drehzahlschwankung im Alleinbetrieb ohne Rückwirkung. Für eine sinusförmige Pendelung ergibt sich:

$$\delta_\nu = \frac{\omega_{\max} - \omega_{\min}}{\omega_{\text{mittel}}} = \frac{2\varDelta\omega_{Im}}{\omega_n} = 2\,\nu\,\varDelta\vartheta_{Im}, \tag{A 249}$$

da
$$|\varDelta\omega_I| = \left|\frac{d\varDelta\vartheta_I}{dt}\right| = |j\,\Omega\,\varDelta\vartheta_I| = |j\,\Omega\,\varDelta\vartheta_{Im}\,e^{j\Omega t}| = \Omega\,\varDelta\vartheta_{Im}$$
ist.

Im Betrieb am Netz kann der Ungleichförmigkeitsgrad, der eigentlich nur für den Alleinbetrieb definiert ist (die Hersteller der mechanischen Maschine lassen bestimmte Ungleichförmigkeitsgrade zu und bestimmen daraus und aus dem Arbeitsüberschuß das im Alleinbetrieb erforderliche Schwungmoment, vgl. Hütte Bd. II), wenn man einfach die Definition: „Verhältnis der doppelten Winkelgeschwindigkeitsabweichung von der Nennwinkelgeschwindigkeit (mittlere Winkelgeschwindigkeit) zur Nennwinkelgeschwindigkeit (mittlere Winkelgeschwindigkeit)" beibehält, durch die Wirkung der Synchronmaschine verändert werden, und zwar im Maße $\Delta\vartheta/\Delta\vartheta_I$, d. h. mit dem Verhältnis der Winkelpendelung, dessen Betrag je nach Verstimmung und Dämpfungsdekrement größer oder kleiner als Eins sein kann.

Nun interessiert jedoch in erster Linie nach diesen mehr allgemeinen Dingen die Möglichkeit der Berechnung der Dämpfungs- und Synchronisierziffern und der elektrischen Drehmoment- und damit auch der elektrischen Leistungsschwankung sowie der Stromschwankung. Zunächst also zu der Berechnung von k_S und k_D.

7.2 Die „komplexe Synchronisierziffer" $k(\Omega) = k_S + j\Omega\, k_D$

Wie schon gesagt, behandeln wir die Maschine unter Voraussetzung eines praktisch starren Netzes. Die Mittelwerte der Größen, über die die Pendelwerte überlagert werden, entsprechen bei den hier vorausgesetzten kleinen Schwingungen (1 ⋯ 3° el) den stationären Werten (Index „o"), d. h., sie werden durch die Schwingung nicht beeinflußt. Es gilt dafür nach den Gln. (A 32):

$$u_{do} = -r_a i_{do} + \psi_{qo}\omega_n,$$
$$u_{qo} = -r_a i_{qo} - \psi_{do}\omega_n, \qquad \text{(A 250)}$$

wobei gemäß den Gln. (A 44), (A 48), (A 46g), (A 49c) und (A 45c) mit $p = 0$ gesetzt wurde:

$$\left.\begin{aligned}\omega_n \psi_{qo} &= x_q(p)\, i_{qo} = x_q i_{qo},\\ \omega_n \psi_{do} &= x_d(p)\, i_{do} - \omega_n G_e(p)\, u_{eo} = x_d i_{do} - \omega_n \frac{l_{hd}}{r_e} u_{eo}\\ &= x_d i_{do} - x_{hd} i_{eo}.\end{aligned}\right\} \quad \text{(A 251)}$$

Für das mittlere elektrische Drehmoment gilt gemäß Gl. (A 60):

$$m_{Eo} = \frac{\omega_n}{2}(i_{do}\psi_{qo} - i_{qo}\psi_{do}). \qquad \text{(A 252)}$$

Für kleine sinusförmige Schwingungen mit der Frequenz $\Omega/2\pi$ kann man nun aus den Ausgangsgleichungen der Gleichungen für den stationären Betrieb (A 250) bis (A 252) die entsprechenden Gleichungen für die überlagerten Schwingungen ermitteln, indem man für die Ableitung d/dt, also für p, einfach $j\Omega$ setzt (vgl. S. 278). Bevor wir diese Umformung vornehmen, müssen wir jedoch noch Festlegungen für den Polradwinkel treffen.

Wir wollen zunächst feststellen, in welcher Form der *Polradwinkel in den Transformationsgleichungen* für den stationären Betrieb erscheint. Im stationären Betrieb gilt für die Strangströme Gl. (A 33), wobei $(-2\pi/3)$ für i_b und $(-4\pi/3)$ für i_c zu $(\omega_n t - \varphi)$ zu addieren sind. Setzt man die Strangströme in die Gln. (A 11) für die Achsengrößen

Anhang 7: Kleine Schwingungen der Synchronmaschine

ein, so ergibt sich mit $\Theta = \Theta_o + \omega_n t$ (Belastung):

$$i_d = \frac{2}{3}\sqrt{2}\, I_o \Big[\cos(\omega_n t - \varphi)\cos(\Theta_o + \omega_n t) +$$
$$+ \cos\Big(\omega_n t - \varphi - \frac{2\pi}{3}\Big)\cos\Big(\Theta_o + \omega_n t - \frac{2\pi}{3}\Big) +$$
$$+ \cos\Big(\omega_n t - \varphi - \frac{4\pi}{3}\Big)\cos\Big(\Theta_o + \omega_n t - \frac{4\pi}{3}\Big)\Big]$$

und nach kurzer Zwischenrechnung:

$$i_d = \frac{2}{3}\sqrt{2}\, I_o \Big[\frac{3}{2}\cos(\Theta_o + \varphi)\Big] = \sqrt{2}\, I_o \cos(\Theta_o + \varphi). \quad (A\,253)$$

Laut Zeigerdiagramm gilt jedoch [vgl. auch Gl. (A 37)]:

$$i_d = \sqrt{2}\, I_o \sin(\vartheta_o + \varphi).$$

Es muß also gelten: $\cos(\Theta_o + \varphi) = \sin(\vartheta_o + \varphi)$ oder:

$$\vartheta_o = \Theta_o + \frac{\pi}{2}. \quad (A\,254)$$

Setzt man nun für die Klemmenspannung des Stranges a in Abstimmung auf Gl. (A 33) (um φ nacheilender Strom):

$$u_a = \sqrt{2}\, U_o \cos\omega_n t,$$

so gilt mit Gl. (A 254) und $\Theta = \Theta_o + \omega_n t$ zunächst für $\omega_n t$:

$$\omega_n t = \Big[\Theta - \Big(\vartheta_o - \frac{\pi}{2}\Big)\Big] \quad (A\,255)$$

und damit für u_a:

$$u_a = \sqrt{2}\, U_o \cos\Big[\Theta - \Big(\vartheta_o - \frac{\pi}{2}\Big)\Big] = \sqrt{2}\, U_o (\cos\Theta \sin\vartheta_o - \sin\Theta \cos\vartheta_o). \quad (A\,256)$$

Nach den Transformationsgleichungen (A 15) gilt aber ohne Nullsystem für u_a:

$$u_a = u_{do}\cos\Theta - u_{qo}\sin\Theta,$$

und damit wird durch Vergleich mit Gl. (A 256) im stationären Betrieb:

$$u_{do} = \sqrt{2}\, U_o \sin\vartheta_o,$$
$$u_{qo} = \sqrt{2}\, U_o \cos\vartheta_o. \quad (A\,257)$$

Nun gehen wir zunächst allgemein auf Pendelungen über (Netz vorerst noch nicht als starr angesetzt).

Aus Gl. (A 255) ergibt sich, wenn ϑ nicht konstant gleich ϑ_o ist und damit auch der Winkel Θ nicht konstant mit $\omega_n t$ zunimmt:

$$\Theta = \omega_n t + \vartheta - \frac{\pi}{2}, \quad (A\,258)$$

Die „komplexe Synchronisierziffer"

und die Winkelgeschwindigkeit wird:
$$\frac{d\Theta}{dt} = \omega = \omega_n + \frac{d\vartheta}{dt}.$$

Damit können wir die Gln. (A 21) in allgemeiner Form anschreiben (ohne Nullsystem):

$$u_d = -i_d r_a - \frac{d\psi_d}{dt} + \omega_n \psi_q + \psi_q \frac{d\vartheta}{dt},$$
$$u_q = -i_q r_a - \frac{d\psi_q}{dt} - \omega_n \psi_d - \psi_d \frac{d\vartheta}{dt}.$$
(A 259)

Die Drehmomentgleichung (A 60) lautet unverändert:

$$m_E = \frac{\omega_n}{2}(i_d \psi_q - i_q \psi_d). \tag{A 260}$$

Die Gln. (A 259) und (A 260) sind in dieser Form nicht linear (vgl. Anhang 2.6, S. 217), und ihre allgemeine Lösung ist sehr schwierig. Wir wollen hier aber den Fall kleiner sinusförmiger Schwingungen behandeln, d. h., die Änderungen der Veränderlichen werden so klein sein, daß ihre Quadrate und Produkte gegenüber den Gliedern erster Ordnung vernachlässigt werden können. Damit werden die 3 Differentialgleichungen [(A 259) und (A 260)] für diesen Fall linear.

Wir setzen nun für den Augenblickswert des Polradwinkels an:

$$\vartheta = \vartheta_o + \Re(\Delta\vartheta_m e^{j\Omega t}) \tag{A 261}$$

mit $\Delta\vartheta_m = \Delta\vartheta_m e^{j\alpha}$ z. B. [vgl. Gl. (A 240)], wobei ϑ_o dem stationären Wert entspricht. Dem schwingenden Anteil des Polradwinkels entsprechen schwingende Anteile der Spannungen, Ströme und Flußverkettungen. Diese bauen sich damit wie folgt auf ($p = j\Omega$):

$$u_d = u_{do} + \Re(\Delta u_d e^{j\Omega t}),$$
$$u_q = u_{qo} + \Re(\Delta u_q e^{j\Omega t}).$$
(A 262)

$$i_d = i_{do} + \Re(\Delta i_d e^{j\Omega t}),$$
$$i_q = i_{qo} + \Re(\Delta i_q e^{j\Omega t}).$$
(A 263)

$$\psi_d = \psi_{do} + \Re(\Delta\psi_d e^{j\Omega t}) = \psi_{do} + \Re\left(\Delta i_d \frac{x_d(j\Omega)}{\omega_n} e^{j\Omega t}\right),$$
$$\psi_q = \psi_{qo} + \Re(\Delta\psi_q e^{j\Omega t}) = \psi_{qo} + \Re\left(\Delta i_q \frac{x_q(j\Omega)}{\omega_n} e^{j\Omega t}\right).$$
(A 264)

In den Gln. (A 264) wurde vorausgesetzt, daß während der Pendelung die Erregerspannung konstant bleibt, d. h., daß $\Delta u_e = 0$ ist. Führen wir diese Größen nun in die Gln. (A 259) ein, so läßt sich die eingangs aufgestellte Behauptung, daß die Mittelwerte der Größen bei kleinen Schwingungen der Synchronmaschine den stationären Werten entsprechen, beweisen. Für den Fall der Maschine am starren Netz erhält man schließlich nach kurzer Zwischenrechnung die Gleichungen für die

Stromschwankungskomponenten (Herleitung vgl. [A 9]):

$$\Delta i_d = \frac{(u_{do} - j\Omega\psi_{do})x_q(j\Omega) - (u_{qo} - j\Omega\psi_{qo})\left[r_a + j\Omega\dfrac{x_q(j\Omega)}{\omega_n}\right]}{r_a^2 + j\dfrac{\Omega}{\omega_n}r_a[x_d(j\Omega) + x_q(j\Omega)] + x_d(j\Omega)x_q(j\Omega)\left[1 - \dfrac{\Omega^2}{\omega_n^2}\right]}\Delta\vartheta_m$$

und (A 265)

$$\Delta i_q = \frac{(u_{qo} - j\Omega\psi_{qo})x_d(j\Omega) + (u_{do} - j\Omega\psi_{do})\left[r_a + j\Omega\dfrac{x_d(j\Omega)}{\omega_n}\right]}{r_a^2 + j\dfrac{\Omega}{\omega_n}r_a[x_d(j\Omega) + x_q(j\Omega)] + x_d(j\Omega)x_q(j\Omega)\left[1 - \dfrac{\Omega^2}{\omega_n^2}\right]}\Delta\vartheta_m.$$

Die Gln. (A 265) sind die *allgemeinen Gleichungen* für die *Stromschwankungen*. Mit den Gln. (A 263) und (A 264) erhält man bei Berücksichtigung von Gl. (A 252) durch Einsetzen in Gl. (A 260) für das Drehmoment:

$$\begin{aligned}m_E &= \frac{\omega_n}{2}\left\{[i_{do} + \Re(\Delta i_d e^{j\Omega t})]\left[\psi_{qo} + \Re\left(\Delta i_q\frac{x_q(j\Omega)}{\omega_n}e^{j\Omega t}\right)\right] - \right.\\
&\quad\left. - [i_{qo} + \Re(\Delta i_q e^{j\Omega t})]\left[\psi_{do} + \Re\left(\Delta i_d\frac{x_d(j\Omega)}{\omega_n}e^{j\Omega t}\right)\right]\right\}\\
&= \frac{\omega_n}{2}\left\{i_{do}\psi_{qo} - i_{qo}\psi_{do} + \Re\left(\left[\psi_{qo}\Delta i_d - \psi_{do}\Delta i_q + i_{do}\Delta i_q\frac{x_q(j\Omega)}{\omega_n} - \right.\right.\right.\\
&\quad\left.\left.\left. - i_{qo}\Delta i_d\frac{x_d(j\Omega)}{\omega_n}\right]e^{j\Omega t}\right)\right\} = m_{Eo} + \Re(\Delta m_{Em}e^{j\Omega t}).\end{aligned}$$ (A 266)

Für den *schwingenden Anteil* kann man also setzen:

$$\Delta m_{Em} = \frac{\omega_n}{2}\left\{\left[\psi_{qo} - i_{qo}\frac{x_d(j\Omega)}{\omega_n}\right]\Delta i_d - \left[\psi_{do} - i_{do}\frac{x_q(j\Omega)}{\omega_n}\right]\Delta i_q\right\}.$$ (A 267)

Setzt man hierin nun Δi_d und Δi_q nach den Gln. (A 265) ein, so ergibt sich ein ziemlich unübersichtlicher Ausdruck für die Drehmomentschwankung. Wir wollen deshalb zur Vereinfachung den Ankerwiderstand r_a vernachlässigen. Die sich ergebende Näherung ist für erzwungene Schwingungen trotzdem genau genug. Für selbsterregte Schwingungen allerdings darf r_a nicht vernachlässigt werden. Mit $r_a = 0$ ergibt sich aus den Gln. (A 265) unter Verwendung der Gln. (A 250):

$$\Delta i_d = \frac{\omega_n\psi_{qo}}{x_d(j\Omega)}\Delta\vartheta_m \quad \text{und} \quad \Delta i_q = \frac{-\omega_n\psi_{do}}{x_q(j\Omega)}\Delta\vartheta_m.$$ (A 268)

Damit wird nun der schwingende Anteil des Drehmomentes nach Gl. (A 267):

$$\begin{aligned}\Delta m_{Em} &= \frac{\omega_n}{2}\left\{\left[\psi_{qo} - i_{qo}\frac{x_d(j\Omega)}{\omega_n}\right]\frac{\omega_n\psi_{qo}}{x_d(j\Omega)}\Delta\vartheta_m + \right.\\
&\quad\left. + \left[\psi_{do} - i_{do}\frac{x_q(j\Omega)}{\omega_n}\right]\frac{\omega_n\psi_{do}}{x_q(j\Omega)}\Delta\vartheta_m\right\}\\
&= \frac{\omega_n}{2}\Delta\vartheta_m\left[-i_{do}\psi_{do} - i_{qo}\psi_{qo} + \omega_n\frac{\psi_{qo}^2}{x_d(j\Omega)} + \omega_n\frac{\psi_{do}^2}{x_q(j\Omega)}\right].\end{aligned}$$

(A 269a)

Bei Verwendung der Gln. (A 250), (A 251), und (A 257) gilt nun:

$$\omega_n \left(\frac{\psi_{qo}^2}{x_d(j\Omega)} + \frac{\psi_{do}^2}{x_q(j\Omega)} \right) = \omega_n \left(\frac{u_{do}^2}{\omega_n^2 x_d(j\Omega)} + \frac{u_{qo}^2}{\omega_n^2 x_q(j\Omega)} \right)$$

$$= \frac{2}{\omega_n} \left(\frac{U_o^2 \sin^2\vartheta_o}{x_d(j\Omega)} + \frac{U_o^2 \cos^2\vartheta_o}{x_q(j\Omega)} \right),$$

und weiter gilt mit den Gln. (A 40) und (A 251):

$$i_{do} = \frac{\omega_n \psi_{do} + x_{hd} i_{eo}}{x_d} = \frac{\sqrt{2}}{x_d} (E_o - U_o \cos\vartheta_o),$$

$$i_{qo} = \frac{\omega_n \psi_{qo}}{x_q} = \frac{\sqrt{2}}{x_q} U_o \sin\vartheta_o,$$

wobei E_o den Sättigungsanteil enthalten muß (vgl. Hauptabschnitt 3.12). Damit wird:

$$(-i_{do}\psi_{do} - i_{qo}\psi_{qo}) = \frac{2}{\omega_n} \left(\frac{E_o U_o \cos\vartheta_o}{x_d} - \frac{U_o^2 \cos^2\vartheta_o}{x_d} - \frac{U_o^2 \sin^2\vartheta_o}{x_q} \right)$$

$$= \frac{2}{\omega_n} \left[\frac{E_o U_o}{x_d} \cos\vartheta_o - \frac{U_o^2}{x_d} \left(1 + \frac{x_d - x_q}{x_q} \sin^2\vartheta_o \right) \right]$$

$$= P_{bo} \frac{2}{\omega_n} = \frac{2}{\omega_n} U_o I_o \sin\varphi_o.^1$$

P_{bo} ist die Blindleistung, wie wir sie bereits in Gl. (9c) des Hauptteiles erhielten. Damit kann man für die Drehmomentschwingung schreiben:

$$\Delta m_{Em} = \Delta\vartheta_m \left[\frac{E_o U_o}{x_d} \cos\vartheta_o + U_o^2 \sin^2\vartheta_o \left(\frac{1}{x_d(j\Omega)} - \frac{1}{x_q} \right) + \right.$$

$$\left. + U_o^2 \cos^2\vartheta_o \left(\frac{1}{x_q(j\Omega)} - \frac{1}{x_d} \right) \right] \qquad \text{(A 269 b)}$$

oder

$$\Delta m_{Em} = \Delta\vartheta_m \left[U_o I_o \sin\varphi_o + U_o^2 \left(\frac{\sin^2\vartheta_o}{x_d(j\Omega)} + \frac{\cos^2\vartheta_o}{x_q(j\Omega)} \right) \right]. \qquad \text{(A 269 c)}$$

Der Klammerausdruck der eckigen Klammer hat die Form: $a + j\Omega b$. Wir setzen für ihn an:

$$k_S + j\Omega k_D = \frac{E_o U_o}{x_d} \cos\vartheta_o + U_o^2 \sin^2\vartheta_o \left(\frac{1}{x_d(j\Omega)} - \frac{1}{x_q} \right) +$$

$$+ U_o^2 \cos^2\vartheta_o \left(\frac{1}{x_q(j\Omega)} - \frac{1}{x_d} \right) = U_o I_o \sin\varphi_o +$$

$$+ U_o^2 \left(\frac{\sin^2\vartheta_o}{x_d(j\Omega)} + \frac{\cos^2\vartheta_o}{x_q(j\Omega)} \right) = k(\Omega) \qquad \text{(A 270)}$$

---

[1] Im übererregten Betrieb eilt der Strom I_o der Spannung U_o um den Winkel φ_o nach (EZS). Der Betrieb entspricht einer Blindleistungsabgabe, die positiv gerechnet wird. Die Blindleistungsaufnahme muß entsprechend negativ angesetzt werden.

und bezeichnen diese Größe als „komplexe Synchronisierziffer" $k(\Omega)$ [A 9]. Führt man Gl. (A 270) in Gl. (A 269c) ein, so erkennt man durch Vergleich mit Gl. (A 242), daß $\Delta\vartheta_m\,k_S\,e^{j\Omega t} = \Delta\vartheta\,k_S$ dem synchronisierenden Drehmoment entspricht und $\Delta\vartheta_m\,j\,\Omega\,k_D\,e^{j\Omega t} = \Delta\vartheta\,j\,\Omega\,k_D$ dem Dämpfungsmoment.

Setzt man in der Gl. (A 270) die Pendelfrequenz zu Null an, so ergibt sich für die Synchronisierziffer:

$$k(\Omega)_{(\Omega=0)} = \frac{E_o\,U_o}{x_d}\cos\vartheta_o + U_o^2\left(\frac{1}{x_q} - \frac{1}{x_d}\right)(\cos^2\vartheta_o - \sin^2\vartheta_o)$$

$$= \frac{E_o\,U_o}{x_d}\cos\vartheta_o + U_o^2\,\frac{x_d - x_q}{x_d\,x_q}\cos 2\vartheta_o = P_{ws},$$

d. h. die statische synchronisierende Leistung (vgl. Hauptabschnitt 2.43). Der Dämpfungsanteil ist dabei Null. In älteren Literaturstellen findet man, wie schon erwähnt, diesen Ansatz für die Synchronisierziffer zur Ermittlung der gesuchten Größen (Frequenz-, Strom- und Leistungspendelung) beim Pendeln der Synchronmaschine. Für sehr, sehr langsame Pendelungen wäre dieser Ansatz richtig. Für die bei erzwungenen und selbsterregten Pendelungen auftretenden Frequenzen jedoch führt er zu falschen Ergebnissen, da sich sowohl k_S als auch $\Omega\,k_D$ im Bereich der möglichen Pendelfrequenzen (0,5 $\cdots$ 10 Hz) stark ändern (s. Abbildung A 30). Dies gilt in besonderem Maße für Maschinen mit kräftiger Dämpferwicklung, d. h. hohen Dämpfungskonstanten, also z. B. für Diesel- und Wasserkraftgeneratoren, während die Abweichungen für Kompressormotoren, deren Dämpferwicklung auch als Anlaufwicklung dienen muß und die damit meist schlechtere Dämpfungseigenschaften hat, etwas geringer sind. Wir werden dies an den weiter unten aufgeführten Beispielen bestätigt finden (Abb. 30a bis c).

Zunächst müssen wir aber nun noch die Frage der *Sättigung* klären. Ihre Vernachlässigung bei der Ermittlung von $x_d(j\,\Omega)$ führt hier nämlich schon zu merklichen Abweichungen von der Wirklichkeit, stellt also nur eine grobe Näherung dar (Abb. A 29). Da der Nennpolradwinkel jedoch üblicherweise für Schenkelpolmaschinen bei etwa 25° el liegt, kann auch bei nicht ganz exakter Berücksichtigung der Sättigung in der Längsachse der Fehler in der Synchronisierziffer nicht groß werden (Glied mit $\sin^2\vartheta_o$, vgl. Abb. A 30b). In der Querachse kann man die Sättigung bei normal dimensionierten Maschinen für die üblichen Betriebsfälle vernachlässigen.

Zur Berücksichtigung der Sättigung für $x_d(j\,\Omega)$ bei kleinen Schwingungen (magnetische Flüsse bleiben in der Nähe der dem stationären Betrieb entsprechenden Flüsse) gehen wir wie im Abschn. 3.12 des Hauptteiles vor und ermitteln zunächst die Sättigung für die Hauptfeldreaktanz x_{hd} gemäß Gl. (62c) zu (Näherung):

$$x_{hd\,ges} \approx x_{hd} \frac{2}{k_{sw} + k_{sb}}$$

mit

$$k_{sw} = \frac{E_p^*}{E_p} \quad \text{und} \quad k_{sb} = \frac{E_p^*}{b} \quad \text{gem. Abb. 30c.}$$

Die Ständerstreureaktanz setzen wir in erster Näherung als sättigungsunabhängig an (normale Maschinen) und können dann mit Hilfe der gesättigten Hauptfeldreaktanz die gesättigte Synchronreaktanz $x_{d\,ges}$ ermitteln [Gl. (62c)]:

$$x_{d\,ges} \approx x_{a\sigma} + x_{hd\,ges}.$$

Analog ergibt sich für die Leerlaufzeitkonstante:

$$T'_{do\,ges} = \frac{x_{hd\,ges} + x_{e\sigma}}{\omega_n r_e} = T'_{do} \frac{x_{hd\,ges} + x_{e\sigma}}{x_{hd} + x_{e\sigma}},$$

wobei für $x_{e\sigma}$ wieder in erster Näherung der ungesättigte Wert eingesetzt wird.

Die weiteren zur Ermittlung von $x_d(j\Omega)$ benötigten Zeitkonstanten behalten als Näherung ebenfalls die übliche Form (vgl. S. 219), wobei für x_{hd} jeweils der gesättigte Wert anzusetzen ist. Die Streureaktanzen werden bei diesen Überlegungen ungesättigt belassen, was natürlich je nach Dimensionierung der Maschine auch nur eine mehr oder weniger gute Näherung ergibt (z. B. Sättigung in den Zähnen). Da eine ganz genaue Berücksichtigung der Sättigung aber nicht erforderlich ist, spielt dies keine große Rolle.

Um die Verhältnisse besser durchschauen zu können und um die durch die — in Abstimmung auf die Betriebsforderungen — unterschiedliche Bemessung bedingten Verschiedenheiten von Wasserkraftgeneratoren, Dieselgeneratoren und Kompressormotoren in bezug auf die Konstanten und das Verhalten beim Pendeln besser erkennen zu können, wollen wir nun zunächst die Ortskurven der Operatorenkoeffizienten (Reaktanzoperatoren) $x_d(j\Omega)$ und $x_q(j\Omega)$ für typische Beispiele dieser 3 Maschinengattungen ohne und mit Berücksichtigung der Sättigung in der Längsachse darstellen (Abb. A 29). Anschließend wird unter Berücksichtigung der Sättigung (Vergleich mit und ohne Sättigung nur in Abb. A 30b) jeweils für Nennbetrieb, für Nennscheinleistung bei Leistungsfaktor Null unter- und übererregt und bei Leistungsfaktor Eins (nur Abb. A 30b und c) die komplexe Synchronisierziffer dargestellt (Abb. A 30). Weiter wird zum Vergleich im Fall des Wasserkraftgenerators die Dämpferringverbindung weggelassen und nur ein Polgitter berücksichtigt (Abb. A 30a). Für den Fall des Kompressormotors wird schließlich noch der Teillastfall behandelt (Abb. A 30c).

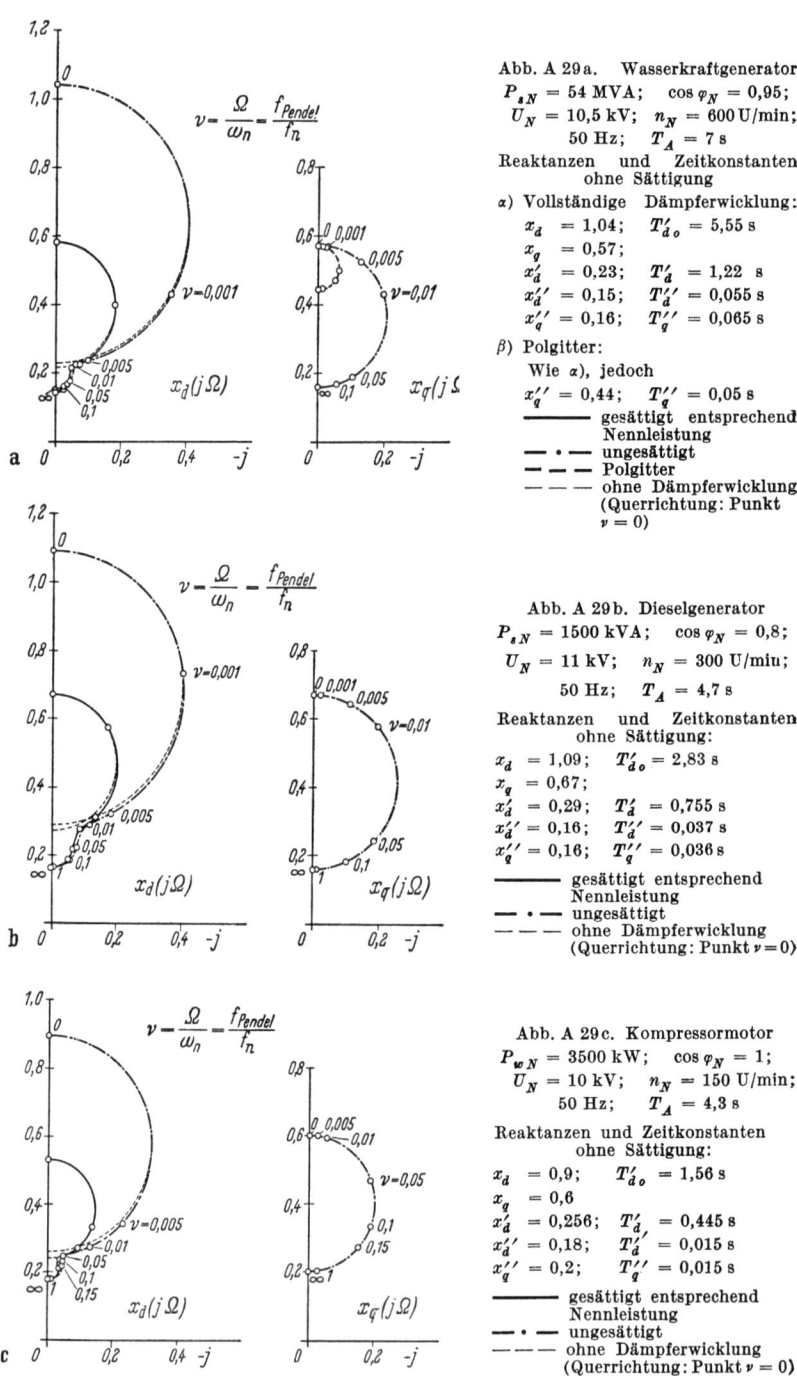

Abb. A 29a—c. Ortskurven der Reaktanzoperatoren nach den Gln. (A 46g) und (A 49c)

Die Kenngrößen der 3 Maschinen lauten:

a) *Wasserkraftgenerator* (54 MVA; $\cos\varphi = 0{,}95$; 10,5 kV; 600 U/min; 50 Hz).
Ungesättigte Konstanten:

α) Vollständige Dämpferwicklung

$x_d = 1{,}04$, $x_q = 0{,}57$, $T'_{do} = 5{,}55$ s, $T'_d = 1{,}22$ s,

$x'_d = 0{,}23$, $x'_q = x_q = 0{,}57$, $T''_d = 0{,}055$ s, $T''_q = 0{,}065$ s,

$x''_d = 0{,}15$, $x''_q = 0{,}16$,

$r_a = 0{,}0021 \approx 0$ angenommen; $T_A = 2\,H = 7$ s.

β) Polgitter

Wie für den Fall mit vollständiger Dämpferwicklung, jedoch:

$x''_q \approx 0{,}44$, $T''_q = 0{,}05$ s.

b) *Dieselgenerator* (1500 kVA; $\cos\varphi = 0{,}8$; 11 kV; 300 U/min; 50 Hz).
Ungesättigte Konstanten:

$x_d = 1{,}09$, $x_q = 0{,}67$, $T'_{do} = 2{,}83$ s, $T'_d = 0{,}755$ s,

$x'_d = 0{,}29$, $x'_q = x_q = 0{,}67$, $T''_d = 0{,}037$ s, $T''_q = 0{,}036$ s,

$x''_d \approx x''_q = 0{,}16$,

$r_a = 0{,}012 \approx 0$ angenommen; $T_A = 2\,H = 4{,}7$ s.

c) *Kompressormotor* (3500 kW; $\cos\varphi = 1$; 10 kV; 150 U/min; 50 Hz).
Ungesättigte Konstanten:

$x_d = 0{,}9$, $x_q = 0{,}6$, $T'_{do} = 1{,}56$ s, $T'_d = 0{,}445$ s,

$x'_d = 0{,}256$, $x'_q = x_q = 0{,}6$, $T''_d \approx T''_q = 0{,}015$ s,

$x''_d = 0{,}18$, $x''_q = 0{,}20$,

$r_a = 0{,}013 \approx 0$ angenommen; $T_A = 4{,}3$ s.

Die Ankerwiderstände r_a wurden vernachlässigt, da sie für erzwungene Pendelungen bis $r_a = 0{,}1$ praktisch ohne Einfluß sind [A 9]. Für den Wasserkraftgenerator ist r_a, wie obige Angaben zeigen, sowieso vernachlässigbar.

Aus den Ortskurven der „komplexen Synchronisierziffer" (Abb. A 30 a bis c) erkennt man folgende Zusammenhänge:

Beim Pendeln der normal dimensionierten Synchronmaschine ($\vartheta_N \approx 20 \cdots 30°$ el) ist die „Querdämpferwicklung" weit wichtiger als die „Längsdämpferwicklung", d. h., Polgitter bewirken nur eine sehr geringe Pendeldämpfung (Abb. A 30 a). Bei reiner Blindleistungserzeugung kommt diese Tatsache am deutlichsten zur Wirkung, da hierbei der Polradwinkel Null ist [vgl. Gl. (A 269 c)], womit nur der Queranteil der Dämpferwicklung wirksam wird. — Polgitter haben, wie Abb. A 30 a zeigt, auch noch eine, wenn auch nur sehr geringe Querfelddämpfung. Für Maschinen, die erzwungene Schwingungen ausführen, ist daher eine vollständige Dämpferwicklung unbedingt er-

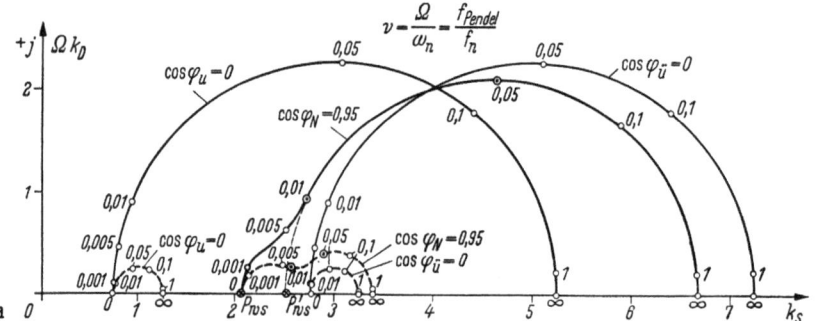

Abb. A 30a. Wasserkraftgenerator bei Nennscheinleistung und verschiedenen Leistungsfaktoren
Sättigung entsprechend Nennleistung: ——— vollständige Dämpferwicklung; — — — Polgitter

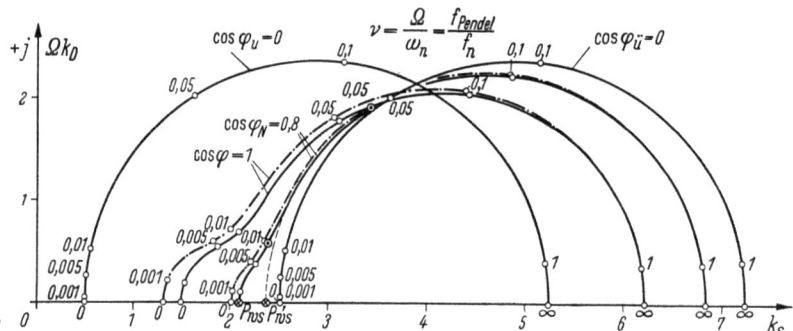

Abb. A 30b. Dieselgenerator bei Nennscheinleistung und verschiedenen Leistungsfaktoren
——— gesättigt entsprechend Nennleistung; — · — ungesättigt

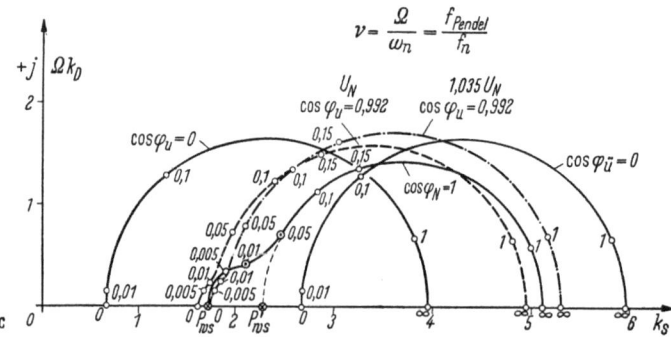

Abb. A 30c. Kompressormotor bei Nennscheinleistung und verschiedenen Leistungsfaktoren
sowie bei Teillast
Sättigung entsprechend dem jeweiligen Betriebszustand:
——— Nennleistung; — — — Halblast bei U_N und $\cos \varphi_u = 0{,}992$
— · — Halblast bei $1{,}035\,U_N$ und $\cos \varphi_u = 0{,}992$ entsprechend Abb. A 32

Abb. A 30a—c. Ortskurven der „komplexen Synchronisierziffer" $k(\Omega) = f(P_s, \cos \varphi, \Omega)$

⊙ $\nu = 0{,}01 \cdots 0{,}05 \rightarrow f_{Pendel} = 0{,}5 \cdots 2{,}5$ Hz ⎫
⊗ $k_s = P_{ws}$ bzw. P'_{ws} ⎭ eingetragen für $\cos \varphi_N$

forderlich. Zu dieser Gruppe müssen außer den Dieselgeneratoren und Kolbenkompressormotoren auch die Wasserkraftgeneratoren gezählt werden, da auch diese Maschinen, wie die praktische Erfahrung lehrt, oft pulsierenden Drehmomenten ausgesetzt sind (Reglerpendelungen; Rohrleitungsresonanz, vgl. Hauptabschnitt 3.24; Netzspannungsschwankungen durch Walzenstraßen und Lichtbogenöfen) und da außerdem nach schweren Laststößen (Netzkurzschlüsse) unbedingt eine gute Pendeldämpfung erforderlich ist. Bezüglich der Pendeldämpfung bringen aber Polgitter in dem praktisch interessierenden Frequenzbereich von etwa 0,5 $\cdots$ 2,5 Hz nur eine geringe Verbesserung gegenüber dem Fall ohne Dämpferwicklung (in den Abb. A 30 wurden die Punkte für 0,5 und 2,5 Hz auf den Ortskurven für Nennlast durch Kreise mit Mittelpunkt hervorgehoben).

Zur Abb. A 30a ist noch folgendes zu bemerken:

Die Näherung $k_S \approx P'_{ws}$ zur Ermittlung der Eigenfrequenz, d. h. richtiger der Pendelfrequenz nach Laststößen [Gl. (A 244)], wird nur in den seltensten Fällen zu richtigen Ergebnissen führen. Es muß also der wirkliche Wert gemäß Abb. A 30 für k_S angesetzt und damit die Eigenfrequenz ermittelt werden. Die Dämpfung ist für Eigenfrequenzen von 1 $\cdots$ 2 Hz bei Wasserkraftgeneratoren zwar schon ziemlich hoch, trotzdem ist ihr Einfluß auf die Eigenfrequenz meist vernachlässigbar. Für Polgitter ist die Näherung $k_S \approx P'_{ws}$ schon besser, da der Einfluß der Dämpferwicklung geringer ist. Es sei hier noch erwähnt, daß für Maschinen ohne Dämpferkreise die Ortskurven der „komplexen Synchronisierziffer" bei Leistungsfaktor Null auf die Punkte für $\nu = 0$ zusammenschrumpfen und daß die Ortskurve für Nennleistung dabei ein Halbkreis über den Punkten $k_{S(\nu=0)} = P_{ws}$ und $k_{S(\nu=\infty)} = P'_{ws}$ ist.

Zur Abb. A 30b, welche die „komplexe Synchronisierziffer" für einen Dieselgenerator mit vollständiger Dämpferwicklung darstellt, ist folgendes zu sagen:

Der Einfluß der Sättigung ist bei dem verhältnismäßig kleinen Polradwinkel bei Nennleistung ($\vartheta_N \approx 21°$ el) nur gering, bei $\cos \varphi = 1$ etwas größer ($\vartheta > \vartheta_N$), und bei Leistungsfaktor Null tritt sie natürlich überhaupt nicht in Erscheinung [vgl. Gl. (A 270)]. Bei Maschinen mit kleinem Leerlaufkurzschlußverhältnis und damit größerem Polradwinkel bei Nennlast dürfte der Sättigungseinfluß aber erheblich werden. Die Näherung $k_S \approx P'_{ws}$ ist zur Ermittlung der Frequenz-, Strom- und Leistungsschwankung bei Dieselaggregaten nicht zulässig. Es muß vielmehr auch immer die synchronisierende Wirkung der Dämpferwicklung mit berücksichtigt werden, wobei die Vernachlässigung der Dämpfung selbst eine gewisse Sicherheit in der Vorausberechnung bringt [50]. Nicht vernachlässigen darf man die Dämpfungswirkung der Dämpferwicklung jedoch bei der Untersuchung des Parallelbetriebes. Dabei ist dann allerdings das althergebrachte Verfahren, wobei man die Neigung der Asynchronkennlinie der Dämpferwicklung [vgl. Hauptteil Abb. 40 und Gl. (69)] für kleine Schlupfwerte als Dämpfungsziffer[1] ansetzt, nur in einem sehr engen Bereich langsamer Pendelungen zulässig (im Beispiel bei etwa 2 Hz). Ein brauchbares und einfaches Verfahren zur Untersuchung des Parallelbetriebes mit Hilfe eines Netzmodells wird in der Literaturstelle [A 20] beschrieben. Die dabei einzusetzenden Werte für Synchronisier- und Dämpfungsziffer sind der Ortskurve der „komplexen Synchronisierziffer" zu entnehmen. Die praktische Erfahrung lehrt, daß bei der Untersuchung des Parallelbetriebes der Resonanzfrequenz nicht die Bedeutung zukommt, wie dieses früher oft angenommen wurde. Eine gute, vollständige Dämpferwicklung läßt vielmehr — allerdings nur, wenn im ganzen System, bestehend aus Dieselmotor mit Regler, Generator und Netz, keine bedeutenden negativen Dämpfungen vorhanden sind — ohne erhebliche Vergrößerung der Winkelpendelung ($\Delta\vartheta$) auch einen Betrieb in der Nähe der Resonanzfrequenz zu. Die Vermeidung der Resonanznähe ist also nicht so wichtig. Vielmehr sollte immer auf eine gute, vollständige Dämpferwicklung Wert gelegt werden, wobei kleine Dämpferwicklungsreaktanzen und -widerstände anzustreben sind (z. B. wie in den Abb. A 29b und A 30b).

Zu Abb. A 30c, d. h. zu der Darstellung der „komplexen Synchronisierziffer" für einen Kompressormotor, ist ergänzend zu dem bereits zu Abb. A 30b Gesagten zu betonen:

Die Dämpfungswirkung der Dämpferwicklung (= Anlaufwicklung) beim Pendeln ist geringer und ebenso auch der Anteil zum synchronisierend wirkenden Drehmoment. — Die Ortskurven bringen, verglichen mit denjenigen der beiden Generatoren, deutlich den Einfluß des vergrößerten Wirkwiderstandes der Dämpferwicklung. Die Ortskurve für Teillast (Halblast) zeigt die bekannte Tendenz eines geringfügig steigenden Dämpfungsmomentes bei Teillast gegenüber Vollast im Bereich der Pendelfrequenzen über etwa 2 Hz. Die Abbildung zeigt auch den Einfluß einer Spannungsänderung.

Zusammenfassend und vergleichend ist zu den 3 Maschinentypen zu sagen:

Nach den Ergebnissen der Abb. A 30 erweist es sich als zweckmäßig, alle Generatoren und Motoren mit vollständiger Dämpferwicklung auszurüsten. Der Vergleich zeigt, daß eine Vergrößerung des Wirkwiderstandes der Dämpferwicklung eine Verkleinerung der Dämpfungsziffer und damit des Dämpfungsmomentes zur Folge hat (vgl. Abb. A 30a bzw. b mit Abb. A 30c). Je größer die Reaktanzen und je kleiner die

---

[1] Durch Vergleich der Gln. (A 238) und (A 239) erhält man C_D/ω_n als Dämpfungsziffer im Sinne der Darstellung im Anhang 7.

Wirkwiderstände der Dämpferwicklung sind, d. h. also, je größer die Dämpferwicklungszeitkonstanten sind, um so stärker wächst außerdem der Dämpferwicklungsanteil am synchronisierenden Drehmoment (k_S)[1]. Für zwei sonst gleiche Generatoren verläuft im interessierenden Frequenzbereich das Dämpfungsmoment als Funktion der Frequenz bei unterschiedlichen Dämpferwicklungsreaktanzen günstiger, wenn die Reaktanz kleiner ist (vgl. Abb. A 30 und Abb. 40). Für Dieselgeneratoren ist also eine Dämpferwicklung mit großem Querschnitt und kleinen Reaktanzen zweckmäßig, während für Wasserkraftgeneratoren meist die synchronisierend wirkenden Eigenschaften wichtiger sind, d. h. also auch große Dämpferwicklungsquerschnitte mit großen Reaktanzen zweckmäßig erscheinen.

Vorreaktanzen wirken auf die „komplexe Synchronisierziffer", wie auch im statischen Fall, auf das synchronisierende Moment verschlechternd ein, d. h., sowohl die Synchronisierziffer k_S als auch die Dämpfungsziffer k_D werden kleiner. Dies ist aus der Gleichung der Synchronisierziffer (A 270) sofort ablesbar, da eine Vorreaktanz sich wie eine Vergrößerung der Ständerstreureaktanz auswirkt. Eine Vergrößerung des Vorwiderstandes $(r_a + r_v > 0{,}1)$ bewirkt, wie wir bereits früher betonten, eine Verschlechterung der Dämpfungseigenschaften. Eine Maschine mit vollständiger Dämpferwicklung wird jedoch auch noch bei verhältnismäßig hohen Vorwiderständen eine positive Dämpfung besitzen.

7.3 Drehmoment-, Leistungs- und Stromschwankungen

Nachdem wir die Winkelpendelung nach Gl. (A 243) für die einzelnen Harmonischen des Antriebs- oder Arbeitsmaschinendrehmomentes ermittelt haben, können wir mit Hilfe der Gl. (A 269c) die elektrischen Drehmomentpendelungen und damit die Wirkleistungspendelungen ermitteln. Es verbleibt also nur noch die Ermittlung der Stromschwankungen. Die Stromschwankungen in Längs- und Querachse wurden bereits in den Gln. (A 265) und mit dem Anker- (Ständer-) Widerstand $r_a = 0$ in den Gln. (A 268) angegeben. Es interessieren in der Praxis natürlich die direkt meßbaren Stromschwankungen des Ankerstromes. Um sie zu bestimmen, greifen wir auf die Gln. (A 263) für die Schwankung der Stromkomponenten zurück und auf den Ausdruck für die Bestimmung des Ankerstromes aus der Längs- und Querkomponente [Rücktransformationsgleichung der PARK-Transformation Gl. (A 13)]:

$$i_a = i_d \cos\Theta - i_q \sin\Theta.$$

---

[1] Der untersuchte Wasserkraftgenerator hat größere Dämpferwicklungs-Zeitkonstanten als der Dieselgenerator und dieser größere als der Kompressormotor.

306 Anhang 7: Kleine Schwingungen der Synchronmaschine

Unter Verwendung von Gl. (A 258) für den Winkel Θ und Gl. (A 261) für den Polradwinkelverlauf beim Pendeln ergibt sich für $\cos \Theta$ und $\sin \Theta$:

$$\cos \Theta = \cos\left[\left(\omega_n t + \vartheta_o - \frac{\pi}{2}\right) + \Re(\Delta\vartheta_m e^{j\Omega t})\right]$$

$$\approx \cos\left(\omega_n t + \vartheta_o - \frac{\pi}{2}\right) - \Re(\Delta\vartheta_m e^{j\Omega t}) \sin\left(\omega_n t + \vartheta_o - \frac{\pi}{2}\right),$$

$$\sin \Theta = \sin\left[\left(\omega_n t + \vartheta_o - \frac{\pi}{2}\right) + \Re(\Delta\vartheta_m e^{j\Omega t})\right] \qquad A\,(271)$$

$$\approx \sin\left(\omega_n t + \vartheta_o - \frac{\pi}{2}\right) + \Re(\Delta\vartheta_m e^{j\Omega t}) \cos\left(\omega_n t + \vartheta_o - \frac{\pi}{2}\right).$$

Unter Verwendung der Gln. (A 263) ergibt sich damit für den Strom im Strang a (Produkte kleiner Größen vernachlässigt [$A\,9$]):

$$i_a = [i_{do} + \Re(\Delta i_d e^{j\Omega t})]\left[\cos\left(\omega_n t + \vartheta_o - \frac{\pi}{2}\right) - \right.$$

$$\left. - \Re(\Delta\vartheta_m e^{j\Omega t}) \sin\left(\omega_n t + \vartheta_o - \frac{\pi}{2}\right)\right] -$$

$$- [i_{qo} + \Re(\Delta i_q e^{j\Omega t})]\left[\sin\left(\omega_n t + \vartheta_o - \frac{\pi}{2}\right) - \right.$$

$$\left. - \Re(\Delta\vartheta_m e^{j\Omega t}) \cos\left(\omega_n t + \vartheta_o - \frac{\pi}{2}\right)\right]$$

$$\approx i_{do} \cos\left(\omega_n t + \vartheta_o - \frac{\pi}{2}\right) - i_{qo} \sin\left(\omega_n t + \vartheta_o - \frac{\pi}{2}\right) +$$

$$+ \Re[(\Delta i_d - i_{qo}\Delta\vartheta_m) e^{j\Omega t}] \cos\left(\omega_n t + \vartheta_o - \frac{\pi}{2}\right) -$$

$$- \Re[(\Delta i_q + i_{do}\Delta\vartheta_m) e^{j\Omega t}] \sin\left(\omega_n t + \vartheta_o - \frac{\pi}{2}\right). \qquad (A\,272)$$

Nach Einführung eines ruhenden Achsensystems anstelle des mit dem Polrad mitschwingenden läßt sich das Zeigerdiagramm für die Anker- (Ständer-) Größen aufzeichnen und nachweisen, daß sich der Ständerstrom aus einem konstanten Anteil, dem stationären Mittelwert I_o, und einem mit der Frequenz $\Omega/2\pi$ pendelnden Anteil ΔI_a zusammensetzt [$A\,9$].

LAIBLE hat weiter nachgewiesen [$A\,9$], daß sich die Spitze des Zeigers ΔI_a auf einer Ellipse mit dem Mittelpunkt in der Spitze des Zeigers I_o bewegt. Bei der Untersuchung der Verhältnisse unter Berücksichtigung des Ankerwiderstandes zeigt es sich dabei, daß der Einfluß des *Ankerwiderstandes* hauptsächlich in einer Vordrehung der Hauptachse der Ellipsen besteht, wobei der Einfluß auf die Größe der Stromschwankungen selbst, die hier ja von Interesse sind, für größere Maschinen ($r_a \leq 0{,}01$) gering bleibt. Die Wirkung der *Dämpferwicklung* äußert sich in einer geringen Vergrößerung der Stromschwankungen gegenüber dem

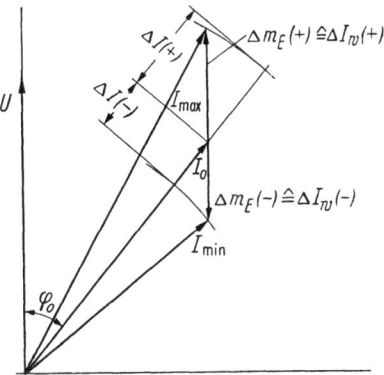

Abb. A 31. Graphische Bestimmung der Stromschwankung aus der elektrischen Drehmomentschwankung (Wirkleistungsschwankung)

Fall ohne Dämpferwicklung. Die Dämpferwicklung bringt also bei Betrieb in großem Abstand von der Resonanz in dieser Hinsicht keine Verbesserung. Sie ermöglicht aber, näher an die Resonanz heranzugehen, ohne daß die Schwingungsamplituden gefährliche Werte annehmen, d. h., man kann das Schwungmoment einer solchen Maschine kleiner wählen. Die

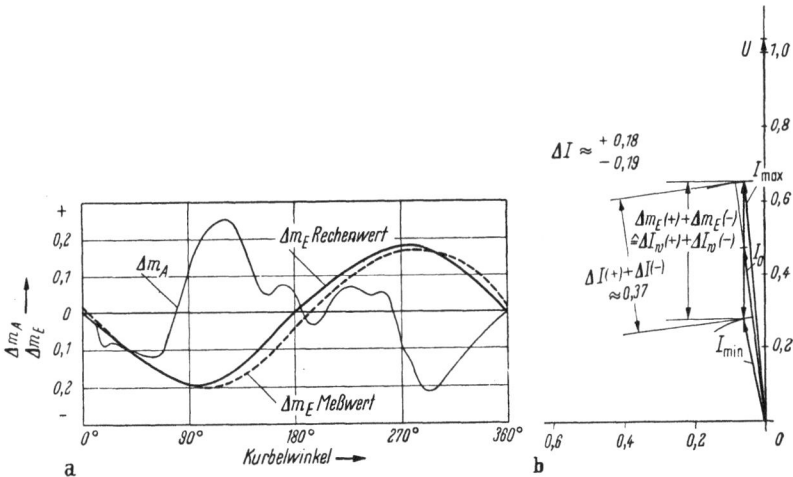

Abb. A 32a u. b. Drehmoment- und Stromschwankung beim Antrieb eines Kolbenkompressors durch einen Synchronmotor (Daten des Motors wie in Abb. A 29c)
Belastungszustand: Halblast bei $U_o = 1{,}035$ und $\cos \varphi_o = 0{,}992$ untererregt (vgl. Abb. A 30c).
m_E elektrisches Drehmoment; m_A Antriebsdrehmoment

Ergebnisse dieser Untersuchung sowie die praktische Erfahrung (vgl. Beispiel) zeigen, daß die Stromschwankungen (ΔI_a) im wesentlichen Wirkstromschwankungen sind, so daß man sie nicht getrennt zu berechnen braucht, sondern in guter Näherung einfach gemäß Abb. A 31 mit Hilfe der Drehmoment- bzw. Wirkleistungsschwankungen ermitteln kann (alle Größen in p.u.).

Nun soll an einem praktischen Beispiel gezeigt werden, wie sich die Ungleichmäßigkeit des mechanischen Gegenmomentverlaufes bei Betrieb einer Synchronmaschine am starren Netz auf Stromschwankung und Drehmomentverlauf auswirkt. Betrachtet wird ein Kolbenkompressoraggregat. Die Daten des Kompressormotors sind in Abb. A 29 c angegeben. Abb. A 30 c zeigt die „komplexe Synchronisierziffer" für den untersuchten Lastfall (Halblast bei 1,035 U_N und $\cos \varphi = 0{,}992$ untererregt) und Abb. A 32 a die Lastmomentschwankung der Arbeitsmaschine und die daraus folgende elektrische Drehmomentschwankung (Wirkleistungsschwankung). In Abb. A 32 b wurde schließlich die zugehörige Stromschwankung gemäß Abb. A 31 ermittelt. Die gestrichelte Kurve in Abb. A 32 a stellt den Meßwert dar. Die Rechnung deckt sich danach sehr gut mit den Meßergebnissen.

7.4 Selbsterregte Schwingungen

Wir haben bereits in Abschn. 7.1 darauf hingewiesen, daß mit wachsendem Ankerkreiswiderstand (r_a + äußerer Wirkwiderstand r_v bis zum starren Netz) die Dämpfung abnimmt. Praktisch ist aber der Ankerkreiswiderstand meist klein ($r_a + r_v < 0{,}1$), so daß seine Wirkung bei erzwungenen Pendelungen für Maschinen mit kräftiger Dämpferwicklung ohne merklichen Fehler vernachlässigt werden darf. Man darf also für diese Fälle mit $r_a + r_v = 0$ rechnen.

Ist nun die Dämpferwicklung nur schwach dimensioniert oder nur ein Polgitter (nur Längsfelddämpfung, für Pendeldämpfung ist jedoch praktisch nur die Querfelddämpfung maßgebend, vgl. Abb. A 30a) vorhanden, so wird die Pendeldämpfung schon für kleine Ankerkreiswiderstände sehr gering. Diese Gegebenheiten treten naturbedingt bei Maschinen kleiner Leistung in Erscheinung, da die Unterbringung kräftiger Dämpferwicklungen dort Schwierigkeiten bereitet und der Ankerwiderstand der Maschinen selbst schon verhältnismäßig hoch liegt. Aber auch bei verhältnismäßig schwacher Kuppelleitung zum starren Netz ist mit hohen Ankerkreiswiderständen zu rechnen, so daß bei zu schwacher Dämpferwicklung das Dämpfungsmoment zu Null und sogar negativ werden kann. Das heißt aber, daß unter diesen Umständen auch ohne Ungleichförmigkeit im mechanischen Drehmoment Schwingungen des Polrades auftreten können. Für die Untersuchung selbsterregter Schwingungen muß also der Ankerkreiswiderstand mit berücksichtigt werden[1]. Die ,,komplexe Synchronisierziffer" $k(\Omega)$ muß hierfür unter Verwendung der Gln. (A 265) für die Stromkomponenten aus Gl. (A 267) ermittelt werden.

Anstelle der Bewegungsgleichung (A 242) tritt nun bei gleichförmigem äußeren Drehmoment beim Pendeln ($\Delta m_A = 0$) die Gleichung:

$$\left(-\frac{T_A}{\omega_n}\Omega^2 + j\Omega k_D + k_S\right)\Delta\vartheta = 0. \qquad (A\,273)$$

Eine endliche Lösung für diese Gleichung ergibt sich nur, wenn $\Delta\vartheta$ verschwindet. Die Bedingung für selbsterregte Schwingungen lautet also:

$$-\Omega^2\frac{T_A}{\omega_n} + k_S + j\Omega k_D = 0. \qquad (A\,274)$$

Ω ist in dieser Gleichung nun nicht mehr bekannt und muß so bestimmt werden, daß diese [Gl. (A 274)] erfüllt ist. Da die linke Seite der Gleichung für jedes Ω eine komplexe Zahl darstellt, die bei der gesuchten Pendelfrequenz Null sein soll, so müssen hierbei auch Real- und Imaginärteil dieser Gleichung Null sein. Es gilt also:

$$k_S - \Omega^2\frac{T_A}{\omega_n} = 0 \quad \text{und} \quad k_D = 0. \qquad A\,(275)$$

Setzt man nun k_S und k_D unter Berücksichtigung von r_a in obige Gleichungen ein, so erhält man für den reellen und den imaginären Teil je einen Ausdruck vierten Grades in r_a. Ermittelt man aus diesen Gleichungen für verschiedene Werte Ω die positiven Wurzeln von r_a und trägt sie über der Pendelwinkelgeschwindigkeit Ω auf, so erhält man 2 Kurven ($r_a = f(\Omega)$, [A 9]). Schneiden sich die Kurven, so sind beide Gln. (A 275) für den Schnittpunkt ($r_{a\,kr}, \Omega_{kr}$) erfüllt, d. h., bei dem gefundenen Wert für $r_a = r_{a\,kr}$ würden selbsterregte Schwingungen mit der zugehörigen Pendelfrequenz Ω_{kr} auftreten. Schneiden sich die beiden Kurven nicht, so heißt das, daß für den untersuchten Betriebszustand bei keinem Wert von r_a[2] eine Gefahr der Selbsterregung besteht. Untersuchungen dieser Art sind wegen ihrer Langwierigkeit sehr zeitraubend und unübersichtlich, da viele Varianten (Lastfälle) durchgerechnet werden müssen. Vereinfachte Fälle, wobei z. B. Ω^2 gegen ω_n^2 vernachlässigt wird und r_a verhältnismäßig klein angenommen wird [A 9], wurden von vielen Autoren untersucht [A 17, 52 usw.]. Wir wollen hier nur noch kurz die Ergebnisse dieser Untersuchungen bringen. Sie lauten:

1. Mit wachsendem Ankerkreiswiderstand r_a nimmt k_D ab.
2. Der kritische Wert von r_a erhöht sich, wenn das Schwungmoment der rotierenden Teile erhöht wird. Dies gilt aber nur bis zu einem be-

---
[1] Die Untersuchung wird zweckmäßig mit digitalen Rechenmaschinen durchgeführt.
[2] Gemeint ist hier mit r_a der gesamte Ankerkreiswiderstand, also der Ankerwiderstand der Synchronmaschine + Vorwiderstand bis zum Netz.

stimmten Wert von T_A, bei dessen Übersteigung der kritische Widerstand r_{akr} nicht mehr zunimmt.

3. Eine Maschine ohne Dämpferwicklung kann bei erheblicher Wirklast und verhältnismäßig kleinem Ankerkreiswiderstand auch ohne Schwingungsgefahr betrieben werden. Steigt jedoch die Blindleistungsabgabe, so erhöht sich die Schwingungsgefahr, und ein reiner Blindleistungsmaschinenbetrieb im übererregten Zustand ist bis auf äußerst kleine Ankerkreiswiderstände praktisch unmöglich.

4. Ist die Synchronmaschine mit einer guten Dämpferwicklung ausgerüstet, so besteht auch bei zu schwach dimensionierten Verbindungsleitungen zum starren Netz, also verhältnismäßig großen Werten des Ankerkreiswiderstandes, keine Schwingungsanfachungsgefahr. Bei schwacher Dämpferwicklung (z. B. Polgitter) jedoch kann hierbei eine Anfachung eintreten.

5. Bei Untererregung wächst der Wert r_{akr} und wird schließlich ∞, während Ω_{kr} gleichzeitig abnimmt.

Literaturverzeichnis

[1] AIEE: Test Code for Synchronous Machines. AIEE Publication Nr. 503. New York. June 1945.

[2] BAUER, H.: Stabilität von Drehstromverbundsystemen. Siemens-Z. 27 (1953) H. 6, S. 295.

[3] BÖDEFELD, TH., u. H. SEQUENZ: Elektrische Maschinen, 6. Aufl. Wien: Springer 1962.

[4] BOLLMANN, W.: Einphasenlast in Drehstromnetzen. BBC-Nachr. April/Juni 1953, S. 45.

[5] BONFERT, K.: Die Synchronmaschine mit ausgeprägten Polen in der Anlagentechnik. Hrsg.: Siemens-Schuckertwerke AG, Erlangen 1955 (vergriffen).

[6] BONFERT, K.: Bedeutung und Kennzeichnung der Erregungsgeschwindigkeit von Erregeranordnungen. ETZ-A 81 (1960) S. 246.

[7] CRARY, S. B., L. A. MARCH u. L. P. SHILDNECK: Equivalent Reactance of Synchronous Machines. Electr. Engng. 53 (1934) S. 124.

[8] CRARY, S. B.: Two Reaction Theory of Synchronous Machines. Electr. Engng. 56 (1937) S. 31 u. 36.

[9] CRARY, S. B.: Power-System Stability, Bd. I u. II. New York: John Wiley & Sons 1945/1947.

[10] DAVID, R.: Progres realisés dans la construction des grands alternateurs entrainés par turbines hydrauliques. Bull. SFE 1 (1951) No. 3, S. 135.

[11] DI VITO: Wahl der Spannung und Wicklung für große Maschinen. CIGRE-Bericht Nr. 126/1952.

[12] Electrical Transmission and Distribution, Westinghouse Reference Book, 4. Aufl. 1950, Abschn. 6: Machine Characteristics; bearbeitet von C. F. WAGNER.

[13] Electrical Transmission and Distribution, Westinghouse Reference Book, 4. Aufl. 1950, Abschn. 13: Power-System Stability; bearbeitet von R. D. EVANS und H. N. MULLER JR.

[14] FREY, W.: Die statische Stabilität eines Netzes mit mehreren Synchronmaschinen. BBC-Mitt. Mai 1944, S. 166.

[15] GADEN, D.: Calcul de la survitesse en cas de décharge brusque et totale d'un group hydroélectrique marchant a pleine puissance. Aus: Informations techniques Charmilles. Mai 1955, Nr. 1, S. 43.

[16] GOTTER, G.: Erwärmung und Kühlung elektrischer Maschinen. Berlin/Göttingen/Heidelberg: Springer 1954.

[17] GÜNDHARD, E.: Die Bemessung großer Wasserkraftgeneratoren. BBC-Mitt. 36 (1949) Nr. 7/8, S. 232.

[18] HAMDI-SEPEN: Contribution a l'etude experimentale des decalages internes des machines synchrones. Influence de la saturation. Rev. Gen. Electr. 60 (1951) Nr. 3, S. 107.

[19] HARRISON, D.: Synchronous Machines with Unsymmetrical Loading. Proc. Inst. Electr. Engrs. 98, Teil II (1951) S. 371.

[20] HESS, O.: Wahl der Konstanten der Synchronmaschinen. CIGRE-Bericht Nr. 135/1952.

[21] KILGORE, L. A.: Calculation of Synchronous Machine Constants-Reactances and Time Constants Affecting Transient Characteristics. Trans. Amer. Inst. electr. Engrs. 50 (1931) S. 1201.
[22] KILGORE, L. A.: Effects of Saturation on Machine Reactances. Trans. Amer. Inst. electr. Engrs. 54 (1935) S. 545.
[23] KRAPP, K.: Synchronmaschinen im untererregten Betrieb. Wiss. Veröff. Siemens-Werke, 5. Bd., H. 2, S. 8.
[24] KUNOTH, K.: Zweistabwicklung für Wechselstromgeneratoren. VDE-Fachberichte 10 (1938).
[25] KYSER, H.: Auslegung von Generatoren und Transformatoren bei Blockbetrieb. ETZ 72 (1951) H. 2, S. 44.
[26] KYSER, H.: Die elektrische Kraftübertragung, Bd. I., 4. Aufl. Leipzig: Fachbuchverlag 1953.
[27] LAIBLE, TH: Reaktanzen und andere Konstanten der Synchronmaschine. Bull. Oerlikon Nr. 300, Okt. 1953.
[28] LAIBLE, TH.: Einfluß verschiedener Dämpferkonstruktionen und massiver Pole auf die Konstanten der Generatoren mit ausgeprägten Polen. CIGRE-Bericht Nr. 111/1950.
[29] LAIBLE, TH.: Verhalten der Synchronmaschine bei Störungen der Stabilität. Bull. SEV 45 (1954) Nr. 16, S. 660.
[30] LAVANCHY, C.: Die Stabilität von Synchrongeneratoren. BBC-Mitt. 36 (1949) S. 264.
[31] LEINER, G.: Wicklungsbeanspruchung bei plötzlichen Kurzschlüssen von Synchrongeneratoren. Elektrotechnik und Maschinenbau 59 (1941) S. 521.
[32] LEUKERT, W., u. H. RAYMUND: Großstromerzeuger. In: Die Entwicklung der Starkstromtechnik bei den Siemens-Schuckertwerken. Hrsg.: Siemens-Schuckertwerke AG., Berlin/Erlangen 1953.
[33] LEUKERT, W.: Gesichtspunkte für die Wahl der technischen Daten von Turbogeneratoren und Blindleistungserzeugern. Elektrizitätswirtsch. 50 (1951) H. 4, S. 101.
[34] LÖBL, O.: Definition der Schieflast von Drehstromgeneratoren. ETZ 72 (1951) H. 8, S. 229.
[35] LUTZ, K.: Bestimmung der symmetrischen Komponenten und der Unsymmetrie von Dreiphasengrößen. ETZ-A 74 (1953) H. 15, S. 455.
[36] MONTSINGER, V. M.: Loading Transformers by Temperature. Trans. Amer. Inst. electr. Engrs. 49 (1930) S. 776.
[37] NÜRNBERG, W.: Die Prüfung elektrischer Maschinen, 4. Aufl. Berlin/Göttingen/Heidelberg: Springer 1959.
[38] NECHLEBA, F.: Erweiterung des Begriffes Zeitkonstante. ETZ-A 74 (1953) S. 98.
[39] NOSER, R.: Einführung in die praktischen Lösungen der Stabilitäts- und Blindleistungsfragen. Bull. SEV 45 (1954) Nr. 15, S. 617.
[40] OSCARSON, G. L., u. I. C. BENSON: TIF in Synchronous Machines. Trans. Amer. Inst. electr. Engrs. 70 (1951) S. 743.
[41] PARK, R. H., u. B. L. ROBERTSON: The Reactances of Synchronous Machines. Trans. Amer. Inst. electr. Engrs. 47 (1928) S. 514.
[42] PRENTICE, B. R.: Synchronous Machine Reactances. Supplement to: Trans. Amer. Inst. electr. Engrs. (1937) S. 1.
[43] RANKIN, A. W.: Per-Unit-Impedances of Synchronous Machines. Trans. Amer. Inst. electr. Engrs. 64 (1945) S. 569 u. 839.
[44] Regelung in der elektrischen Energieversorgung. Berichte über die Tagung des Fachverbandes, 1959, in ETZ-A 81 (1960) H. 5, 6 u. 7.

[45] RICHTER, R.: Elektrische Maschinen, I. Bd.: Allgemeine Berechnungselemente; Die Gleichstrommaschine. Basel: Birkhäuser 1951.
[46] RICHTER, R.: Elektrische Maschinen, II. Bd.: Synchronmaschinen und Einankerumformer. Basel/Stuttgart: Birkhäuser 1953.
[47] ROTH, W.: Regelungsaufgaben in Wasserkraftwerken. Elektrizitätswirtsch. 56 (1957) S. 754.
[48] RÜDENBERG, R.: Elektrische Schaltvorgänge, 4. Aufl. Berlin/Göttingen/Heidelberg: Springer 1953.
[49] RUNGE, C.: Methode der Zerlegung von Sinuswellen. ETZ 26 (1905) S. 247.
[50] RZIHA, E. v., u. R. GENTHE: Starkstromtechnik, 8. Aufl., II. Teil, Abschn. C: Synchronmaschine; bearbeitet von J. TITTEL. Berlin: Ernst & Sohn 1952.
[51] SEQUENZ, H.: Die Wicklungen elektrischer Maschinen, Bd. I bis III. Wien: Springer 1950/1952/1954.
[52] TIMASCHEFF, A. v.: Stabilität elektrischer Drehstrom-Kraftübertragung. Berlin: Springer 1940 (vergriffen).
[53] TITTEL, J.: Synchrongeneratoren im Verbundbetrieb. In: Die Entwicklung der Starkstromtechnik bei den Siemens-Schuckertwerken. Hrsg.: Siemens-Schuckertwerke AG., Berlin/Erlangen 1953.
[54] TITTEL, J.: Drehstrom-Generatoren im Verbundbetrieb. Elektrotechnik und Maschinenbau 62 (1944) H. 13/14, S. 149.
[55] WALKER, I. H.: Operating Characteristics of Salient-Pole Machines. Proc. Inst. electr. Engrs. (1952) S. 13.
[56] WAY, W. R.: Progress Report of Stator Winding Insulation of Large Hydro-Electric Generators in Canada. CIGRE-Bericht Nr. 111/1954.
[57] WRIGHT, SH. H.: Determination of Synchronous Machine Constants by Tests. Trans. Amer. Inst. electr. Engrs. 50 (1931) S. 1331.

Literaturverzeichnis zum Anhang

[A 1] ADKINS, B.: Transient Theory of Synchronous Generators Connected to Power Systems. J. Instn. electr. Engrs. 98 (1951) S. 510. — ADKINS hat inzwischen (1957) die erhaltenen Ergebnisse in Buchform veröffentlicht: The General Theory of Electrical Machines. London: Chapman & Hall Ltd. 1957.
[A 2] ASA C 42.10.31.005 ff.: Definitions of Electrical Terms. American Standard, 1957.
[A 3] CHING, Y. K., u. B. ADKINS: Transient Theory of Synchronous Generators under Unbalanced Conditions. J. Instn. electr. Engrs. 101 (1954) Pt. IV, S. 166.
[A 4] CLARKE, E., CH. CONCORDIA u. C. N. WEYGANDT: Overvoltages Caused by Unbalanced Short Circuits (Effect of Amortisseur Windings). Trans. Amer. Inst. electr. Engrs. 57 (1938) S. 453.
[A 5] CONCORDIA, CH.: Synchronous Machines. New York: John Wiley & Sons, London: Chapman & Hall 1951.
[A 6] CRARY, S. B.: Power System Stability, Bd. II. New York: John Wiley & Sons 1947.
[A 7] DOHERTY, R. E., u. C. A. NICKLE: Synchronous Machines — IV, Single-Phase Short Circuits. Trans. Amer. Inst. electr. Engrs. 47 (1928) S. 457.
[A 8] DUESTERHOEFT, W. C.: The Negative Sequence Reactances of an Ideal Synchronous Machine. Trans. Amer. Inst. electr. Engrs. 68 (1949) S. 510.
[A 9] LAIBLE, TH.: Die Theorie der Synchronmaschine im nichtstationären Betrieb. Berlin/Göttingen/Heidelberg: Springer 1952.

[A 10] LAUDER, A. H.: Salient Pole Motors out of Synchronism. Electr. Engng. 55 (1936) S. 636.
[A 11] NICKLE, C. A., C. A. PIERCE u. M. L. HENDERSON: Single-Phase Short-Circuit Torque of a Synchronous Machine. Trans. Amer. Inst. electr. Engrs. 51 (1932) S. 966.
[A 12] PARK, R. H.: Two-Reaction Theory of Synchronous Machines. Part I, Trans. Amer. Inst. electr. Engrs. 48 (1929) S. 716.
[A 13] RANKIN, A. W.: Asynchronous and Single-Phase Operation of Synchronous Machines. Trans. Amer. Inst. electr. Engrs. 65 (1946) S. 1092.
[A 14] SHOULTS, D. R., S. B. CRARY u. A. H. LAUDER: Pull-in Characteristics of Synchronous Motors. Trans. Amer. Inst. electr. Engrs. 54 (1935) S. 1385.
[A 15] Siemens-Schuckertwerke AG.: Kurzschlußströme in Drehstromnetzen, bearbeitet von R. ROEPER. Erlangen: Januar 1956.
[A 16] SMITH, J. B., u. C. N. WEYGANDT: Double-Line-to Neutral Short-Circuit of an Alternator. Trans. Amer. Inst. electr. Engrs. 56 (1937) S. 1149.
[A 17] WAGNER, C. F.: Effect of Armature Resistance Upon Hunting of Synchronous Machines. Trans. Amer. Inst. electr. Engrs. 49 (1930) S. 1011.
[A 18] WAGNER, K. W.: Operatorenrechnung und Laplace-Transformation. Leipzig: J. A. Barth 1950.
[A 19] WARING, M. L., u. S. B. CRARY: The Operational Impedances of a Synchronous Machine. Gen. Electr. Rev. 35 (1932) S. 578.
[A 20] WHITNEY, E. C., u. L. A. KILGORE: Spring and Damping Coefficients of Synchronous Machines and their Application. Trans. Amer. Inst. electr. Engrs. 69 (1950) S. 226.
[A 21] WITHE, J. C.: Synchronous-Motor Starting Performance Calculation. Trans. Amer. Inst. electr. Engrs. 75, Teil III (1956) S. 772.
[A 22] ZURMÜHL, R.: Praktische Mathematik, 3. Aufl. Berlin/Göttingen/Heidelberg: Springer 1961.

Tabelle 1. *Notwendige Ladeleistungen für Drehstrom-Freileitungen 50 Hz in MVAr bei üblichen Phasenabständen*
Leitungslänge: 1000 km

Spannung U_{verk} [kV]	Leiterquerschnitt in mm²															Natürliche Leistung P_{nat} [MW]		
	16	25	35	50	70	95	120	150	185	240	300	350	450			Einfachleitung	2 fach Bündel	4 fach Bündel
15	0,628	0,6525	0,670	0,691	0,714	0,735	0,752	0,77	0,79	0,81	—	—	—			—	—	—
20	1,1	1,135	1,17	1,20	1,24	1,275	1,309	1,332	1,37	1,405	1,44	—	—			—	—	—
30	2,415	2,495	2,56	2,63	2,7	2,78	2,855	2,91	2,98	3,042	3,12	—	—			—	—	—
35	3,22	3,35	3,43	3,53	3,64	3,74	3,81	3,90	4,00	4,09	4,15	—	—			—	—	—
45	—	5,41	5,52	5,7	5,85	6,0	6,15	6,28	6,42	6,55	6,71	—	—			—	—	—
60	—	—	9,5	9,71	10,0	10,25	10,5	10,74	10,95	11,2	11,45	—	—			10	—	—
80	—	—	—	16,81	17,35	17,71	18,05	18,42	18,75	19,12	19,6	19,85	—			17	—	—
110	—	—	—	—	—	32,6	33,4	33,8	34,6	35,3	36,0	36,5	38,5			33	—	—
150	—	—	—	—	—	—	59,0	60,5	61,5	62,7	63,8	65,0	66,0			60	—	—
220	170 bei Zweifach-Bündel-Leitung und 212/50 Stahl-Alu-Seil							128,2	130,9	133,0	134,3	137,0			130	160	—
380	580 bei Vierfach-Bündel-Leitung und 240/40 Stahl-Alu-Seil															(370)[1]	460	600
	500 bei Zweifach-Bündel-Leitung und 447/144 Stahl-Alu-Seil																	

Faustformel für Einfachleitung:

P_{Lade} (950 km) $\approx P_{nat}$, wobei $P_{nat} \approx \dfrac{U^2}{375}$, $375 \approx \sqrt{\dfrac{l}{c}} = Z =$ Wellenwiderstand für $(60 \cdots 220)$ kV-Einfachleitung.

—— untere Grenze durch Koronaverluste und Skineffekt.

[1] Kommt praktisch nicht in Betracht.

Tabelle 2. *Konstanten von ausgeführten Synchronmaschinen*

Bauart		x_d [2]	$x_q = x_q'$	x_d'
Zweipolige Turbogeneratoren mit Massiv-Vollpolrotoren		1,2 ··· 2,0	1,15 ··· 1,9 [1]	0,16 ··· 0,26
Generatoren mit ausgeprägten Polen und Längs- und Querfelddämpfung	weniger als 16 Pole	0,8 ··· 1,4	0,52 ··· 0,9	0,2 ··· 0,35
	mehr als 16 Pole	0,7 ··· 1,25	0,45 ··· 0,8	0,25 ··· 0,4
Generatoren mit ausgeprägten Polen ohne Dämpferwicklung	weniger als 16 Pole	0,8 ··· 1,4	0,52 ··· 0,9	0,2 ··· 0,35
	mehr als 16 Pole	0,7 ··· 1,25	0,45 ··· 0,8	0,25 ··· 0,4
Synchronmotoren mit Dämpferwicklung		0,9 ··· 2,0 [3]	0,55 ··· 1,4	0,25 ··· 0,45

Bemerkungen: x_d = Synchronlängsreaktanz; x_q = Synchronquerreaktanz; x_d' = Transiente des Gleichstromgliedes; x_q'' = Subtransientquerreaktanz; $x_2 \approx \dfrac{x_d'' + x_q''}{2}$ = Gegenreaktanz für Generator mit T_{d_0}' = Leerlaufzeitkonstante; T_d' = Transient-, T_d'' = Sub-Kurzschlußzeitkonstante der Querachse.

[1] Gilt nur nach strenger Definition (keine Feldwicklung in Querachse). Für Stabilitäts-$x_q' \approx (1{,}5 \cdots 3)\, x_d'$ wird.
[2] Gesättigt, entsprechend dem Kehrwert des gesättigten Leerlaufkurzschlußverhältnisses.
[3] Die höheren Werte gelten für vierpolige Maschinen.

Tabelle 3. *Charakteristische Konstanten von Drehstrom-Synchronmaschinen*

Bauart	x_d (unsat)	x_q rated current	x_d' rated voltage	x_d'' rated voltage
Zweipolige Turbogeneratoren	1,20 / 0,95 ··· 1,45	1,16 / 0,92 ··· 1,42	0,15 / 0,12 ··· 0,21	0,09 / 0,07 ··· 0,14
Vierpolige Turbogeneratoren	1,20 / 1,00 ··· 1,45	1,16 / 0,92 ··· 1,42	0,23 / 0,20 ··· 0,28	0,14 / 0,12 ··· 0,17
Schenkelpolmotoren und -generatoren (mit Dämpferwicklung)	1,25 / 0,60 ··· 1,50	0,70 / 0,40 ··· 0,80	0,30 / 0,20 ··· 0,50	0,20 / 0,13 ··· 0,32
Schenkelpolgeneratoren (ohne Dämpferwicklung)	1,25 / 0,60 ··· 1,50	0,70 / 0,40 ··· 0,80	0,30 / 0,20 ··· 0,50	0,30 / 0,20 ··· 0,50
Blindleistungserzeuger, luftgekühlt	1,85 / 1,25 ··· 2,20	1,15 / 0,95 ··· 1,30	0,40 / 0,30 ··· 0,50	0,27 / 0,19 ··· 0,30
Blindleistungserzeuger, H_2-gekühlt (350 mm WS)	2,20 / 1,50 ··· 2,65	1,35 / 1,10 ··· 1,55	0,48 / 0,36 ··· 0,60	0,32 / 0,23 ··· 0,36

Bemerkung: Die über dem Querstrich liegenden Werte geben den Mittelwert an.
Rated voltage reactanz: Reaktanz ermittelt mit Erregung entsprechend Leerlauf und Nenn-
Rated current reactanz: Reaktanz ermittelt mit verminderter Erregung, wobei der transiente (unsat): ungesättigter Wert.

[1] x_0 ändert sich mit der Sehnung der Ständerwicklung, und ein bestimmter Wert kann

für 50 Hz (nach Angaben der Siemens-Schuckertwerke)

x_d''	x_q''	T_{do}' [s]	T_d' [s]	T_d'' [s]	T_a [s]
0,09 ⋯ 0,15	0,09 ⋯ 0,15	5 ⋯ 15	0,6 ⋯ 2,0	0,05 ⋯ 0,10	0,06 ⋯ 0,25
0,14 ⋯ 0,24	0,14 ⋯ 0,26	2 ⋯ 10	0,5 ⋯ 2,5	0,02 ⋯ 0,08	0,07 ⋯ 0,25
0,15 ⋯ 0,25	0,16 ⋯ 0,28	1,5 ⋯ 8	0,55 ⋯ 2,5	0,02 ⋯ 0,08	0,07 ⋯ 0,25
0,2 ⋯ 0,35	0,52 ⋯ 0,9	2 ⋯ 10	0,5 ⋯ 2,5		0,09 ⋯ 0,6
0,25 ⋯ 0,4	0,45 ⋯ 0,8	1,5 ⋯ 8	0,55 ⋯ 2,5		0,1 ⋯ 0,6
0,18 ⋯ 0,3	0,18 ⋯ 0,3	2 ⋯ 6	0,5 ⋯ 1,5	0,01 ⋯ 0,03	0,02 ⋯ 0,15

sientlängsreaktanz; x_q' = Transientquerreaktanz; x_d'' = Subtransientlängsreaktanz; Dämpferwicklung; x_0 = Nullreaktanz $\approx$ ($^1/_6 \cdots {}^3/_4$) x_d'' je nach Sehnung; T_a = Zeitkontransient-Kurzschlußzeitkonstante der Längsachse; $T_q'' \approx (1 \cdots 1{,}2)\, T_d''$ = Subtransientvorgänge muß Ausgleichsvorgang im massiven Eisen mit berücksichtigt werden, womit

für 60 Hz (nach Westinghouse-Hdb., S. 189)

x_2 rated current	x_0 [1] rated current	T_{do}' [s]	T_d' [s]	T_d'' [s]	T_a [s]
$= x_d''$	$\dfrac{0{,}03}{0{,}01 \cdots 0{,}08}$	5,0	0,6	$\dfrac{0{,}035}{0{,}02 \cdots 0{,}05}$	$\dfrac{0{,}13}{0{,}04 \cdots 0{,}24}$
$= x_d''$	$\dfrac{0{,}08}{0{,}015 \cdots 0{,}14}$	8,0	1,0	$\dfrac{0{,}035}{0{,}02 \cdots 0{,}05}$	$\dfrac{0{,}20}{0{,}15 \cdots 0{,}35}$
$\dfrac{0{,}20}{0{,}13 \cdots 0{,}32}$	$\dfrac{0{,}18}{0{,}03 \cdots 0{,}23}$	$\dfrac{3{,}0 \cdots 5{,}0}{1{,}5 \cdots 10{,}0}$	$\dfrac{1{,}5}{0{,}5 \cdots 3{,}3}$	$\dfrac{0{,}035}{0{,}01 \cdots 0{,}05}$	$\dfrac{0{,}15}{0{,}03 \cdots 0{,}25}$
$\dfrac{0{,}48}{0{,}35 \cdots 0{,}65}$	$\dfrac{0{,}19}{0{,}03 \cdots 0{,}24}$	$\dfrac{3{,}0 \cdots 5{,}0}{1{,}5 \cdots 10{,}0}$	$\dfrac{1{,}5}{0{,}5 \cdots 3{,}3}$	—	$\dfrac{0{,}30}{0{,}10 \cdots 0{,}50}$
$\dfrac{0{,}26}{0{,}18 \cdots 0{,}40}$	$\dfrac{0{,}12}{0{,}025 \cdots 0{,}15}$	$\dfrac{9{,}0}{6{,}0 \cdots 14{,}0}$	$\dfrac{2{,}0}{1{,}2 \cdots 2{,}8}$	$\dfrac{0{,}035}{0{,}02 \cdots 0{,}04}$	$\dfrac{0{,}17}{0{,}10 \cdots 0{,}30}$
$\dfrac{0{,}31}{0{,}22 \cdots 0{,}48}$	$\dfrac{0{,}14}{0{,}030 \cdots 0{,}18}$	$\dfrac{9{,}0}{6{,}0 \cdots 14{,}0}$	$\dfrac{2{,}0}{1{,}2 \cdots 2{,}8}$	$\dfrac{0{,}035}{0{,}02 \cdots 0{,}04}$	$\dfrac{0{,}20}{0{,}15 \cdots 0{,}30}$

spannung (gesättigt).
Kurzschlußstrom gleich dem Nennstrom ist (ungesättigt).

schwer angegeben werden. Bereich: $(0{,}1 \cdots 0{,}7)\, x_d''$, niedriger Wert für $^2/_3$ Sehnung.

Sachverzeichnis

Achsengrößen 202 ff.
Alleinbetrieb der Synchronmaschine 35
—, Pendeln 291
Anhang 194
— 1: Spannungs- und Stromgleichungen 194
— 2: Allgemeine Gleichungen der Synchronmaschine 197
— 3: Dreipoliger Stoßkurzschluß 225
— 4: Unsymmetrischer Stoßkurzschluß 423,
— 5: Unsymmetrische Belastung — Symmetrische Komponenten 257
— 6: Asynchroner Betrieb 276
— 7: Kleine Schwingungen 288
Anker s. Ständer
Anker-Zeitkonstante 47, 224, 230, 248, 255
Anlauf, asynchroner 276
—-Drehmoment 279
— —, mittleres 280
— —, Momentanwert 282
— —, Pendel- 282
—-Strom 283
—, rascher 287
—-Widerstand 276
—-Zeitkonstante 89, 98
Anstiegsgeschwindigkeit der Erregerspannung 167
Äquivalente zweisträngige Wicklung 199
Asynchroner Anlauf 276
Asynchroner Betrieb 276
Asynchroner Lauf, bei erregtem Polrad 284
—, Dämpfungsmoment 287
—, ungenaues Parallelschalten 287
—, kritischer Schlupf 285
—, Stabilitätsgleichung 287
—, Synchronisiervorgang durch Erregen der Maschine 284

Belastung, unsymmetrische 124 ff., 257 ff.
Bemessung von Synchronmaschinen 102
—, Bohrungsdurchmesser 107
—, Gewicht und Drehzahl 110

Bemessung, Grenzleistungen 106
—, Grundfeldinduktion 73
—, Hauptabmessungen 103
—, Leerlaufkurzschlußverhältnis 110
—, Schwungmoment 108
—, spezifische Fliehkraft 107
—, Ständerstrombelag 73
—, Wasserkraftgenerator 102
Bewegungsgleichung 152, 158, 215, 287
Bezogene Größen 1
Bezugsgrößen 1
Bildbereich = Unterbereich 218
Blindlaststöße im Betrieb am Netz 70
Blindleistungsaufnahme, maximale 22
—, Einfluß der Spannungsänderung 25
Blindleistungsgleichung 16, 197
Blindleistungsmaschinenbetrieb 31

Dämpferwicklung 82, 84, 96, 97, 304
—, Zeitkonstanten 208, 219, 224
Dämpfungsdekrement 292
Dämpfungskonstante 87, 97, 304
Dämpfungskupplung 277
Dämpfungsmoment 88, 98, 287
Dämpfungsziffer 289, 297, 298, 302, 303, 304, 309
Dauerkurzschluß 40
Dieselgenerator 288, 301, 302 ff.
Dieselmotor 292
Differentialgleichung der pendelnden Synchronmaschine 288 ff.
Differentialoperator 204
Doppelerdkurzschluß 256
Drehmoment, asynchrones 88, 98, 280
—, Dämpferwicklungs- 88, 98, 287
—, beim Einschalten 61
—, bei Fehlsynchronisation 61
—-Gleichung 214
—, im Kurzschluß 58, 231, 251, 256
—, Pendel- 282
—, Reaktions- 21, 282
—-Schlupf-Kennlinie 276
—, bei kleinen Schwingungen 288, 296, 297, 305, 308
—, beim Synchronisieren 61

Sachverzeichnis

Drehmoment, synchronisierendes 70, 286, 289, 290, 298, 303
Drehzahl-Überschwingweite 90, 98
Dreipoliger Kurzschluß s. Stoßkurzschluß
Druckstoß 91

Eigenfrequenz, der Erregeranordnung 168
—, der Synchronmaschine 290, 292, 303
Einheitsstoß 225
Einphasenmaschine 42, 60
Einschaltdrehmoment 61
EMK, innere 8, 44, 155, 160, 239, 240
— — hinter der Subtransientreaktanz 44, 239
— — hinter der Transientreaktanz 155, 160, 240
—, Rotations- 202
—, Transformations- 202
Entwicklungssatz von HAEVISIDE 226
Erregerstrom, erforderlicher 2, 37
—-Bezugswert 2
—, Verlauf beim Kurzschluß s. Feldstrom beim Kurzschluß
Erregerwicklungs-Zeitkonstante 49, 208, 219, 220
Erregung bei Belastung 37
Erregungsgeschwindigkeit 165, 175
—, Einfluß auf die dynamische Stabilität 181
—, Einfluß auf die Stabilität beim Pendeln 185
—, erforderliche 180, 186
Erregungsgrenze, unterste 20
Ersatzmaschine 199
Erwärmung der Synchronmaschine 120
—, Einfluß der Spannungsänderung 26
Erzeugerzählpfeilsystem 6, 42, 201, 202
Erzwungene Schwingungen 88, 97, 288ff.

Federkonstante 289
Fehlsynchronisation 61
Feldfaktor 3
Feldstrom, beim asynchronen Anlauf 284
—, beim dreipoligen Kurzschluß 50, 233, 238
—, beim zweipoligen Kurzschluß 56
—, beim einpoligen Kurzschluß 256
Feldzeitkonstante 49, 208, 219, 220
Fernsprechformfaktor 117

Flußverkettung 43, 51, 170, 201, 203, 204
—, Methode der konstanten 40, 51, 170, 244
Freie Schwingungen 288, 308

Gegenerregung 14, 174
Gegeninduktivität 203
Gegensystem 41, 84, 258ff.
Generatorbetrieb 6
Gleichungen der Synchronmaschine, allgemeine 197
—, Zusammenstellung 216
Grenzleistungen 106
Grobsynchronisation 61
Grundfeldinduktion 73

Hauptfeldreaktanzen 8, 203
Hauptinduktivität 203

Idealisierte Synchronmaschine 198
Induktionsgesetz 42, 201, 202
Induktivität, Längsfeld- 7, 203
—, Last- 167
—, Querfeld- 7, 203
Inversreaktanz 41, 84, 96, 248, 257

Kippsicherheit, statische 18
Kleine Schwingungen der Synchronmaschine 288ff.
Klemmenspannungsänderung 21, 242
Kolbenkompressor 288, 292, 307
Kolbenkompressormotor 288, 301, 303, 307
Komplexe Größen und Zeiger 194
Komponenten-Netzwerke (unsymmetrische Belastung) 258ff.
—-Spannungen (unsymmetrische Belastung) 258ff.
—-Ströme (unsymmetrische Belastung) 258ff.
Konstanten, Synchronmaschine 72ff., 217
—, Dieselgenerator 301
—, Kolbenkompressormotor 301
—, Reaktanzen und Widerstände 218
—, Tabellen 316, 317
—, Wasserkraftgenerator 301
—, Zeitkonstanten 219
Kritischer Schlupf 276, 285
Kritischer Widerstand 309
Kupplung, Dämpfungs- 277
—, elastische 277

Kurvenform der Spannung 117
Kurzschluß der Synchronmaschine 40
—, Dauer- 40
— -Drehmoment s. Stoßkurzschluß
— -Kennlinie 38, 41
—, plötzlicher s. Stoßkurzschluß
— -Strom s. Stoßkurzschluß
Kurzschluß-Zeitkonstanten 49, 208, 219, 220, 248, 255
—, subtransiente 49, 208, 219, 222, 248, 255
—, transiente 49, 208, 219, 221, 248, 255

Ladeleistungen für Freileitungen 27, 315
Längsachse 7
Längsfeldinduktivität 7, 203
Längsfeldflußverkettung 203
LAPLACE-Transformation 203
Lastkurzschlußverhältnis 11
Laststöße 40ff.
Lebensdauergesetz von MONTSINGER 121
Leerlauferregerstrom 4
Leerlaufkennlinie 38, 41
Leerlaufkurzschlußverhältnis 11, 27, 40, 41
—, Einfluß auf die Leistungsgrenzkurven 11, 27
Leerlaufzeitkonstante 48, 208, 219, 220
—, Subtransient- 208, 219, 221
Leistung, Blind- 16
—, Schein- 12
—, Wirk- 16, 215
Leistungsdiagramm, vollständiges 68
Leistungsgleichungen 214
Leistungs-Grenzkurven 12, 20
— bei Änderung der Klemmenspannung 21, 24, 25
— bei Änderung der Netzfrequenz 29
—, Sättigungseinfluß 32
Leistungsschwankungen beim Pendeln 305
Leitungswinkel 137
Luftspaltkennlinie 38
Luftspaltspannung 8

Maschinenkonstante 103
Maschinenspannung, Wahl 111
Massive Pole 89, 98
Minderungsfaktoren der Längs- und Querachse 3, 8, 76
Mitsystem 85, 258
Motorbetrieb 6, 14, 31

Natürliche Leistung 137, 315
Natürliche Werte von Reaktanzen und Zeitkonstanten 92, 93
Nennimpedanz der Synchronmaschine 2
Netzfrequenzschwankung, Einfluß 29
Netzkurzschlüsse 257ff.
Netzmomentenkennlinie 100
Netzselbstregelung 91, 100
Nullreaktanz 41, 84
Nullstellen der Reaktanzoperatoren 209ff.
Nullsystem 41, 85, 129, 200, 258ff.

Operatoren, Admittanz- 213
— -Koeffizienten 207, 209, 211, 212, 213
—, Reaktanz- 209, 212
Operatorenrechnung 203, 226
Originalbereich = Oberbereich 218
Ortskurven der Reaktanzoperatoren 300

Parallelbetrieb 131
— einer Maschine mit dem Netz 131ff.
—, Mehrmaschinenproblem 151, 163
—, Zweimaschinenproblem 142ff., 153ff.
Parallelschalten, ungenaues 61, 284, 287
PARK-Transformation 198ff.
PASCALsche Schnecke 13
Pendel-Frequenz 291, 298, 301
— -Moment beim Anlauf 282
— -Reaktanz 72
— -Winkel 289
Pendelungen der Synchronmaschine, Differentialgleichung 288ff.
Per-unit-System 1
Polradwinkel 8, 293ff.
— -Pendelung 289, 295
Polradspannung 6ff.
POTIER-Reaktanz 39, 77
Prinzipschema der Synchronmaschine 7

Querachse 7
Querfeld-Flußverkettung 203
— -Induktivität 7

Reaktanz 72ff.
—, äquivalente 80
—, Hauptfeld- 8, 76, 203, 218
— —, Sättigung 76
—, Invers- 84
—, Null- 84

Sachverzeichnis

Reaktanz, —-Operator der Längsachse 209, 217
—-Operator der Querachse 212, 217
—-Operatoren-Ortskurven 300
—-Operatoren-Sättigung 300
—, Pendel- 72
—, POTIER- 39, 77
—, Ständerstreu- 8, 72, 203, 218
—, Streu- 203, 218
— —, Dämpferwicklung 218
— —, Erregerwicklung 48, 218
— —, Ständer 8, 72, 203, 218
—, Subtransient- 43, 82, 209, 219
— —, Wahl 96
—, Synchron- 8, 73, 218
— —, Wahl 92
—, Transient- 48, 81, 213, 218
— —, Wahl 93
—, Wahl 92ff.
Reaktionskreis 10, 13
Reaktionsmoment 21, 282
Resonanz, beim Pendeln 290
—-Frequenz 290
Rotations-EMK 202

Sättigung beim Pendeln 298
— der Reaktanzen s. Reaktanzen
Sättigungseinfluß auf die Leistungsgrenzen 32
Scheinleistung bei Klemmenspannungsänderung 26
Schieflast, relative 124
Schnellumschaltung 62
Schwingungen, erzwungene 288
—, freie 308
Schwingungsgleichung 288ff.
Selbsterregte Schwingungen 288, 308
Selbstinduktivität 203
Selbstregelung, Netz- 91, 100
Spannung am offenen Strang 249
Spannungsänderung bei Entlastung 39
Spannungsbereich, Einfluß 21
Spannungseinbruch, plötzlicher 242
Spannungsgleichungen, allgemeine 202, 216
Spannungskurve, Kurvenform 117
—, Kurvenformabweichung 117
Spannungsregelung 22, 28, 134, 164ff.
—, Aufgaben 164, 165
—, Aufgaben bei Störungen des Parallelbetriebes 175
—, Begrenzung der Spannungsschwankungen 166

Spannungsregelung, Betrieb leer laufender Hochspannungsleitungen 174
—, Dynamische Stabilität 181
—, Erregungsgeschwindigkeit 175
—, erforderliche Erregungsgeschwindigkeit 186
—, Erweiterung des statischen Stabilitätsbereiches 170
—, stabile Blindlastverteilung 169
—, Stabilität beim Pendeln 185
Spannungsüberschwingweite 90
Spannungs- und Stromdiagramme 6
—, bei plötzlichen Laständerungen 62, 64, 65
—, bei Wirklaststößen am starren Netz 65, 66, 67
Spannungs- und Stromgleichungen 194, 195
Stabilität, dynamische 153
— —, Mehrmaschinenproblem 163
—, statische 131
— —, Mehrmaschinenproblem 151
— —, verlustbehaftete Übertragung 140
— —, verlustlose Übertragung 131
— —, Zweimaschinenproblem 142
Stabilität der Turbinenregulierung 99
Stabilitätsbedingungen beim Pendeln 309
Stabilitätsgrenze, dynamisch 65ff.
—, statisch 13, 14, 17, 18
Stabilitätsuntersuchung 287
Ständerstrombelag 73
Ständerwicklung 113
—, Spulenwicklung 116
—, Stabwicklung 114
Ständerwiderstand, Einfluß auf das Anlaufmoment 282
—, kritischer 309
—, Einfluß auf den Kurzschluß 47, 230, 248, 255
—, Einfluß auf Pendelungen 97, 296, 301, 308
Stationärer Betrieb 6ff., 205, 293
Sternpunktspotential bei unsymmetrischer Belastung 260
Stoßkurzschluß 42
—, dreipoliger 42, 225
— —, Drehmoment 231
— —, Gesamtstromverlauf 50, 225
— —, Gleichstromkomponente 46
— —, Stromverlauf in der Erregerwicklung 50, 233
— —, bei Vorbelastung 236

Stoßkurzschluß, dreipoliger, Wechselstromkomponente 47, 50
—, unsymmetrischer 54 ff., 243
—, zweipoliger 54, 243, 262
— —, Drehmoment 59, 251
— —, Feldstromverlauf 56, 252
— —, Spannung am offenen Strang 84, 249
— —, Stromverlauf 54, 244
—, einpoliger 55, 254, 268
—, Doppelerdkurzschluß 256
—, Kurzschlußbeanspruchung 58, 256
Streuinduktivität 203
Stromschwankung bei ungleichförmigem Antrieb 296, 305
Symmetrie eines Spannungssystems 124
symmetrische Komponenten 84, 257 ff.
Synchronisieren, ungenaues 284, 287
Synchronisierende Leistung 71
Synchronisiervorgang nach dem asynchronen Anlauf 285
Synchronisierziffer (komplexe) 289, 293 ff.
—, Berücksichtigung der Sättigung 298
—, Ortskurven der 302
Synchronreaktanzen s. Reaktanzen

Transformations-EMK 202
Transformationsgleichungen 197, 200, 201
Trägheitskonstante 90, 215
Trägheitsmoment 152, 158, 215

Überlagerungsprinzip 225
Übersetzungsverhältnis 2, 5
Überspannung beim zweipoligen Kurzschluß 84, 249
Umrechnungsfaktoren (Läufer — Ständer) 2
Ungleichförmigkeitsgrad 292
Unsymmetrische Belastung 124 ff., 257 ff.
—, symmetrische Komponenten 257 ff.
—, einpoliger Erdschluß im geerdeten Netz 267
—, Netzkurzschlüsse 258
—, zweipoliger Kurzschluß mit Erdberührung im geerdeten Netz 271

Unsymmetrische Belastung, zweipoliger Kurzschluß im Netz 262
Unterbereich 218

Verbundbetrieb 131
Verhalten, bei plötzlichen Laständerungen 40 ff.
—, im stationären Betrieb 6 ff.
Verstärkungsfaktor der Winkelpendelung 291

Wahl der Maschinenspannung 111
Wasserkraftgenerator 27, 31, 90, 98, 102, 111
—, komplexe Synchronisierziffer 301 ff.
Wellenwiderstand 137
Wicklungsbeanspruchung beim Kurzschluß 58, 256
Winkel, Polrad- 8, 293 ff.
—, zwischen Achse des Stranges a und Polachse 7, 198
Winkelgeschwindigkeit, Augenblickswert 198
Winkelpendelung, Polrad- 290
Winkelverstimmung 291
Wirklaststöße im Betrieb am Netz 63
Wirkleistung in Abhängigkeit vom Polradwinkel 19, 69
Wirkleistungsgleichungen 16, 65
Wurzeln der Operatorenkoeffizienten 209

Zeigerdarstellung und komplexe Rechnung 6, 194
Zeigerdiagramm 6
— und Achsengrößen 206
— bei plötzlichen Laständerungen 62, 64 ff.
— der pendelnden Maschine 307
Zeitkonstanten 208
—, Anker- 47, 224, 230, 248, 255
—, Dämpferwicklungs- 224
—, Definition 208, 219
—, Ersatzschaltbilder, Messung 220
—, Leerlauf- 48, 220
—, Subtransient- 221
—, Transient- 49, 63, 220
Zweiachsentheorie 197
—, Gesamtgleichungssystem 216

MIX
Papier aus verantwortungsvollen Quellen
Paper from responsible sources
FSC® C105338

If you have any concerns about our products,
you can contact us on
ProductSafety@springernature.com

In case Publisher is established outside the EU,
the EU authorized representative is:
**Springer Nature Customer Service Center GmbH
Europaplatz 3, 69115 Heidelberg, Germany**

Printed by Libri Plureos GmbH
in Hamburg, Germany